国家出版基金项目
NATIONAL PUBLICATING FOUNDATION

现代农业高新技术成果丛书

主要果树新品种（新品系）及新技术

New Cultivars of Tree Fruits and Update Techniques for Orchard Management

王玉柱 主编

中国农业大学出版社
·北京·

图书在版编目（CIP）数据

主要果树新品种（新品系）及新技术／王玉柱主编．—北京：中国农业大学出版社，2011.3

ISBN 978-7-5655-0220-0

Ⅰ．①主…　Ⅱ．①王…　Ⅲ．①果树－优良品种　Ⅳ．① S660.3

中国版本图书馆 CIP 数据核字（2011）第 022195 号

书　　名　主要果树新品种(新品系)及新技术
作　　者　王玉柱　主编

策划编辑　汪春林　宋俊果　　责任编辑　伍　斌　陈肖安　陈　阳　姚慧敏　董　田
封面设计　郑　川　　责任校对　王晓凤　陈　莹
出版发行　中国农业大学出版社
社　　址　北京市海淀区圆明园西路2号　　邮政编码　100193
电　　话　发行部 010-62731190,2620　　读者服务部 010-62732336
　　　　　编辑部 010-62732617,2618　　出　版　部 010-62733440
网　　址　http://www.cau.edu.cn/caup　　e-mail　cbsszs@cau.edu.cn
经　　销　新华书店
印　　刷　涿州市星河印刷有限公司
版　　次　2011年4月第1版　　2011年4月第1次印刷
规　　格　787×1 092　　16开本　　30印张　　630千字
定　　价　188.00元

编 委 会

出版说明

瞄准世界农业科技前沿，围绕我国农业发展需求，努力突破关键核心技术，提升我国农业科研实力，加快现代农业发展，是胡锦涛总书记在2009年五四青年节视察中国农业大学时向广大农业科技工作者提出的要求。党和国家一贯高度重视农业领域科技创新和基础理论研究，特别是863计划和973计划实施以来，农业科技投入大幅增长。国家科技支撑计划、863计划和973计划等主体科技计划向农业领域倾斜，极大地促进了农业科技创新发展和现代农业科技进步。

中国农业大学出版社以973计划、863计划和科技支撑计划中农业领域重大研究项目成果为主体，以服务我国农业产业提升的重大需求为目标，在“国家重大出版工程”项目基础上，筛选确定了农业生物技术、良种培育、丰产栽培、疫病防治、防灾减灾、农业资源利用和农业信息化等领域50个重大科技创新成果，作为 “现代农业高新技术成果丛书”项目申报了2009年度国家出版基金项目，经国家出版基金管理委员会审批立项。

国家出版基金是我国继自然科学基金、哲学社会科学基金之后设立的第三大基金项目。国家出版基金由国家设立、国家主导，资助体现国家意志 、传承中华文明、促进文化繁荣、提高文化软实力的国家级重大项目；受助项目应能够发挥示范引导作用，为国家、为当代、为子孙后代创造先进文化；受助项目应能够成为站在时代前沿、弘扬民族文化、体现国家水准、传之久远的国家级精品力作。

为确保“现代农业高新技术成果丛书”编写出版质量，在教育部、农业部和中国农业大学的指导和支持下，成立了以石元春院士为主任的编审指导委员会；出版社成立了以社长为组长的项目协调组并专门设立了项目运行管理办公室。

“现代农业高新技术成果丛书”始于“十一五”，跨入“十二五”， 是中国农业大学出版社“十二五”开局的献礼之作，她的立项和出版标志着我社学术出版进入了一个新的高度，各项工作迈上了新的台阶。出版社将以此为新的起点，为我国现代农业的发展，为出版文化事业的繁荣做出新的更大贡献。

中国农业大学出版社

2010年12月

序

果树产业是现代农业的重要组成部分，是社会主义新农村的重要产业，是农民经济增收的重要手段；也是一个涉及农业生产、生态建设、农民增收和国民营养与健康的跨部门、跨行业的产业链。因此，果树产业的发展对调整农业产业结构、推进生态建设、完善国民营养结构、促进农民就业增收及繁荣国内外市场经济皆具有重要意义。

新中国成立以来，我国果树产业发展取得了巨大成就，特别是改革开放以来，随着科技进步，果树产业发展迅速。据统计，2009年全国水果栽培面积已达1 113.95万hm^2，总产量达12 246.39万t 。无论面积还是产量都居世界首位。果树产业成为农民增收致富的重要经济来源，在许多地区已经成为农民脱贫致富奔小康的重要支柱产业；也成为绿化和利用荒山、荒坡的重要手段。2006年，国务院发布了《中长期国家科学和技术发展规划纲要（2006—2020年）》，制定了纲要实施的系统配套政策，大力推动自主创新，着力加强人才工作，大幅增加科技投入，促进了科学技术的快速发展。果树产业科技创新，作为国家农业科技创新的重要组成部分，在国家各部委和地方政府高度重视下，在产学研各界的共同努力下，也取得了令人瞩目的成就，为我国果树产业又好又快发展提供了有力的支撑。但是，必须看到，当前我国果树产业发展依然受到生产方式落后、总体技术水平不高、国际竞争力不强的严重制约。因此，通过大力加强科学研究，依靠科技创新，推进科技成果推广转化，建设好我国现代果树产业，是广大果业科技工作者责无旁贷的使命。

为了切实加强我国果树产业科技创新，“十一五”期间，国家科技支撑计划专门设立了“主要果树新品种选育与高效标准生产技术研究”项目。由北京市农林科学院林业果树研究所牵头，协调组织我国农林科研、教育等行业的 41 家科研院所及高校，多学科优势科技力量联合攻关。在农业、林业、教育等有关部门的支持下，有关地方政府大力配合，产学研密切协作，在已有科技工作基础上，项目实施取得了显著成效：培育了一批具有自主知识产权的果树新品种，研发了一批果树栽培新技术，其中许多成果已应用到生产实践。项目的实施不仅为现代果树产业发展创新了种质，而且解决了一系列的技术难题，还为果树产业的可持续发展提供了科技支撑和技术贮备。

《主要果树新品种(新品系)及新技术》一书就是汇集了“主要果树新品种选育与高效标准生产技术研究”项目的重要科技成果，也较为全面地梳理了近年来果树育种和栽培领域的新成就，是全国果树科研最新成果的展示交流橱窗。现发表出来以飨读者，愿为我国果树产业的发展及果树学科的学术繁荣做出更大贡献。

中国工程院农业学部　主任

中国工程院　　　　　院士

2011年4月6日

前　言

经过30年的快速发展，我国果树栽培总面积和总产量已连续十余年稳居世界首位。果树作为我国种植业的重要组成部分，经济产量高、经济效益好，其产业已成为我国农村经济的支柱产业之一，在农业产业结构调整、提高农民生活水平、增加农民收入、出口创汇等方面发挥着重要作用。

目前，我国果树产业正经历着深刻的变革，果树生产需求由单一型向多元化转变、由产量型向品质型转变、由单一生产经营模式向集约化生产模式转变。良种良法是实现果树优质、高产、高效生产的基础。在这些变革和转型中，果农对果树品种及栽培技术的要求与日俱增，亟须高产、优质、抗病、适应性强的新品种及高效标准化生产技术满足果树生产的需要。在此形势下，依据《国家中长期科学和技术发展规划纲要（2006—2020）》和《国家“十一五”科学技术发展规划》，科技部立项资助了“主要果树新品种选育与高效标准生产技术研究”项目。

本项目由北京市农林科学院林业果树研究所主持，凝集了全国21个省市41家大学和科研院所的600余名育种、栽培、生理、生态、土壤肥料、灌溉管理、植保、检测、技术推广等方面的专家，研究领域涉及主要果树现代产业技术体系的各个方面，是全国果树产业技术研发的核心团队（项目主要参加单位见附表）。

项目实施期间共获得果树新品种124个，果树高效生产关键技术39项。这些新品种、新技术中虽然有些还需要进一步熟化、完善，但已为加强我国果树育种科技自主创新能力、提升我国果树产业的国际竞争力奠定了重要基础。而且，这些新品种、新技术在生产上的应用，无疑将促进我国果树产区果品产量和品质的提高，改善果园的生态环境，促进优势产业的形成与发展。该项目新获得的品系，也为下一步的果树育种研究奠定了基础。为了让更多的生产者和相关研究人员了解该项目的研究成果，指导适用区域进行引种栽培及果树产业生产，我们编著了此书。

本书收录了项目实施期间审定的新品种114个。其中，仁果类果树新品种15个（苹果新品种9个、梨新品种6个）；柑橘新品种15个；核果类果树新品种25个（桃新品种11个、杏新品种8个、樱桃新品种6个）；干果类果树新品种36个（核桃新品种11个、板栗新品种6个、枣新品种17个、仁用杏新品种2个）；浆果类果树新品种15个（葡萄新品种6个、草莓新品种9个）；香蕉新品种5个；砧木新品种8个（苹果砧木5个，梨、樱桃、葡萄砧木各1个）。收录了新品系269个，其中仁果类果树（苹果、梨）新品系38个；柑橘新品系15个；核果类果树（桃、杏、樱桃）新品系58个；干果类果树（板栗、核桃、枣）新品系57个；浆果类果树（葡萄、草莓）新品系56个；香蕉新品系13个；主要果树（苹果、梨、柑橘、樱桃、桃、葡萄）砧木新品系32个。

本书收录了项目所获得的主要果树（苹果、柑橘、梨、桃）高效标准生产关键技术20项，主要涉及果树高光能利用树形和树体结构优化改造技术、果园生草技术、高效肥水利用技术、土壤改良培肥地力技术、病虫害生态友好型综合治理技术等。

本书中果树新品种（新品系）按树种不同归成仁果类（苹果、梨）、柑橘类、核果类（桃、杏、樱桃）、浆果类（葡萄、草莓）、干果类（板栗、核桃、枣、仁用杏）、香蕉、砧木类（苹果、梨、柑橘、樱桃、桃）共七大类，描述的内容主要包括育种基本情况、生物学特性、植物学特性、主要经济性状、抗逆性、综合评价、栽培技术要点七个方面，重点描述了所选育品种（品系）的植物学特性和主要经济性状。主要果树高效标准生产关键技术则重点描述了技术原理、技术要点、解决的关键技术、主要经济指标、创新点、适用区域等六个方面。

本书由项目主持人王玉柱担任主编，负责全书的整体设计和组织协调。项目课题主持人为副主编。各子课题主持人完成了相关树种及相关技术材料整理工作，项目的管理人员负责本书资料收集和资料整理工作。

需要说明的是，该项目新品种（新品系）及新技术，是在近十年甚至几十年新老一代果树科研工作者研究基础上获得的。成果完成人及撰写人见本书正文。

另外，本书部分新品种（新优系）还未大面积的推广，还需要在生产中得到进一步的验证。由于项目刚刚结束，成书时间仓促，书中难免有错误和不足之处，敬请读者批评指正!

编　者

2010年11月

目　录

第1部分　仁果类主要果树新品种（新品系）

第4部分　干果类主要果树新品种（新品系）

第5部分　浆果类主要果树新品种（新品系）

第6部分　香蕉新品种（新品系）

第7部分 主要果树砧木新品种（新品系）

第 1 部分

仁果类主要果树新品种（新品系）

一、苹果

（一）选育的新品种

1. 苹帅（*Malus domestica* Borkh ‘Pingshuai’）

【育种基本情况】由河北省农林科学院昌黎果树研究所以晚熟抗病品种‘向阳红’（*Malus domestica* Borkh ‘Xiangyanghong’）为母本，晚熟浓香耐贮藏品种‘胜利’（*Malus domestica* Borkh ‘Shengli’）为父本杂交育成。2009年通过河北省林木品种审定委员会品种审定（编号：冀S-SV-MP-023-2009），专家综合分析认为，该品种是中晚熟苹果品种，品质上等、易着色、早果、丰产、抗病性强，具有良好的市场前景。目前已在河北省推广。

【生物学特性】在河北昌黎地区4月初萌芽，4月下旬初花，花期7～10 d，9月下旬果实成熟，果实发育期150 d左右，11月初落叶，营养生长期210 d左右。

【植物学特性】树姿较直立，主干树皮光滑，多年生枝灰褐色，顺滑，皮孔少而大，圆形或椭圆形，稍凸出，分散或纵列明显；一年生枝灰紫褐色，粗壮，较直顺，皮孔明显。叶片中大，质中厚，长椭圆形，先端渐尖，基部近圆形，叶片平伸，叶缘两侧稍上翘；锯齿中大，多单齿较锐，间有复齿，叶面有光泽，叶背茸毛较少，叶柄中粗，长约3.0 cm，深绿色，托叶小，不明显。叶芽中大，饱满，圆锥形，茸毛中多，贴伏。花芽中大，卵圆形，先端稍尖，鳞片松，多茸毛。每花序一般着生5～6朵花，花冠中大，浅红色，花瓣近圆形。

【主要经济性状】果实近圆形，大小整齐，平均单果重203.2 g，果形指数0.84，果实易着色，不需套袋，果实全面浓红色（图1.1），有蜡质，果点中大，中多。果皮较厚，较脆，果心小；果肉黄白色或浅黄色，质细，硬脆，果汁多，有香气，甜酸适口；采后硬度（去皮）8.70 kg/cm^2，可溶性固形物含量14.6%；耐贮藏。

以短果枝结果为主。栽培时宜配置授粉树，连续丰产性强。一般栽培后第3年开始结果，第4年有经济收益，第6年进入盛果期，每公顷产量可达45 000 kg。图1.2为‘苹帅’

结果枝。

【抗逆性】六年生树主干和主枝光滑，树体抗粗皮病（轮纹病），果实抗轮纹病，不套袋轮纹病不会造成为害，果实光洁艳丽；抗早期落叶病；耐瘠薄，在青龙陆丈子区试点，土壤为砂砾土，对照品种‘长富2号’表现生长缓慢，容易形成“小老树”，影响结果，该品种生长结果正常。无特殊的敏感性病虫害和逆境伤害。

图1.1 ‘苹帅’果实（无袋）

图1.2 ‘苹帅’结果枝

【综合评价】该品种品质好，外观美观，商品性好，结果早，丰产、抗病、适应性强，省去套袋等特点，生产成本低，效益高，具有很好的市场潜力和广阔的发展前景。

【栽培技术要点】定植时需要挖大定植穴，一般80 cm宽，80 cm深，穴内施30 kg优质有机肥。矮化中间砧苗木株行距采用（1.5~2）m×（3~3.5）m，每公顷定植1 425~2 220株；以八棱海棠、山定子为砧木的苗木株行距采用3 m×（4~5）m，每公顷定植675~825株，树形采用纺锤形或细长纺锤形；由于枝条直立，需要拉枝开角，疏除背上直立枝，通风透光，均衡树势，平衡营养，减少级次；控制树高，一般控制在3~3.5 m。‘苹帅’自花结实率低，需要配备授粉树，以‘红富士’、‘王林’、‘金冠’、‘红星’、‘珊夏’、‘嘎拉’等作授粉品种均可，授粉距离不超过20 m。‘苹帅’结果早、坐果率高、丰产，要注意控制产量，做好疏花疏果，每花序留单果，弱枝少留或不留果，每公顷产量控制在45 000 kg左右。

（完成人：赵永波、陈东玫、李春敏、杨凤秋、张新生、赵同生、乐文全、付　友、张新忠）

2. 华硕（*Malus domestica* Borkh ‘Huashuo’）

【育种基本情况】由中国农业科学院郑州果树研究所以大果型的早熟品种‘美八’(*Malus domestica* Borkh ‘Meiba’)为母本，中晚熟品种‘华冠’（*Malus domestica* Borkh ‘Huaguan’）为父本杂交培育而成的大果型、红色、早熟苹果品种。2009年通河南省林木品种审定委员会审定（编号：豫S-SV-MP-001-2009），专家综合分析认为，该品种是一个大果型、红色、优良早熟苹果品种，适宜在河南苹果适栽区推广。

【生物学特性】在郑州地区3月中旬萌动，4月上旬盛花，盛花期5~7 d。花蕾粉红色，盛花期花瓣白色。果实7月下旬上色，8月初成熟，果实发育期110 d左右，成熟期介于‘美八’与‘嘎拉’之间。11月上旬落叶，营养生长期250~260 d。

【植物学特性】树姿直立，树势强健；一年生枝条红褐色（图1.3），皮孔中大，平均长度87.0 cm，节间2.9 cm；叶片浓绿色，叶尖渐尖（图1.4），叶缘锐锯齿形，叶片平展、中大，叶背茸毛较多，叶姿斜向上，叶柄平均长度2.6 cm，叶片平均长度9.8 cm，宽度5.7 cm；每花序花朵数7个，花蕾粉红色，花瓣卵圆形、离生。

图1.3 ‘华硕’枝条

图1.4 ‘华硕’叶片

【主要经济性状】果实近圆形（图1.5），稍高桩；平均纵径7.8 cm，横径8.7 cm；果实较大，平均单果重232.0 g。果实底色绿黄，果面着鲜红色，着色面积达70%，个别果实可达全红。果面平滑，蜡质多，有光泽；无锈，果粉少；果点中，稀，灰白色。果梗中长，平均长度2.4 cm，粗；梗洼深，广。萼片宿存，直立，半开张；萼洼广，陡、中深，有不明显的突起。果肉黄白色；肉质中细，松脆。采收时果实去皮硬度10.1 kg/cm^2；汁液多，可溶性固形物含量13.1%，可滴定酸含量0.34%，风味酸甜适口，浓郁，有芳香；品质上等。果实在普通室温下可贮藏20 d，冷藏条件下可贮藏3个月。

‘华硕’枝条萌芽率中等，成枝力较低，易形成短果枝和腋花芽结果，早果性好。幼树定植后个别单株第2年即可少量成花，第3年正常结果，第4年以后进入盛果期，每公顷产量可达30 000 kg以上；高接树一般第2年即可正常结果，第3年进入盛果期。幼树以中果枝和腋花芽结果为主，随树龄增大逐渐以短果枝和中果枝结果为主。‘华硕’坐果率高，自然授粉条件下平均花序坐果率为81.2%，每花序平均坐果数2.5个。图1.6为‘华硕’结果状。

【抗逆性】根据在选种圃内多年的观察和各地引种试栽的情况表明，该品种植株生长健壮，枝叶繁茂，无严重的苹果斑点落叶病、白粉病等叶部病害的发生。由于果实在7月底已成熟采收，避开了苹果的炭疽病、轮纹病等发病时期，在虫害上与‘美八’、‘嘎拉’等其他主栽品种相比，无特别严重的虫害发生。成熟前持续高温、干旱时间较长的果园，果实会出现日灼和糖蜜病现象。

【栽培技术要点】采用嫁接繁殖，砧木宜采用八棱海棠（*Malus micromalus* Makino）或山定子（*Malus baccata* Borkh.）等。平原地栽植密度一般为（1.5~2.5）m×（2.5~3.0）m，丘陵地为（1.5~2.0）m×（2.0~2.5）m。宜采用直立中央领导干形，幼树期要轻剪长放，注意保持中干的生长势力，充分利用极短果枝结果。进入结果盛期后应及时更新结果枝组，保持结果枝组的势力。注意促进树体生长，防止树势衰弱，进入结果后期，应注重短截，更新促壮，维持树势，以利于高产稳产。

配置授粉树以‘富士’、‘嘎拉’和‘新红星’等生产上的常规品种为宜。提倡采用壁蜂授粉，以提高坐果率，保持稳产。

幼树期要保证充足的肥水供应，促进幼树营养生长。进入盛果期以后应增施有机肥并及时追肥，注意氮磷钾的合理搭配；灌水应掌握随旱随灌的原则，保证芽前水、萌动水、花前水和果实膨大水。

应注意防治桃小食心虫、果实轮纹病和斑点落叶病等病虫害。

（完成人：戴洪义、祝　军、张玉刚、梁美霞、王彩虹）

4．红凤（*Malus domestica* Borkh ‘Hongfeng’）

【育种基本情况】由吉林省农业科学院果树研究所以鲜食品种‘红宝’（*Malus domestica* Borkh ‘Hongbao’）为母本，鲜食品种‘凤凰卵吉塔伊卡’（*Malus sieversii*）为父本，通过人工杂交选育而成。2010年通过品种审定（吉登果2010001），专家综合分析认为，该品种是一个抗寒性强，抗病性强，综合性状优于‘金红’苹果品种。适宜在吉林省无霜期≥120 d，≥10℃积温≥2 700℃地区推广栽培。

【生物学特性】在吉林省公主岭地区，每年4月中旬萌芽，5月上旬开花。花白色。8月中旬果实成熟。果实发育期93 d左右。10月初落叶。营养生长期170 d左右。

【植物学特性】‘红凤’树势强，10年生树高约450 cm，当年生枝条暗红色，多年生枝条棕褐色，枝条平均生长量86.1 cm。叶片卵圆形，叶面深绿色，叶背灰绿色。田间自然坐果率84.4%。

【主要经济性状】果实扁圆形（图1.10），纵径4.5~5.5 cm，横径5.8~7.1 cm，平均单果重126.0 g，最大单果重145.0 g。‘红凤’果实可溶性固形物含量15.8%，总糖含量10.87%，总酸含量0.68%，每100 g含维生素 C23.41 mg。果肉细脆、甜，品质上等。

乔砧苗定植后第4年开始结果，盛果期每公顷产量为52 500 kg。图1.11为‘红凤’结果状。

【抗逆性】经过多年、多点田间调查与实验室电导率测定相结合的试验结果表明：‘红凤’抗寒能力高于‘金红’，正常年份无冻害发生。特殊寒冷年份，有2~3级冻害发生，冻害指数为35.7%。‘红凤’枝条冻害后恢复能力较强，不会影响到当年树体的生长。

‘红凤’苹果抗腐烂病能力强于‘金红’，属于中高抗品种，发病指数为2.12%。

【综合评价】‘红凤’具有抗寒、抗病、质优、丰产、早熟、较耐贮等特点，适宜寒地地区推广栽培。

图1.10 ‘红凤’果实

图1.11 ‘红凤’结果状

【栽培技术要点】乔砧栽植适宜株行距和密度为3 m×4 m，860株/hm^2；矮化砧栽植适宜株行距和密度为2 m×3 m，1 720株/hm^2；授粉品种宜选用‘金红’、‘七月鲜’，比例为6∶1或8∶1；修剪原则以缓放、拉枝为主，短截、疏除为辅，促使早期丰产。

（完成人：张冰冰、张连喜、林淑芳、孙凤兰、赵晨辉、宋洪伟、李粤渤、李　锋、梁英海、张艳波、陶　蕊）

5．岳苹（*Malus domestica* Borkh ‘Yueping’）

【育种基本情况】辽宁省果树科学研究所以‘寒富’（*Malus domestica* Borkh ‘Hanfu’）为母本，‘岳帅’（*Malus domestica* Borkh ‘Yueshuai’）为父本杂交育成的晚熟新品种。2009年通过辽宁省非主要农作物品种备案（辽备果[2009]321号）并正式定名。专家综合分析认为，该品种是一个优良的晚熟苹果品种，抗寒性较强，抗轮纹病。适宜在辽宁省营口以南及气候条件相似地区栽植。

【生物学特性】在辽宁熊岳地区4月上旬花芽萌动，4月下旬初花，4月末盛花，5月初终花，9月中旬开始着色，10月中旬果实成熟，果实发育期165 d左右，11月上旬落叶，营养生长期220 d。

【植物学特性】树姿开张，树势强。主干灰褐色，较光滑。一年生枝黄褐色，茸毛少，平均长60.9 cm、粗8.5 mm，节间长2.1 cm。叶片浓绿色，幼叶淡绿色，叶面平展，叶柄长2.8 cm，叶片长8.2 cm，宽5.8 cm。每花序平均5朵花，花冠直径4.4 cm，花瓣粉白色（图1.12）。成枝力强，短枝少，连续结果能力中等，有腋花芽结果习性，采前不落果。自花结实率低。

图1.12 ‘岳苹’花

【主要经济性状】果实圆锥形（图1.13），果形指数0.86，果形端正。平均单果重295.0 g，大果重545.0 g。底色黄绿，全面着鲜红色，果面光滑。果梗长3.6 cm，粗2.2 mm，梗洼深，萼片宿存、反卷、基部连接、半开，萼洼深、中广。果肉黄白色，肉质松脆、中粗，汁液多，风味酸甜、微香、无异味。果肉硬度11.2 kg/cm^2，可溶性固形物含量15.3%，可溶性糖含量12.49%，可滴定酸含量0.22%，每100 g含维生素C5.20 mg，耐贮藏。

以中短果枝结果为主，连续结果能力强，丰产性好。利用三年生平邑甜茶高接，第3年平均株产11.3 kg。盛果期每公顷产量可达37 500 kg。图1.14为‘岳苹’结果枝。

图1.13 ‘岳苹’单果

图1.14 ‘岳苹’结果枝

【抗逆性】抗寒性较强，在熊岳地区，经过13年的田间观察，从未发生过明显冻害，生长结果表现正常，一年生枝半致死温度 -35℃左右。目前未发现有苹果白粉病，苹果腐烂病及早期落叶病发病亦较轻。田间苹果轮纹病菌接种鉴定表明，‘岳苹’一年生枝感病病级为0.3，主干感病病级为1级，属抗病品种。

【综合评价】该品种为优质、红色、抗轮纹病、晚熟苹果新品种。具有丰产、稳产、早果、抗寒、耐贮藏、适应性强等特点，综合性状优于‘乔纳金’，具有良好的发展前景。

【栽培技术要点】适宜在辽宁省大连、营口、葫芦岛及其他生态条件相似地区栽植。栽植株行距乔砧树以3 m×5 m为宜；矮砧树以2 m×4 m为宜。S基因型为S_1S_2，授粉品种可选用‘富士’、‘嘎拉’、‘首红’、‘岳阳红’、‘金冠’等。乔砧树选用自由纺锤形，密植树选用细长纺锤形。幼树轻剪长放，开张角度，春季萌芽前刻芽促短，增加短枝量，缓和生长势，以利早期成花结果。结果后对衰弱枝组及时回缩更新，保持结果枝组生长健旺。生产上按每30 cm左右选留1个中心果，每公顷产量控制在30 000~37 500 kg。对于盛果期树，在果实采收后，一般每公顷应施入有机肥30 000 ~45 000 kg，复合肥1 500~2 250 kg。6、7月结合灌水，根据树体生长状况，追施1~2次氮、磷、钾三元复合肥。要注重防治桃小食心虫和早期落叶病，对桃小食心虫可用乐斯本乳油、桃小灵等进行防治。在5月下旬早期落叶病防治关键时期，连喷1~2次80%大生M-45可湿性粉剂，6月中下旬结合防虫喷施杀菌剂多菌灵或福星乳油。一般在果实成熟前20~25 d摘袋，果实着色最佳，在10月中旬果实成熟采收。

（完成人：伊　凯、刘　志、王冬梅、张　敏、张景娥、闫忠业、吕天星、姜孝军、杨　锋、高爱农、沙守峰、杨　巍）

6．华脆（*Malus domestica* Borkh ‘Huacui’）

【育种基本情况】由中国农业科学院果树研究所以中晚熟优质品种‘金冠’（*Malus domestica* Borkh ‘Golden Delicious’）为母本，自花结实能力强的品种‘惠’（*Malus domestica* Borkh ‘Megumi’）为父本杂交育成。2010年通过辽宁省非主要农作物品种备案办公室备案（辽备果[2009]322号），专家综合分析认为，该品种是一个大果型、红色、抗逆性强、鲜食加工兼用优良品种。适宜辽宁省环渤海湾苹果优势区域及气候条件相似地区推广栽培。

【生物学特性】幼树长势较强，结果后转中庸，五年生树高2.7 m，冠径1.95 m × 1.75 m，新梢平均长度53.4 cm，平均粗度0.65 cm；萌芽率中等，平均63.4%，成枝力较强；始果期较早，一般定植第4年即可开花结果，四年生平均株量4.5 kg；幼树长、中、短果枝均可结果，长中短比例为21：32：47；盛果期树以中、短果枝结果为主，短果枝寿命较长；部分果台副梢有连续结果能力；花序坐果率82.4%，平均果台坐果1.7个，花朵坐果率51.0%；基本无采前落果，丰产性强，早期丰产，七年生树（高接国光树第4年）每公顷平均产量49 500 kg，栽植密度每公顷为825株。

在辽宁兴城4月上中旬萌芽，5月上旬开花，10月中旬果实成熟，果实发育期约160 d，11月上中旬落叶，营养生长期约210 d。

【植物学特性】树姿开张，树冠半圆形；树干灰褐色，光滑；2~3年生枝灰褐色；新梢黄褐色，皮孔中多、中大、长圆形，茸毛浓密；叶芽较大、圆锥形、贴生；花芽较大、圆锥形；叶片多卵圆形、中大，长9.6 cm、宽5.9 cm，肥厚、浓绿色、有光泽、抱合；叶背茸毛较多；叶尖渐尖、叶基圆形；叶缘复锯齿；叶柄长2.6 cm；叶片生长方向为斜向上；花萼较小；花冠较大、浅粉红色，雄蕊20枚，花粉多；每花序多为5朵花。

【主要经济性状】果实长圆形或圆锥形（图1.15），平均纵径7.1 cm，平均横径8.1 cm；果个大，平均单果重203.0 g，最大者可达300.0 g以上；果皮底色黄绿、全面鲜红色及浓红条纹；果面光洁、果粉较少、果点稀而小、外观漂亮；果柄粗长（长3.4 cm，粗0.29 cm）；萼片闭合、中大、直立；萼洼浅，广狭度中等；果心中大、中位；心室5个、半开；种子卵圆形、大而饱满，平均每果8.2粒；果肉黄白色、肉质松脆、汁液多、味酸甜适口、有香气；可溶性固形物含量12.8%，可溶性糖含量10.10%，果实

图1.15 ‘华脆’单果

硬度8.1 kg/cm^2，可滴定酸含量0.70%，品质中上等；维生素C含量高，为每100 g含维生素C14.76 mg；制汁性状优良，出汁率79.9%，果汁基本不褐变（图1.16）。果实较耐贮藏，冷藏条件下可贮藏4个月以上，肉质、风味保持良好。图1.17为‘华脆’结果枝。

图1.16 ‘华脆’果汁

图1.17 ‘华脆’结果枝

【抗逆性】‘华脆’抗果实轮纹病、斑点落叶病能力均强于‘金冠’，对斑点落叶病表现为轻感；抗寒性与‘金冠’相当，强于‘嘎拉’，具有较强的抗寒性。

【综合评价】该品种丰产，抗逆性强，维生素C含量高，含酸量高，出汁率高，适宜性较强，是一个鲜食加工兼用苹果新品种。

【栽培技术要点】‘华脆’树冠中等，可适当密植，一般可采用4 m×4 m、5 m×3 m、4 m×3 m行株距，即每公顷栽植630株、660株或825株。‘华红’、‘富士’系、‘元帅’系、‘秋锦’、‘金冠’等品种均可作为‘华脆’的授粉树。提倡人工授粉或壁蜂传粉；及时疏花疏果，留果间距一般在20 cm左右；果实套袋，套袋后外观更加光洁、细腻，颜色更加漂亮。在萌芽前、花后、套袋前、果实迅速生长期及时进行病虫害防治。

（完成人：丛佩华、康国栋、程存刚、王　强、田　义、杨　玲、张利义、杨振英、张彩霞等）

7. 泰山嘎拉（*Malus domestica* Borkh ‘Taishan Gala’）

【育种基本情况】该品种是山东省果树研究所在淄博市临淄区南王街办南仇北村发现的1株‘皇家嘎拉’（*Malus domestica* Borkh ‘Royal Gala’）红色大果形芽变。2010年通过山东省农作物品种审定委员会审定（编号：鲁农审2010074号），专家综合分析认为，该品种具有果个大、色泽艳、品质优、丰产稳产、商品性好等特点。适合山东省苹果产区栽培。

【生物学特性】在山东省泰安地区芽萌动期3月下旬，初花期4月上旬，花期7 d左右，新梢旺长期在4月下旬，8月初果实开始着色，比‘皇家嘎拉’早，8月10日左右果实成熟，果实发育期115 d左右，与‘皇家嘎拉’基本相同。11月中旬落叶，营养生长期240 d左右。

【植物学特性】树姿开张，树势强，萌芽率高，成枝力中等。‘泰山嘎拉’枝条比‘皇家嘎拉’稍硬。多年生枝深褐色，一年生发育枝红褐色，茸毛少。新梢生长量36~56 cm，节间长度一般在2.42~3.43 cm，新梢粗度0.49~0.55 cm。皮孔中多、白色、中大、圆或椭圆形。叶尖渐尖，叶缘复锯齿；叶片绿色，长9.5~11.4 cm，宽5.0~5.5 cm，叶柄长3.2 cm左右；叶柄基部红色。叶姿斜向上，叶面抱合。‘泰山嘎拉’叶片显著大于‘皇家嘎拉’。平均每花序5.0个花朵，花蕾白色，花瓣邻接、圆形。生理落果和采前落果轻，花序自然坐果率为53.4%，花朵自然坐果率为11.8%。

图1.18 ‘泰山嘎拉’果实

【主要经济性状】果实圆锥形（图1.18），果形指数0.84，平均单果质量212.8 g，果实大小整齐一致。果面盖色鲜红，底色黄绿，着色类型片红，着色程度在75%以上。果面光滑，果皮稍厚，有蜡质，无果粉。果点稍大、中疏、平。果梗长，中粗，梗洼深广、锈量少。果心小，果肉淡黄色，肉质细、硬脆，汁液多，甜酸适度，香气浓。果实去皮硬度为7.2 kg/cm^2，可溶性固形物含量15.0%，可溶性糖含量13.84%，可滴定酸0.39%。品质上等，优于‘皇家嘎拉’。

长、中、短枝均能结果，有连续结果能力。早果丰产性好，用优质矮化砧苗建园，第2年即可结果，第3年每公顷平均产量为7 500 kg。大树高接换种后，第2年每公顷产量8 250 kg，第3年每公顷产量22 500 kg，第4年每公顷产量30 000 kg。无大小年现象。图1.19为‘泰山嘎拉’幼树结果状。

【抗逆性】该品种适应性广，抗逆性强。抗早期落叶病、白粉病及果实黑红点病等。

图1.19 ‘泰山嘎拉’幼树结果状

【综合评价】该品种为目前国内优良的中早熟苹果新品种。具有果个大、色泽艳、品质优、丰产稳产、商品性好等特点，作为‘嘎拉’系苹果新品种，具有良好的发展前景。

【栽培技术要点】建园时最好采用无病毒优质健壮苗木，一般推荐矮砧果园株行距（2~3）m×4 m，乔砧果园株行距3 m×4 m。授粉品种以‘藤木1号’、海棠(类)等为主。果实成熟早，早期肥水需求高，应在萌芽前施完追肥，采果后立即施基肥。易成花，而且花序坐果率高，应及早疏花，注重花前复剪，选留中短枝、健壮枝结果。严格选留中心果，合理负载，生产上可按15~20 cm间距选留1个中心果，提高果实商品率。树形可培养为高纺锤形，幼树适当开张角度，以轻剪长放和疏枝为主，使主枝单轴延伸。结果多年后，适量短截，及时回缩结果枝组和更新主枝，维持树势，保持生长和结果的平衡。

（完成人：李林光、杨建明、李慧峰、王海波、刘加芬、张　勇）

8. 苹艳（*Malus domestica* Borkh ‘Pingyan’）

【育种基本情况】由河北省农林科学院昌黎果树研究所以晚熟优质品种‘岩富10’（*Malus domestica* Borkh ‘Yanfu No.10’）为母本，中熟优质品种‘红津轻’（*Malus domestica* Borkh ‘Tsugaru’）为父本杂交育成。2009年通过河北省林木品种审定委员会品种审定（编号：冀S-SV-MP-024-2009），专家综合分析认为该品种果肉细脆、口感好，是一个早果、丰产、抗病性强的中晚熟苹果新品种。目前已在河北省推广。

【生物学特性】在河北昌黎地区4月初萌芽，4月下旬初花，花期7~10 d，9月下旬果实成熟，果实发育期150 d左右，11月初落叶，年营养生长期210 d左右。

【植物学特性】树姿较开张，幼树生长势较强，萌芽率高，成枝力强，成龄树生长势减弱。主干树皮光滑、浅灰色，多年生枝浅灰褐色、顺滑，皮孔少而大、椭圆形、凸出、明显。一年生枝灰褐色、较软、直顺，节间长约2.8 cm，皮孔少、中大、椭圆形，明显。叶片中大、中厚、长7~9 cm、宽约4.0 cm、长椭圆形、先端尖、基部近圆形，叶缘两侧上翘、锯齿中大、多单齿、较锐、间有复齿；叶面有光泽，叶背茸毛较多，叶柄中粗、长约3.0 cm、绿色，托叶小。叶芽中大、饱满、圆锥形、茸毛多、贴伏。花芽中大、卵圆形、先端稍尖、鳞片松、多茸毛。每花序一般着生5~6 朵花，花冠中大、浅红色、花瓣近圆形。

【主要经济性状】果实近圆形（图1.20）、大小整齐，平均单果质量172.1 g，果形指数0.84；果皮底色黄绿、着鲜红色、有明显条纹，色泽艳丽果面光洁，有蜡质，果点中大、较少、稍凸出；梗洼中深、中广，果柄较细，长约1.8 cm；萼洼中深、较阔，萼片中大，先端稍反卷、闭合；果皮较薄，果心小，雌蕊中位；心室壁光滑，中轴开张；种子多，一般5~10粒，中大、胚端尖、红褐色、充实饱满；果肉浅黄色、质细、松脆、果汁多、有香气，酸甜适口；采后硬度（去皮）8.5 kg/cm^2，可溶性固形物含量15.8%，品质佳。

以短果枝结果为主（图1.21）。栽培时宜配置授粉树，连续丰产性强。一般栽培后第3年开始结果，第6年生进入盛果期，每公顷产量可达45 000 kg。

图1.20 ‘苹艳’果实（无袋）

图1.21 ‘苹艳’结果枝

【抗逆性】‘苹艳’适应性强，在省内外各区域试验点，生长结果正常，对不同类型土壤条件和气候条件适应性强，耐瘠薄。在青龙陆丈子区试点，土壤为砂砾土，该品种生长结果正常，对照品种‘长富2号’表现生长缓慢，容易形成“小老树”，影响结果。无特殊的敏感性病虫害和逆境伤害。

【综合评价】该品种品质好，外观美观，商品性好，结果早，丰产，抗病，适应性强，生产成本低，效益高，具有很好的市场潜力和广阔的发展前景。

【栽培技术要点】果园定植时需要挖大定植穴，一般宽80 cm、深80 cm，穴内施30 kg优质有机肥。矮化中间砧苗木栽培，株行距采用（1.5~2）m×（3~3.5）m，每公顷定植1 425~2 220株；以八棱海棠、山定子等为砧木乔化栽培，株行距采用3 m×（4~5）m，每公顷定植675~825株。幼树生长势较强，成枝力强，萌芽率高，长、中枝比例较高，树形采用纺锤形或细长纺锤形；由于枝条开张，容易拉枝开角，注意疏除背上直立枝，通风透光，均衡树势，平衡营养，减少级次；控制树高，一般控制在3~3.5 m。‘苹艳’自花结实率低，需要配备授粉树，以‘王林’、‘金冠’、‘红星’、‘珊夏’、‘嘎拉’等做授粉品种均可，授粉距离不超过20 m。‘苹艳’结果早、坐果率高、丰产，要注意控制产量，做好疏花疏果，每花序留单果，弱枝少留或不留果，每公顷产量控制在45 000 kg左右。

（完成人：赵永波、陈东玫、杨凤秋、李春敏、张新生、赵同生、乐文全、付　友、张新忠）

9．鲁加2号（*Malus domestica* Borkh ‘Lujia No.2’）

【育种基本情况】由青岛农业大学于1995年以中熟柱形苹果品种‘特拉蒙’（*Malus domestica* Borkh ‘Telamon’）为母本，以‘富士’（*Malus domestica* Borkh ‘Fuji’）为父本杂交育成的高酸制汁、早中熟苹果品种。2009年通过山东省品种审定（鲁农审2009064号），专家综合分析认为，该品种是一个优良的果汁高酸、无褐变、稳定性好的加工制汁苹果品种。适合山东地区栽培。

【生物学特性】‘鲁加2号’在山东烟台于4月上旬萌芽，初花期4月下旬，花期7~10 d。果实成熟期8月下旬，落叶期11月下旬。

【植物学特性】树形为普通型。树势中庸，树姿开张。萌芽力强，成枝力弱。自然坐果率高。用‘富士’和‘嘎拉’等混合花粉授粉，坐果率为61.0%。无采前落果。丰产，稳产。

主干树皮灰褐色，多年生枝褐色、较光滑。一年生枝红褐色、较粗、多斜生，皮孔中大而稀少、近圆形，节间中长2.5 cm，芽肩明显，芽呈三角形，秋梢茸毛少。叶片中大、椭圆形，平均叶长10.0 cm，宽6.1 cm；叶柄中粗，长约2.5 cm；托叶大小中等、刀形。叶芽大而尖、紧贴于茎上，鳞片紧、茸毛很少。花芽较大、圆锥形、先端稍尖，鳞片较紧，茸毛疏生。花蕾浓红色，盛开时浅桃红色；花萼狭长、弯曲、茸毛较少；花柄中细，长约2.8 cm，茸毛偏少。

【主要经济性状】 果实近圆形（图1.22），平均单果重140.0 g。果面光滑，底色黄绿，阳面有红晕和明显的鲜红条纹。果肉黄白色、肉质松而稍粗、汁液多；风味浓酸。果实可溶性固形物含量12.0%，果实硬度9.1 kg/cm^2，含糖量9.60%，可滴定酸0.71%，pH为3.31，果实原汁酸度0.45%，浓缩汁酸度3.20%~4.14%。果实成熟期8月下旬（山东烟台）。

幼树主要以中、长果枝结果为主，随着树龄增长和树势逐渐缓和，转为以中、短果枝结果为主。结果较早，丰产，稳产。四年生树每公顷产量可达22 500 kg以上。图1.23为‘鲁加2号’结果状。

图1.22 ‘鲁加2号’果实

图1.23 ‘鲁加2号’结果状

【抗逆性】 ‘鲁加2号’适应性广，抗逆性强。在山东、陕西地区，多年内未见冻害或抽条现象。对苹果炭疽病、斑点落叶病、苹果瘤蚜、绵蚜等常见病虫害有较强抗性。

【综合评价】 该品种为目前国内优良的苹果浓缩汁加工专用型新品种。具有果实早熟，果汁高酸、无褐变、果汁稳定性好，树体丰产、稳产，适应性强，抗病性好等显著特点，具有良好的发展前景。

【栽培技术要点】采用嫁接繁殖，砧木宜采用八棱海棠（*Malus micromalus* Makino）、山定子（*Malus baccata* Borkh.），也可采用‘M_{26}’、‘M_9’等作为根砧或矮化中间砧。

平原地栽植密度一般为（2.5~3.5）m×（3.5~4.5）m，丘陵地为（2~3）m×（3~4）m；矮化密植时（1.0~2.0）m×（3.0~4.0）m。

宜采用自由纺锤形，矮化密植时宜采用直立中央领导干形。幼树期以轻剪长放为主，在保证树体正常发育的前提下，充分利用长果枝结果。进入结果盛期后应及时更新结果枝组，保持结果枝组的势力。注意平衡生长与结果，以防树势衰弱，进入结果后期，应有计划地进行短截，更新促壮，维持树势以利于稳产。

生产上应配置授粉树，以‘新红星’、‘嘎拉’、‘富士’等生产上常规品种为宜。提倡采用壁蜂授粉，提高坐果率，也提倡疏花疏果，以提高果实质量，维持树势。

幼树期要加强肥水管理，促进幼树营养生长。生长期应增施有机肥，进入盛果期以后及时追肥，注意氮磷钾的合理搭配；灌水应掌握随旱随灌的原则，保证芽前水、萌动水、花前水和果实膨大水。

应注意防治桃小食心虫、苹果枝干轮纹病和斑点落叶病等病虫害。

（完成人：戴洪义、祝　军、张玉刚、梁美霞、王彩虹）

（二）选育的优系

1. 华丹（99-2-48）（*Malus domestica* Borkh）

【育种基本情况】由中国农业科学院郑州果树研究所以大果型的早熟品种‘美八’（*Malus domestica* Borkh ‘Meiba’）为母本，极早熟品种‘麦艳’（*Malus domestica* Borkh ‘Maiyan’）为父本杂交培育而成。已在河南孟州、巩义、三门峡、商丘以及山东曲阜，山西运城，云南昭通等地进行区域试验。

【生物学特性】在郑州地区3月上中旬萌动，4月初盛花，盛花期5~7 d。花蕾粉红色，花瓣白色。果实6月下旬上色，7月初成熟，果实发育期80 d。11月上旬落叶，营养生长期250~260 d。

【植物学特性】树姿直立，树势强健；一年生枝平均长度72 cm，节间长度2.7 cm，枝条褐色，皮孔中，茸毛较多；叶柄平均长度2.9 cm，叶片平均长度9.7 cm，宽度6.1 cm，叶片浓绿色，叶尖渐尖，叶缘钝锯齿形，叶片平展、中大，叶背茸毛较多，叶姿斜向上；每花序花朵数7个，花蕾粉红色，花瓣椭圆形、离生。

【主要经济性状】果实近圆形（图1.24）、高桩，平均纵径6.5 cm，横径7.2 cm；果实中等大小，平均单果重160.0 g。果实底色淡黄，果面着浓红色，片状着色，色泽鲜艳，着色面积80%以上，个别果实可达到全面着色。果面平滑，蜡质多，有光泽；无锈，果粉中等；果点小、中多、灰白色。果梗长，平均2.7 cm，中粗；梗洼深、中广、无锈。萼片宿存、直立、半开张；萼洼广、缓而浅。果肉白色；肉质中细、松脆，采收时果实去皮硬度6.3 kg/cm^2；汁液中多，可溶性固形物含量12.4%，可滴定酸含量0.42%，风味酸甜；品质中上等。果实在室温下可贮藏5~7 d。

图1.24 ‘华丹’（99-2-48）果实

该品种生长势中等，树体紧凑；枝条萌芽率高，成枝力中等，短枝性状明显。坐果率高，在自然授粉条件下花序坐果率71%，平均每花序坐果3.2个。早果性好，一般高接第2年见果，第3年丰产；幼树定植第3年见果，第4年丰产。

【抗逆性】‘华丹’由于成熟早，果实几乎没有发现主要的病害。未发现严重的苹果斑点落叶病、白粉病等叶部病害。

【综合评价】该品种突出特点是：早熟、着色鲜艳，树体紧凑，结果性状好。与其亲本相比，着色类似‘美八’，但克服了‘美八’坐果率低、产量不稳定的缺点；结果性状同‘麦艳’，但克服了‘麦艳’果小、采前落果重的缺点。与成熟期接近的‘藤木1号’相比，比‘藤木1号’熟期提早1周，着色则更鲜艳，而且采前落果轻；果实风味比‘藤木1号’稍带酸味。作为早熟品种在部分地区有一定的发展前景。

（完成人：过国南、阎振立、张顺妮、张恒涛、刘珍珍等）

2. 红珍珠（96-1-40）（*Malus domestica* Borkh）

【育种基本情况】由中国农业科学院郑州果树研究所以早熟品种‘藤木1号’（*Malus domestica* Borkh ‘Tengmu No.1’）为母本，‘嘎拉’（*Malus domestica* Borkh ‘Gala’）为父本杂交培育而成。已在河南巩义，山东曲阜等地进行区域试验。

【生物学特性】在郑州地区3月上中旬萌动，4月上旬盛花，盛花期5~7 d。花蕾粉红色，花瓣白色。果实7月底成熟，发育期110~120 d。11月上旬落叶，营养生长期250~260 d。

【植物学特性】树姿直立，树势中庸；一年生枝平均长度67 cm，节间长度2.9 cm，枝条褐色，皮孔中，茸毛多；叶柄平均长度3.2 cm，叶片平均长度9.8 cm，宽度4.9 cm，叶片浓绿色，叶尖渐尖，叶缘钝锯齿形，叶片平展、中，叶背茸毛较多，叶姿斜向上；每花序花朵数7个，花蕾粉红色，花瓣椭圆形、离生。

【主要经济性状】果实圆柱形（图1.25），平均纵径6.6 cm，横径5.6 cm；平均单果重105.0 g，如鸡蛋大小。果实底色绿黄，果面着鲜红色，片状着色，着色面积80%以上。果面平滑，有少量蜡质；果面无锈，果粉少；果点大、中密、浅褐色、较明显。果梗中长，平均长度2.4 cm，中粗；梗洼中深、广、缓；萼片大、宿存、直立、闭合；萼洼广、缓、浅，周围有不明显的突起。果肉淡黄色；肉质中细、紧密、硬脆，采收时果实去皮硬度12.2 kg/cm^2；汁液中多，可溶性固形物含量15.8%，可滴定酸含量0.29%，风味浓甜、香味浓；品质上等。果实极耐贮藏，在室温下贮藏30 d，冷藏条件下可贮藏4个月。

图1.25 ‘红珍珠’（96–1–40）果实

该品种枝条较细，树势生长中庸。以中果枝结果为主；在自然授粉情况下花序坐果率31.7%，平均每花序坐果3.1个。

【抗逆性】‘红珍珠’由于成熟早，果实上几乎没发现主要的病害，但果实接近成熟时易受金龟子的为害。有少量苹果斑点落叶病、白粉病等叶部病害的发生。

【综合评价】该品种属于浓甜、早熟、极耐贮藏的小果型品种，是目前早熟品种中含糖量最高、果实最耐贮藏的品种，其可溶性固形物含量和贮藏性超过了同一产地的大多中熟、中晚熟品种；也是目前育成的首个小果型苹果优良新品系。可作为特色品种占领市场。

（完成人：过国南、阎振立、张顺妮、张恒涛、刘珍珍等）

3 . 99-4-22（*Malus domestica* Borkh）

【育种基本情况】由中国农业科学院郑州果树研究所以大果型的早熟品种‘美八’（*Malus domestica* Borkh ‘Meiba’）为母本，中晚熟品种‘华冠’（*Malus domestica* Borkh ‘Huaguan’）为父本杂交培育而成。已在河南巩义、孟州、商丘、三门峡以及山西运城，云南昭通等地进行区域试验。

【生物学特性】在郑州地区3月上中旬萌动，4月上旬盛花，盛花期5~7 d。花蕾粉红色，盛花期花瓣白色。果实7月中下旬成熟，发育期100~110 d左右。11月上旬落叶，营养生长期250~260 d。

【植物学特性】树姿直立，树势强；一年生枝平均长度78 cm，节间长度2.6 cm，枝条红褐色，皮孔中，茸毛少；叶柄平均长度2.4 cm，叶片平均长度10.2 cm，宽度5.9 cm，叶片浓绿色，叶尖渐尖，叶缘复锯齿形，叶片平展、大，叶背茸毛较多，叶姿斜向上；每花序花朵数7个，花蕾粉红色，花瓣卵圆形、离生。

【主要经济性状】果实近圆形（图1.26），平均单果重189.0 g；底色绿黄，果面着鲜红色，着色面积达50%。果面平滑，蜡质多，有光泽；无锈，果粉少；果点中、稀、灰白色。果梗长度中，平均长2.1 cm，粗；梗洼深、广。萼片宿存、直立、半开张；萼洼广，陡、深。果肉黄白色；肉质中细、松脆，采收时果实去皮硬度9.7 kg/cm^2；汁液多，可溶性固形物含量12.8%，可滴定酸含量0.31%，风味酸甜适口、浓郁、有芳香；品质上等。果实在室温下可贮藏15 d，冷藏条件下可贮藏2~3个月。

图1.26 ‘99-4-22’果实

【抗逆性】该品系植株生长健壮，枝叶繁茂，无严重的苹果斑点落叶病、白粉病等叶部病害的发生。由于果实在7月中旬已成熟采收，避开了苹果的炭疽病、轮纹病等发病时期，果实病害较轻。但果实接近成熟时，易受金龟子的为害。

【综合评价】该品种是一大果型、红色、早熟优良品种，具有果实大、颜色鲜艳、品质优良等突出特点，而且贮藏性较好，果实货架期长。较‘嘎拉’早2周成熟，具有很好的市场前景。

（完成人：过国南、阎振立、张顺妮、张恒涛、刘珍珍等）

4. 97-150（*Malus domestica* Borkh）

【育种基本情况】由青岛农业大学于1997年以中熟柱形苹果品种‘塔斯坎’（*Malus domestica* Borkh. ‘Tuscan’）为母本和‘短枝富士’+‘新红星’+‘金矮生’（*Malus domestica* Borkh. ‘Fuji Spur+Starkrimson+Gold Spur Delicious’）的混合花粉杂交育成的高酸制汁、中晚熟短枝型苹果品系。目前正在进行区域试验。

【生物学特性】在山东烟台于4月上旬萌芽，初花期4月下旬，花期7~10 d。果实成熟期9月下旬，落叶期11月下旬。

【植物学特性】树体为短枝型。树势中庸，树冠较开张。萌芽力中，成枝力弱。自然坐果率高，用‘富士’和‘嘎拉’等混合花粉授粉坐果率为55%。

【主要经济性状】果实近圆形（图1.27），平均单果重158.0 g。果面平滑，底色淡黄，果面红色。果肉淡黄色，肉质松脆且细，汁液中，风味酸。果实可溶性固形物含量12.0%，果实硬度8.7 kg/cm^2，pH为2.99，果实原汁酸度0.62%，浓缩汁酸度3.52%。果实成熟期9月下旬（山东烟台）。

图1.27 ‘97-150’果实

【抗逆性】在山东烟台多年内未见冻害或抽条现象。对苹果炭疽病、斑点落叶病、苹果瘤蚜、绵蚜等常见病虫害有较强抗性。

【综合评价】该优系具有果汁高酸、褐变轻、果汁贮藏稳定性好等显著特点，是加工苹果浓缩汁的新品系。

【栽培技术要点】宜采用自由纺锤形或小冠疏层形。生产上应配置授粉树，以‘嘎拉’、‘富士’和‘新红星’等生产上的常规品种为宜。采用壁蜂授粉，可显著提高坐果率。提倡疏花疏果，以保持稳产。

果园秋季应增施有机肥，生长季及时追肥。前期以氮磷肥为主，后期以钾肥为主。要保证萌动水、花前水和果实膨大水。

应注意防治果实轮纹病和斑点落叶病等病虫害。

（完成人：戴洪义、祝　军、张玉刚、梁美霞、王彩虹）

5. 97-100（*Malus domestica* Borkh）

【育种基本情况】由青岛农业大学于1997年以‘特拉蒙’（*Malus domestica* Borkh. ‘Telamon’）为母本，与‘嘎拉’+‘佛尔斯塔夫’+‘新世界’（*Malus domestica* Borkh. ‘Gala+Falstaff+Shinsekai’）的混合花粉杂交育成的中酸制汁、中熟苹果品系。目前正在进行区域试验。

【生物学特性】在山东烟台于4月上旬萌芽，初花期4月下旬，花期7~10 d。果实成熟期

9月上旬，落叶期11月下旬。

【植物学特性】树体为普通型。树势中庸，树姿开张。萌芽力强，成枝力中。自然坐果率较高，用‘富士’和‘嘎拉’等混合花粉授粉坐果率为51%。

【主要经济性状】果实卵圆形（图1.28），平均单果重179.0 g。果面光洁，底色黄白，果面红、全面着色。果肉黄白色，肉质松脆而稍粗，汁液中、风味酸。果实可溶性固形物含量13.2%，果实硬度9.0 kg/cm^2，pH为3.25，果实原汁酸度0.47%，浓缩汁酸度2.50%。

图1.28　‘97–100‘果实

【抗逆性】在山东烟台多年内未见冻害或抽条现象。对苹果炭疽病、斑点落叶病，苹果瘤蚜、绵蚜等常见病虫害有较强抗性。

【综合评价】该优系果实外观和内在品质较好，果汁中酸、无褐变、贮藏稳定性较好，是适合鲜食加工兼用的新品系。

【栽培技术要点】宜采用自由纺锤形或小冠疏层形。生产上应配置授粉树，以‘富士’、‘新红星’和‘嘎拉’等生产上的常规品种为宜。采用壁蜂授粉可显著提高坐果率。提倡疏花疏果，以保持稳产。

果园秋季应增施有机肥，生长季及时追肥。前期以氮磷肥为主，后期以钾肥为主。要保证萌动水、花前水和果实膨大水。

应注意防治果实轮纹病和斑点落叶病等病虫害。

（完成人：戴洪义、祝　军、张玉刚、梁美霞、王彩虹）

6. 97-15（*Malus domestica* Borkh）

【育种基本情况】由青岛农业大学于1997年以‘特拉蒙’（*Malus domestica* Borkh. ‘Telamon’）为母本，与‘嘎拉’+‘佛尔斯塔夫’+‘新世界’（*Malus domestica* Borkh. ‘Gala+Falstaff+Shinsekai’）的混合花粉杂交育成高酸制汁、晚中熟普通型苹果品系。目前正在进行区域试验。

【生物学特性】在山东烟台于4月上旬萌芽，初花期4月下旬，花期7~10 d。果实成熟期9月下旬，落叶期11月下旬。

【植物学特性】树形为普通型。树势中庸，树姿开张。萌芽力强，成枝力中。自然坐果率较高，用‘富士’和‘嘎拉’等混合花粉授粉坐果率为50%。

【主要经济性状】果实椭圆形（图1.29），平均单果重124.0 g。果面光洁，底色绿黄，果面鲜红、全面着色。果肉乳白色，肉质硬脆而稍粗，汁液多，风味甜酸。果实可溶性固形物含量12.6%，果实硬度10.1 kg/cm^2，pH为3.14，果实原汁酸度0.56%，浓缩汁酸度3.15%。

图1.29 ‘97–15’果实

【抗逆性】在山东烟台多年内未见冻害或抽条现象。对苹果炭疽病、斑点落叶病、苹果瘤蚜、绵蚜等常见病虫害有较强抗性。

【综合评价】果实外观和内在品质较好，果汁中酸且贮藏稳定性较好，是适合鲜食加工兼用的新品系。

【栽培技术要点】宜采用自由纺锤形或小冠疏层形。生产上应配置授粉树，以‘富士’、‘新红星’和‘嘎拉’等生产上的常规品种为宜。采用壁蜂授粉可显著提高坐果率。提倡疏花疏果，以保持稳产。

果园秋季应增施有机肥，生长季及时追肥。前期以氮磷肥为主，后期以钾肥为主。要保证萌动水、花前水和果实膨大水。

应注意防治果实轮纹病和斑点落叶病等病虫害。

（完成人：戴洪义、祝　军、张玉刚、梁美霞、王彩虹）

7. 50（*Malus domestica* Borkh）

【育种基本情况】由中国农业科学院果树研究所以以母本中晚熟品种‘金冠’（*Malus domestica* Borkh ‘Golden Delicious’）和父本晚熟品种‘华富’（*Malus domestica* Borkh ‘Huafu’）杂交育成。目前正在进行区域试验。

【生物学特性】辽宁省兴城地区4月上旬萌芽，5月上旬初花，花期7 d左右，花蕾浅粉色。果实在8月中旬开始着色，9月下旬成熟。果实发育期140 d。

【植物学特性】树势中庸，主干红褐色，光滑无病斑，抗寒抗病性表现较强，树姿较直立，开张角度小，成枝力强，中短果枝结果为主，一年生枝红褐色，皮孔小，中多，节间长度3.0 cm。

【主要经济性状】果形扁圆形（图1.30），单果重200.0 g，底色绿黄，果点中小，外观艳丽，果面着鲜红色，光照好可以全面着色，片红，蜡质少，果面较光滑，果点疏，果皮较薄，果肉松脆，淡黄色，肉质中等粗细，汁液多，风味酸甜适口，有香气，果肉去皮硬度7.4 kg/cm^2，可溶性固形物含量15.5%，品质上等。

【抗逆性】生长季经田间观察，中抗斑点落叶病，较抗褐斑病、枝干轮纹病，抗寒性较强。

（完成人：丛佩华、康国栋、王　强、杨振英、田　义、张利义、杨　玲）

图1.30 ‘50’果实

8. 华苹1号（*Malus domestica* Borkh）

【育种基本情况】由中国农业科学院果树研究所以中晚熟品种‘金冠’（*Malus domestica* Borkh ‘Golden Delicious’）为母本，以‘惠’（*Malus domestica* Borkh ‘Megumi’）为父母本杂交育成。目前正在进行区域试验。

【生物学特性】辽宁省兴城地区4月上旬萌芽，5月上旬开花；9月上旬果实开始着色，9月下旬果实成熟。果实发育期140 d。

图1.31 ‘华苹1号’果实

始果期较早，定植2年开花株率13.9%，第3年开花株率100%，平均株产2.0 kg；初结果树以中、长果枝及腋花芽结果为主；无采前落果，丰产、稳产。

【主要经济性状】果实长圆形（图1.31），纵径7.2 cm，横径7.4 cm，果形指数0.98，高桩，果个中大，平均单果重170.0 g；果皮底色黄绿，被鲜红色彩霞或全面鲜红色；果面光滑，蜡质较厚，果点小，外观颇美丽；果肉淡黄色，肉质松脆，汁液多，风味酸甜适度，有浓郁香气，品质极佳。果实硬度6.3 kg/cm^2，可溶性固形物含量12.7%，可滴定酸0.64%；果实室温条件下可贮藏25 d以上。

【抗逆性】抗寒性强于‘嘎拉’，较抗枝干轮纹病。

（完成人：丛佩华、康国栋、王　强、杨振英、田　义、张利义、杨　玲）

9. 94-20-50（*Malus domestica* Borkh）

【育种基本情况】由河北省农林科学院昌黎果树研究所以晚熟品种‘红富士’（*Malus domestica* Borkh ‘Fuji’）为母本，以中熟品种‘红津轻’（*Malus domestica* Borkh ‘Tsugaru’）为父本杂交育成。目前正在进行区域试验。

【生物学特性】在河北昌黎地区4月初萌芽，4月下旬初花，花期7~10 d。10月下旬果实成熟，果实发育期180 d左右，11月初落叶，营养生长期210 d左右。

【植物学特性】树姿较开张，树势较强，主干树皮光滑，多年生枝灰褐色，顺滑，皮孔少而大；一年生枝红褐色，粗壮，较直顺，皮孔数量中。叶片较小，长7.7 cm，宽5.1 cm，色浓绿，质中厚，椭圆形，先端渐尖，叶缘复锯齿，有托叶。叶背茸毛较少，叶柄中粗，长约2 cm。叶芽中大、饱满、圆锥形，茸毛中多、贴伏。

图1.32 ‘94-20-50’果实（无袋）

【主要经济性状】果实圆形，果形端正（图1.32），平均单果重200.0 g，最大290.0 g。果面平滑光洁，底色黄绿，85%着鲜红色，果皮薄，果点中多、较小、圆形、不明显；果肉极脆、果汁特多、肉质细、浅黄色；味甜，微酸，有香气，口感好；果肉硬度（去皮）7.8 kg/cm^2，可溶性固形物含量16.5%；品质极上等。果实10月25日成熟。耐贮藏，可贮藏至翌年4月。树势强健，易结果，丰产。果实品质与‘富士’相当，抗病性强。

【抗逆性】树体健壮，树干抗粗皮病（轮纹病），果实抗轮纹病。

（完成人：赵永波、陈东玫、李春敏、杨凤秋、张新生、赵同生、乐文全、付　友、张新忠）

10. 11-3-1（*Malus domestica* Borkh）

【育种基本情况】由河北省农林科学院昌黎果树研究所以‘红玉’（*Malus domestica* Borkh ‘Jonathan’）为母本，以‘金冠’（*Malus domestica* Borkh ‘Golden Delicious’）为父本杂交育成。目前正在进行区域试验。

【生物学特性】河北在昌黎地区4月初萌芽，4月下旬初花，花期8 d左右。10月上旬至中旬果实成熟，果实发育期165 d左右，11月初落叶，营养生长期210 d左右。

【植物学特性】树姿直立，树势较强，主干树皮光滑，多年生枝黄褐色，顺滑，皮孔少；一年生枝紫褐色，粗壮，较直顺，皮孔数量少。叶片较大，长9.8 cm，宽5.6 cm，色绿，质中厚，椭圆形，先端渐尖，叶缘复锯齿，无托叶。叶背茸毛中，叶柄中粗，长约2.6 cm。叶芽中大、饱满、圆锥形，茸毛中多、贴伏；花芽中大、卵圆形，鳞片松，多茸毛。每花序一般着生5~6朵花，花冠中大、浅红色，花瓣近圆形。

图1.33 ‘11-3-1’果实（无袋）

【主要经济性状】果实圆锥形（图1.33），果形端正，全面浓红，色泽艳丽，平均单果重207.0 g，最大232.0 g。果面光滑，果肉浅黄色，果肉松脆多汁，风味甜酸适口，果皮中厚，果肉硬度7.0 kg/cm^2，可溶性固形物含量17.0%。

【抗逆性】树体健壮，树干抗粗皮病（轮纹病），果实抗轮纹病，抗早期落叶病。

（完成人：赵永波，陈东玫，李春敏，杨凤秋，张新生、赵同生、乐文全、付　友、张新忠）

11. 94-18-56（*Malus domestica* Borkh）

【育种基本情况】由河北省农林科学院昌黎果树研究所以母本晚熟品种‘红富士’（*Malus domestica* Borkh ‘Fuji’）和父本中熟品种‘红津轻’（*Malus domestica* Borkh ‘Tsugaru’）杂交育成。目前正在进行区域试验。

【生物学特性】在河北昌黎地区4月初萌芽，4月下旬初花，花期9 d左右。10月上旬至中旬果实成熟，果实发育期170 d左右，11月初落叶，营养生长期210 d左右。

图1.34 ‘94–18–56’果实（无袋）

【植物学特性】树姿直立，树势中等，主干树皮光滑，多年生枝浅褐色，顺滑，皮孔少；一年生枝紫褐色、粗壮、较直顺，皮孔数量少。叶片中大，长9.3 cm，宽5.4 cm，色绿，质中厚，长椭圆形，先端渐尖，叶缘复锯齿，无托叶。叶被茸毛中，叶柄中粗，长约2.7 cm。叶芽中大、饱满、圆锥形，茸毛中多、贴伏。

【主要经济性状】果实圆柱形（图1.34），果形端正，高桩；平均单果重270.0 g，最大320.0 g。果面全红，色泽靓丽；果肉浅黄色、果肉极脆、肉质细、果汁多，果肉硬度7.7 kg/cm^2；风味酸甜适口，有香气，可溶固形物含量16.6%。耐贮藏，冷库可贮藏4~5个月。

【抗逆性】树体健壮，树干抗粗皮病（轮纹病），果实抗轮纹病。

（完成人：赵永波、陈东玫、李春敏、杨凤秋、张新生、赵同生、乐文全、付 友、张新忠）

12. 94-20-28（*Malus domestica* Borkh）

【育种基本情况】由河北省农林科学院昌黎果树研究所以‘红富士’（*Malus domestica* Borkh ‘Fuji’）为母本，以中熟品种‘红津轻’（*Malus domestica* Borkh ‘Tsugaru’）为父本杂交育成。目前正在进行区域试验。

【生物学特性】在河北昌黎地区4月初萌芽，4月下旬初花，花期8 d左右，10月中旬果实成熟，果实发育期160 d左右，11月初落叶，营养生长期210 d左右。

【植物学特性】树姿开张，树势较强，主干树皮光滑，多年生枝灰褐色，顺滑，皮孔少；一年生枝紫褐色、粗壮、较直顺，皮孔数量少。叶片中大，长8.0 cm，宽5.5 cm，色浓绿，质中厚，椭圆形，先端渐尖，叶缘复锯齿，有托叶。叶背茸毛中，叶柄中粗，长约3.3 cm。叶芽中大、饱满、圆锥形，茸毛中多、贴伏。

【主要经济性状】果实圆锥形（图1.35），果形端正，高桩，底色黄绿，80%果面着鲜红色，色泽艳丽；平均单果重240.0 g，最大300.0 g；果肉浅黄色、松脆、肉质细、果汁多，果肉硬度（去皮）8.2 kg/cm^2；风味酸甜适口，可溶性固形物含量16%，品质极上。耐贮藏，可贮藏至翌年4月。

【抗逆性】树体健壮，树干抗粗皮病（轮纹病），果实抗轮纹病能力强。

（完成人：赵永波、陈东玫、李春敏、杨凤秋、张新生、赵同生、乐文全、付 友、张新忠）

图1.35‘94–20–28’果实

色。每个花序有6~8朵花，花冠叠生、中大。花瓣白色。花药粉红色，柱头低于花药，花粉量多。

【主要经济性状】果实粗颈葫芦形（图1.48），果个较大，平均单果重237.0 g，最大果重505.0 g。果皮黄绿色，果点小、少。果面平滑，无棱起。果皮厚、韧、无蜡质，果粉中多。梗洼浅、狭、中缓、沟状。萼片宿存、大、直立、基部分离、闭合。萼洼浅、中广、缓、皱状。果心小、正、中位，果心线结合、对称、圆形。心室5个，种子10粒。果肉乳白色，肉质细，软，石细胞少，汁液多，风味甜，有淡香，品质上等。可溶性固形物含量12.0%，可滴定酸含量0.13%，每100 g含维生素C1.95 mg。图1.49为‘早金香’结果状，图1.50为‘早金香’幼树结果状。

图1.48 ‘早金香’后熟果实

图1.49 ‘早金香’结果状

图1.50 ‘早金香’幼树结果状

【综合评价】果实品质佳，抗黑星病能力强，抗寒性优于‘三季梨’，是一个有发展前途的梨新品种。

【抗逆性】通过人工接种梨黑星病菌和田间调查，结果表明‘早金香’均表现为高抗梨黑星病，抗寒性优于‘三季梨’。

【栽培技术要点】‘早金香’适宜露地栽培、设施栽培和盆栽。露地密植栽培株行距以2 m×3 m为宜；设施栽培以（1～1.5）m×（2～3）m为宜。授粉树用‘早酥’、‘八月红’、‘红香酥’等。

露地栽培采用纺锤形，幼树要轻剪，对各级延长枝短截，内膛小枝、斜生枝、水平枝不剪。多留辅养枝，盛果期后逐年剪掉。

设施栽培采用斜式倒“人”字形整形。树高2 m左右，定植时不定干，将主枝头拉向东南方向，与地面成45°~60°，第2年将主干上的另一直立枝拉向西北方向，形成两大主枝，主枝腰角70°，大量结果时80°，大主枝上着生中小型枝组，而以小型枝组为多。

施肥以有机肥为主，化肥为辅；适时灌、排水，保持良好的土壤墒情；上冻前、萌芽前、开花前、果实膨大期、落叶后果园需灌足水。

注意适时采收。

（完成人：姜淑苓、贾敬贤、马　力、丛佩华、方成泉、陈长兰、冯霄汉、龚　欣、欧春青、王　斐、王志刚）

2. 早白蜜（*Pyrus pyrifolia*‘Zaobaimi’）

【育种基本情况】由中国农业科学院郑州果树研究所以日本梨‘幸水’（*Pyrus pyrifolia*‘Kosui’）为母本，云南‘火把梨’（*Pyrus pyrifolia*‘Huobali’）为父本杂交育成的优质、丰产、早中熟梨新品种。2009年通过云南省林木品种审定委员会审定（良种编号：滇S-SV-PP-004-2009），专家一致认为该品种成熟早、丰产抗病，品质极好，可在砂梨和白梨地区种植。现已在云南、河南等地区大面积栽培推广，取得了很好的经济效益和社会效益。

【生物学特性】在河南郑州地区3月上旬花芽萌动，初花期3月下旬，花期7~10 d左右，果实8月上旬成熟；在云南昆明地区初花期在3月上旬，花期25 d左右，果实7月上旬成熟。果实发育期128 d左右，落叶期10月中下旬。

【植物学特性】树冠为纺锤形，树姿半开张，树干灰褐色、光滑。新梢黄绿色，顶部幼叶为红色，皮孔长圆形、稀少，成熟枝为褐色，平均长度70.0 cm，粗度0.6 cm，节间长度3.2 cm。叶片卵圆形（图1.51），浓绿色，平均长9.5 cm，宽6.5 cm，革质、平展，嫩叶叶背有少量茸毛；叶缘呈锐锯齿，叶尖为渐尖形，叶基为宽楔形；叶面平展，相对于枝条呈水平着生，叶柄基部无托叶；叶芽中等大小、卵圆形、斜生，花芽肥大、心脏形。每花序有6~8朵花，花蕾粉红色（图1.52），花冠白色，花瓣8~11个、圆形、相对重叠，雄蕊30~38枚，雌蕊7~8枚，柱头与花药等高，花柱基部无茸毛，花药为红色。果实5心室，种子长卵圆形，棕褐色，单果种子数8~10粒。

图1.51‘早白蜜’叶片

图1.52‘早白蜜’花蕾

【主要经济性状】果实卵圆形（图1.53），平均单果重250.0 g，最大350.0 g；果皮绿黄色，果面光滑洁净，果点小而疏，无果锈，外形美观，套袋后洁白如玉（在云南阳面有红晕）；果肉乳白色，肉质细嫩酥脆，石细胞少，味甜，无涩味；果心中等偏小，果心位于果实中位；果梗长3.8 cm，粗0.3 cm，木质化，梗洼极浅，萼洼中等而平滑，萼片脱落；可溶性固形物含量12.8%左右，可溶性糖8.80%，酸0.29%，品质上等；常温下果实货架期20 d，冷藏条件下可贮藏2~3月。图1.54为‘早白蜜’丰产园。

图1.53 ‘早白蜜’套袋果实

图1.54 ‘早白蜜’丰产园

【抗逆性】抗黑星病和黑斑病，但不抗干腐病，易遭梨瘿蚊的为害，抗旱、耐涝、耐瘠薄，喜深厚肥沃的沙质壤土，红黄壤及碱性土壤也能正常生长结果，在有机质含量高的沙壤土、河滩冲积土栽培品质更佳。

【综合评价】‘早白蜜’作为新一代中熟品种，其果实大、外观美、品质优良；早果、丰产；抗性较强，适应性广；具有广阔的发展前景和推广空间。1999年以来已在全国18个省市引种推广，结果表明在我国白梨和砂梨产区均可栽培推广。

【栽培技术要点】株行距应以2 m×5 m或3 m×4 m为宜，土壤肥沃，肥水条件良好的地方可选用3 m×5 m或3 m×6 m的株行距。必需配备一定量的授粉树，配置的比例通常为4:1，授粉树可采用‘中梨1号’、‘黄冠’、‘翠冠’、‘满天红’、‘红酥脆’等。采用自由纺锤形，每年3月中下旬在中心干上预定枝轴芽位刻芽，促发长枝，为培养结果枝轴作准备；幼树以拉枝代替短截，调整好主次关系；结果期保持树势均衡，最终把树高控制在3 m左右；进入盛果期后，要及时回缩结果枝或结果枝轴，疏除一些弱的结果枝组，短截一部分当年生枝，以保持中庸稳状的树势。同时做好疏花疏果，采用果实套袋，果袋可用透光率低的双层纸袋，套袋后果实洁白如玉，晶莹剔透。注意采果后还要进行正常的病虫害防治，防治早期落叶。

（完成人：王宇霖、李秀根、杨　健、王　龙、王苏珂）

3. 冀雪（*Pyrus bretschneideri* ‘Jixue’）

【育种基本情况】由河北省农林科学院石家庄果树研究所以晚熟白梨品种‘雪花梨’（*Pyrus bretschneideri* ‘Xuehua’）为母本，砂梨品种‘新世纪’(*Pyrus pyrifolia*

'Shinseiki')为父本杂交育成的中熟梨新品种。2009年通过河北省林木品种审定委员会审定（编号：冀S-SV-PB-026-2009），专家综合分析认为，'冀雪'是一个中熟、优质、鲜食梨品种，抗黑星病能力强。适合河北梨产区及其他生态条件类似地区栽培推广。

【生物学特性】在石家庄地区，'冀雪'3月中旬芽萌动，3月底至4月上旬初花，4月上旬盛花，4月上中旬落花，花期7 d左右（其花期物候期与'鸭梨'、'早冠'相近）；果实成熟期为8月上中旬，较河北省主栽的'鸭梨'、'雪花梨'提早30~40 d；新梢4月中旬开始生长，6月下旬停长；落叶期为11月初。

树势较强，萌芽率较低，成枝力中等，定植2~3年即可结果，幼旺树腋花芽结果明显，成龄树以短果枝结果为主，果台副梢连续结果能力较强，丰产性好。在自然授粉条件下平均每花序坐果2.3个。

【植物学特性】树形阔圆锥形，树姿较开张；主干灰褐色，多年生枝暗褐色，一年生枝黄褐色，皮孔多为圆形、较大、密集；叶芽三角形，花芽圆锥形、矮胖、离生；叶片长椭圆形，幼叶浅红色，成熟叶片深绿色，叶缘具刺毛齿，叶长平均11.4 cm，宽8.1 cm，叶柄长3.7 cm，平均单叶面积63.5 cm^2；花冠白色，花药浅紫色，一般每花序8朵花。

图1.55 '冀雪'果实

【主要经济性状】在石家庄地区果实8月上中旬成熟，果实椭圆形（图1.55），平均单果重263.0 g，果面黄色，果点中等大小，果皮较薄，果肉白色，肉质细、脆，汁液丰富，风味甘甜，可溶性固形物含量12.5%以上，果心小，综合品质优良。每100 g含总糖、总酸、可溶性糖、维生素C分别为9.87%、0.11%、7.06%、2.78 mg，综合品质上等。果形、色泽、肉质、风味等经济指标多项超过或优于河北省主栽品种'雪花梨'。图1.56为'冀雪'结果状，图1.57为'冀雪'五年生树。

图1.56 '冀雪'结果状

图1.57 '冀雪'五年生树

【抗逆性】抗逆性较强，对黑星病属高抗类型，多年田间调查未发现黑斑病、炭疽病为害；对土壤要求不严格，平地、沙滩地、山前平原及浅山丘陵均可栽植，耐高温多湿，干旱条件下亦无裂果发生。

【综合评价】‘冀雪’为中熟梨新品种，具有品质优良、抗病、丰产等特性。据中试及各省市引种、试栽表现，其在我国绝大多数白梨、砂梨种植区均生长结果良好，具有广阔的发展前景。

【栽培技术要点】栽植株行距以（2~3）m×（4~5）m为宜，可与‘早冠’、‘鸭梨’、‘黄冠’等互为授粉品种。树形宜采用疏散分层形、单层一心形、纺锤形。每花序留单果，幼果距离25 cm左右。果实套袋可选用单层白蜡袋或外黄内白双层袋，管理水平较高的地区可进行无袋栽培。施肥以秋施基肥为主，每公顷施优质有机肥60 000 kg，并配合适量复合肥于果实采收后施用；生长季节根据不同时期追施适量速效肥以满足树体和果实生长的需求。水分管理以前期保证、后期控制为原则。主要病虫害为轮纹病、梨小食心虫、梨木虱、黄粉虫、康氏粉蚧等。

（完成人：李　勇、王迎涛、李　晓、韩彦肖、刘国胜等）

4. 玉绿（*Pyrus pyrifolia* ‘Yulü’）

【育种基本情况】由湖北省农业科学院果树茶叶研究所以白梨品种‘莱阳茌梨’(*Pyrus bretschneideri* ‘Laiyang Cili’)为母本，砂梨品种‘太白’（*Pyrus pyrifolia* ‘Taihaku’）为父本杂交育成的大果型优质早熟梨品种。2009年通过湖北省农作物品种审定委员会审定（审定编号：鄂审果2009002），专家综合分析认为，该品种果个大，外观美，品质优，成熟早，市场竞争力强，丰产性、稳产性好，适合在湖北及类似气候地区栽培。

【生物学特性】在武汉地区果实7月底到8月上旬成熟，果实大，外形美观，酸甜可口。叶芽萌动期在3月上中旬，展叶期4月初，落叶期10月中旬。花芽萌动期2月底，盛花期3月下旬，果实发育期120 d，营养生长期200 d左右。

【植物学特征】树姿半开张，树冠阔圆锥形。主干灰褐色，表面光滑。一年生枝黄褐色，平均长72 cm，粗0.73 cm，节间长4.2 cm，皮光洁，皮孔白色，长圆形，小而稀，梢部无茸毛，无针刺。叶片卵圆形，长15.20 cm，宽7.75 cm，叶柄长2.64 cm，粗0.22 cm，成熟叶片绿色，叶缘锐锯齿、具刺芒，叶端渐尖，叶基心形；幼叶浅绿色。每花序5~6朵花，花冠白色，花径3.40 cm，花瓣5~8枚。种子卵圆形、黑褐色，长1.31 cm，宽0.61 cm，果实心室5个，每果平均种子数7粒。

图1.58　‘玉绿’果实

【主要经济性状】果实大，果实圆形（图1.58），果形整齐一致，果实纵径7.6 cm，横径8.8 cm，果形指数0.87。平均单果重287.8 g。梗洼浅、平，萼片脱落，萼洼中深、中广。果柄长4.0 cm，细，较柔韧。果皮薄、绿色，果面光洁、无果锈，有蜡质；果点浅小而稀。果心纵径4.28 cm，横径3.96 cm。果肉白色、细嫩松脆、石细胞少。汁多，味酸甜可口。可溶性固形物含量10.5%~12.2%，总糖含量7.90%，总酸含量0.24%，每100 g含维生素C3.05 mg，果肉硬度7.0 kg/cm^2。

图1.59 ‘玉绿’结果状

该品种结果早，易丰产，三年生树开花株率为81.60%，折合每公顷产量3 162 kg，四年生树每公顷产量6 340 kg，单株产量为5.2 kg；五年生树每公顷产量15 000 kg，单株产量11.9 kg，盛果期每公顷产量37 500 kg以上。图1.59为‘玉绿’结果状。

【抗逆性】在湖北省江汉平原、鄂北地区、鄂东南等砂梨产区，该品种病虫害的发生与‘湘南’、‘黄花’、‘华梨1号’等主栽品种相同，叶片和果实主要病虫害是锈病、轮纹病、黑斑病、梨木虱、梨网蝽，枝干病害以轮纹病为主，没有特殊病虫害发生。

【综合评价】该品种早果性好，一年生嫁接苗定植第3年开始挂果。较抗病虫害，适应性强，栽培范围广。尤其是作为优质、早熟品种发展，在南方砂梨产区具有良好的发展前景。

【栽培技术要点】定植前抽槽改土，施足有机肥。以‘翠冠’、‘鄂梨2号’等作授粉树，配置比例（3~4）：1。通过整形修剪、疏花疏果等措施调节产量，实现优质果品生产。疏果分两次进行，第一次粗疏，于谢花后10 d进行；第二次定果，于5月上中旬进行。对幼树修剪宜轻，少短截，重视拉枝、摘心，促进多分枝，培养牢固骨架，并配备好大、中、小型结果枝组，以利早成形、早结果。盛果期对结果枝组应注意回缩更新复壮，以延长盛果期。

（完成人：秦仲麒、李先明、刘先琴、涂俊凡、杨夫臣、朱红艳）

5. 华幸（*Pyrus bretschneideri* Rehd. ‘Huaxing’）

【育种基本情况】由中国农业科学院果树研究所以‘大鸭梨’（*Pyrus bretschneideri* Rehd. ‘Dayali’）为母本，以‘雪花’（*Pyrus bretschneideri*.Rehd. ‘Xuahua’）为父母本杂交育成的三倍体梨品种。2010年通过辽宁省非主要农作物品种备案办公室备案鉴定。备案专家综合分析认为，该品种是一个大果型、优质、早果、中晚熟梨品种。适合在白梨主产区推广栽培。

【生物学特性】树势较强健，高接第5年树高370.0 cm，冠径370.0 cm × 260.0 cm。新梢平均长56.0 cm，粗0.77 cm，节间长3.9 cm；萌芽率高（69.08%），成枝力中等（3.9）。以短果枝（69.18%）结果为主，间有腋花芽（24.71%）结果。果台枝连续结果能力中等偏弱。自然授粉花序坐果率47.62%，花朵坐果率16.88%，平均每花序坐果1.03个。

【植物学特性】树冠阔圆锥形，树姿较开张。多年生枝灰褐色，一年生枝黄褐色。皮孔椭圆形、中大、中密。叶芽长卵形，花芽圆锥形。叶片长12.4 cm，宽8.7 cm，叶柄长5.3 cm，叶片卵圆形，幼叶淡红色，老叶绿色，叶片革质，叶姿平展，叶缘细锐锯齿具刺芒，叶尖长尾尖，叶基阔楔形。花蕾淡粉红，每花序6.1朵花。花冠直径4.7 cm，白色。花瓣5枚，圆形。雄蕊20.5个，花药紫红色。雌蕊高于雄蕊。花柱5个。

【主要经济性状】果实大，平均单果重295.0 g，纵径8.7 cm，横径7.9 cm，呈近短瓢形。果皮绿黄色，贮后变黄色，果面平滑，有蜡质光泽，果点中多、中大。果梗长4.6 cm，粗2.5 mm，果梗一侧常有突起，并稍具果锈，果梗基部肉质，梗洼浅而狭或近无梗洼。萼片脱落，萼洼深广、无皱褶。外形美观。果肉白色，肉质细，石细胞少，酥脆，汁液丰富，风味酸甜适中或甜，具芳香，品质优良。果心小，3~5心室。可溶性固形物含量11.5%~12.5%。果实在辽宁兴城9月下旬采收，室温下可贮至新年，冷藏下可贮至翌年2~3月。图1.60为‘华幸’结果状 。

图1.60 ‘华幸’结果状

【综合评价】三倍体梨新品种，抗寒性、抗病性优于‘鸭梨’，综合性状优于‘鸭梨’。

【抗逆性】抗寒性中等，抗黑星病能力强，兼抗果实木栓化斑点病。

【栽培技术要点】栽植密度以行株距4 m × 3 m为宜。密植园也可采用4 m × 1.5 m的行株距。授粉品种以配置‘锦丰’、‘雪花’、‘早酥’、‘华酥’、‘黄冠’、‘华金’等为宜。整形修剪采用疏散分层形整形。修剪除中央领导枝及延长枝外，对树冠周围和内部直立的侧枝适当轻剪长放，并拉枝开张角度，促进花芽形成。疏除内膛着生的过密枝、细弱枝、病虫枝和病僵枝，以改善通风透光，提高坐果率和果实品质。为提高果实品质，需进行疏花疏果。两花序间距以25~30 cm为宜，每花序留单果。负载量应控制在每公顷45 000 kg左右。

套袋栽培用纸袋为内袋黑色，外袋黄褐色的双层袋或内袋棉纸，中袋黑色，外袋黄褐色的三层袋。终花期1个月后，在喷洒1次杀菌、杀虫剂后套袋；采收前20~30 d摘袋，以提高果实含糖量。

施肥以有机肥为主，化肥为辅。适时灌、排水，以保持良好的土壤墒情；解冻后萌芽前、开花前、果实膨大期、采收后、落叶后入冬前田间须灌足水。

（完成人：方成泉、姜淑苓、林盛华、王　斐、王志刚、欧春青、李连文、马　力）

6. 寒酥梨（*Pyrus bretschneideri* Rehd.‘Hangsuli’）

【育种基本情况】由吉林省农业科学院果树研究所以抗寒制罐梨品种‘大梨’〔*Pyrus*

pyrifolia (Burm.f.) ‘Nakai’〕为母本，抗病品种‘晋酥梨’（*Pyrus bretschneideri* Rehd. ‘Jinsuli’）为父本，杂交选育而成的大果型、晚熟耐贮鲜食梨品种，抗寒能力强。2010年通过吉林省农作物品种审定委员会审定（编号：吉果育2010004），专家综合分析认为，该品种是一个大果型、晚熟、耐贮的鲜食梨品种，抗寒、抗病能力强。适合在吉林省、黑龙江省牡丹江、辽宁省中北部、内蒙古东四盟等年平均气温≥5℃，无霜期≥127 d，有效积温≥2 700℃的地区栽植。

【生物学特性】在吉林省中部地区，4月中下旬花芽膨大，5月初始花，5月上旬盛花，6月上中旬生理落果，8月初新梢停止生长，9月下旬果实成熟，10月中旬落叶。果实发育期135 d左右，营养生长期170 d左右。

【植物学特性】树冠呈圆锥形，干性强，生长旺。树干光滑、灰褐色；一年生枝灰褐色、有茸毛，嫩梢及幼叶黄褐色；花芽大、圆锥形，鳞片大、紧密，腋花芽离生，基部肥大；叶片浓绿色，叶基圆形，渐尖，叶缘锐锯齿，叶背无茸毛；花为完全花，每个花序5~8朵花、白色，花瓣重叠（图1.61），雌蕊5枚，淡黄色，高于花药，基部无茸毛；雄蕊20~22枚，粉红色，花粉量大。图1.62 为‘寒酥梨’枝条。

图1.61 ‘寒酥梨’花

图1.62 ‘寒酥梨’枝条

【主要经济性状】果实圆形（图1.63），果形整齐，果个较大，平均单果重260.0 g左右，最大果重540.0 g，纵径8.2 cm，横径8.4 cm，果型指数为0.98。果皮绿色，果面光滑，果点不突出，无果锈。果肉白色、酥脆、汁多，石细胞少，果心小，味酸甜，可溶性固形物含量13.5%，可溶性糖含量8.83%，可滴定酸含量0.12%，每100 g含维生素C3.25 mg，品质上等，普通窖内可贮150 d以上。

图1.63 ‘寒酥梨’果实

丰产，以短果枝结果为主，六年生高接树每公顷产量可达21 000 kg，大小年和采前落果

干灰色，表面光滑，多年生枝深褐色，皮孔稀、较大。一年生枝褐色，皮孔白色、长椭圆形、小而稀，梢部有少量茸毛，无针刺，长59.8 cm，粗0.64 cm，节间长4.1 cm。叶片卵圆形、绿色，叶基圆形，叶尖渐尖，叶缘锐锯齿、具刺芒；叶脉黄绿色，叶背无毛，叶片平展，长11.5 cm，宽7.5 cm，叶柄长3.2 cm。花芽红褐色、长椭圆形，叶芽红褐色、三角形。每花序5~6朵花，花冠白色，花径3.2 cm，花瓣5~8枚。种子扁圆形、有棱、褐色，长1.1 cm，宽0.50 cm，果实5心室，每果平均种子数6~7粒。

【主要经济性状】果实圆形（图1.77），平均单果重250.0 g，大果重310.5 g，果实纵径7.4 cm，横径7.8 cm，果形指数0.95。梗洼中深、狭，萼片脱落，萼洼中深、狭。果柄长3.78 cm。果皮褐色，果点大、多、棕褐色，果面较粗糙；套袋栽培后果面黄白色，平滑、洁净，外观较美。果心纵径4.0 cm，横径3.8 cm。果肉白色，细嫩松脆，石细胞少，汁多，味酸甜可口。可溶性固形物含量12.0%~13.6%，总糖含量7.00%，总酸含量0.19%，每100 g含维生素C1.37 mg，果肉硬度7.5 kg/cm^2。

以短果枝结果为主。栽培时宜配置授粉树，连续丰产性强。盛果期树每公顷产量42 000 kg。图1.78为‘108-1-94’结果状。

图1.77 ‘108–1–94’果实

图1.78 ‘108–1–94’结果状

[抗逆性] 抗黑星病、黑斑病，对轮纹病抗性一般。无特殊的敏感性病虫害和逆境伤害。

【综合评价】该品种果实圆整，果个大。具有品质优良、丰产、稳产、商品性好等优点，尤其是作为填补湖北水果淡季的早中熟梨品种，具有良好的发展前景。

【栽培技术要点】采用株行距2 m × 3 m或3 m × 4 m进行定植。以‘圆黄’、‘黄花’等为授粉树。采用开心形树形整形。

（完成人：秦仲麒、李先明、刘先琴、涂俊凡、杨夫臣、朱红艳）

11. 99-3-6（*Pyrus pyrifolia*）

【育种基本情况】中国农业科学院郑州果树研究所1999年以‘早美酥’（*Pyrus pyrifolia* ‘Zaomeisu’）为母本，‘七月酥’（*Pyrus pyrifolia* ‘Qiyuesu’）为父本杂交选育的优质早熟梨优系，目前在综合评价中。

【生物学特性】在河南郑州地区3月上旬萌动，3月下旬初花期，4月上旬盛花期，花期8~12 d，果实7月上中旬成熟。果实发育期105 d左右，落叶期10月中下旬。

【植物学特性】树冠采用纺锤形，树姿半开张，树势中庸。一年生枝黄褐色，皮孔中、稀、长圆形，有稀疏的茸毛，平均长度87 cm、粗度0.7 cm，节间长4.4 cm。叶片卵圆形、绿色、革质、有少量茸毛，叶尖渐尖，叶基宽锲形，叶缘锐锯齿，幼叶淡绿色。每花序有6~8朵花，花蕾粉黄色，花冠白色，花瓣5~7个、圆形、相对重叠，雄蕊20~26枚，雌蕊4~5枚，柱头与花药等高，花柱基部无茸毛，花药为紫红色。果实5心室，种子长卵圆形、褐色，单果种子6~10粒。

【主要经济性状】果实扁圆形（图1.79），平均单果重280.0 g；果皮黄绿色，果面光滑洁净，果点中大、中密，无果锈，外形美观；果肉白色，肉质酥脆，石细胞少，汁液极多，味酸甜爽口；果心小，果梗长3.1 cm、粗0.3 cm、基部半木质化，梗洼浅，萼洼中等，萼片脱落；可溶性固形物含量11.5%左右，品质上等；在河南郑州7月上中旬成熟。

图1.79 ‘99–3–6’单果

[抗逆性] 在杂交后代筛选评价过程中，未发现感染任何病害。

【综合评价】‘99-3-6’果形端正，外观美，汁液极多，果心小，味酸甜爽口，具有生产高档优质果的特征。在我国白梨产区均可示范推广。

【栽培技术要点】栽培上幼树应采用刻芽方法促进成枝，形成合理的树体结构，进入结果期应加强肥水管理，尤其保证有机肥的供应，保持树势壮而不旺；授粉树可用‘中梨1号’、‘黄冠’、‘丰水’等。采果后应进行正常的病虫害防治和肥水管理。

（完成人：李秀根、杨　健、王　龙、王苏珂）

12. 99-4-1（*Pyrus pyrifolia*）

【育种基本情况】中国农业科学院郑州果树研究所1999年以‘七月酥’（*Pyrus pyrifolia* ‘Qiyuesu’）为母本，‘早美酥’（*Pyrus pyrifolia* ‘Zaomeisu’）为父本杂交选育的优质早熟梨优系，目前在综合评价中。

【生物学特性】在河南郑州地区3月上旬萌动，3月下旬初花期，盛花期4月上旬，花期6~9 d，果实7月中旬成熟。果实发育期110 d左右，落叶期10月中下旬。

【植物学特性】树冠为圆柱形，树姿开张。一年生枝黄褐色，皮孔椭圆形、稀少，平均长度92 cm，粗度0.6 cm，节间长度4.1 cm。叶片卵圆形，绿色，平均长11.4 cm，宽6.6 cm，革质、平展、薄，嫩叶叶背有少量茸毛；叶缘呈锐锯齿，叶尖为渐尖形，叶基为楔形，叶柄基部无托叶；叶柄长4.8 cm，幼叶淡绿色。每花序有9~10朵花，花蕾紫红色，花冠白色，花瓣7~9个、卵圆形、相对重叠，雄蕊31~33枚，雌蕊7~8枚，花柱基部无茸毛。果实5心室，种子卵圆形，单果种子数8~11粒。

【主要经济性状】果实高圆形（图1.80），平均单果重310.0 g；果皮绿黄色，果面光滑洁净，果点极小而密，无果锈，外形美观；果肉白色，肉质细嫩酥脆，果心小，石细胞少，汁多味香甜可口；果梗长4.0 cm、粗0.3 cm、木质化，梗洼浅狭，萼洼浅而平滑，萼片宿存、聚合；可溶性固形物含量12.2%左右，品质上等；在河南郑州7月中旬成熟。图1.81为‘99-4-1’结果状。

图1.80 ‘99-4-1’果实

图1.81 ‘99-4-1’结果状

【抗逆性】在杂交后代筛选评价过程中，未发现感染任何病害。

【综合评价】‘99-4-1’外观类似‘黄冠’，成熟期比‘黄冠’早1个月左右，可溶性固形物含量高，汁多，风味香甜可口；成枝力高，栽培管理容易，果面洁净无需套袋。在我国白梨和砂梨产区均可示范推广。

【栽培技术要点】栽培上应合理密植，采用自由纺锤形，严格疏花疏果，通常每20 cm留一花序，每花序留1果，控制每公顷产量60 000 kg以内。

（完成人：李秀根、杨　健、王　龙、王苏珂）

13. 87-3-4（*Pyrus pyrifolia*）

【育种基本情况】由中国农业科学院果树研究所以母本‘矮香’（*Pyrus communis* L. ‘Aixiang’）和父本‘贺新村’杂交育成。

【生物学特性】在辽宁兴城地区4月上旬萌动，4月下旬盛花。8月中旬果实成熟，11月初落叶，营养生长期200 d左右。

【主要经济性状】果实扁圆形，平均单果重225.0 g。果皮红色。可溶性固形物含量13.7%。图

图1.82 ‘87-3-4’结果状

1.82为‘87-3-4’结果状。

（完成人：姜淑苓、贾敬贤、马　力、丛佩华、方成泉、陈长兰、冯霄汉、龚　欣、欧春青、王　斐、王志刚）

14. 95-3-156（*Pyrus pyrifolia*）

【育种基本情况】由中国农业科学院果树研究所以‘砀山酥’（*Pyrus bretschneideri* Rehd.‘Dangshansu’）为母本，‘CP51’为父本杂交育成。

图1.83 ‘95-3-156’果实

【生物学特性】在辽宁兴城地区3月底萌动，4月下旬盛花。8月下旬果实成熟，11月初落叶，营养生长期205 d左右。

【主要经济性状】果实圆形（图1.83）。平均单果重205.0 g。果皮黄绿色。可溶性固形物含量13.1%。

（完成人：姜淑苓、贾敬贤、马　力、丛佩华、方成泉、陈长兰、冯霄汉、龚　欣、欧春青、王　斐、王志刚）

15. 95-1-13（*Pyrus pyrifolia*）

图1.84 ‘95-1-13’果实

【育种基本情况】中国农业科学院果树研究所从‘锦香’（*Pyrus communis* L.‘JInxiang’）梨实生后代选出。

【生物学特性】在辽宁兴城地区3月下旬萌动，4月下旬盛花。9月下旬果实成熟，11月初落叶，营养生长期210 d。

【主要经济性状】果实葫芦形（图1.84）。平均单果重259.0 g。果皮绿黄色。可溶性固形物含量12.3%，可滴定酸含量0.51%。抗梨黑星病。

（完成人：姜淑苓、贾敬贤、马　力、丛佩华、方成泉、陈长兰、冯霄汉、龚欣、欧春青、王　斐、王志刚）

16. 95-2-177（*Pyrus pyrifolia*）

【育种基本情况】由中国农业科学院果树研究所以‘砀山酥’（*Pyrus bretschneideri* Rehd.‘Dangshansu’）为母本，‘CP10’为父本杂交育成。

【生物学特性】在辽宁兴城地区3月下旬萌动，4月下旬盛花。10月上旬果实成熟，11月初落叶，营养生长期210 d左右。

【主要经济性状】果实纺锤形（图1.85），平均单果重275.0 g。果皮红色。可溶性固形物含量13.6%。

（完成人：姜淑苓、贾敬贤、马　力、丛佩华、方成泉、陈长兰、冯霄汉、龚　欣、欧春青、王　斐、王志刚）

图1.85‘95-2-177’果实

第 2 部分

柑橘新品种（新品系）

（一）选育的新品种

1. 少核默科特（*Citrus* spp. ‘Shaohe Murcott’）

【育种基本情况】‘少核默科特’橘橙(*Citrus* spp. ‘Murcott’)的天然杂种，由中国农业科学院柑橘研究所*和重庆市恒河果业有限公司在2008年通过重庆市品种审定委员会审定（图2.1），是一个优良的晚熟宽皮柑橘类型，已在重庆大面积推广，并引种到四川、广西等省市。

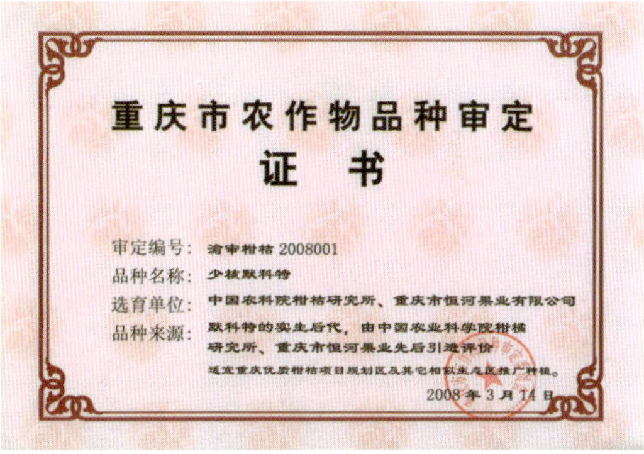
重庆市农作物品种审定

证书

审定编号：渝审柑桔 2008001

品种名称：少核默科特

选育单位：中国农科院柑桔研究所、重庆市恒河果业有限公司

品种来源：默科特的实生后代，由中国农业科学院柑桔研究所、重庆市恒河果业先后引进评价

适宜重庆优质柑桔项目规划区及其它相似生态区推广种植。

2008年3月14日

图2.1 ‘少核默科特’审定证书

【生物学特性】在重庆一般3月上旬萌芽，3月中旬抽发春梢，4月中旬盛花，11月下旬至12月上旬果面转色，翌年3~4月果实成熟。

【植物学特性】树势中强，树姿较直立，树冠扁圆形。枝条较纤细。叶片披针形，长约6.5 cm，宽约2.6 cm，叶基楔形，先端钝圆，开口；叶柄短、细小，几无翼叶；叶缘浅波状。花白色，花药和柱头发育正常，甚少露柱花。

【主要经济性状】果实扁圆形（图2.2），果实横径5.7 cm，纵径4.6 cm，果形指数0.81，平均单果重85.0 g，大果重100 g以上。根据在果实品质最优的3~4月分析结果，果皮橙红、光滑，果皮厚0.27 cm，较韧，易剥皮，种子2~5粒，出汁率61.7%，可食率71.8%，可溶性固形物含量11.0%，每100 mL含转化糖7.70 g、含柠檬酸0.60 g、含维生素C 26.50 mg，固酸比可达16以上。图2.3为‘少核默科特’结果状。

图2.2 ‘少核默科特’果实

图2.3 ‘少核默科特’结果状

*由于种种原因，现许多单位名称仍然用柑桔，如中国农业科学院柑桔研究所。

【抗逆性】树体和果实抗寒力尚可，果实挂树性好，丰产树遇霜冻天气会出现树体和果实受冻，需进行薄膜覆盖。

果实比较抗细菌和真菌病害，当同果园‘不知火’挂树果实出现严重腐烂时，‘少核默科特’无病害发生。

【综合评价】‘少核默科特’为目前国内优良的晚熟宽皮柑橘品种，具有品质优良、丰产、稳产、栽培管理容易等突出优点，作为晚熟易剥皮鲜食品种，具有良好的发展前景。

【栽培技术要点】与目前生产上采用的主要砧木枳、卡里佐枳橙、资阳香橙均表现较好的嫁接亲和性，可采用这些砧木嫁接繁殖。采用温州蜜柑、锦橙中间砧高接，树势强，产量高，可用于高接换种。

该品种树势中强，早结丰产性好，采用3 m × 4 m的株行距进行定植。该品种坐果率高，甚丰产，可以适当疏花疏果，以保持树势和产量稳定。注意适时采收。该品种果实挂树性良好，在重庆翌年3～4月品质达到最优，可挂果至5月，但随温度快速升高，可能出现果内发酵，影响果实品质。

（完成人：江　东、朱铁能、洪棋斌等）

2. 特罗维塔甜橙（*Citrus sinensis* Osbeck. ‘Trovita Tiancheng’）

【育种基本情况】‘华盛顿脐橙’(*Citrus sinensis* Osbeck. ‘Washington’)芽变，由中国农业科学院柑橘研究所和重庆市三峡建设集团有限公司引种驯化，2000年在忠县新立镇示范果园试栽，进行品比和砧比试验，2002年试产后表现良好，2008年申报并通过重庆市品种审定（图2.4），是一个优良的鲜食加工兼用甜橙品种，已在重庆大面积推广，并引种到四川、广西等省市。

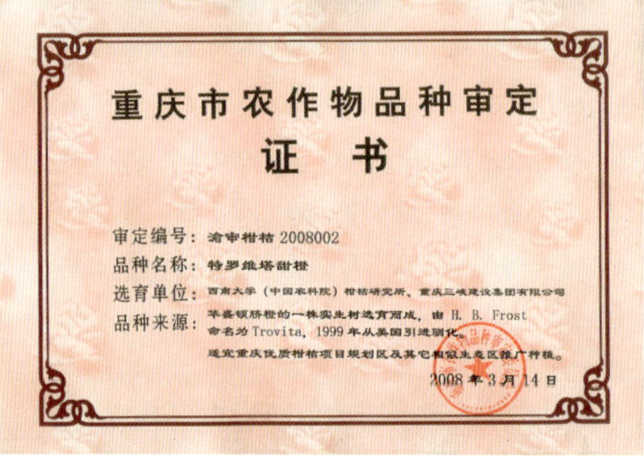
重庆市农作物品种审定
证　书

审定编号：渝审柑桔 2008002
品种名称：特罗维塔甜橙
选育单位：西南大学（中国农科院）柑桔研究所、重庆三峡建设集团有限公司
品种来源：华盛顿脐橙的一株实生树选育而成，由 H. B. Frost 命名为 Trovita，1999 年从美国引进驯化。
适宜重庆优质柑桔项目规划区及其它相似生态区推广种植。
2008 年 3 月 14 日

图2.4 ‘特罗维塔’审定证书

【生物学特性】在重庆的气候条件下，一般萌芽期3月上旬，春梢抽生期3月中旬，初花期4月上旬，盛花期4月中旬，终花期4月下旬。5月中旬为第一次生理落果高峰期，6月中旬为第二次生理落果高峰期，果实成熟期12月下旬，挂树延期采收性能良好，可挂树到翌年3月中旬采收。

【植物学特性】该品种树冠呈圆头形、开张，长势强健；枝条较粗壮；叶片长卵圆形，厚实，叶色浓绿，叶基较宽；花白色、较大，成熟花瓣长约2.0 cm，宽约0.8 cm，花量较大，雄蕊大都退化。

【主要经济性状】果实圆球形（图2.5）、较大，平均单果重约180.0 g，果形指数0.95，果皮深橙色、鲜艳，油胞大而突起、较光滑，果皮厚0.45 cm，种子0~3粒，出汁率51.7%，可食率69.1%，可溶性固形物含量10.8%，每100 mL含总糖7.92 g、含还原糖4.41 g，含转化

图2.5 ‘特罗维塔’果实

糖8.10 g、含柠檬酸0.68 g、含维生素C 49.42 mg，固酸比15.88，色泽40（达到美国农业部最高值）。图2.6为‘特罗维塔’结果状。

【抗逆性】无特殊的敏感性病虫害和逆境伤害。

【综合评价】该品种树势强健，丰产稳产，品质优良，基本无核，酸甜适度，柔嫩化渣，味浓微香。果实成熟期在12月，是一个鲜食、加工皆宜的甜橙新品种，适宜在与重庆市生态条件相似的地区种植。

【栽培技术要点】‘特罗维塔’甜橙花粉退化，种子数量受栽培环境影响很大，在与其他有花粉的柑橘品种混栽后，单果种子数量可多达10粒以上，而成片隔离种植后，每果种子数一般在0~3粒。因此在建园时应注意成片或隔离种植，避免混栽，以保持果实少核的特性。

图2.6 ‘特罗维塔’结果状

‘特罗维塔’甜橙早结、丰产性较好，由于其花量大，坐果率高，因此结果过多会引起果实偏小、果实整齐度变差，果实商品性降低。因此，必须注意足量施肥，在幼果期及5月份左右叶面喷施0.1%钾肥或0.002% 2, 4-D，可增大果实，同时加强肥水管理，适时补充树体营养，保持树势健旺，可保证丰产稳产，还可以选用枳橙、‘枳和兰卜来檬’等砧木嫁接，‘特罗维塔’甜橙在这些砧木上的表现良好。

（完成人：吴厚玖、雷廷等）

3. 东坡甜橙（*Citrus sinensis* Osbeck.‘Dongpo Tiancheng’）

【育种基本情况】由中国农业科学院柑橘研究所、四川省眉山县职业技术学院、四川省眉山市东坡区农业局和四川省仁寿县农业局，从眉山本地脐橙中选育获得的优良变异，在2009年12月通过四川省品种审定委员会果树专业委员会的田间技术鉴定，该品种适应四川、重庆等地湿热气候条件，丰产稳产，减酸早，果形美，品质中上，已在四川省眉山市、仁寿县、丹棱县等大面积推广，并引种到重庆市。

【生物学特性】在眉山，一般2月下旬萌芽，4月上中旬开花，10月上中旬果实着色，果面转色比本地主栽品种‘眉山9号’脐橙略迟，但果实减酸更早，同期酸含量更低，11月成熟。

【植物学特性】树势较旺，树姿开张，枝条微下垂，叶片比较宽大，叶色浓绿。花大、白色，雄性不育。整株果实大小较均匀，果形整齐一致。

【主要经济性状】果实大，长卵形（图2.7），平均单果重280.0 g，果实横径超过7.0 cm，纵径超过8.0 cm，果形指数达到1.1或以上；成熟果实果面为橙红色，油胞细密，光滑有光泽感，艳丽美观；果蒂微下凹，果实98%以上为闭脐；果实无核，果肉化渣性好；果实减酸较早，酸含量同比低于‘眉山9号’脐橙，11月初在重庆、眉山、泸州等不同产地，其可滴定酸含量每100 mL均已降低到0.70 g或以下；果实可溶性固形物含量较高，可达11.0%~13.0%；出汁率高，可达52.4%，果汁色泽深于‘眉山9号’，口感好。图2.8为‘东坡甜橙’结果状。

图2.7 ‘东坡甜橙’果实

丰产稳产性好，坐果率高，不用激素保果均可正常结果。在成年柑橘树上高接换种，嫁接后第3年即可投产，平均株产32 kg，第4年平均株产38 kg，第5年平均株产41 kg。定植4年的红橘砧幼树平均株产可达10 kg以上。

【抗逆性】无特殊的敏感性病虫害和逆境伤害。

【综合评价】经过多年多点的观察和试验分析，本品种变异性状稳定，具有果大、皮橙红、有光泽、油胞细等优良外观特点，商品性好，又具有无核、低酸、口感良好等内质特点，同时兼具丰产稳产、易管理等优点。因此，该品种既可作为‘眉山9号’脐橙的替代品种推广发展，也可作为早熟橙汁加工品种大力发展。

【栽培技术要点】采用4 m×3.3 m的株行距进行栽植，以红橘、资阳香橙作为砧木，嫁接亲和性良好。谢花时适当环割或环剥，叶面喷微肥保果。春季开园期、夏季幼果旺盛生长期、秋季防治期、冬季清园期掌握病虫防治指标，进行农业防治和药剂防治相结合。树冠整形以开心形为主，达到标准是上空下不空，透光半透光，保留内堂枝。适时采收应市，保证果实优良商品品质。‘东坡甜橙’相比‘眉山9号’酸含量更低，果皮较厚，果蒂部较长，耐贮性略差。

（主要完成人：陈善春、方述安、洪棋斌等）

图2.8 ‘东坡甜橙’结果状

4. 晚锦橙（*Citrus sinensis* Osbeck. ‘Wanjincheng’）

【育种基本情况】中国农业科学院柑橘研究所从‘普通锦橙’(*Citrus sinensis* Osbeck. ‘Jincheng’)中选育获得的晚熟变异优系，在2010年3月通过重庆市品种审定委员会果树专业委员会的田间技术鉴定，‘晚锦橙’既保持了锦橙的优良性状，又延长了其成熟时间，可溶性固形物含量和固酸比明显提高，其成熟期介于中熟甜橙品种和晚熟品种之间，填补了鲜销和加工甜橙需求的空白。

【生物学特性】在重庆北碚，一般4月中旬初花，通常气候条件下花期一般为8~10 d；11月中下旬转色，比‘普通锦橙’和其他中熟的脐橙等推迟20 d左右；翌年2月下旬至3月中下旬成熟；果实较耐贮藏。

【植物学特性】枳砧‘晚锦橙’树冠圆头形、较开张，长势中庸；枝条较粗壮；春梢叶片长卵圆形，长7.0 cm，宽3.0 cm，叶色浓绿，叶缘锯齿不明显，先端较尖，翼叶窄，叶柄长0.8 cm；花白色、较大，成熟花瓣长约2.0 cm，宽约0.8 cm。

【主要经济性状】‘晚锦橙’单果重158.6~164.5 g，果实横纵径6.7 cm左右，果形指数1.0左右，果皮深橙色；可食率70.0%左右，出汁率50.0%左右，可溶性固形物含量11.9%~12.2%，每100 mL果汁含糖量10.20~11.34 g、酸含量0.68~0.78 g、维生素C含量50.90~51.94 mg；单果平均种子数10.3~12.8粒。

产量中上等，稳产。四年生枳砧定植树株产可达20 kg左右；管理水平中下的密植果园（3 m×2 m），多年平均株产15 kg左右，最高株产达30 kg。翌年3月底采收，基本不影响当年花量和产量。

‘晚锦橙’果面转色较晚，减酸较迟，果实较长时间保持较强硬度。一般在11月中旬转色，比普通锦橙和其他中熟的脐橙等推迟20 d左右；在翌年1月上旬至2月上旬仍保持较高酸度，每100 mL果汁含柠檬酸1.16~1.28 g，3月上旬为0.74 g，3月下旬下降到0.70 g，固酸比达到15~18，表现出良好的风味和口感；3月下旬果实仍表现较强硬度，达到1.12~1.30 MPa。图2.9为‘晚锦橙’果实。

图2.9　‘晚锦橙’果实

【抗逆性】树体和果实抗寒力均强，在重庆、四川等区域，挂果至翌年3~4月未见树体和果实受冻现象。无特殊的敏感性病虫害和逆境伤害。

【综合评价】‘晚锦橙’一般在3月中下旬成熟，晚熟性状稳定，既保持了锦橙的优良性状，又延长了其成熟时间，可溶性固形物含量和固酸比明显提高。其成熟期介于‘锦橙’、‘纽荷尔脐橙’等中熟甜橙品种和‘伏令夏橙’、‘奥林达夏橙’等晚熟品种之间，填补了鲜销和加工甜橙需求的空白；同时，其化渣性和外观特征明显优于普通夏橙，固酸比达到15.3~17.9，有更好的鲜销市场，也适宜作为NFC果汁的优质原料，可为种植业主和生产加工企业都带来更高效益。

可以在我国冬季无低温冻害的甜橙适宜区，尤其是三峡库区，作为鲜销与加工制汁兼用品种广泛推广，具有巨大的市场发展潜力。

【栽培技术要点】枳是较适宜的砧木，枳砧晚锦橙树势中庸至壮健，果实品质优良，可适当密植，推荐采用4 m×3 m的行株距。与‘资阳香橙’、‘卡里佐枳橙’嫁接亲和性较好，但尚无较长时间内的树势、品质等观察资料。

‘晚锦橙’冬季落果一般较少，但在11月上中旬喷施两次0.004%~0.005% 2,4-D进行冬季保果，或结合保果剂同时喷施叶面肥、杀菌剂，保果效果更好。

‘晚锦橙’3月中下旬综合性状最优，2月下旬至4月上旬均可采收。因为3月中下旬至4月中下旬恰逢新梢抽发和花芽萌动起始，营养需求旺盛，需特别加强树体管理，建议适时施用叶面肥，不然对翌年产量、果实大小等有一定影响。

（完成人：洪棋斌、陈竹生、龚桂芝、江　东等）

5. 资阳香橙(*Citrus junos* Sieb.ex.Tananka ‘Ziyang Xiangcheng’)

【育种基本情况】‘资阳香橙’是四川省资阳市多种经济作物管理站、四川省农业科学院园艺研究所新选育的抗碱性砧木品种，2009年申报并通过四川省品种审定（图2.10）。

【生物学特性】树势中等，十二年生实生树高2.9 m，冠径1.65 m，干周23.5 cm，成年树一般株产30~50 kg，以头年秋梢和当年春梢为主要结果母枝，春、夏、秋三季开花，但以春花结果为主，2月下旬春梢萌芽，3月底4月初现蕾，4月上旬始花，4月中下旬盛花，10月中下旬果实开始着色，11月上中旬开始成熟。资阳香橙砧与枳砧柑橘树进入结果期基本一致，早果、丰产性好。

四川省农作物品种审定证书

资阳市多种经济作物管理站
四川省农业科学院园艺研究所：

你们单位选育的果树品种资阳香橙，已通过四川省农作物品审会第六届第八次会议审定，省农业厅已向全省公布，特此发证。

品种来源：宜昌橙与宽皮桔的天然杂种，经多年试验选育而成。

审定编号：川审果树 2009 001

四川省农作物品种审定委员会

二零一零年五月十四日

图2.10 ‘资阳香橙’审定证书

【植物学特性】实生未修剪的‘资阳香橙’树冠呈伞形，枝条细软而密生，较为直立，具短刺。枳砧资阳香橙枝条长9.0~12.0 cm，主叶深绿、略带黄，长纺锤形，翼叶锲形、较厚，主脉明显，侧脉模糊，叶片无味或略带清香味，叶片宽3.6 cm，长5.8 cm。花蕾初为紫绿，后为紫白略带麻点，开花后呈紫白色，花径3.8 cm，多为单生，花瓣5枚，雄蕊数24~26枚，长0.9 cm，柱头长0.7 cm。

【主要经济性状】果实圆形或短椭圆形（图2.11），平均纵径5.6 cm，横径6.1 cm，果形指数0.92。平均单果重64.0 g，最大单果重120.0 g，果皮金黄色、较光滑，油胞细而密，味酸，皮脆，易剥皮。每果囊瓣9~10枚，有种子22~28粒，种子千粒重147.9 g，种子多胚，1粒种子发4~6株砧苗。图2.12为‘资阳香橙’树体。

图2.11 ‘资阳香橙’果实

图2.12 ‘资阳香橙’树体

【抗逆性】抗病、抗碱、耐旱、耐寒性好，但要注意防治炭疽病。

【综合评价】‘资阳香橙’砧根系茂盛，分布广，须根群多，抗逆性较强，是碱性土壤中的优良砧木。以其为砧木比枳砧柑橘抗碱性强、丰产、梢抽发整齐，比红橘砧和本砧柑橘早结、丰产、矮化、无叶片黄化。作为优良抗碱砧木具有广泛应用前景。

【栽培技术要点】作为采种来源，‘资阳香橙’可嫁接在枳、卡里佐枳橙、红橘等多种砧木上，均表现较好的亲和性，一般定植翌年即可获得一定的产量。

作为砧木，可在当年10月中下旬采果，剥取种子，催芽，置于温室育苗，翌年定植到育苗容器或田间，秋季即可嫁接；亦可药剂处理后贮藏果实，或剥取种子，晾晒至种皮发白，沙藏至翌年春天播种。

（主要完成人：周齐铭、刘建军、陈克玲等）

6. 桂橙1号（*Citrus sinensis* Osbeck. ‘Guicheng No.1’）

【育种基本情况】由华中农业大学、广西鹿寨县科技局、广西柑橘研究所、广西鹿寨县农业局水果站育成，为冰糖橙高糖、浓香芽变。2008年通过广西壮族自治区农作物品种审定委员会审定（图2.13），已在广西鹿寨县等产区栽培推广。

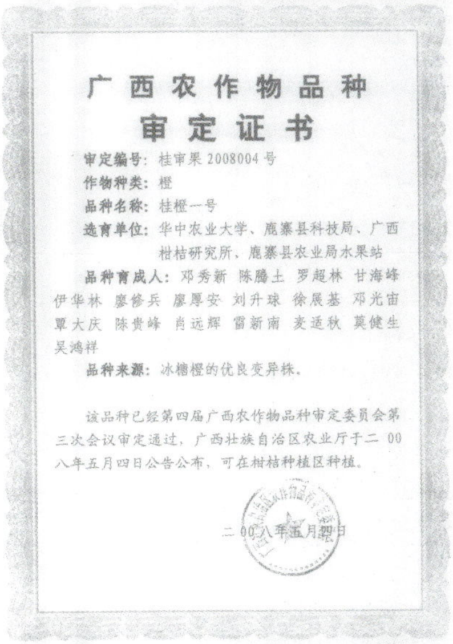

广西农作物品种

审定证书

审定编号：桂审果2008004号

作物种类：橙

品种名称：桂橙一号

选育单位：华中农业大学、鹿寨县科技局、广西柑桔研究所、鹿寨县农业局水果站

品种育成人：邓秀新 陈腾土 罗超林 甘海峰 伊华林 廖修兵 廖厚安 刘升球 徐展基 邓光宙 覃大庆 陈贵峰 肖远辉 雷新南 麦适秋 莫健生 吴鸿祥

品种来源：冰糖橙的优良变异株。

该品种已经第四届广西农作物品种审定委员会第三次会议审定通过，广西壮族自治区农业厅于二〇〇八年五月四日公告公布，可在柑桔种植区种植。

二〇〇八年五月四日

图2.13 ‘桂橙1号’审定证书

【生物学特性】在广西鹿寨春梢抽发期2月中下旬至3月中下旬，夏梢期5月上中旬至6月上中旬，秋梢期8月中旬前后。初花期3月上中旬，盛花期3月下旬至4月中旬。果实成熟期11月下旬至12下旬。

【植物学特性】在广西桂林、柳州一年抽梢4次，幼树生长量大，易形成树冠，早结果。成年结果树树势中等，树冠圆头形。枳砧四年生树平均高1.48 m，冠径1.68 m，干周12.0 cm；八年生树平均高2.15 m，冠径2.84 m，干周22.0 cm。幼年结果树以秋梢结果母枝结果为主，成年结果树秋梢结果母枝约占60%，春梢结果母枝约占40%。结果母枝第1~9节均可坐果，第1~4节坐果占多数，结果枝以有叶花枝为主。

【主要经济性状】平均单果重123.0 g，果实横径6.3 cm，纵径6.1 cm（图2.14）。果皮厚0.3 cm，果心0.75 cm，囊瓣10~11枚，种子数1.3粒，出汁率50.0%，可食率75.7%，每100 mL果汁含维生素C 45.98 mg、含柠檬酸0.38 g、含还原糖7.23 g、含蔗糖4.98 g、含全糖12.47 g，可溶性固形物含量14.6%，固酸比39.85。

该品种早结，丰产，稳产，新建园一般3年试果，4年株产5 kg左右，5年株产20~25 kg，6~7年株产40~50 kg，进入盛果期后，在栽培管理精细的条件下，每公顷产量可达45 000 kg以上。图2.15为‘桂橙1号’结果状。

图2.14 ‘桂橙1号’果实

图2.15 ‘桂橙1号’结果状

【抗逆性及贮藏性】可在水田和旱地种植，表现生长快，抗性较强，幼树较易感溃疡病。在常温下，不作任何处理，单果套袋包装贮藏60 d和90 d，其果实可溶性固形物含量分别为17.2%和15.2%；贮藏60 d后和90 d，其腐烂率分别为4.2%和5.1%，极耐贮藏。

【综合评价】该品种遗传性状与农艺性状稳定，均表现早结、丰产，果实皮薄有光泽，肉质脆、清甜，具蜜糖香，无核或少核，是一个冰糖橙优系，极具发展潜力。

【栽培技术要点】选择适宜的地区栽培，株行距（2~3）m×（3~4）m，山地果园做好水土保持工程，种植防护林。深翻改土，推广行间生草和树盘覆盖的土壤管理制度，减少土壤耕作次数。

全年施肥2~3次，以壮果肥和采果肥为主。壮果肥在7月中下旬施用，以增大果实，提高品质，促进早秋梢抽生。采果肥在采收前后施用，以增加树体贮藏营养，提高花芽质量和树体抗寒能力。春季视不同树势适当追施速效肥促发新梢。夏秋季水分供应不足，应及时灌水或树盘覆盖防旱。

树形宜采用自然圆头形，主干高度25~30 cm，定植后适当调整其生长，控制徒长枝和交叉枝，大量结果后逐步加大修剪量。成年树采用大枝修剪法，重点疏去顶部和侧面密生枝组，开天窗、侧窗，改善树冠内部光照条件，增加结果量。生长期除抹春梢保花保果外，重点抹夏梢促秋梢，增加早秋梢结果母枝比例，对其他的隐蔽枝、交叉枝、密生枝适当疏除，减少花量，提高花质。在加强肥水管理的基础上，重点培养长15~25 cm的秋梢和春梢结果母枝。

采取前期保果，后期疏果的办法，既保证有一定的坐果数量，又有较高的商品质量。保果以提高树体营养为主，在开花坐果期，多次喷施有机营养素。尽量不使用激素，在果实膨大生长期即7月上中旬，根据树势及树体负荷量，及时疏除不正常的小果、畸形果及粗皮大果，提高果实的商品性。

加强病虫害综合防治，特别是溃疡病的防治。严格监控检疫性病虫害的发生和蔓延，实现无公害栽培。

（完成人：邓秀新、陈腾土、罗超林、甘海峰、伊华林、廖修兵、廖厚安、刘升球、徐展基、邓光宙、覃大庆、陈贵峰、肖远辉、雷新南、麦适秋、莫健生、吴鸿祥）

7. 和平椪柑（*Citrus reticulata* Blanco. ‘Heping Penggan’）

【育种基本情况】是广东省和平县水果研究所和广东省农业科学院果树研究所从广东省河源市和平县上陵镇果园内发现的优良单株选育而成，外观和内质优良，耐贮藏性能好。2008年通过广东省品种登记（图2.16），已在广东省河源市、惠州和梅州等地区栽培推广。

【生物学特性】在广东河源及周边地区，一般3月上旬开始现蕾，3月下旬到4月上旬盛花，盛花期一般10 d左右，4月中旬谢花。谢花后即是小果期，第一次生理落果也是在此期，5月中旬即是第二次生理落果期，6月下旬到10月为果实膨大期，10月下旬果实开始着色，11月下旬完全着色成熟。

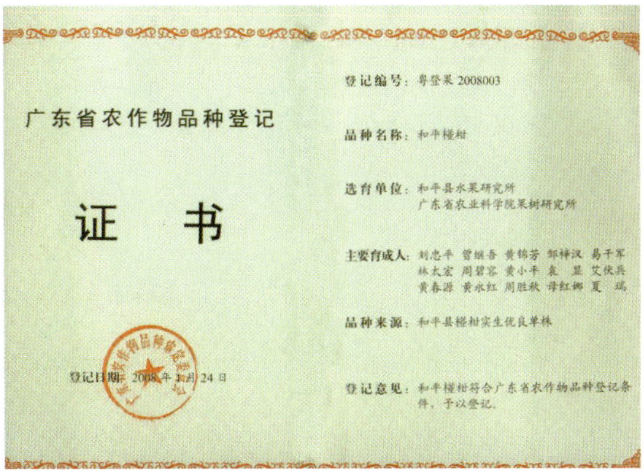
广东省农作物品种登记

证　书

登记编号：粤登果 2008003

品种名称：和平椪柑

选育单位：和平县水果研究所
广东省农业科学院果树研究所

主要育成人：刘忠平 曾继吾 黄锦芳 邹祥汉 易干军
林太宏 周碧容 黄小平 袁 显 艾伏兵
黄春源 黄永红 周胜秋 谭红娜 夏 瑞

品种来源：和平县椪柑实生优良单株

登记意见：和平椪柑符合广东省农作物品种登记条件，予以登记。

登记日期：2008年[illegible]月24日

图2.16 ‘和平椪柑’登记证书

【植物学特性】树势强壮，幼树树姿直立，进入盛果期后，稍开张；发枝能力强，叶片浓绿、较厚、中等大，叶长5.0~9.0 cm，宽2.0~3.0 cm，叶缘呈锯齿状，叶尖渐尖有凹口，翼叶小。花小、单生、白色。幼树1年抽生3~4次新梢，结果树1年抽生2~3次，少部分生长旺盛的果园也会抽生4次新梢，按照抽梢的时间不同，大致分为春梢、夏梢和秋梢。以酸橘为砧木的树势较旺，枳壳为砧木生长较缓。秋梢是主要的结果母枝。

【主要经济性状】果实扁圆形（图2.17），纵径6.0 cm左右，横径7.0~9.0 cm，单果重120.0~180.0 g，平均为153.6 g，可食率为74.8%，果顶凹，果肩平，蒂部皱突，有放射状沟，果皮中等厚，橙色，贮藏后转为橙红色，果皮包着较紧，中心柱空，囊瓣肾形，每果10瓣左右，易分离，囊衣薄，化渣，汁胞橙红色，汁多，每100 mL含总糖为11.56 g，可溶性固形物含量12.0%~14.0%，每100 mL含维生素C44.62 mg，风味浓，清甜爽口，品质上等；种子多胚，子叶浅绿色，平均单果种子14.8粒。果实11月中下旬成熟，耐贮藏，常温下单果包装可以贮藏到翌年3~4月，极少浮皮。该品种种植第3年开始挂果，第5年平均每公顷产量可达20 000~30 000 kg。图2.18为‘和平椪柑’结果状，图2.19为‘和平椪柑’五年生树的结果状。

图2.17 ‘和平椪柑’果实

图2.18 ‘和平椪柑’结果状

图2.19 ‘和平椪柑’五年生树的结果状

【抗逆性】该品种抗逆性强，比较耐寒，在1999年12月的极端低温条件下，许多柑橘品种受冻害严重，而‘和平椪柑’相对较轻；对溃疡病的抗性比甜橙、柚强，目前尚未发现大规模毁灭性病害。

【综合评价】该品种为目前国内优良的椪柑品种，丰产、稳产、外观和内质优良，尤其是耐贮藏性能好，具有良好的发展前景。

【栽培技术要点】果园地尽量选择土壤疏松肥沃、水源方便、能排能灌的地方，要求光照充足，交通方便。一般定植行距3~4 m，穴（株）距为2~3 m。选取生长健壮的无病毒或脱毒枝条做接穗，一般在秋季的小阳春或春季的雨水前种植。用红橘或酸橘为砧木，树势生长较旺盛，以枳为砧木时树势生长较慢。种植后的第1~2年，主要是扩大树冠，使树体形成一个矮干多主枝的放射形树冠，充分利用夏梢扩大树冠，加强肥水管理，每年需要施肥4~5次。对于生长壮旺的结果树，在12月中下旬适当控水或环割，可以明显促进花芽分化。冬季做好清园，消除果园内的病原，及时做好病虫害防治工作。采收时期以11月中下旬为宜，采收后放置约1周，用聚乙烯薄膜保鲜袋单果包装，可以贮藏3~4个月。

（完成人：刘忠平、曾继吾、黄锦芳、邹梓汉、易干军、林太宏、周碧容、黄小平、袁　显、艾伏兵、黄春源、黄永红、周胜秋、母红娜、夏　瑞）

8. 汕优蕉柑（*Citrus nobilis* Lour. ‘Shanyou Jiaogan’）

【育种基本情况】是广东省汕头市果树研究中心和广东省农业科学院果树研究所从汕头市潮阳区西胪镇台湾蕉柑(*Citrus nobilis* Lour. Taiwan)中发现的优良变异株系。2009年通过广东省品种审定，已在广东省潮汕地区栽培推广。

【生物学特性】3月上旬春梢萌发，3月中旬生长，初花期3月下旬，盛花期4月上旬，终花期4月下旬。果实11月中旬开始着色，12月下旬至1月上旬成熟，可留树至2月上中旬，若留树至3月中旬以后，果实可溶性固形物含量开始下降。

【植物学特性】以四川酸橘为砧木，树势较旺，树冠较开张。五年生树高2.2 m。分枝较少，梢较粗壮。叶片深绿、披针形、较厚，叶面光滑，春梢叶长4.0~7.0 cm，宽2.0~2.8 cm，叶缘锯齿细，叶尖微凹，叶翼线状。花枝为有叶单顶花，花大小中等、白色，花粉粒较大，育性较低，子房扁圆，花盘较小，花萼4~5枚，较整齐、光洁；每果种子0.5粒，单胚率28.6%，单胚种子短瓜子形、端正，子叶白色或浅绿色，多胚种子子叶绿色。

【主要经济性状】果实较大、扁圆球形（图2.20）、端正。单果重200.0~260.0 g，纵径6.3~6.9 cm，横径7.8~8.4 cm，果形指数0.81~0.82，果柄较细，果蒂平，有明显的放射状皱纹，果肩圆或平，果顶平或微凹，环纹较大不明显，果皮较光滑，油胞平、中等大，成熟果实皮橙红色，白皮层薄，囊瓣9~11枚，易分离，果心半空、星状或不规则状，果肉橙红色，果汁量中等，较化渣。可溶性固形物含量12.0%左右，每100 mL果汁含总酸0.60 g左右，风味较浓；3~6年生树每公顷产量35 343.0~49 680.0 kg，平均每公顷产量39 480.0 kg。果实常规保鲜处理后单果包装，室温下可贮藏至翌年6月上旬。图2.21为‘汕优蕉柑’五年生树的结果状。

图2.20 ‘汕优蕉柑’果实

图2.21 ‘汕优蕉柑’结果状

【抗逆性】经品比试验和多点栽培试验，该品种表现适应性好，早结、丰产、稳产，较抗溃疡病，适宜在蕉柑种植区种植。

【综合评价】该品种为大果型蕉柑，具有早结、丰产、稳产、质优、耐贮等特点，发展前景良好。

【栽培技术要点】‘汕优蕉柑’以四川酸橘为砧木比较适宜，可以改良品质。对于2~4年生柑树，特别是在水田土层深厚肥沃、地下水位高、柑树生长偏旺的柑园，建议11月底（秋梢成熟后），在主干上环割1周，深达木质部，使柑树叶片有轻度的退色。一般的柑园在11月底控水促花，使柑树叶片微卷。秋梢成熟期，叶面喷施0.6%三元复合肥2次。花量、幼果量较少，长势旺的结果树，在4月下旬至5月上旬环割主枝保果。

（完成人：廖玉章、曾少敏、郑广才、易干军、陈桂平、郑廷杰、黄武强、陈开林、廖鉴湖、杨惠文、郑木川、陈德华、梁广成、曾继吾、庄　宇）

9. 无籽贡柑（*Citrus* spp. ‘Wuzi Gonggan’）

【育种基本情况】是广东省农业科学院果树研究所、广东省云安县南盛镇农业发展有限公司从云安县南盛镇坡地普通贡柑果园群体中发现的芽变品种，商品无核，2010年通过广东省品种审定（图2.22），已在广东省柑橘产区推广。

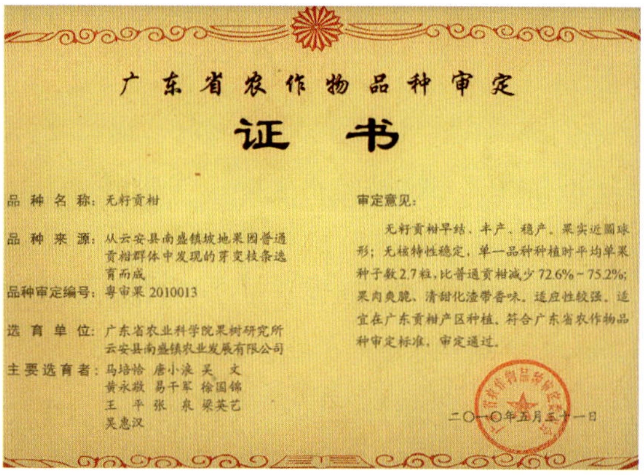
广东省农作物品种审定

证书

品种名称：无籽贡柑

品种来源：从云安县南盛镇坡地果园普通贡柑群体中发现的芽变枝条选育而成

品种审定编号：粤审果 2010013

选育单位：广东省农业科学院果树研究所
云安县南盛镇农业发展有限公司

主要选育者：马培恰 唐小浪 吴 文
黄永敬 易干军 徐国锦
王 平 张 泉 梁英艺
吴惠汉

审定意见：

无籽贡柑早结、丰产、稳产，果实近圆球形；无核特性稳定，单一品种种植时平均单果种子数2.7粒，比普通贡柑减少72.6%~75.2%；果肉爽脆、清甜化渣带香味，适应性较强，适宜在广东贡柑产区种植，符合广东省农作物品种审定标准，审定通过。

二〇一〇年五月三十一日

图2.22 ‘无籽贡柑’审定证书

【生物学特性】一般2月上旬萌芽，2月中下旬春梢抽发，5月上中旬夏梢抽发，7月下旬至8月上中旬秋梢抽发。2月下旬至3月上旬开始现蕾，3月上中旬为初花期，3月下旬至4月上旬为终花期。4月出现第一次生理落果，5~6月为第二次生理落果期。果实11月中旬转色，12月成熟。

【植物学特性】树势中等，树冠半圆形，较不开张。枝条较直立，偶有短刺，以夏梢最长，秋梢其次，春梢最短。叶片长卵形，先端渐尖，基部近三角形，翼叶线形，与普通贡柑相比，‘无籽贡柑’的叶片（特别是秋梢）稍小。花较小，花蕾长椭圆形，盛开时花朵长约1.2 cm，宽约2.2 cm；花瓣白色，5 瓣，有香味；花丝13~15 枚，长约0.8 cm，花柱的柱头扁圆形，且大多高于雄蕊。花有有叶单花、无叶单花、有叶花序花、无叶花序花4 种类型。

【主要经济性状】果实近圆球形（图2.23），橙黄色至橙红色，果面光滑，果顶部平，果蒂部圆，果皮厚0.15~0.22 cm，较易剥皮。单果平均重为103.5 g，平均种子2.8粒，可溶性固形物含量11.5%，每100 mL含酸量为0.50 g、含全糖量为10.05 g，固酸比为23。除单果重比普通贡柑稍小外，‘无籽贡柑’果实的综合品质均优于普通贡柑。图2.24为‘无籽贡柑’结果状。

图2.23 ‘无籽贡柑’果实

【抗逆性】 经品比试验和多点栽培试验，‘无籽贡柑’的适应性和抗病性与普通贡柑相同，适应广东中部及中南部地区栽培，其耐旱性和耐寒性比沙糖橘稍差，栽培上要求有较好的肥水条件；此外，‘无籽贡柑’对炭疽病较敏感，应注意防控。

【综合评价】 该品种为是优良的无核柑橘，具有早结、丰产、稳产、品质优良等性状，具有良好的发展前景。

图2.24 ‘无籽贡柑’结果状

【栽培技术要点】 ‘无籽贡柑’的栽培技术措施与普通贡柑基本相同，在常规栽培管理的基础上，主要加强以下几项措施：①加强肥水管理。‘无籽贡柑’对肥水条件要求较高，需肥需水要比沙糖橘多，故应增施有机肥以及氮磷钾配方施肥，保持水分供应，预防秋冬季落叶。②保花保果。‘无籽贡柑’由于种子少，自然着果率较低，应注意保花保果。在谢花结束时喷施一次GA_3，第一次生理落果结束时喷施“柑橘保果素”，并进行环割保果。③合理疏果。‘无籽贡柑’因为果实偏小，应合理疏果。在7月稳果后，要根据树冠大小、树势、叶色等因素，适当进行疏果，增加果实商品性。④防治炭疽病。‘无籽贡柑’对炭疽病较为敏感，平时要加强监控和防治，应在3~6月春梢、幼果生长期以及8~9月的秋梢抽生期及时喷药防治；同时，可通过健康栽培，增强树势，提高树体抗病力。

（完成人：马培恰、唐小浪、吴　文、黄永敬、易干军、徐国锦、王　平、张泉、梁英艺、吴惠汉）

10. 新优选蕉柑（*Citrus nobilis* Lour. ‘Xinyouxuan Jiaogan’）

【育种基本情况】 该品种由广东省潮州市果树研究所和广东省农业科学院果树研究所在饶平县新墟镇霞光村调查时，从‘新1号蕉柑’（*Citrus nobilis* Lour. ‘Xin No.1’)园中发现的优良单株选育而成，具有早结、丰产、质优、果大、抗性强等优点。2010年通过广东省品种审定（图2.25），已在广东省潮州、汕头、揭阳等柑橘产区推广。

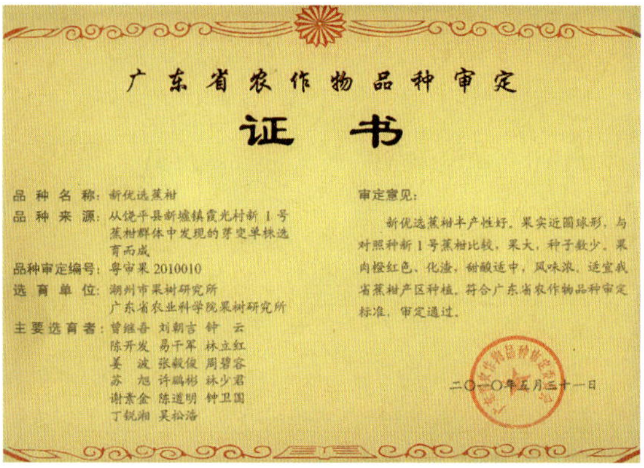
广东省农作物品种审定

证书

品种名称：新优选蕉柑

品种来源：从饶平县新塘镇霞光村新1号蕉柑群体中发现的芽变单株选育而成

品种审定编号：粤审果2010010

选育单位：潮州市果树研究所
广东省农业科学院果树研究所

主要选育者：曾继吾 刘朝吉 钟云
陈开发 易干军 林立红
姜波 张毅俊 周碧容
苏旭 许鹏彬 林少君
谢素金 陈道明 钟卫国
丁锐湘 吴松浩

审定意见：

新优选蕉柑丰产性好。果实近圆球形，与对照种新1号蕉柑比较，果大，种子数少。果肉橙红色、化渣，甜酸适中，风味浓，适宜我省蕉柑产区种植。符合广东省农作物品种审定标准，审定通过。

二〇一〇年五月三十一日

图2.25 ‘新优选蕉柑’审定证书

【生物学特性】 一般2月下旬开始抽新梢，3月中旬至4月上旬新梢自剪，2月末至3月上中旬现蕾，3月中下旬初花，4月上旬盛花。夏秋梢抽生在5月下旬至6月初，秋梢抽生在7下旬至9月。第一次生理落果在4月中下旬，第二次生理落果发生在5月中下旬，5~7月中旬为果实膨大高峰期，11月上旬果实开始转黄，12月下旬果实基本转黄，1月中下旬成熟，留树贮藏2个月以上，营养成分基本不变。

【植物学特性】 树姿较开张，生产上多采用主枝自然圆头形。新梢枝条较粗壮，萌芽率高。1~2年生幼龄树枝梢一年内可抽生3~4次，3~4年生幼年结果树可抽生3次梢，成年结果树一般培养2次新梢。叶片较大，长椭圆形，叶身卵圆形，叶面光滑且深绿色，叶背青绿色，中脉明显，油胞多且分布均匀。叶尖渐尖，叶基楔形，翼叶线形，全缘。春梢叶片平均长度为7.5~8.0 cm，宽度为3.1~3.3 cm，叶形指数2.35~2.45。花为完全花，花瓣5瓣、白色，宽0.6 cm，长1.2 cm，花径3.4 cm。花丝20枚左右，联合成筒状，花柱略低于花丝筒，柱头扁平，子房近圆形，蜜盘小。萼片5裂，淡绿色。

【主要经济性状】 果实大小整齐，单果重平均重150.0 g以上，高扁圆形（图2.26），果形指数为0.91~0.93。果肩平，果顶平，有明显印环，油胞较小，突出，密生。果皮橙红色，果面较光滑，果皮厚且紧贴果肉，易剥离，皮厚0.4~0.5 cm。果心小，半空。可溶性固形物含量10.0%~11.5%，每100 mL含糖量8.72 g、含酸量0.44 g、维生素C含量32.5 mg，种子1~3粒，可食率66.0%~69.0%。果肉橙红色，化渣，风味浓。12月以后，果实进入成熟期。图2.27为‘新优选蕉柑’果实与对照比较，图2.28为‘新优选蕉柑’结果状。

图2.26 ‘新优选蕉柑’果实

图2.27 ‘新优选蕉柑’果实（下）与对照（上）比较

【抗逆性】经多年田间观察，‘新优选蕉柑’抗逆性与普通蕉柑基本相同。目前尚未发现大规模毁灭性病害。

【综合评价】具有早结、丰产、质优、果大、抗性强等优点，市场价格较高，深受果农和消费者青睐，具有良好的发展前景。

【栽培技术要点】宜选用江西红橘和酸橘作砧木，四川红橘、福橘和红柠檬也可，但枳作砧木表现不好。

图2.28 ‘新优选蕉柑’结果状

园地宜选在生态环境良好、无工农业污染源、土壤肥沃且深厚、易于排灌的地方。新建园忌在有黄龙病的老柑橘园附近，栽植株行距为（2.5~2.8）m×（3.8~4.5）m。

根据蕉柑树生长结果情况，适当调节施肥次数。一般在夏秋季应增加钾肥的施用量。9~11月结果枝下垂后，树冠内极易萌发出较多徒长枝，应及时疏除，减少营养消耗。

成年树常发生的病害有柑橘黄龙病、柑橘脂斑病、柑橘炭疽病和黑星病等，以综合防治为主，重点防好柑橘木虱，同时加强栽培管理，增强树势。

（完成人：曾继吾、刘朝吉、钟　云、陈开发、易干军、林立红、姜　波、张毅俊、周碧容、苏　旭、许鹏彬、林少君、谢素全、陈道明、钟卫国、丁锐湘、吴松浩）

11. 大浦5号 (*Citrus nobilis* Lour. ‘Oura No.5’)

【育种基本情况】湖南农业大学1997年底从中国农业科学院柑橘研究所引入湖南进行试种，2009年进行品种登记，在特早熟温州蜜柑品种中具有树势强健、品质优良、丰产、稳产、可采期长、不浮皮等突出优点，已在湖南地区栽培推广。

【生物学特性】3月中旬萌芽，3月下旬现蕾，4月中下旬开花。有两次明显的生理落果，第一次生理落果期5月1日至5月28日，第二次生理落果期5月底至6月初，坐果率3.6%。果实成熟期9月中旬。

【植物学特性】树势强健，树姿开张，自然圆头形。春梢长度12.0 cm，夏梢长度29.0~33.0 cm，秋梢长度7.0~24.0 cm。叶片长椭圆形，基部楔形，叶脉明显，平均长度7.0~8.0 cm，平均宽度3.0~4.0 cm，表面光滑有光泽。花白色、中等大，花丝合生，雄蕊退化，花药呈黄白色。

【主要经济性状】果形正扁圆（图2.29），纵径5.0 cm，横径7.1 cm，果形指数0.7，平均单果重132.8 g。果皮橙黄色、光滑，厚度0.28 cm。肉质柔软，较化渣，风味较浓，可溶性固形物含量10.4%。无核，综合品质优良。春、夏、秋梢均可成为结果母枝，但以春、秋梢为主。结果早，丰产稳产。定植后第三年投产，第五年平均株产量28 kg左右。图2.30为‘大浦5号’结果状。

图2.29 ‘大浦5号’果实

图2.30 ‘大浦5号’结果状

【抗逆性】抗旱性、抗寒性及抗病虫性与其他特早熟温州蜜柑类似，温州蜜柑产区均能栽培。

【综合评价】该品种在特早熟温州蜜柑品种中具有树势强健、品质优良、丰产、稳产、可采期长、不浮皮等突出优点，发展前景良好。

【栽培技术要点】一般用枳作砧木，嫁接繁殖。选择土层深厚、坡度适中的背风向阳丘岗地高标准建园，尽可能选择脱毒种苗。培养丰产树冠，幼树期合理间作，小量多次肥水培育树苗。3~4年投产树每年施肥4~5次，重点抓好采果肥及冬季基肥，基肥施用量要占全年施肥量的一半以上。为提高品质，应多施磷、钾复合肥及有机肥。盛产橘园一般控制产量在每公顷45 000 kg 左右，这样既可以提高品质，亦可保持树势，达到稳产丰产。防治病虫要以防为主，综合防治，积极采用生物防治，重视农业防治，改善橘园生态环境。重点防治柑橘红蜘蛛、锈壁虱、潜叶蛾、天牛和炭疽病。

（完成人：龙桂友、徐义武、邓子牛、李树举等）

12. 伦晚脐橙 (*Citrus sinensis* Osbeck.‘Lane Late’)

【育种基本情况】由华中农业大学、湖北省秭归县柑橘良种繁育场对引进的‘伦晚脐橙’进行驯化选育而成。2009年通过品种审定（图2.31），已在湖北、重庆、江西等产区栽培推广，是优良的晚熟脐橙品种。

【生物学特性】在湖北秭归，‘伦晚脐橙’春梢抽发期3月上中旬，夏梢期5月中下旬，秋梢期7月下旬前后。盛花期4月中下旬，果实在11月下旬开始转色，至次年3月下旬果实成熟。

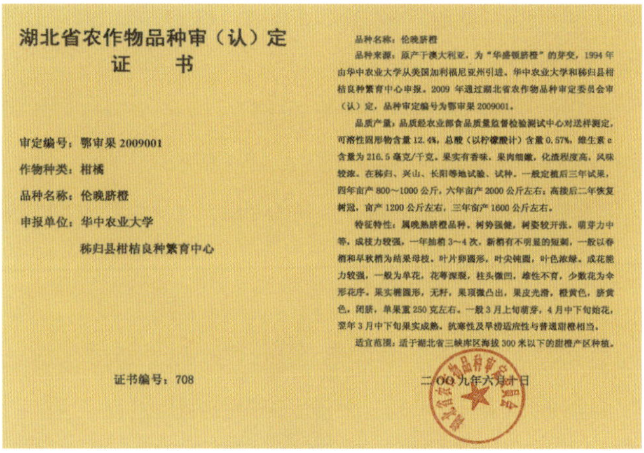

湖北省农作物品种审（认）定
证　书

审定编号：鄂审果 2009001
作物种类：柑橘
品种名称：伦晚脐橙
申报单位：华中农业大学
秭归县柑桔良种繁育中心

证书编号：708

品种名称：伦晚脐橙

品种来源：原产于澳大利亚，为“华盛顿脐橙”的芽变，1994年由华中农业大学从美国加利福尼亚州引进。华中农业大学和秭归县柑桔良种繁育中心申报。2009年通过湖北省农作物品种审定委员会审（认）定，品种审定编号为鄂审果 2009001。

品质产量：品质经农业部食品质量监督检验测试中心对送样测定，可溶性固形物含量 12.4%，总酸（以柠檬酸计）含量 0.57%，维生素 c 含量为 216.5 毫克/千克。果实有香味，果肉细嫩，化渣程度高，风味较浓。在秭归、兴山、长阳等地试验、试种。一般定植后三年试果，四年亩产 800～1000 公斤，六年亩产 2000 公斤左右；高接后二年恢复树冠，亩产 1200 公斤左右，三年亩产 1600 公斤左右。

特征特性：属晚熟脐橙品种，树势强健，树姿较开张，萌芽力中等，成枝力较强，一年抽梢 3～4 次，新梢有不明显的短刺，一般以春梢和早秋梢为结果母枝。叶片卵圆形，叶尖钝圆，叶色浓绿。成花能力较强，一般为单花，花萼深裂，柱头微凹，雄性不育，少数花为伞形花序。果实椭圆形，无籽，果顶微凸出，果皮光滑，橙黄色，脐黄色，闭脐，单果重 250 克左右。一般 3 月上旬萌芽，4 月中下旬始花，翌年 3 月中下旬果实成熟。抗寒性及旱涝适应性与普通甜橙相当。

适宜范围：适于湖北省三峡库区海拔 300 米以下的甜橙产区种植。

二〇〇九年六月十日

图2.31 ‘伦晚脐橙’审定证书

【植物学特性】该品种树势强健，树形为不规则的自然圆头形、较开张。萌芽率中等，成枝力强，新梢具浅刺，一年抽梢3~4次。武汉地区3月下旬萌芽，4月中下旬始花，11月底果实开始转色。叶片卵圆形，浓绿，叶尖钝圆。成花能力强，一般为单花，间有伞房花序，花蕾中大，花萼深裂，柱头微凸，雄性不育。结果母枝以春梢或早秋梢为主。

经嫁接试验，‘伦晚脐橙’与枳及其杂种、‘温州蜜柑’及其他脐橙均嫁接亲和。花芽分化能力强，对土壤适应性广，坡地、平地、红黄壤、紫色土及水稻土均可种植。

【主要经济性状】果实长椭圆形（图2.32），完全闭脐，无籽，果顶微凸出。果皮光滑、橙红色，平均单果重260.0 g，果肉细嫩化渣，可溶性固形物含量12.0%以上，每100 mL含可滴定酸0.69 g、含维生素C38.9 mg，可食率73%。‘伦晚脐橙’容器苗一般定植第3年试果，第4年每公顷产量达12 000~15 000 kg，第6年每公顷产量达到30 000 kg；高接换种2年恢复树冠（东西冠径达1.8 m，南北冠径达2.0 m），每公顷产量达到18 000 kg，第3年每公顷产量达到22 500 kg以上，丰产、稳产。

图2.32 ‘伦晚脐橙’果实

经多年多点试验，‘伦晚脐橙’坐果率1.8%与‘朋娜脐橙’2.0%相近，比‘纽荷尔脐橙’略高1.2%，完全成熟在翌年3月中下旬，果实糖高、酸适、香浓，化渣程度高，耐贮藏。图2.33为‘伦晚脐橙’结果状。

（完成人：邓秀新、夏仁学、伊华林、李国怀、宋文化、谭　勇、王耀群、覃　伟、廖胜才、谭邦兴）

图2.33 ‘伦晚脐橙’结果状

13. 大分 (*Citrus nobilis* Lour. ‘Oita’)

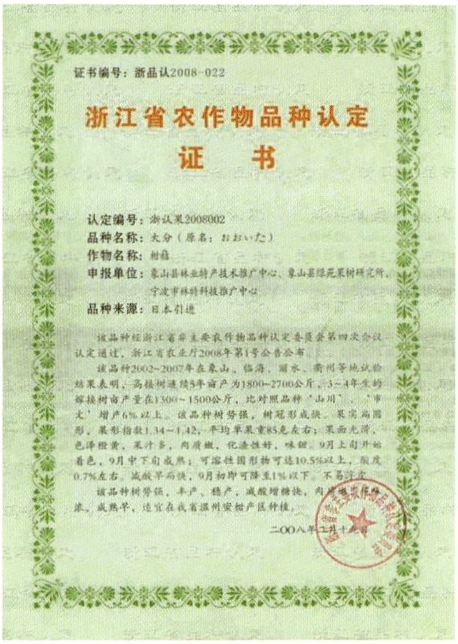
证书编号：浙品认2008-022

浙江省农作物品种认定

证　书

认定编号：浙认果2008002
品种名称：大分（原名：おおいた）
作物名称：柑橘
申报单位：象山县林业特产技术推广中心、象山县绿苑果树研究所、宁波市林特科技推广中心
品种来源：日本引进

该品种经浙江省非主要农作物品种认定委员会第四次会议认定通过，浙江省农业厅2008年第1号公告公布。

该品种2002~2007年在象山、临海、丽水、衢州等地试验结果表明，高接树连续5年亩产为1800~2700公斤，3~4年生的嫁接树亩产量在1300~1500公斤，比对照品种‘山川’、‘市文’增产6%以上。该品种树势强，树冠形成快。果实扁圆形，果形指数1.34~1.42，平均单果重85克左右；果面光滑，色泽橙黄，果汁多，肉质嫩，化渣性好，味甜。9月上旬开始着色，9月中下旬成熟；可溶性固形物可达10.5%以上，酸度0.7%左右。减酸早而快，9月初即可降至1%以下。不易浮皮。

该品种树势强，丰产、稳产，减酸增糖快，肉质……，成熟早，适宜在我省温州蜜柑产区种植。

二〇〇八年二月十……

图2.34 ‘大分’认定证书

【育种基本情况】 由浙江省象山县林特中心与浙江省农业科学院园艺研究所从日本引进的特早熟柑橘品种中选育而成。2008年通过浙江省非主要农作物品种认定委员会认定（图2.34）。‘大分’（又称大分1号）系日本大分县柑橘试验场于1986年用‘今田早生’与‘八朔’杂交育成，1990年开始结果，1996年获日本农林水产省品种登录。1999年2月引入浙江象山县，高接在普通温州蜜柑中间砧上，2001年开始结果。从高接‘大分’的枝梢有刺和无刺两种表型中选择品质较优的无刺类型进行苗木嫁接繁殖。经在象山产区多年系统适应性观察，‘大分’平均单果重为81.3 g，9月20日可溶性固形物含量9.9%，酸度为0.64%。完熟后果皮橙红色，可溶性固形物含量可达13.6%，酸度0.6%左右。总体表现为成熟期早，糖度高，减酸早，化渣性好，综合品质优于‘日南’、‘市文’等特早熟温州蜜柑品种，2008年2月通过浙江省非主要农作物品种认定。因其符合浙江省柑橘品种结构调整及市场需求，近几年在浙江得到迅速推广。

【生物学特性】 在浙江象山地区，春梢3月中旬萌发，4月中旬展叶；夏梢6月上中旬萌发，7月中旬停梢转绿；秋梢8月上中旬萌发，8月底至9月上旬停梢转绿。3月下旬现蕾，4月下旬初花，4月底盛花，5月初谢花。开花时间比早熟温州蜜柑‘宫川’早2~3 d，比晚熟温州蜜柑‘大叶尾张’早5~7 d，与特早熟温州蜜柑品种‘市文’、‘山川’相近，花期约为12 d左右。5月10日前后出现第一次生理落果高峰，6月中旬为第二次生理落果高峰，6月下旬定果，定果时横径约为2.5 cm。果实膨大期为6月上旬到9月初，转色期为9月上中旬，10月上旬完全着色。

【植物学特性】 树势强，树姿在幼树期表现直立，结果后变开张。枝梢长，有下垂性。在部分秋梢或强壮的枝梢上偶有较短的刺，但结果多年后会退化。花的形态与普通温州蜜柑相同。花分有叶单花和无叶单花两种，幼年树以有叶单花为主，约占全树的90%以上，成年树以无叶单花为主，占全树的85%左右。成年树的有叶单花和无叶单花都可以较好的结果，且坐果率比其他特早熟温州蜜柑高，可达3%左右。1~3年生幼树花芽不易形成。

【主要经济性状】 果实扁圆形（图2.35），果形指数0.70~0.75，果实比其他特早熟品种稍小，平均单果重90.0g左右。果面稍粗糙，油胞突出，密度较稀，果皮薄，囊衣较硬，带有苦味，中心柱中等大，汁胞纺锤形，果汁多，酸度低，味甜，无种子，裂果少。9月上旬开始退色，9月中旬开始着色。中小型果实延后至10月份采收果面为橙色，风味浓，但果实横径大于6.5 cm的果实较易发生浮皮。8月下旬至9月初果实减酸早、快，糖快速积累。至10月份果实降酸缓慢，而糖度能继续上升，固酸比高，色泽浓。这是‘大分’与其他特早熟品种最明显的区别。‘大分’比‘市文’的可溶性固形物含量高0.7至2.0个百分点，9月中旬可溶性固形物含量能达到10.0%，酸度降至1.0%以下，至10月份减酸缓慢，而‘市文’酸度高；‘大分’除比‘日南1号’减酸早、糖度高以外，色差测定结果表明，‘大分’比‘日南1号’转色早。

‘大分’苗木定植后1~2年，基本不着花，定植第3年（四年生树）着果树比例为5%~24%。四年生树都能开花、结果，初结果期丰产性较好。四年生平均株产3.0 kg，五年生为12.2 kg，六年生为13.6 kg。图2.36为‘大分’结果状。

图2.35‘大分’果实

图2.36‘大分’结果状

【抗逆性】‘大分’与枳、枸头橙、施文格枳柚等砧木嫁接亲和性都较好，高接在温州蜜柑、‘宫内伊予柑’、脐橙等中间砧上，都表现较好的生长势。抗溃疡病、疮痂病能力比普通温州蜜柑稍强。抗高温，耐干旱，日灼果少，落果、裂果少。抗寒性比‘八朔’强，在冬天若有较强的寒风影响，与普通特早熟温州蜜柑相比容易落叶。山地、海涂地均可栽植，适应性广。

【综合评价】经10年左右的引种观察表明，‘大分’是一个特早熟、减酸早、糖度高、抗逆性强、能完熟及高产的优良柑橘品种，适合在山地、丘陵地区种植，其品质及产量表现优于目前其他特早熟品种，且种植效益远高于中晚熟温州蜜柑和椪柑。同时考虑到‘大分’在国庆节前上市，并能完熟栽培至10月份而能继续保持品质上升，也可作为当前早熟柑橘品种结构调整的取代品种。

【栽培技术要点】选择日照充分、排水良好、土层稍浅但土壤肥沃的地域栽培，更能发

图2.51 ‘红夏橙变异’（左）
与对照（右）果实比较

比可达10.2。

【抗逆性】 尚未观察到特殊的敏感性病虫害和逆境伤害。

【综合评价】 ‘红夏橙变异’为目前国内优良的鲜食加工兼用甜橙优系，外观橙红，果实大，尤其是果汁色泽达到42（超过美国农业部最高值），优于普通伏令夏橙，作为晚熟鲜食加工兼用品种，具有良好的发展前景。

【栽培技术要点】 与目前生产上采用的主要砧木枳、卡里佐枳橙、资阳香橙均表现良好的嫁接亲和性，可采用以上砧木嫁接繁殖。采用温州蜜柑、锦橙中间砧高接，树势强，可用于以上品种的高接换种。

（完成人：洪棋斌、龚桂芝、彭祝春等）

7. 大果、无籽伏令夏橙 (*Citrus sinensis* Osbeck.)

【育种基本情况】 由华中农业大学、湖北省秭归县柑橘良种繁育场通过芽变选种选育而成，是优良的晚熟加工、鲜食兼用品种。

【生物学特性】 在秭归县春梢抽发期3月中下旬至4月中下旬，夏梢期6月上中旬至7月上中旬，秋梢期8月中旬左右。幼树生长旺时可抽生一次晚秋梢，生长始期在9月中下旬。初花期4月上中旬，盛花期4月中下旬。在坐果阶段有两次明显的生理落果期，第一次在5月15日左右，第二次在6月份。果实着色期在11月中下旬，成熟期翌年5月上旬。在春季雨水过多时，低洼积水地果实在4月中下旬有返青表现。

【植物学特性】 枳砧植株树势中强，树形开张，树冠圆头形，五年生树高为161 cm，冠幅为205 cm × 210 cm，九年生树高为215 cm，冠幅为300 cm × 267 cm。进行高位嫁接换种后，其中枳砧锦橙中间砧的树势和枳砧脐橙中间砧的树势中等偏强，树高分别为218 cm和182 cm，冠幅分别为252 cm × 241 cm和227 cm × 242 cm。基于其树形、树势，以株行距4 m × 3 m较为适宜。幼树生长量大，一年抽梢4次，春梢平均长12.6~16.1 cm，直径0.24~0.37 cm，秋梢平均长16.2~23.0 cm，直径0.25~0.40 cm。结果树春梢、秋梢都可以成为结果母枝，以秋梢为主，占70%以上。幼年树以中下部结果为主，直立枝结果能力较差，

图2.52　大果、无籽‘伏令夏橙’果实

斜生和水平枝坐果率高。结果母枝第1~9节均可坐果，第1~4节坐果占多数。结果枝以有叶果枝坐果率最高，占90%左右，在结果枝类型中，长度以7~10 cm较适宜。

【主要经济性状】 与枳砧、枳橙砧和高接换种的‘露德红夏橙’的果实品质相差不明显，保持了‘露德红夏橙’固有的果实皮薄光亮、肉质脆、酸甜可口、有香气、无核或少核等优良特性，果实圆球形（图2.52）。

【抗逆性及适应性】 多年多点试验观察，该选系在长江流域冬季无霜冻的地方如湖北秭归县、兴山县适应性好，植株与果实生长发育正常。在武汉、夷陵冬季有霜冻的产区，植株生长发育正常，在1月份有一定的落果发生。

所发生的柑橘病虫害与其他柑橘类（包括夏橙品种）基本相同，无特殊病虫害。冬季在没有霜冻的地方自然落果率为5.8%，在12月份喷布一次0.002% 2,4-D落果率降为1.3%，较耐粗放管理。

【综合评价】 经多年观察、测试，其农艺性状优良，作为晚熟品种发展可调剂市场，也是优良的橙汁加工品种，潜在推广价值明显。经过专家及产地相关人员论证分析，其成熟期为翌年5月上中旬，其适宜采收期为4月下旬至6月下旬，适宜在三峡库区低山河谷地区（海拔在300 m以下）栽培，有利于调节柑橘熟期，延长柑橘果实供应期。

【栽培管理技术】 注意选择有效积温超过5 500℃但不高于7 000℃，冬季最低温不低于−2℃，无霜期≤20 d的区域栽培。该品种生长势强健，注意适当疏除徒长枝、交叉枝，以保持适当的丰产树形。该品种由于果实挂树跨越冬季，为避免冬季温度变幅大，造成落果现象，宜推广冬季树盘覆盖、风带种植防风林等技术。由于果实挂树期长，为避免果实与花芽分化之间的营养竞争，宜在冬季果实膨大期和着色期适当追肥，施肥量宜较其他柑橘品种大。

（完成人：伊华林、宋文化、谭　勇、谢宗周等）

8. 年橘N-1 (*Citrus haniana* Hort.ex.Tseng)

【育种基本情况】 由广东省农业科学院果树研究所在广东省惠州市龙门县天堂山‘年橘’果园内发现的少籽‘年橘’新株系，已在龙门县建立示范基地进行品种试验。

【生物学特性】 一般春梢在2月上中旬萌发，2月中下旬生长，5月上中旬夏梢萌发，8月上中旬秋梢抽发。2月下旬现蕾，3月上中旬初花，3月下旬至4月上旬为终花期。4月上旬第一次生理落果，果实11月下旬开始转色，在1 月上旬至2月上旬成熟， 采收期在1 月上旬至4

月中旬。

【植物学特性】树势中强，比较直立，叶片长楔形，叶基渐尖，叶片浓绿、较厚、中等大，叶长5.0~8.0 cm，宽2.5~3.6 cm，叶缘呈锯齿状，叶尖渐尖有凹口，翼叶小。花小、单生、白色。幼树1年抽梢4次，结果树1年抽生2~3次新梢，以酸橘为砧木的树势较旺，枳壳为砧木的生长较缓，秋梢是主要的结果母枝。

【主要经济性状】果实扁圆形（图2.53），皮薄而光滑，橙黄色，光泽明亮，油胞小而平生，皮易剥离。果肉橙黄色，汁胞柔软多汁化渣，甜酸可口，橘味浓郁。单果重50.0~65.0 g，可溶性固形物含量10.0%~14.0%，每100 mL 果汁含酸量0.70~0.90 g、含糖量9.00~11.00 g、含维生素C 32.00~40.00 mg，单果种子数4~6粒，而普通‘年橘’单果种子10粒以上。正常成熟期在1 月底至2 月下旬，可通过栽培措施延长果实采收期，提高经济效益。经过几年的品种比较试验，其丰产性与果实品质与一般‘年橘’相当，但果实相对较小。图2.54为‘年橘N-1’结果状。

图2.53 ‘年橘N-1’果实

图2.54 ‘年橘N-1’结果状

【抗逆性】抗性与普通‘年橘’相当，由于果实是在春节后采收，在每年的冬至前后要注意保花和保果，以免受冻害。

【综合评价】‘年橘N-1’为‘年橘’少籽变异，具有品质优良、丰产、稳产、商品性好等特点，发展前景良好。

【栽培技术要点】以酸橘、红橘、红柠檬、枳为砧木，采集优良无病毒母树接穗进行嫁接。在新梢老熟后或萌芽前进行栽植。秋植在秋梢老熟后至11 月上旬进行；冬植在1~2月春梢萌芽前进行；春植在春梢老熟后的4~5 月夏梢萌芽前进行。容器苗定植不受季节限制。丘陵山地定植后第2 年秋梢老熟后开始进行深翻扩穴改土，分层埋入山草、绿肥、土杂肥和石灰，最后覆土。每年改土位置轮换并外移，直至全园挖通改土完毕。水田平地逐年培土起畦。通过抹芽、放梢、摘心、拉技整形、修剪等措施，培育丰产树形。幼年树施肥遵循勤施薄施的原则，做到“一梢二肥”，以氮肥为主，一年施肥不少于5次，有机肥占施肥总量的50%以上。要按照“旱能灌，涝能排”的要求在橘园内建立完善的排灌系统。果实成

熟期在1月上旬至2月上旬，采收期在1 月上旬至4月中旬。采收前1周应禁止灌水。

（完成人：曾继吾、钟 云、姜 波、易干军等）

9. 尚雅(*Citrus nobilis* Lour.)

【育种基本情况】 ‘尚雅’（暂命名）早熟温州蜜柑是浙江省柑橘研究所、象山县柑橘研究所等单位从宫川早生温州蜜柑株变选出。

【植物学特性】 树势中强，树冠圆头形，较开张。枝梢密度较稀，较软，节间长度较长，无刺。叶片卵圆形，叶尖渐尖，叶基窄楔形，叶缘近全缘，翼叶线形。花单生，花瓣白色、舌形、中等大小，花丝部分联合，花药黄色，花粉量少，花柱发育正常，柱头直立，呈扁圆形。

【主要经济性状】 果实扁圆形（图2.55），果面橙红色，较光滑，无沟纹，果实大小5.6 cm×4.4 cm，单果重80.0 g，果蒂部略凸，有4~5条放射沟。可溶性固形物含量14.0%，每100 mL含酸0.6~0.7 g，味浓，肉质脆嫩，浮皮发生较轻。该品种早结丰产，果形整齐美观，品质优。10月中旬成熟。图2.56为‘尚雅’结果状。

【抗逆性】 树体抗寒力较强。

图2.55 ‘尚雅’果实

图2.56 ‘尚雅’结果状

10. 青瓯柑 (*Citrus speciosa* Hort.ex. Tseng)

【育种基本情况】 ‘青瓯柑’（暂命名）是由浙江省柑橘研究所与温州市丰伟瓯柑果业开发种植场自普通瓯柑(*Citrus speciosa* Hort.ex. Tseng ‘Ougan’)芽变选育的一个绿色果皮的突变后代。

【植物学特性】 树势较强，树冠为开张圆头形。枝梢密度和节间长度中等，具刺，较少。叶片卵圆形，叶尖渐尖，叶基窄楔形，叶缘近全缘，翼叶线形。花单生，花瓣白色、舌形、中等大小，14 mm×6.5 mm，花瓣较短，花丝部分联合，花药黄色，花粉量较多，花柱发育正常，柱头直立，呈扁圆形。

【主要经济性状】 果实高扁球形或短圆锥形（图2.57），浅绿色或绿黄色。大小为6.9 cm × 6.0 cm，单果重145.0 g，果皮略粗糙，果顶平，有浅凹，果梗部平，沟纹7条左

图2.57 ‘青瓯柑’果实

右，无脐。油胞中小、略凹、密度中等。皮稍紧，容易剥离，无浮皮，皮厚4.0 mm，果皮香气较淡。中心柱半空，囊瓣9~12瓣，果肉质地较软，果汁多，较化渣，可溶性固形物含量10.0%左右，酸0.8%左右，风味淡，略带苦味。单果种子12粒。胚1~2个，子叶绿白色。12月上旬果肉成熟，果皮仍保持浅绿色。该品种果实耐贮藏，可贮至翌年5~6月，丰产性好。品质中上，但带有苦味。

【抗逆性】树体抗寒力较强，2008年度冬季低温，该选系未出现冻害现象。

11. 枨选系 (*Citrus* spp.)

【育种基本情况】‘枨’是零星分布于浙江东部的一种柑橘地方品种，具有宜昌橙、柚类、酸橙的血缘，为香圆或香橙类植物之一种。

【植物学特性】树势强或较强，树冠圆头形或椭圆形；枝梢略开张，密度中等或较密、较硬，节间长7.8 cm；枝刺长18.4 mm，多数。叶形有披针形、宽披针形或卵形，单株间叶形差异较大，叶尖多急尖，叶缘浅波状，油腺点细密，气味浓烈，似酸橙，叶片大小 8.5 cm× 3.8 cm，翼叶明显，呈披针形或倒卵形，翼叶大小20.6 mm×10.9 mm，嫩叶色泽呈黄绿色。花一年开一次，多单生，间有花序花，白色，花径40.7 mm，花瓣舌形（图2.58），中等或较长，大小24.9 mm× 8.9 mm。花丝多数，27~32枚，平均29.8枚，束状联合，药呈浓黄色，花粉量多。花柱直立，发育正常。实生树为主，进入始果期需10年以上，一般12~14年。

【主要经济性状】果高圆形（图2.59），果实横径10.5 cm，纵径9.2 cm，果形指数0.88；果面橙黄色，较粗糙，无沟纹，油胞中大或大、密生、凹。油胞层较厚1~2 mm，白皮层白色、厚8~12 mm，味较酸，香气浓郁。果顶浅凹，印圈明显，花柱不宿存，果顶有领，脐点凹入明显，剥皮较难，中心柱实，囊瓣11~13瓣、肾形、蜜黄色，肉质软，味酸或极酸，可溶性固形物含量7%~9%，酸1.4%以上。种子大，有油脂，多胚，外种皮光滑，单果种子20~40粒，偶有10余粒者。

图2.58 ‘柢选系’开花状

图2.59 ‘柢选系’果实

12. 夏红柑 (*Citrus* spp.)

【育种基本情况】 由浙江省衢州市柑橘科学研究所、衢州市龙游县农业局、浙江省农科院园艺研究所从衢州本地的柑橘自然杂交种中选育，贮藏性强。2010年6月向浙江省种子管理总站提交品种审定申请。已在浙江衢州、杭州、金华等地栽培推广。

【生物学特性】 在浙江省衢州地区3月上旬萌动，4月中下旬盛花，花期10~15 d。3月下旬展叶。生理落果在5月15~20日开始，高峰期出现在5月中旬至6月初。11月下旬果实成熟，果实发育期210 d左右。

【植物学特性】 树势强健，树姿开张，树冠圆头形。萌芽率高，成枝率强，新梢刚抽发时叶色微红。叶伸展后浓绿肥厚，春梢叶片长10.1 cm，叶宽4.5 cm，翼叶较大。枝多棱形，光滑无毛，有刺。六年生夏红柑平均树高318 cm，冠径273 cm，干周26.6 cm。花白色，略带紫红。坐果率3.2%。成熟后的‘夏红柑’果实果皮橙红色、有光泽。

【主要经济性状】 果实扁圆形（图2.60），果实纵径7.3 cm，横径9.1 cm，平均单果重312.9 g，大果重493.5 g。每果平均种子36粒。果实可食率59.7%，可溶性固形物含量11.3%~12.9%，总糖含量9.4%，可滴定酸含量1.1%~1.4%。‘夏红柑’在衢州地区11月下旬成熟采收，在普通农房中能贮藏至翌年的7月，贮藏期长达8个月。图2.61为‘夏红柑’结果状。

图2.60 ‘夏红柑’果实

以春梢为主要结果母枝，多年生枝也有良好的结果性能。连续丰产性强。五年生树每公顷产量可达37 500 kg以上。

【抗逆性】 抗冻性强，1999年12月21日龙游县极端低温达 -7.0 ℃，导致椪柑树落叶45.2%~93.4%，翌年总产量减少约66%，而‘夏红柑’冻害很轻，落叶率仅13.5%~32.7%，翌年减产约11%。2005年1

图2.61 ‘夏红柑’结果状

月1日极端最低温 -6.6℃，2006年全县柑橘较上年减产38%，而‘夏红柑’冻害很轻，2006年产量与2005年持平。在瘠薄的低丘红壤种植生长良好，在夏秋季有较长时间高温干旱的金衢盆地能获得丰产优质。‘夏红柑’有较强的抗逆性。

【综合评价】‘夏红柑’是目前国内贮藏性最优的品种之一，同时具有性状稳定、结果习性好、抗逆性强、丰产稳产、果实外观漂亮等特性，可以作为果篮用橘和贮藏用特色品种，应适当发展。

【栽培技术要点】以枳作砧培育嫁接苗，采用3 m×4 m或4 m×4 m株行距定植。与‘椪柑’、‘温州蜜柑’、‘香抛’等品种的嫁接亲和性强，可对这些品种进行高接换种。在萌芽前剪除内堂枯枝、交叉枝，短截超长枝。抹除晚秋梢。培育自然开心形树形。在7月上旬至7月底进行疏果，疏去病虫果、畸形果、机械伤果、花皮果和小果。11月下旬采收，用1 500倍的50%万利得乳油加40%百可得可湿性粉剂浸果，发汗7~10 d后用塑料袋单果套袋，然后进入贮藏。

（完成人：刘春荣、曹炎成、吴雪珍、杨海英、陈俊伟、谢　鸣、朱卫东）

13. 早熟冰糖橙变异 (*Citrus sinensis* Osbeck.)

【育种基本情况】湖南农业大学从‘普通冰糖橙’的芽变中选出，果实着色期比‘普通冰糖橙’早20 d左右，同期品质优于‘普通冰糖橙’。

【生物学特性】主要物候期与‘普通冰糖橙’相同，即2月22日至3月9日萌芽，4月11~18日始花，4月21~30日盛花，5月3~9日谢花，仅果实着色期比普通冰糖橙早20 d左右。

【植物学特性】树势中庸，树形开张，枝条细软披垂。叶脉凸出，翼叶线形。春梢多，夏梢少，秋梢较多。

【主要经济性状】平均单果重与‘普通冰糖橙’相当，120.0 g左右，11月初可溶性固形物含量超过13.0%，而同期‘普通冰糖橙’的可溶性固形物含量为12.0%。图2.62为11月1日‘早熟冰糖橙’与‘普通冰糖橙’果实对比。

【抗逆性】抗逆性与‘普通冰糖橙’相同。

【综合评价】此优系对湖南特色柑橘品种冰糖橙拉开上市时间非常有利。早熟性状的遗传稳定性正在鉴定中。

【栽培技术要点】有针对性的栽培技术还未开展研究。

（完成人：邓子牛、龙桂友、李大志、李　娜、戴素明等）

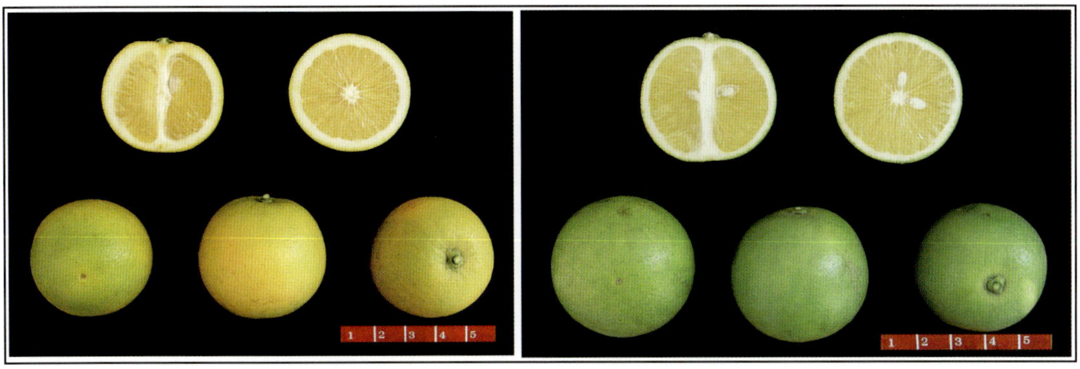

图2.62 ‘早熟冰糖橙’（左）与‘普通冰糖橙’（右）果实对比

14. 冰糖脐橙 (*Citrus sinensis* Osbeck.)

【育种基本情况】湖南省洪江市农业局和湖南农业大学从‘普通冰糖橙’芽变中选出。

【生物学特性】2月22日至3月8日萌芽，4月11~18日始花，4月20~30日盛花，5月3~9日谢花，成熟期11月上中旬，成熟期早于冰糖橙而略晚于‘纽荷尔脐橙’。

【植物学特性】树势中庸，树形开张，枝条披垂。叶脉凸出，翼叶窄楔形。春梢多，长13.0 cm，夏梢少，长42.0 cm，秋梢较多，长25.0 cm。

【主要经济性状】果实圆球形（图2.63），纵径7.2~7.7 cm，横径7.3~7.8 cm，单果重200.0~236.0 g，整齐度较好。皮色橙红，较光滑，油胞中密、较平，皮厚3.75~4.09 cm。囊瓣11~13瓣，果肉橙色，肉质脆嫩，汁多化渣，味浓甜微酸，可溶性固形物含量13.5%~15.5%，每100 mL含还原糖5.7~6.7 g、含总糖11.4~13.0 g、含可滴定酸0.53~0.91 g。无核。内质与‘普通冰糖橙’基本相同，但汁液更丰富，比脐橙肉脆，较冰糖橙风味浓。坐果率高，丰产稳产。图2.64为‘冰糖脐橙’结果状。

【抗逆性】尚未发现特殊的抗逆性，与‘普通冰糖橙’相当。

【综合评价】可丰富湖南特色冰糖橙品种的结构，较普通冰糖橙风味浓，比脐橙肉脆，

图2.63 ‘冰糖脐橙’（左）与普通冰糖橙（右）果实比较

图2.64 ‘冰糖脐橙’结果状

兼具冰糖橙和脐橙的特色，目前正在进行品种比较试验。

【栽培技术要点】目前结合品种比较试验正在探讨配套的栽培技术措施。

（完成人：文跃伟、邓子牛、龙桂友等）

15. 溆浦长形甜橙 (*Citrus sinensis* Osbeck.)

【育种基本情况】湖南农业大学和湖南省溆浦县农业局从‘普通甜橙’芽变中选出。

【生物学特性】物候期与‘普通甜橙’相似，11月上旬开始着色，成熟期11月中下旬。

【植物学特性】二十五年生树树势强，树高5 m，东西冠径3.3 m，塔形，干高2 m，干围0.5 m，中等开张。春梢长20 cm，直径0.3 cm，刺短小。叶片长7.5 cm，宽3.7 cm，卵圆形，基部广楔形，尖端渐尖，翼叶宽线形，长0.9 cm，宽0.3 cm。

【主要经济性状】果实长圆形（图2.65），果形指数1.02，果重240.4 g，皮橙黄色，皮厚0.51 cm；果肉橙黄色，可食率77.0%，出汁率54.6%；可溶性固形物含量12.3%，每100 mL含酸1.59g、含还原糖4.43 g、含转化糖8.3 g、含蔗糖3.68 g、含全糖8.11 g。糖酸比5.1∶1，味浓，甜酸适度；种子极少，平均1.7粒。在成熟时即11月中下旬其果实具有良好的制汁加工性能，符合美国的制汁标准，而且普通条件贮藏至翌年4月其制汁加工性能还有所提高。图2.66为‘溆浦长形甜橙’结果状。

【抗逆性】抗逆性较强，耐粗放管理，丰产、稳产。

【综合评价】耐贮性好，制汁加工性能优良，是鲜食加工兼用的优良品系。

【栽培技术要点】稀植，每公顷栽450株左右。

（完成人：邓子牛、杨　平、龙桂友、王仁才等）

图2.65 ‘溆浦长形甜橙’果实

图2.66 ‘溆浦长形甜橙’结果状

第 3 部分

核果类主要果树新品种（新品系）

一、桃

（一）选育的新品种

1. 瑞蟠22号（*Prunus persica* var.*platycarpa* ‘Ruipan No.22’）

【育种基本情况】由北京市农林科学院林业果树研究所以母本晚熟油桃品种‘幻想’（*Prunus persica* var. *nectarina* ‘Fantasia’）和父本晚熟蟠桃品种‘瑞蟠4号’（*Prunus persica* var. *platycarpa* ‘Ruipan No.10’）杂交育成的中熟蟠桃品种。2007年通过北京市林木品种审定委员会审定（编号：京S-SV-PP-045-2007），专家组综合分析认为‘瑞蟠22号’是一个优良的中熟蟠桃新品种，果个较大，果面近全红、果肉黄白色、味甜，硬度较高。早果、丰产；适合北京地区栽培。

【生物学特性】在北京地区3月下旬萌芽，4月中旬盛花，花期7 d左右。4月下旬展叶，5月上旬抽梢，8月上旬果实成熟。果实发育期112 d左右。10月中下旬大量落叶，年生育期210 d左右。

【植物学特征】树势中庸，树姿半开张（图3.1）。一年生枝阳面红褐色，背面绿色。叶长椭圆、披针形，叶面微向内凹，叶基楔形近直角；叶绿色；叶缘为钝锯齿；蜜

图3.1 ‘瑞蟠22号’树体

腺肾形，2~3个。花蔷薇形、粉色；花药浅黄色，无花粉；萼筒内壁绿黄色，雌蕊与雄蕊等高或略低。

【主要经济性状】 果实扁平形（图3.2），大小均匀，纵径4.3 cm，横径8.5 cm，侧径8.7 cm，平均单果质量182.0 g，最大果质量283.0 g。果顶凹入、不裂或微裂；缝合线中等深度，梗洼浅而广。果皮底色黄白，果面近全面着紫红色晕，不能剥离，茸毛中等厚。果肉黄白色，皮下无红丝，近核处红色素少；硬溶质，汁液较多，纤维细而少，风味甜，有淡香味，较硬，含可溶性固形物13.0%。果核较小，黏核。

图3.2 ‘瑞蟠22号’果实（左）及结果状（右）

花芽形成较好，复花芽多，花芽起始节位低。各类果枝均能结果，幼树以长、中果枝结果为主，自然坐果率高。丰产，盛果期树每公顷可达30 000 kg以上。

【抗逆性】 在北京地区，该品种未见严重冻花芽和抽条现象，树体和花芽抗寒力均较强。2010年出现－22℃极端低温，该品种表现正常。多年来无特殊的敏感性病虫害和逆境伤害。

【综合评价】 该品种为优良的中熟蟠桃品种。具有果个较大，尤其是果面近全红、风味甜，早果丰产、商品性好等突出优点，是很具发展前途的蟠桃新品种。

【栽培技术要点】 加强基肥、硬核期追肥和果实迅速膨大期（采收前）追肥等三个最关键时期的施肥管理，在采收前20~30 d可叶面喷施0.3%的磷酸二氢钾，注意及时灌水。夏季修剪应注意及时控制背上直立旺枝。由于无花粉，需配置授粉树或进行人工授粉。合理留果，疏果时优先疏除果顶有自然伤口倾向的果实，尽量不留朝天果，幼树期可适当利用徒长性结果枝结果。注意防治褐腐病和食心虫等。

（完成人：姜　全、郭继英、赵剑波、陈青华）

2. 瑞蟠21号 (*Prunus persica* var. *platycarpa* ‘Ruipan No.21’)

【育种基本情况】由北京市农林科学院林业果树研究所以母本晚熟油桃品种‘幻想’（*Prunus persica* var. nectarina ‘Fantasia’）和父本晚熟蟠桃品种‘瑞蟠4号’（*Prunus persica* var. *platycarpa* ‘Ruipan No.4’）杂交育成的极晚熟蟠桃品种。2006年通过北京市农作物品种审定委员会审定（编号：京审果2006003），专家组综合分析认为‘瑞蟠21号’优良的极晚熟蟠桃新品种，丰产性好；果个大，果肉黄白色、味甜，硬度高，具有较高的商品价值。适合北京地区栽培。

【生物学特性】在北京地区3月下旬萌芽，4月中旬盛花，花期7 d左右。4月下旬展叶，5月上旬抽梢，9月下旬果实成熟。果实发育期166 d左右。10月中下旬大量落叶，年生育期210 d左右。

图3.3 ‘瑞蟠21号’树体

【植物学特征】 树势中庸，树姿半开张（图3.3）。一年生枝阳面红褐色，背面绿色。叶长椭圆披针形，叶面微向内凹，叶基楔形近直角；叶绿色；叶缘为钝锯齿；蜜腺肾形，2~4个。花为蔷薇形，粉色；花药橙红色，有花粉；萼筒内壁绿黄色，雌蕊与雄蕊等高或略低。

【主要经济性状】果实扁平形，大小均匀（图3.4），纵径5.5 cm，横径8.6 cm，侧径8.8 cm，远离缝合线一端果肉较厚，平均单果质量236.0 g，最大果质量294.0 g。果顶凹入，基本不裂；缝合线浅，梗洼浅。果皮底色黄白，果面1/3~1/2着紫红色晕，难剥离，茸毛薄。果肉黄白色，皮下无红丝，近核处红色；硬溶质，汁液较多，纤维少，风味甜，较硬，含可溶性固形物13.5%。果核较小，黏核。

图3.4 ‘瑞蟠21号’果实（左）及结果状（右）

花芽形成较好，复花芽多，花芽起始节位低。各类果枝均能结果，幼树以长、中果枝结果为主，自然坐果率高。丰产性强，盛果期树每公顷可达30 000 kg以上。

【抗逆性】在北京地区，该品种未见严重冻花芽和抽条现象，树体和花芽抗寒力均较强。2010年出现－22℃极端低温，该品种表现正常。多年来无特殊的敏感性病虫害和逆境伤害。

【综合评价】该品种为优良的极晚熟蟠桃新品种，丰产性好；果个大，果肉黄白色、味甜，硬度高。成熟时间恰逢国庆节期间，具有较高的商品价值，发展前景很好。

【栽培技术要点】加强生长后期的肥水管理，在采收前20~30 d可叶面喷施0.3%的磷酸二氢钾，注意及时灌水。夏季修剪应注意及时控制背上直立旺枝。合理留果，疏果时优先疏除果顶有自然伤口倾向的果实，尽量不留朝天果，幼树期可适当利用徒长性结果枝结果。注意防治褐腐病和食心虫等。

（完成人：姜　全、郭继英、赵剑波、陈青华）

3. 华玉（*Prunus persica*　‘Huayu’）

【育种基本情况】由北京市农林科学院林业果树研究所以母本中熟桃品种‘京玉’（*Prunus persica*　‘Jingyu’）和父本早熟油桃品种‘瑞光7号’（*Prunus persica* var. *nectarina*‘Ruiguang No.7’）杂交育成的晚熟硬肉型桃品种。2002年通过北京市农作物品种审定委员会审定（编号：京审果2002001），专家组综合分析认为‘华玉’是一个国内优良的中晚熟硬肉型白肉桃新品种，果个特大，颜色美观，甜，离核，硬度高，耐贮运，丰产。在生产上具有很高的商品价值，适合北京地区栽培。2009年获得农业部植物新品种权（品种权号：CNA20030045.8）。

【生物学特性】在北京地区3月下旬萌芽，4月中旬盛花，花期7 d左右。4月下旬展叶，5月上旬抽梢，8月下旬果实成熟。果实发育期125 d左右。10月中下旬大量落叶，年生育期210 d左右。

【植物学特征】树势中庸，树姿半开张；一年生枝阳面红褐色，背面绿色。叶片长14.2 cm，宽3.8 cm，叶柄长0.9 cm。叶为长椭圆披针形，叶面平展微向内凹，叶尖微向外卷，叶基楔形近直角；绿色；叶缘为钝锯齿；蜜腺肾形，2~4个。花蔷薇形，花瓣粉红色；花药黄白色，无花粉；萼筒内壁绿黄色；雌蕊高于雄蕊（图3.5）。

图3.5　‘华玉’花

【主要经济性状】果实近圆形，果个大（图3.6），平均单果重270.0 g，最大果重600.0 g。果实纵径7.9 cm，横径7.8 cm，侧径8.2 cm。果顶圆，缝合线浅，梗洼深度和宽度中等，果皮底色为黄白色，果面1/2以上着玫瑰红色或紫红色晕，外观鲜艳，茸毛中等。果皮中等厚，不易剥离。果肉白色，皮下无红，近核处有少量红色。肉质硬，细而致密，汁液中等，纤维少，风味浓甜，有淡香味，不褐变，耐贮运。离核。可溶性固形物含量13.5%。含可溶性糖9.73%、可滴定酸0.71%、每100 g含维生素C 10.76 mg。

花芽形成较好，复花芽多，花芽起始节位为1~2节，各类果枝均能结果。幼树以长、中果枝结果为主，进入盛果期后各类果枝均能结果，中、短果枝所结果实较大。早果丰产性强，盛果期树每公顷可达30 000 kg以上。

【抗逆性】在北京地区，该品种未见严重冻花芽和抽条现象，树体和花芽抗寒力均较强。2002—2003年度冬季低温和2010年出现的－22℃极端低温，该品种表现正常。多年来无特殊的敏感性病虫害和逆境伤害。

图3.6　‘华玉’果实（左）及结果状（右）

【综合评价】该品种为目前国内极为优良的晚熟硬肉型桃品种。具有果实极大，外观颜色好，风味甜，肉质特硬，耐贮运，商品性好和适应性强等突出优点，是今后晚熟桃更新换代的首选品种。

【栽培技术要点】采用株行距3 m×5 m（三主枝开心形）或2 m×5 m（二主枝开心形）进行定植。果实成熟前20~30 d增施加速效钾肥，以增大果个，增加着色，增加含糖量，提高品质。合理留果，保证大果型特性的发挥和品质提高。由于无花粉，应配置授粉树和花期进行人工授粉。每667 m^2产量控制在2 000 kg左右为宜。套袋可使该品种果实色泽更鲜艳。加强夏季修剪，特别是采收前1个月，改善通风透光条件，促进果实着色。注意适时采收，当果皮底色已变白，果实表现出固有的风味即可采收。过熟时会出现落果现象，品质下降，影响商品价值。

（完成人：姜　全、郭继英、赵剑波、郑书旗、陈青华、刘　巍）

4. 瑞光28号（*Prunus persica* var. *nectarina* ‘Ruiguang No.28’）

【育种基本情况】由北京市农林科学院林业果树研究所以母本中熟油桃品种‘丽格兰特’（*Prunus persica* var. *nectarina* ‘Le Grand’）和父本早熟油桃品种‘瑞光2号’（*Prunus persica* var. *nectarina* ‘Ruiguang No.2’）杂交育成的大果型油桃品种。2003年通过北京市农作物品种审定委员会审定（编号：京审果2003001），专家组综合分析认为‘瑞光28号’是一个优良的中熟、黄肉油桃新品种，果个极大，颜色美观，味甜，风味浓，丰产，商品价值较高。适合北京地区栽培。2009年获得农业部植物新品种权（品种权号：CNA20030044.X）。

【生物学特性】在北京地区3月下旬萌芽，4月中旬盛花，花期7 d左右。4月下旬展叶，5月上旬抽梢，7月下旬果实成熟。果实发育期101 d左右。10月中下旬大量落叶，年生育期

210 d左右。

【植物学特征】树势强健，树冠较大，树姿半开张（图3.7）。一年生枝阳面红褐色，背面黄绿色。叶披针形，叶片长15.2 cm,宽4.7 cm,叶柄长0.9 cm；叶面微向内凹，叶尖微向外卷，叶基楔形；叶片黄绿色；叶缘为钝锯齿；蜜腺肾形，2~4个。花铃形，花瓣圆形、深粉色；花药橙红色，花粉多；萼筒内壁橙黄色；雌蕊明显高于雄蕊（图3.8）。

图3.7 ‘瑞光28号’幼树

图3.8 ‘瑞光28号’花

【主要经济性状】果实近圆-短椭圆形，果个极大（图3.9），平均单果重260.0 g，最大果重650.0 g。果顶圆，缝合线浅，梗洼中等深度和宽度，果皮底色为黄色，80%着深红色，阳面有片状色斑。果皮厚，不能剥离。果肉黄色，近核处同肉色、无红色素。肉质为硬溶质，多汁，味较甜。果核浅褐色、椭圆形、黏核。可溶性固形物含量10.0%~14.0%。可溶性糖含量10.38%，可滴定酸含量0.184%，每100 g含维生素C 4.74 mg。

图3.9 ‘瑞光28号’果实（左）及结果状（右）

花芽形成较好，复花芽多，花芽起始节位为1~2节，各类果枝均能结果。幼树以长、中果枝结果为主。丰产，盛果期树每公顷可达30 000 kg以上。

【抗逆性】在北京地区，该品种未见严重冻花芽和抽条现象，树体和花芽抗寒力均较强。2010年出现－22℃极端低温，该品种表现正常。多年来无特殊的敏感性病虫害和逆境伤害。

【综合评价】该品种为优良的中熟油桃品种，具有果个极大、颜色美观，味甜、风味浓，早果，丰产，商品价值高等突出优点，很有发展前景。

【栽培技术要点】采用株行距3 m×5 m（三主枝开心形）或2 m×5 m（二主枝开心形）进行定植。幼树期可适当多留果，使树势得到缓和，实现早期丰产。果实成熟前20~30 d增施加速效钾肥，促进果实全面着色。合理留果，保证大果型特性的发挥和品质提高。产量每667 m^2控制在2 000 kg左右为宜。套袋可使该品种果实色泽更鲜艳。加强夏季修剪，特别是采收前1个月，改善通风透光条件，促进果实着色。

（完成人：姜　全、郭继英、赵剑波、陈青华、刘　巍、郑书旗）

5. 金霞油蟠 (*Prunus persica*　‘Jinxia Youpan’)

【育种基本情况】由江苏省农业科学院园艺研究所以母本晚熟油桃品种‘霞光’（*Prunus persica*　‘Xiaguang’）和父本晚熟油蟠桃品系‘NF’杂交育成。2008年通过品种鉴定。2008年通过江苏省农林厅品种鉴定（编号：苏农鉴字[2008]第36号），专家综合评价认为，该品种是一个优良的大果型、中熟油蟠桃品种。适合江苏地区栽培。

【生物学特性】在南京地区2月底至3月初萌芽，3月中旬始花，3月下旬盛花，花期5~7 d。3月下旬展叶，果实7月20日左右成熟，果实生育期约114 d。11月上旬落叶，年生育期250 d左右。

【植物学特性】树体生长健壮，树姿较开张。一年生枝阳面红褐色，长果枝节间长度中长。叶片长椭圆或卵圆披针形，长16.7 cm，宽4.9 cm，叶柄长0.9 cm，叶面平展，绿色，叶尖急尖，叶基楔形，叶缘为钝锯齿。蜜腺肾形，2~4个。花为蔷薇形，花瓣粉红色（图3.10）。花药橘黄色，有花粉。萼筒内壁橙黄色，雌蕊高于雄蕊。花芽形成较好，复花芽多，自然坐果率26.8%。

【主要经济性状】果实扁平形，平均单果重121.0 g，大果重达197.0 g。果顶凹入，果心小或无果心，基本不裂；缝合线浅，梗洼中广，果肉厚，两半部较对称。果面60%以上着红色，有的年份几乎全红（图3.11）。果肉黄色，肉质硬脆爽口，完熟后柔软多汁，纤维中等，风味甜，品质佳，可溶性固形物含量14.5%。黏核。

图3.10 ‘金霞油蟠’花

图3.11 ‘金霞油蟠’结果状

早果性好，各类果枝均能结果，丰产稳产。盛果期树每公顷产量22 500 kg左右。

【抗逆性】树体和花芽抗寒力均强，2009年秋冬季、2010年春季南京地区遭遇低温阴雨天气，该品种坐果良好，仍表现丰产。桃流胶病、细菌性穿孔病抗性中等，无特殊的敏感性病虫害和逆境伤害。

【综合评价】油蟠桃是将蟠桃基因与油桃隐性基因相结合重组获得的新型果品，至今我国还没有优良的油蟠桃品种应用于商品生产。该品种具有品质优良、丰产稳产、商品性好等突出优点，具有良好的发展前景。

【栽培技术要点】三主枝开心形株行距采用3 m×5 m，两主枝开心形株行距采用2 m×（5~6）m进行定植。幼树生长旺盛，冬季以疏剪长放为主，注意加强夏季修剪，及时控制背上直立旺枝，以利通风透光，促进果实着色、品质提高和花芽分化。合理负载，及时进行疏花疏果，尽量不留朝天果；采用套袋栽培，果袋可选用白色或浅黄色纸袋，采果前不摘袋。果实生长期尤其是采收前20 d注意均衡供水。

（完成人：马瑞娟、俞明亮、杜　平、沈志军、宋宏峰、许建兰等）

6. 陇蜜9号 (*Prunus persica* ‘Longmi No.9’)

【选育基本情况】由甘肃省农业科学院林果花卉研究所以母本‘临白7号’（*Prunus persica* ‘Linbai No.7’）和父本‘六月桃’（*Prunus persica* ‘Liuyuetao’）杂交育成。2009年通过甘肃省农作物品种认定（编号：甘认果2009003），专家综合分析认为，该品种是一个优良的大果型、中熟鲜食桃品种。适合甘肃中东部地区栽培。

【生物学特性】在兰州地区3月底至4月初花芽萌动，中旬开花，下旬落花，花期8~10 d；采收期为8月上中旬，果实平均发育期115 d，11月上旬落叶，生育期210 d左右。

【植物学特性】树势较强，树姿开张、树冠近圆形。一年生枝阳面红色，背面呈绿色，多年生枝灰褐色，皮孔小而密，节间长度2.6 cm。叶呈长椭圆披针形、绿色，叶缘钝锯齿，平均叶长18.3 cm，宽5.0 cm；叶腺肾形，2~3个；花芽起始节位为第3节，复花芽多，花蔷薇形、单瓣、浅粉红色，雌蕊高于雄蕊，花粉多，自花结实率高。

【主要经济性状】果实圆形，纵径7.6 cm，横径7.0 cm，侧径8.4 cm，平均单果重246.0 g，最大单果重310.0 g，果形端正,两半较对称，果顶平，缝合线浅而明显，梗洼中深；果皮底色绿白，果面3/4以上着玫瑰红色晕；茸毛短而稀，果皮不易剥离；果肉乳白色、硬溶质、纤维少、香味浓，可溶性固形物含量12.7%；黏核、无裂核，种仁苦（图3.12）。

以中果枝和长果枝结果为主。栽培时宜配置授粉树，连续丰产性强。五年生树每公顷产量可达37 500 kg左右。

【抗逆性】树体和花芽抗寒力均强，在兰州地区栽培未见严重花芽受冻和抽条现象。2005年花期遇晚霜为害，仍能保持较高产量。2008年初遇罕见低温，兰州及周边地区一些栽培桃品种严重受冻，而该品种仍表现出较好的抗寒性。在甘肃中东部各地栽培，无特殊的敏感性病虫害和逆境伤害。

【综合评价】该品种属中熟鲜食普通桃品种，果形大、着色艳、品质优，丰产稳产性强，商品性状良好，具有良好的推广应用前景。

图3.12 ‘陇蜜9号’果实（左）及结果状（右）

【栽培技术要点】采用株行距3 m×4 m和3 m×5 m或2 m×5 m进行定植。栽培中需配置授粉树。授粉品种宜选用‘北京7号’、‘秋玉’、‘大久保’、‘白凤’等。采用三主枝开心形或“Y”字形整形。幼树生长势较旺，大量结果后树势转为中庸。该品种坐果率高，要严格控制产量，花后要即时进行疏果，及时更新结果枝组。结合夏季修剪改善树体通风透光条件，促进果实着色、品质提高和花芽分化。

（完成人：王发林、陈建军、王玉安、王　鸿、赵秀梅）

7. 春美 (*Prunus persica* ‘Chunmei’)

【育种基本情况】由中国农业科学院郑州果树研究所以母本‘89-3-16’(*Prunus persica*)桃优系和父本半矮生油桃单株‘SD9238’(*Prunus persica*)杂交培育而成。2008年通过品种审定，在河南、安徽等地有栽培。

【生物学特性】在郑州地区，正常年份3月上旬开始萌动，3月底至4月初开花，花期5~7 d。果实6月10日开始成熟，6月15日左右完全成熟，果实全面着色；6月20日以后果实变软，果实发育期约75 d。10月下旬开始落叶，全年生育期220 d左右。

【植物学特性】‘春美’树体生长势中等，树姿较开张，枝条萌发力中等，成枝率高。一年生新梢绿色，阳面浅紫红色，中果枝节间长平均2.1 cm。叶片长椭圆披针形，叶柄蜜腺2~3个，多为2个，腺体多为肾形，少数为圆形。花芽起始节位为1~3节，多为1~2节；单、复花芽比为1.3：1，中部多为复花芽，单花芽多着生在枝条基部和上部。花为蔷薇形，花瓣粉红色，5~7瓣，多为5瓣，花粉多。

【主要经济性状】果实近圆形或圆形，果顶圆；缝合线浅而明显，两半部较对称，成熟度一致。果实较大，平均单果重165.0~188.0 g，大果可达310.0 g以上。果皮茸毛中等，底色绿白，大部分或全部果面着鲜红色或紫红色，艳丽美观。果皮厚度中等，不宜剥离。果肉白色，粗纤维中等，硬溶质，果实成熟后留树时间可达10 d以上，不易变软。风味甜，有香气。汁液中等，pH 5.0，可溶性固形物为12.0%~14.0%，总糖9.53%，酸0.47%，每100 g含维生素C 8.04 mg，品质优良。果核长椭圆形，黏核（图3.13）。

图3.13 ‘春美’果实（左）及结果状（右）

【抗逆性】‘春美’为早熟桃品种，果实未发现严重病虫害，除了注意开花前后防治桃蚜外，整个果实发育期可不施农药。树体对白粉病和细菌性穿孔病有较强抗性。经过多年、多点试验观察，在全国各不同桃产区表现出良好的栽培适应性：花芽抗寒能力强，抗裂果能力强。

【综合评价】与同期成熟品种相比，着色好，较耐贮运，栽培适应性强，试栽范围广。与成熟期相近的‘雨花露’、‘砂子早生’桃相比，‘春美’具有果肉致密，耐贮运，着色好，且自交结实等特点，具有明显的优势。

【栽培技术要点】山区、丘陵或较瘠薄的土地可采用（2~3）m × 4 m的株行距，按倒人字形或自然开心形整枝；肥水条件较好者应适当稀植，采用（2~3）m × 5 m的株行距，分别按倒多主枝开心形整枝。盛果期后，每年9~10月份重施基肥，谢花后追施一次腐熟人粪尿或氮磷钾复合肥，硬核期以后，适当补施磷钾肥。根据土壤墒情适时浇水，特别是萌芽期和硬核期，要保证充足的水分供应。采收前10 d以内不宜浇水，以防风味变淡。5月初进行严格疏果，合理负载，每公顷产量控制在30 000 kg左右。‘春美’为硬肉桃品种，不易变软，因此，生产上可待果实充分发育、成熟后再采收。

（完成人：王志强、刘淑娥、牛　良、宗学普、宋银花等）

8. 中油桃8号 (*Prunus persica* ‘Zhongyoutao No.8’)

【育种基本情况】由中国农业科学院郑州果树研究所以母本‘红珊瑚’(*Prunus persica* ‘Hongshanhu’)和父本‘晴朗’(*Prunus persica* ‘Qinlang’)杂交培育而成。2009年通过品种审定，在河南、安徽等地有栽培。

【生物学特性】在郑州地区，正常年份2月底开始萌动，3月下旬开花，花期5~7 d。果实7月下旬开始成熟，8月上旬完全成熟，果实发育期约125 d。10月下旬开始落叶，到11月上旬完全落叶，全年生育期220 d左右。

【植物学特性】树体生长势中等，树姿较直立，萌发力中等，成枝率中等。一年生新梢绿色，阳面紫红色，中果枝平均节间长2.4 cm。叶片长椭圆披针形，叶基圆形或宽楔形，叶端渐尖，叶柄蜜腺2~4个、多为肾形。花芽起始节位1~3节，多为1~2节；单、复花芽比1：（3~4），以复花芽为主，单花芽多着生在枝条基部和上部。花为铃型，花瓣5瓣，花粉多。

【主要经济性状】果实圆形，果顶圆平、微凹；缝合线浅而明显，两半部较对称，成熟度一致。果实大，平均单果重180.0~200.0 g，大果可达250.0 g以上。果实光洁无毛，底色浅黄，成熟时80%果面着浓红色，外观美。果皮厚度中等，不宜剥离。果肉金黄色、硬溶质、肉质细、汁液中等，风味甜香，近核处红色素少。可溶性固形物13.0%~16.0%，总糖11.20%，总酸0.41%，每100 g含维生素C 12.71 mg，品质优良。黏核。经过连续多年、多点试验观察，未发现有裂果现象，栽培适应性强（图3.14）。

图3.14 ‘中油桃8号’果实（左，套袋果实）及结果状（右）

【抗逆性】该品种为中晚熟品种，果实发育期较长，造成为害的主要病虫害有蚜虫、桃小食心虫、桃蛀螟等虫害及白粉病、细菌性穿孔病等病害，‘中油桃8号’对这些虫害的抗性中等，较抗白粉病和细菌性穿孔病。花芽抗寒能力强，在各地均能保持连年丰产，未发现花芽冻害，即使在新疆等地也未发现明显花芽冻害。

【综合评价】是优良的晚熟黄肉油桃品种。果形端正，果个较大，套袋后着色较好，尤其是果实品质，品种审定现场测定可溶性固形物含量高达17.2%，作为晚熟油桃具有良好的发展前景。

【栽培技术要点】根据地形地貌、土壤肥力和对早期产量的要求，合理确定种植密度。推荐进行套袋栽培，减少病虫为害，增加果面光洁度，提高果实的商品性。采前可选择不摘袋，果实呈金黄色，非常美观。病虫害防治方面，早期注意蚜虫、红蜘蛛为害，果实发育后期要注意防治桃小食心虫、桃蛀螟等果实害虫。

（完成人：王志强、刘淑娥、牛　良、宗学普、宋银花等）

9. 美锦 (*Prunus persica* ‘Meijin’)

【育种基本情况】‘美锦’桃是由河北省农林科学院石家庄果树研究所以‘京玉’（*Prunus persica* ‘Jinyu’）桃为亲本自交培育成的中熟、鲜食、黄肉桃新品种。2008年通过省级鉴定，2009年通过品种审定，已在河北省桃主产区栽培推广。

【生物学特性】在石家庄地区3月中下旬萌芽，4月上中旬盛花，花期4~6 d。果实成熟期7月下旬，果实发育期105 d。11月初落叶，年生育期245 d左右。

【植物学特性】树势中等，树姿半开张。一年生枝阳面红色，阴面绿色。多年生枝灰色。叶片宽披针形，叶基楔形，叶尖渐尖，叶缘钝锯齿状，叶柄长1.0 cm，叶柄黄绿色。叶片绿色，秋叶为浓绿。叶腺肾形，蜜腺2~4个。花蔷薇形，粉白色。花药浅褐色，花粉量大。萼筒内壁橙红色，雌蕊与雄蕊等高。坐果率63.8 %。

【主要经济性状】果实圆形，纵径7.1 cm，横径7.1 cm，侧径7.5 cm，平均果重250.0 g，大果重295.0 g。果顶平或凹，缝合线浅，两半部对称。梗洼中深。果实底色黄色，阳面着鲜艳红色，着色面积60%。外观美丽。果实茸毛少，果皮中等厚，难剥离。果肉黄色，风味甜，有香气，汁液中等，纤维较少，成熟度均匀一致。硬溶质，较耐贮运，采收期和货架期长。果实可溶性固形物含量12.6%~13.8%。果核椭圆形，鲜重5.8 g，深棕色，核纵径3.1 cm，横径2.3 cm，侧径1.7 cm，核面较粗糙，核纹中等。无裂核。种仁饱满，苦味（图3.15）。

图3.15 ‘美锦’果实（左）及结果状（右）

长中短果枝均可以结果，以中、短果枝结果较好。为提高果实品质，盛果期树产量控制在每公顷30 000~37 500 kg。

【抗逆性】树体和花芽抗寒性均强。在石家庄地区，多年均未发生严重冻花芽、冻树干及抽条现象。2002—2003年及2009—2010年石家庄及附近地区部分桃品种枝干受冻严重，而该品种表现正常。无特殊的敏感性病虫害和逆境伤害。

【综合评价】该品种为目前国内优良的中熟、鲜食、黄肉桃新品种。具有品质优良、离核、采收期和货架期长、商品性好、丰产稳产等突出优点，具有良好的发展前景。

【栽培技术要点】株行距以2.5 m×（5~6）m或4 m×（5~6）m为宜，前者可采用“V”字形整形，后者采用三主枝开心形。幼树冬季轻剪，缓和树势，迅速扩大树冠。夏季修剪综合运用疏枝、摘心、拉枝等手段，控制竞争枝和徒长枝，避免枝量过多，保持通风透光。果实成熟前适度疏枝或摘心，促进果实着色。严格疏花疏果，控制负载量，增施有机肥和磷、钾肥，少施或不施氮肥。萌芽前喷3~5 Be° 石硫合剂，生长季节及时进行病虫害防治。

（完成人：马之胜、贾云云、陈体先、王越辉、马文会等）

10. 早红桃 (*Prunus persica* L. ‘Zaohongtao’)

【育种基本情况】‘早红桃’系‘白丽桃’(*Prunus persica* L. Batsch ‘White Lady’)的自然杂交实生种。1995年播种；1998年定为初选优系（编号为WL—007）；1999年在山东省果树研究所试验场苗圃进行高接鉴定；2003年进入决选程序，于春季栽植当年生速成苗进行品种比较试验、系统生物学观察和配套栽培技术试验研究；通过多年的高接鉴定、品种比较、多点试栽及系统植物学、生物学性状观察和综合经济性状评估，于2007年6月通过山东省农业科学院组织的专家测产验收和品质鉴评。2009年10月通过山东省农作物审定品种委员会审定（2009—073）。

【生物学特性】

①需冷量：300~350 h。

②物候期：在泰安露地栽培，正常年份3月中旬花芽开始膨大，4月5~7日为初花期，4月7~10日为盛花期，4月10~12日为末花期。4月中下旬出现幼果，并新梢开始生长，5月下旬果实开始着色，6月5~10日果实成熟，果实生育期55~60 d，11月上中旬开始落叶。

③生长结果习性:早红桃幼树生长旺盛，进入大量结果以后，树势趋向中庸。栽后4年干周29.0 cm ,树高302.5 cm，冠径427.1 cm。树体干性较弱，树冠半开张；枝条中粗，萌芽率、成枝力均高，对外围延长枝进行中短截，枝条萌芽率为27.0%，平均成枝力为6.8个。自花结实力强，自花授粉坐果率可达83.2%；长、中、短果枝的所占比例分别为：45.8%、35.5%和17.6%。幼树早实丰产性强，当年定植、当年成花，第3年平均单株产量16.4 kg，产量20 481.0 kg/hm^2；第4年产量25 464.7 kg/hm^2。日光温室栽培第1年产量27 615.0 kg/hm^2。

【植物学特性】‘早红桃’树势较强，树姿半开张。新梢阳面深红色，阴面绿色，有光泽，一年生枝条棕红色，节间长2.2 cm；多年生枝条和主干浅棕色，表面粗糙，皮孔大；叶片深绿色，细长形，长10.2 cm，宽3.4 cm，叶柄长0.9 cm，叶缘锯齿小，钝尖；花芽大、顶端钝圆、半离生；花冠大型，花瓣浅红色。长、中、短枝所占的比例分别为：45.8%、35.5%和17.7%。

【主要经济性状】果实近圆形，果型中大，平均单果重138.2 g，最大277.3 g；果形端正，缝合线明显，两半部对称果尖微凸，在设施栽培条件下果尖突出明显；果柄短、中粗，梗洼中广、较深；果面全红，树冠内膛与外围果实全红；果皮茸毛短，果面光滑、有光泽；

果肉早期白色，近核处浅绿色，完全成熟后红色，汁液浓红色；肉质细脆，不溶质、硬度大，采收时平均硬度10.6 kg/cm^2；果核小，黏核；果汁中多，可溶性固形物含量平均12.1%，最高13.2%，总糖10.84%，风味甘甜爽口，鲜食品质极佳。在日光温室条件下栽培生产，早红桃果实发育发育期延长，单果重显著增加，果实品质提高，平均单果重153.5 g，最大单果重达288.3 g；可溶性固形物平均12.3%，最高13.6%，脆甜爽口，品质佳（图3.16）。

图3.16 ‘早红桃’果实（左）及结果状（右）

‘早红桃’幼树生长旺盛，进入大量结果以后，树势趋向中庸。第4年每公顷产量25 470 kg。日光温室栽培第一年每公顷产量27 615 kg。

【抗逆性】该品种具有抗旱耐瘠、抗病抗虫耐湿、抗寒耐盐碱等特性，适于在山区丘陵旱薄地、轻度盐碱地，早春易遭受低温寒流侵害的小气候区域发展栽培。特别适于在日光温室和大棚保护地条件下进行反季节生产栽培。

【综合评价】该品种表现栽培适应性广、特早熟、早实丰产性强，具有果皮着色全面浓红、果大质优、肉硬耐贮，含糖量高、风味甘甜爽口等特点，是一个综合经济性状优异，浓红型特早熟桃优良新品种，具有广阔的发展前景。

在山东泰安、诸城、昌邑等地多点试栽均表现良好的适应性，其独特的早熟特性和早实丰产性，优异的果实口感品质和高档商品质量，均受到果树技术推广人员和广大果农的高度评价。

【栽培技术要点】合理密植，一般“V”字形，株行距2 m×4 m；开心形（2.5~3）m×4 m。平原地宜用（2~3）m×4 m，每公顷栽825~1 245株；山陵地（1.5~2.0）m×4 m，每公顷栽1 245~1 665株。树形宜采用“V”字形和开心形。“V”字树形，主枝上不留侧枝，直接着生结果枝组，结果枝组不短截，结果后回缩更新；以3~4个主枝的自然开心形，干高40~50 cm，留主枝3~4个，主干放射状排列斜生，角度宜控制在60°~70°，主枝上直接培养大、中、小型结果枝组。早红桃坐果率高、果实生育期短，为增大果个，要严格实施疏花疏果，一般长果枝留3个果，中果枝留2个果，短果枝留1个果。此外，加强夏季修剪，疏除背上旺长枝和主枝梢端过密枝，以控制营养生长，节约养分，促进果实膨大，并增加内膛光照，提高着色。果实采收后，避免树体旺长，保证树体通风透光，在7、8月份适时进行夏季修剪2~3次。

（完成人：王金政、张安宁、王长君、薛晓敏、路 超）

11. 秋露（*Prunus persica* ‘Qiulu’）

【育种基本情况】由大连市农业科学研究院从罐藏黄桃‘黄露’（*Prunus persica* ‘Huanglu’）实生种子选育而成。2009年通过辽宁省非主要农作物品种备案办公室备案，已在辽宁、山东、河南、河北、安徽、四川等地栽培推广。

【生物学特性】一般在大连地区，花芽膨大期为3月下旬，始花期为4月19~21日，盛花期为4月21~24日，果实成熟期为8月3~10日。果实发育期为100 d左右。

【植物学特性】‘秋露’桃的树势强健，生长旺盛，树冠大，树姿开张，四年生树高达2.8 m，树冠径4.0 m，干周27.5 cm。一年生枝条阳面红褐色，背面绿色。叶片大，平均长15.3 cm，宽达3.6 cm，披针形，平展，叶尖下垂，深绿色有光泽，叶柄长0.9 cm，叶基两侧有蜜腺2~5个。花粉量大，可自花结实，为蔷薇形花。

【主要经济性状】果实近圆形，果个大，两半部均称，纵径7.0 cm，横径7.3 cm，侧径7.3 cm，核重13.1 g。平均果重201.1 g，最大果重225.7 g。果皮为黄色，向阳面呈玫瑰红和较明晰斑纹。果肉橙黄，近核处周围与果肉色泽相近，肉质细密，纤维细，中多，韧性较强，汁液少，不溶质，风味酸甜可口，偏酸，有淡清香味，黏核，适于加工，可溶性固形物含量11.2%，罐藏加工吨耗为1∶0.94，具有良好的加工性状。制罐后，色泽橙黄，色卡8~9级，肉厚1.8~2.3 cm，有光泽，均匀一致，有透明感，纤维细、中多，组织细密，汤汁清晰，无杂质，酸甜适口，清香（图3.17）。

图3.17 ‘秋露’结果状（左）及罐头产品（右）

【抗逆性】树体和花芽抗寒力均强，从多年的生产实践看出，‘秋露’的抗寒性优于‘黄露’，在辽宁省盖州以南地区栽培个别年份有一定的冻害，2009年冬天大连地区冬季低温，‘黄露’品种受冻害严重，但‘秋露’仅在低洼地区受到部分冻害，相当于自然疏果，并不影响产量；‘秋露’的抗病性也较强，特别抗细菌性穿孔病。

【综合评价】该品种为目前国内优良的大果型罐藏黄桃品种，具有品质优良、丰产、稳产、商品性好等突出优点，抗寒性强，特抗细菌性穿孔病，属于中早熟品种，丰富了制罐品种的选择，利于加工企业提前进行生产，具有良好的发展前景。

【栽培技术要点】采用3 m×4 m或3 m×5 m的株行距，采用三主枝自然开心形或二主枝“Y”字形进行整形。生长季特别要注重夏季修剪，不断摘心的同时，疏除过密枝，控制徒长枝，改善树体结构，调整通风透光条件，应特别注意及时控制背上直立旺枝。严格疏花疏果，一般短果枝留0~1个，中果枝留1~2个果，长果枝留2个以上果。加强基肥、硬核期追肥和果实迅速膨大期追肥等3个最关键时期的施肥管理，注意及时灌水。适时采收，防止采收过晚，果实过熟近核处有红晕，影响加工性状。

（完成人：关海春、王逢寿、刘桂林、杨凤英、潘凤荣）

（二）选育的优系

1. 北京51号（98-5-59 ）(*Prunus persica*)

由北京市农林科学院林业果树研究所以母本晚熟桃‘华玉’(*Prunus persica* ‘Huayu’)和父本晚熟油桃‘顶香’(*Prunus persica* ‘Flavortop’)杂交育成的黄肉鲜食桃品种。平均单果重280 g，果面3/4或近全面紫红，硬溶质、风味甜，离核（图3.18）。可溶性固形物含量12%。北京地区8月中旬成熟，果实发育期122 d。有花粉。

（完成人：姜　全、郭继英、赵剑波、陈青华）

2. 北京48号（98-6-48）(*Prunus persica*)

由北京市农林科学院林业果树研究所以母本晚熟桃‘华玉’(*Prunus persica* ‘Huayu’)和父本晚熟油桃‘顶香’(*Prunus persica* ‘Flavortop’)杂交育成的晚熟白肉桃品种。平均单果重250.0 g，果面近全红，硬溶质、风味甜，离核（图3.19）。可溶性固形物含量13.2%。北京地区8月下旬成熟，果实发育期127 d。有花粉。

（完成人：姜　全、郭继英、赵剑波、陈青华）

图3.18 ‘北京51号’果实

图3.19 ‘北京48号’果实

3. 瑞蟠23号（2000-6-66东）(*Prunus persica*)

由北京市农林科学院林业果树研究所以中熟桃‘NJ251’和父本蟠桃品种‘96杂’杂交育成的中熟蟠桃品种。平均单果重202.0 g；果面全着紫红色，果肉淡绿色，硬溶质，硬度较高，甜，黏核（图3.20）。可溶性固形物含量13.1%。北京地区7月下旬成熟。丰产。有花粉。

（完成人：姜 全、郭继英、赵剑波、陈青华）

图3.20 ‘瑞蟠23号’果实

4. JN5-77 (*Prunus persica*)

【育种基本情况】由江苏省农业科学院园艺研究所以母本中熟桃品种‘霞晖6号’（*Prunus persica* ‘Xiahui No.6’）和父本美国短低温油桃品种‘Sunraycer’（*Prunus persica* ‘Sunraycer’）杂交育成。

【生物学特性】在南京地区2月底3月初萌芽，3月下旬始花，4月初盛花，花期5~7 d。4月初展叶，8月初果实成熟，果实生育期约120 d。11月上旬落叶，年生育期250 d左右。

【植物学特性】树体生长健壮，树姿较开张。一年生枝阳面红褐色，长果枝节间长度2.5 cm。叶片长椭圆披针形，长16.9 cm，宽4.1 cm，叶柄长1.1 cm，叶面平展，绿色，叶尖渐尖，叶基楔形，叶缘为钝锯齿。蜜腺肾形，2~4个。花为铃型。花药橘黄色，有花粉。萼筒内壁绿黄色，雌蕊稍高于雄蕊。花芽形成较好，复花芽多。

【主要经济性状】果实圆形，果实纵径6.7 cm，横径7.0 cm，侧径7.0 cm；平均单果重245.0 g，大果重354.0 g。果顶圆平，缝合线中等，两半部较对称。梗洼中等，果皮底色乳黄色，果面60%以上着红色。果肉白色，汁液中多，纤维中等，硬溶质，风味甜，可溶性固形物含量13.2%。离核，核卵圆形，深棕色，鲜核6.5 g（图3.21）。

各类果枝均能结果，丰产稳产。

图3.21 ‘JN5-77’果实

【抗逆性】桃流胶病、细菌性穿孔病抗性中等，无特殊的敏感性病虫害和逆境伤害。

【综合评价】该品种果实成熟较迟，品质优良，有花粉，丰产性好，具有良好的发展前景。

【栽培技术要点】采用三主枝开心形进行整形修剪，株行距（3~4）m×（5~6）m。幼树冬季以疏剪长放为主，注意加强夏季修剪，及时控制背上直立旺枝，以利通风透光，提高果实品质和促进花芽分化。合理负载，及时进行疏花疏果；采用套袋栽培，果袋可选用白色或浅黄色纸袋。

（完成人：俞明亮、马瑞娟、许建兰、沈志军等）

5. 98-2-11 (*Prunus persica*)

【育种基本情况】由江苏省农业科学院园艺研究所以母本晚熟油桃品种‘霞光’（*Prunus persica* ‘Xiaguang’）和父本蟠桃品系‘94-17-4’杂交育成。

【生物学特性】在南京地区2月底至3月初萌芽，3月中旬始花，3月底盛花，花期5~7 d。3月底展叶，7月20日左右果实成熟，果实生育期约110 d。11月上中旬落叶，年生育期250 d左右。

【植物学特性】树体生长健壮，树姿较开张。一年生枝阳面红褐色，长果枝节间长度2.3 cm。叶片长椭圆披针形，长17.5 cm，宽4.4 cm，叶柄长1.3 cm，叶面平展，绿色，叶尖渐尖，叶基楔形，叶缘为钝锯齿。蜜腺肾形，2~4个。花为蔷薇形。花药橘黄色，有花粉。萼筒内壁橙黄色，雌蕊低于雄蕊。花芽形成较好，复花芽多。

【主要经济性状】果实扁平形，果实纵径4.5 cm，横径7.3 cm，侧径8.0 cm；平均单果重208.0 g，大果重297.0 g。果顶凹陷，缝合线中等，两半部较对称。梗洼浅广，果皮底色黄色，果面40%左右着红色。果肉黄色，汁液较多，纤维中等，硬溶质，风味甜，有香气，可溶性固形物含量13.4%。黏核，核扁平形，棕色（图3.22）。

图3.22 ‘98-2-11’果实（左）及结果状（右）

各类果枝均能结果，丰产性较好。

【抗逆性】桃流胶病、细菌性穿孔病抗性中等，无特殊的敏感性病虫害和逆境伤害。

【综合评价】该品种为黄肉蟠桃品系，品质优良，有花粉，丰产性较好，具有良好的发展前景。

【栽培技术要点】三主枝开心形株行距采用3 m×5 m，两主枝开心形株行距采用2 m×（5~6）m进行定植。幼树冬季以疏剪长放为主，注意加强夏季修剪，及时控制背上直立旺枝，以利通风透光，提高果实品质和促进花芽分化。合理负载，及时进行疏花疏果，不留朝天果；采用套袋栽培，果袋可选用白色或浅黄色纸袋。果实生长期尤其是采收前20 d注意均衡供水。注意适时采收。

（完成人：俞明亮、马瑞娟、许建兰、沈志军等）

6. 紫金红2号（99-33-12）(*Prunus persica*)

【育种基本情况】由江苏省农业科学院园艺研究所以母本晚熟油桃品种‘霞光’（*Prunus persica* ‘Xiaguang’）和父本早熟油桃品种‘早红宝石’（*Prunus persica* ‘Zaohongbaoshi’）杂交育成。

【生物学特性】在南京地区3月初萌芽，3月中下旬始花，3月底盛花，花期5~7 d。3月底展叶，6月下旬果实成熟，果实生育期约95 d。11月上旬落叶，年生育期约250 d。

【植物学特性】树体生长健壮，树姿较开张。一年生枝阳面红褐色，长果枝节间长度2.5 cm。叶片长椭圆披针形，长16.5 cm，宽4.7 cm，叶柄长0.9 cm，叶面平展，绿色，叶尖渐尖，叶基楔形，叶缘钝锯齿。蜜腺肾形，2个。花为蔷薇形，花药橘黄色，有花粉。萼筒内壁橙黄色，雌蕊稍高于雄蕊。花芽形成较好，复花芽多，自然坐果率36.2%

【主要经济性状】果实圆形，平均单果重182.7 g，大果重230.0 g。果顶圆平，缝合线浅，两半部对称。梗洼中等，果皮光滑无毛，底色黄色，着色艳丽，近全红；果肉黄色，硬溶质，纤维少，风味甜，有香气，可溶性固形物含量14.5%，含可溶性糖9.30%，可滴定酸0.20%，黏核（图3.23）。

图3.23 ‘99–33–12’果实

各类果枝均能结果，丰产稳产。

【抗逆性】桃流胶病、细菌性穿孔病抗性中等，无特殊的敏感性病虫害和逆境伤害。由于果面无毛，易受蜗牛啃食为害。

【综合评价】该品种为早熟油桃品种，在江苏高温多湿地区表现不裂果，品质优良，丰产稳产，具有良好的发展前景。

【栽培技术要点】三主枝开心形株行距采用3 m × 5 m，两主枝开心形株行距采用2 m ×（5~6）m进行定植。幼树生长较旺，冬季以疏剪长放为主，注意加强夏季修剪，及时控制背上直立旺枝，以利通风透光，增加果实着色、提高果实品质和促进花芽分化。合理负载，及时进行疏花疏果；采用套袋栽培，果袋可选用白色纸袋，采前不摘袋。果实生长期尤其是采收前20 d注意均衡供水，注意防治蜗牛。

（完成人：俞明亮、马瑞娟、许建兰、沈志军等）

7. 01-9-4 (*Prunus persica*)

【育种基本情况】由甘肃省农业科学院林果花卉研究所以母本‘筑波89’（*Prunus persica* ‘Zhubo No.89’）和父本‘早露蟠桃’（*Prunus persica* ‘Zaolu Pantao’）杂交育

成。已在甘肃桃产区进行区域试验。

【生物学特性】在兰州地区3月下旬花芽萌动，中旬开花，下旬落花，花期8~10 d；果实平均发育期60 d左右，采收期为6月下旬，11月上旬落叶，生育期210 d左右。

【植物学特性】树势中庸，树姿开张、树冠近圆形。一年生枝阳面红色，背面绿色，多年生枝红褐色，皮孔小而密，节间长度2.3 cm。叶呈长椭圆披针形，绿色，叶缘钝锯齿，平均叶长16.8 cm，宽4.9 cm；叶腺圆形，1~3个；花芽起始节位为第3节，复花芽多，花蔷薇形、单瓣、浅粉红色，雌雄蕊等高，花粉多，自花结实率36.0%。

【主要经济性状】果实圆形，果顶圆平，平均单果重121.0 g，最大单果重154 g，果实纵径6.5 cm，横径6.8 cm，侧径6.7 cm，果形端正,两半较对称，果顶平，缝合线浅而明显，梗洼中深；果皮底色乳白，果面全面着玫瑰红色条纹或晕；茸毛短且密，果皮不易剥离；果肉白色，硬溶质，纤维少，香味浓，可溶性固形物含量12.0%以上；黏核，无裂核，种仁苦。以中果枝和长果枝结果为主（图3.24）。

图3.24 ‘01-9-4’果实（左）及结果状（右）

【抗逆性】树体和花芽抗寒力较强，区试观察，未见花芽受冻和抽条现象。2008年初遇罕见低温，兰州及周边地区一些栽培桃品种严重受冻，而该品系未出现严重的受冻现象。目前尚无特殊的敏感性病虫害。

【综合评价】该优系属早熟鲜食普通桃，果个较大，果形好，着色艳，品质优，丰产，商品性状良好。

【栽培技术要点】该优系目前已在甘肃桃产区区试。采用株行距3 m×4 m或3 m×5 m进行定植。授粉品种选用‘艳红’、‘早美’等。采用三主枝开心形整形。该优系坐果率高，花后要及时进行疏果。应加强夏季修剪，及时更新结果枝组，改善树体通风透光条件，促进果实着色、品质提高和花芽分化。

（完成人：王发林、陈建军、赵秀梅、王玉安、王　鸿）

8. 01-2-3(*Prunus persica*)

【育种基本情况】由甘肃省农业科学院林果花卉研究所以母本‘92-1’油桃和父本‘哈

太雷'（*Prunus persica*　'Hatailei'）杂交育成。已在甘肃桃产区进行区域试验。

【生物学特性】在兰州地区3月下旬花芽萌动，4月中旬开花，4月下旬落花，花期8~10 d；采收期为7月中旬，果实平均发育期85 d左右，11月上旬落叶，生育期210 d左右。

【植物学特性】树势中庸，树姿开张、树冠近圆形。一年生枝阳面红色，背面呈灰绿色，多年生枝红褐色，皮孔小而密，节间长度2.4 cm。叶呈长椭圆披针形、绿色，叶缘钝锯齿，平均叶长17.3 cm，宽5.1 cm；叶腺肾形，1~3个；花芽起始节位为第2~3节，复花芽多，花蔷薇形、单瓣、浅粉红色，雌蕊高于雄蕊，花粉多，自花结实率37%。

【主要经济性状】果实卵圆形，果实纵径7.8 cm，横径7.0 cm，侧径6.7 cm，平均单果重138.0 g，最大单果重171.0 g，果形端正，两半较对称，果顶平，缝合线浅而明显，梗洼中深；果皮底色乳黄，果面全面着玫瑰红色；果面光洁，果皮不易剥离；果肉黄色，硬溶质，纤维少，香味浓，可溶性固形物含量12.2%以上；离核，无裂核，种仁苦。以中果枝和长果枝结果为主（图3.25）。

图3.25　'01-2-3'果实（左）及结果状（右）

【抗逆性】树体和花芽抗寒力较强，区试观察未见明显的花芽受冻和抽条现象。2008年初遇罕见低温，兰州及周边地区一些栽培桃品种严重受冻，而该优系未出现明显的受冻现象。目前尚无特殊的敏感性病虫害发生。

【综合评价】该优系属早熟鲜食油桃，果形大、着色艳、品质优，丰产，商品性状良好。

【栽培技术要点】采用株行距3 m×4 m或3 m×5 m进行定植。授粉品种选用艳光、双喜红等。采用三主枝开心形整形。该优系坐果率高，花后要即时进行疏果。应加强夏季修剪，及时更新结果枝组，改善树体通风透光条件，促进果实着色、品质提高和花芽分化。

（完成人：王发林、赵秀梅、陈建军、王玉安、王　鸿）

9. 99-47-17（*Prunus persica*）

【育种基本情况】中国农业科学院郑州果树研究所利用高代杂种单株'94-1-47'（*Prunus persica*）和'92-4-48'（*Prunus persica*）杂交培育而成，通过对母树和高接树连续3年以上的的观察鉴定，表现稳定。

【生物学特性】郑州地区3月初萌动，3月底到4月初开花，花期持续4~5 d。4月中旬展叶，果实6月下旬成熟，果实发育期85 d左右。10月中下旬开始落叶，11月上旬全部落叶，全年生育期220 d左右。

【植物学特性】树势中等，树姿较开张，萌芽率较高，成枝力强。各类果枝均能结果，以中长果枝结果为主。成花容易，花芽起始节位1~2节，多1节，单复花芽比例1∶（1.5~2），节间长2.3 cm。叶片长椭圆披针形，叶柄着生肾形或圆形叶腺2~4个。花蔷薇形，花瓣5枚，花粉多，自花结实率高，丰产性好。

【主要经济性状】果实近圆形，果顶圆平，微凹，缝合线浅，果实较对称，成熟较一致。单果重180.0~240.0 g，大果300.0 g以上。果皮底色浅白，成熟时全面着鲜红色至玫瑰红色，艳丽美观。果肉白色，硬度中，溶质，汁液多，风味浓甜，有清香，可溶性固形物14.0%~17.0%，品质优。黏核。

成花容易，多复花芽，以中长果枝结果为主，定植一年后可见果，三年生树每公顷产22 500 kg以上。

图3.26 ‘99-47-17’果实（左）及结果状（右）

【抗逆性】在郑州地区经多年观察，未发现特殊的敏感性病虫害和逆境伤害。郑州高接树成熟期多次遇雨亦未见裂果发生，抗裂果能力强。常规管理条件下，果实未见明显病虫害发生。

【综合评价】为综合性状优良的早熟油桃品种，果个大、品质优、着色艳丽。可在各桃主产区引种试栽，成功后可作为主栽品种推广，具有良好的市场发展前景。

【栽培技术要点】北方或贫瘠土地推荐采用2 m×4 m株行距，倒‘人’字整形，南方或肥沃土壤推荐采用3 m×（4~5）m株行距，3~4主枝直立开心形整形。幼树期注意及时夏剪，促使迟早成形，盛果期后注意秋季施足基肥，生长季可以不施氮肥，果实发育期适当补充磷钾肥即可。病虫害防治上要注意花期前后桃绿蚜的防治，此外，还要注意天牛等蛀干害虫的防治。

（完成人：王志强、牛　良、刘淑娥、鲁振华、宋银花、崔国朝、宗学普等）

10. 98-9-35 (*Prunus persica*)

【育种基本情况】中国农业科学院郑州果树研究所以‘红珊瑚’（*Prunus persica* ‘Hongshanhu’）为母本，以高代杂种油桃单株‘89-5-3’（*Prunus persica*）为父本杂交培育而成，经过连续多年观察，各性状表现稳定。

【生物学特性】郑州地区3月初萌动，3月底至4月初开花，花期持续4~5 d。4月中旬展叶，果实6月上旬成熟，果实发育期68 d左右。10月中下旬开始落叶，11月上旬全部落叶，全年生育期220 d左右。

【植物学特性】树势中强，树姿较直立，枝条萌芽力和成枝力均较强。以中长果枝结果为主，花芽起始节位1~3节，多2~3节，节间长2.3 cm。叶片长椭圆披针形，叶柄着生肾形或圆形腺体2~4个，多4个。

【主要经济性状】果实近圆或椭圆形，果顶圆，梗洼深中广，缝合线中深，较对称，成熟度一致。平均单果重130.0~150.0 g，大果250.0 g以上。果皮底色浅绿白，成熟时着鲜艳玫瑰红色，果肉白色，硬度中等，肉质细而较韧，较耐贮运，汁液中多，可溶性固形物含量13.2%，风味浓甜。品质优。黏核。自花结实，丰产性好，不裂果（图3.27）。

图3.27 ‘98-9-35’果实（左）及结果状（右）

【抗逆性】在郑州地区经多年观察，未发现敏感性病虫害和逆境伤害。郑州地区试验园栽培未见裂果发生，抗裂果能力强。常规管理条件下，果实未见明显病虫害发生。

【综合评价】早熟、优质的白肉甜油桃品种。果个较大，风味浓甜有香，品质优良，果实白里透红，较美观，具有良好的发展前景，适宜露地及设施栽培。

【栽培技术要点】北方或贫瘠土地推荐采用2 m×4 m株行距，倒‘人’字整形，南方或肥沃土壤推荐采用3 m×（4~5）m株行距，3~4主枝直立开心形整形。幼树期注意及时夏剪，促使早成形，盛果期后注意秋季施足基肥，生长季可以不施氮肥，果实发育期适当补充磷钾肥即可。合理负载，提高优质果率。病虫害防治上要注意花期前后桃绿蚜的防治，此外，还要注意天牛等蛀干害虫的防治。

（完成人：王志强、牛　良、刘淑娥、鲁振华、宋银花、崔国朝、宗学普等）

11. 99-29-41（*Prunus persica*）

【育种基本情况】中国农业科学院郑州果树研究所利用高代杂种单株‘92-3-32’（*Prunus persica*）和‘92-4-48’（*Prunus persica*）和‘92-4-48’（*Prunus persica*）和‘92-4-48’（*Prunus persica*）杂交选育而成。

【生物学特性】郑州地区3月初萌芽，3月底至4月初开花，4月上中旬展叶，果实6月上中旬成熟，果实发育期70 d左右。10月中下旬开始落叶，11月上旬全部落叶，全年生育期220 d左右。

【植物学特性】树势中等，树姿较开张，幼树萌芽力和成枝力均较强，盛果期后中等。以中长果枝结果为主，成花容易，花芽起始节位1~3节，多2~3节，单复花芽比例1：2.1，节间长2.2 cm。叶片长椭圆披针形，叶柄蜜腺2~4个，肾形或圆形。花铃形，花粉多，自花结实，丰产。

【主要经济性状】果实圆形，果顶平，微凹。缝合线浅，对称。平均单果重130.0 g，最大果重200.0 g以上。果皮底色黄，成熟时80.0%以上果面着深红色，较美观。果肉黄色，硬度中等，完熟后多汁，含可溶性固形物含量12.4%，品质优。黏核。自花结实，丰产。

图3.28 ‘99-29-41’果实（左）及结果状（右）

【抗逆性】自然条件下，常规管理未发现特别敏感的病虫害和环境逆境伤害。母树及高接试验园未发现裂果现象，果实未见明显病虫害发生。

【综合评价】综合性状优良的早熟黄肉鲜食桃品种。果形圆整，果个中大，品质优良。此外，黄肉桃富含类胡萝卜素等有益人体健康的功能性成分，因此，黄肉鲜食桃也是未来生产发展的一个重要方向，而我国目前鲜食黄肉品种很少，该品种的推出，较好地弥补了我国早熟黄肉鲜食桃的空缺，具有良好的发展前景。

【栽培技术要点】北方或贫瘠土地推荐采用2 m×4 m株行距，倒‘人’字整形，南方或肥沃土壤推荐采用3 m×（4~5）m株行距，3~4主枝直立开心形整形。幼树期注意及时夏剪，促使早成形，盛果期后注意秋季施足基肥，生长季可以不施氮肥，果实发育期适当补充磷钾肥即可。合理负载，提高优质果率。病虫害防治上要注意花期前后桃绿蚜的防治，此外，还要注意天牛等蛀干害虫的防治。

（完成人：王志强、牛　良、刘淑娥、鲁振华、宋银花、崔国朝、宗学普等）

12. 01-60-21（*Prunus persica*）

【育种基本情况】中国农业科学院郑州果树研究所利用高代杂交单株‘26-41’（*Prunus persica*）和‘SD9238’（*Prunus persica*）杂交选育而成。

【生物学特性】郑州地区3月初萌芽，3月底至4月初开花，4月上中旬展叶，果实6月下旬成熟，果实发育期88 d左右。10月中下旬开始落叶，11月上旬全部落叶，全年生育期220 d左右。

【植物学特性】树势中强，树姿较开张，萌芽率高，成枝力中等。各类果枝均能结果，以中长果枝结果为主。成花容易，花芽起始节位1~2节，多1节，单复花芽比例1∶2.2，结果枝中段节间长2.4 cm。叶片长椭圆披针形，叶柄着生腺体3~4个，肾形或圆形。花铃形，花粉多，自花结实。

【主要经济性状】果实短椭圆或近圆形，果顶圆，微具小尖，梗洼深窄，缝合线中，果实较对称，成熟一致。平均单果重142.0 g，大果180.0 g以上，果实纵横径6.6 cm×6.3 cm。果皮底色白，成熟时全面着鲜亮玫瑰红色，艳丽美观。果肉白色，硬度高，可留树20 d以上，极耐贮运。肉质细，汁液中多，风味甜而适口，可溶性固形物含量12%~13%，品质优。黏核。自花结实，丰产性好，不裂果（图3.29）。

图3.29　‘01-60-21’果实（左）及结果状（右）

【抗逆性】自然条件下，常规管理未发现特别敏感的病虫害和环境逆境伤害。母树及高接试验园未发现裂果现象，果实未见明显病虫害发生。树体综合抗性处于中上水平。

【综合评价】耐贮运性优良的早中熟油桃品种。果实硬度好，果实全红后可从6月下旬留树到7月中旬不变软，果实着色艳丽，光泽度好，具有较好的市场前景。

【栽培技术要点】北方或贫瘠土地推荐采用2 m×4 m株行距，倒‘人’字整形，南方或肥沃土壤推荐采用3 m×（4~5）m株行距，3~4主枝直立开心形整形。幼树期注意及时夏剪，促使早成形，盛果期后注意秋季施足基肥，生长季可以不施氮肥，果实发育期适当补充磷钾肥即可，后期控水控氮，以促进果实品质提升。病虫害防治上要注意花期前后桃绿蚜的防治，此外，还要注意天牛等蛀干害虫的防治。

（完成人：王志强、牛　良、刘淑娥、鲁振华、宋银花、崔国朝、宗学普等）

13. 06-9-22东（*Prunus persica*）

【育种基本情况】‘06-9-22东’是由河北省农林科学院石家庄果树研究所以‘北8’（京玉自交优株）（*Prunus persica*）为母本，‘农神’（*Prunus persica* ‘Nongshen’）为父本杂交育成的早熟蟠桃优株。

【生物学特性】在石家庄地区3月中下旬萌芽，4月上旬盛花，花期4~6 d。果实成熟期7月上中旬，平均果实发育期95 d。11月初落叶，年生育期245 d左右。

【植物学特性】树势中等，树姿半开张。一年生枝阳面红色，阴面绿色。多年生枝灰色。叶片宽披针形，叶基楔形，叶尖渐尖，叶缘钝锯齿状，叶柄长0.80 cm，叶柄黄绿色。叶片绿色，叶腺肾形，蜜腺2~4个。花蔷薇形，粉白色。花药大，浅褐色，花粉量大。萼筒内壁黄绿色，雌蕊比雄蕊低。坐果率48.2%。

【主要经济性状】果实扁形，纵径4.1 cm，横径7.1 cm，侧径7.0 cm，平均果重125.0 g，最大果重150.0 g。果顶凹入，缝合线浅，两半部对称。梗洼浅而广。果实底色绿黄，60.0%以上果面着鲜艳红色。果皮中等厚，易剥离。果肉白色。风味甜，有香味，汁液多，纤维少，果肉细。果实可溶性固形物含量13.5%。果核扁平形，鲜重3.0 g，红褐色，核纵径1.4 cm，横径2.0 cm，侧径1.6 cm。无裂核（图3.30）。

图3.30 ‘06-9-22东’果实（左）及结果状（右）

长、中、短果枝均可坐果。产量控制在每公顷30 000 kg之内。

【抗逆性】树体和花芽抗寒性均强。在石家庄地区，多年均未发生严重冻花芽、冻树干及抽条现象。2009—2010年石家庄及附近地区部分桃品种枝干受冻严重，而该优株表现正常。无特殊的敏感性病虫害和逆境伤害。

【综合评价】该优株为目前国内优良的早熟、鲜食蟠桃优株。具有果实品质优良、风味甜、香气浓、离核、商品性好等突出优点，具有良好的发展前景。

【栽培技术要点】株行距以2.5 m×（5~6）m或4 m×（5~6）m为宜，前者可采用"V"字形整形，后者采用三主枝开心形。幼树冬季轻剪，缓和树势，迅速扩大树冠。加强夏季修剪，控制竞争枝和徒长枝，避免枝量过多，保持通风透光。严格疏花疏果，控制负载量。果实成熟前适度疏枝或摘心，促进果实着色和提高果实品质。增施有机肥和磷、钾肥，少施或不施氮肥。萌芽前喷3~5 Be° 石硫合剂，生长季节及时进行病虫害防治。

（完成人：马之胜、贾云云、王越辉、马文会等）

14. 02-1-35西（*Prunus persica*）

【育种基本情况】'02-1-35西'是由河北省农林科学院石家庄果树研究所以'96-6'{美国油桃（不知其名）实生后代}（*Prunus persica*）为亲本进行自交培育成的中晚熟油桃优系。

【生物学特性】在石家庄地区3月中下旬萌芽，4月上旬盛花，花期4~6 d。果实成熟期8月初，果实发育期119 d。11月初落叶，年生育期245 d左右。

【植物学特性】树势中等，树姿半开张。一年生枝阳面红色，阴面绿色。多年生枝灰色。叶片宽披针形，叶基为楔形，叶尖渐尖，叶缘钝锯齿状，叶柄长0.8 cm，叶柄黄绿色。叶片绿色。叶腺肾形，蜜腺2~4个。花蔷薇形、粉红色。花药大、褐色，花粉量大。萼筒内壁橙红色。雌蕊与雄蕊等高。坐果率62.6%。

【主要经济性状】果实圆形，纵径7.5 cm，横径7.5 cm，侧径8.2 cm，平均果重260.0 g，大果重350.0 g。果顶凹，缝合线浅，两半部对称。梗洼较浅。果实底色黄色，果实全部着鲜艳红色。外观美丽。果皮较厚，难剥离。果肉黄色。风味甜，香气浓，汁液中等，纤维少，成熟度均匀一致。硬溶质，较耐贮运，果实采收期和货架期长。果实可溶性固形物含量12.0%~14.3%。果核近圆形，鲜重8.8 g，褐色，核纵径3.5 cm，横径2.6 cm，侧径2.0 cm。无裂核。种仁饱满，苦味（图3.31）。

长、中、短果枝均可坐果，以健壮的中果枝坐果为好，丰产性强，生产中将产量控制在2 000~2 500 kg以内时，果实质量较好。

图3.31 '02-1-35西'果实（左）及结果状（右）

【抗逆性】树体和花芽抗寒性均强。在石家庄地区，多年均未发生严重冻花芽、冻树干及抽条现象。2002—2003年及2009—2010年石家庄及附近地区部分桃品种枝干受冻严重，而该优系表现正常。到目前为止，尚未发现特殊的敏感性病虫害和逆境伤害。

【综合评价】该优系为目前国内优良的大果型、鲜食、黄肉油桃优系。具有果实个大、着色鲜艳、果形好、品质优良、风味甜、采收期和货架期较长、商品性好等突出优点，具有良好的发展前景。

【栽培技术要点】株行距以2.5 m×（5~6）m或4 m×（5~6）m为宜，前者可采用“V”字形整形，后者采用三主枝开心形。幼树冬季轻剪，缓和树势，迅速扩大树冠。加强夏季修剪，控制竞争枝和徒长枝，保持通风透光。严格疏花疏果，控制负载量。果实成熟前适度疏枝或摘心，促进果实着色和提高果实品质。增施有机肥和磷、钾肥，少施或不施氮肥。萌芽前喷3~5Be° 石硫合剂，生长季节及时进行病虫害防治。

（完成人：马之胜、贾云云、王越辉、马文会等）

15. 04-5-30东（*Prunus persica*）

【育种基本情况】‘04-5-30东’是由河北省农林科学院石家庄果树研究所以‘丰白’为母本，（*Prunus persica* ‘Fengbai’）为母本，以‘雪雨露’（*Prunus persica* ‘Xueyulu’）、‘晚蜜’（*Prunus persica* ‘Wanmi’）和‘秦王’（*Prunus persica* ‘Qinwang’）等混合花粉为父本杂交培育成的中熟桃优株。

【生物学特性】在石家庄地区，3月中下旬萌芽，4月上旬盛花，花期4~6 d。果实成熟期7月下旬，平均果实发育期105 d。11月初落叶，年生育期245 d左右。

【植物学特性】树势中等，树姿半开张。一年生枝阳面红色，阴面绿色。多年生枝灰色。叶片宽披针形，叶基楔形，叶尖渐尖，叶缘钝锯齿状，叶柄长0.8 cm，叶柄黄绿色。叶片绿色，叶腺肾形，蜜腺2~4个。花蔷薇形，粉红色。花药黄褐色，花粉量大。萼筒内壁黄绿色。雌蕊与雄蕊等高。坐果率56.7%。

【主要经济性状】果实圆形，纵径8.1 cm，横径7.8 cm，侧径8.6 cm，平均果重320.0 g，最大果重368.0 g。果顶凹，缝合线浅，两半部对称。缝合线处不突出，不变软，梗洼中深。果实底色绿黄，60%以上着鲜艳红色。果皮中等厚，难剥离。果肉白色。风味甜，有香味，汁液中等，纤维少，成熟度均匀一致。硬溶质，较耐贮运，果实采收期和货架期长。果实可溶性固形物含量12.2%~13.3%。果核近圆形，鲜重7.8 g，褐色，核纵径3.6 cm，横径2.8 cm，侧径1.8 cm。无裂核（图3.32）。

图3.32 ‘04-5-30东’结果状

长、中、短果枝坐果均好。产量控制在每公顷30 000~37 500 kg之内。

【抗逆性】树体和花芽抗寒性均强。在石家庄地区，多年均未发生严重冻花芽、冻树干及抽条现象。2009—2010年石家庄地区部分桃品种枝干受冻严重，而该优株表现正常。无特殊的敏感性病虫害和逆境伤害。

【综合评价】该优株为目前国内优良的中熟、大果型鲜食桃优系。具有果实个大、果形端正、品质优良、离核、采收期和货架期长、商品性好等突出优点，具有良好的发展前景。

【栽培技术要点】株行距以2.5 m×（5~6）m或4 m×（5~6）m为宜，前者可采用“V”字形整形，后者采用三主枝开心形。幼树冬季轻剪，缓和树势，迅速扩大树冠。加强夏季修剪，控制竞争枝和徒长枝，避免枝量过多。果实成熟前进行疏枝或摘心，促进果实着色。严格疏花疏果，控制负载量。增施有机肥和磷、钾肥，少施或不施氮肥。萌芽前喷3~5Be° 石硫合剂，生长季节及时进行病虫害防治。

（完成人：马之胜、贾云云、王越辉、马文会等）

16. 脆红 (*Prunus persica* L. Batsch)

【育种基本情况】‘脆红’是‘白丽桃’(*Prunus persica*(L.) Batsch ‘White Lady’)的自然杂交实生种。1995年播种，1998年定为初选优系（编号为WL-016），1999年在山东省果树研究所试验场苗圃进行高接观察，2004年进入决选程序，于春季栽植当年生速成苗进行品种比较试验，并进行系统生物学观察和配套栽培技术试验研究。2007年通过专家验收。

【生物学特性】‘脆红’桃需冷量为800~1 000 h。在泰安露地栽培，正常年份‘脆红’桃3月中旬花芽膨大，4月3日为初花期，4月9日开始进入盛花期，4月14日为末花期；4月下旬幼果出现，新梢开始生长；7月中下旬果实开始着色，8月上旬果实成熟，果实生育期120 d，比母本‘白丽桃’晚成熟10 d左右；10月底至11月初开始落叶。

【植物学特性】树势较强，树姿半开张；四年生树干径7.3 cm，树高311.6 cm，冠径362.5 cm。新梢阳面紫红色，阴面绿色，有光泽，节间长 3.2 cm；多年生枝条和主干灰白色，表面粗糙，皮孔大；叶片深绿色，宽披针形，长10.3 cm，宽3.5 cm，叶柄长1.0 cm，叶缘锯齿小，钝尖；花芽大，顶端圆，半离生；花冠大型，花瓣粉红色。

【主要经济性状】‘脆红’桃果个大，平均单果重235.8 g，最大286.4 g；果实扁圆形，果形端正，缝合线浅，两半部对称，果顶凹，果尖微凸；果柄短、中粗，梗洼中广、较深；果面全红；果皮底色绿，茸毛短，果面光滑、有光泽；果肉白色，肉质细，硬脆，不溶质；果核小，离核；果汁中多，风味甘甜爽口，有香气，品质上等。采收时平均硬度12.39 kg/cm^2，可溶性固形物含量12.4%。

‘脆红’桃幼树及3~4年生树都以长果枝结果为主，长果枝比例为69.18%。‘脆红’桃花量大，成花容易，自然坐果率显著高于母本；自花结实，自花授粉坐果率为78.6%，也明显高于母本，且生理落果轻，无采前落果现象（图3.33）。

图3.33 ‘脆红’结果（左）及结果状（右）

‘脆红’桃幼树早实丰产性强，当年定植、当年成花，第2年开花坐果株率100%，平均单株坐果35个，平均株产6.1 kg，最高株产11.0 kg，折合每公顷产7 530 kg；第4年折合每公顷产36 885 kg。

【抗逆性】‘脆红’桃适应性强，在平原地和旱薄山岭地，均表现生长结果良好，具有早实、丰产、个大色艳、质优耐贮等特点，适于我国广大桃产区栽培。该品种还具有抗旱耐瘠、抗病抗虫耐湿、抗寒耐盐碱等特性，适于在山区丘陵旱薄地、轻度盐碱地，早春易遭受低温寒流侵害的小气候区域发展栽培。

【综合评价】通过多年的高接鉴定，多点试栽及系统生物学观察和综合经济性状评估，该品种表现出早实丰产、优质耐贮、栽培适应性广，果色浓红艳丽、个大质优、质地硬脆，含糖量高、风味甘甜爽口、香气浓郁等特点，是一个综合经济性状优良、浓红型中晚熟优良新品种，发展前景广阔。

【栽培技术要点】采用株行距（2.0~3.0）m × 4.0 m进行定植。生长季注意排水应及时。采用“V”字形或自然开心形。幼龄树以整形为主，冬剪适度轻剪长放，开张枝角。初果期培养结果枝组，配合夏季拉枝、抹芽、除梢、摘心等措施平衡树势，加速树冠形成。结合花前复剪疏花，疏除过密、过多的弱势结果枝。生理落果后疏果，长果枝留3个，中果枝留2个，短果枝留1个。根据果实生育期和色泽确定采收期，提倡分期采收。

（完成人：王金政、张安宁、薛晓敏、路　超、王长君）

17. MYC-9 (*Prunus persica*)

由山东省果树研究所选育。‘绿化九号’芽变品种。果实椭圆形，平均单果重230 g，最大480 g，果面片红，阳面2/3着浓红色，果肉白肉，硬脆，离核，风味甜，果面光滑，缝合线明显，两半部不对称。中熟品种，7月中旬成熟；挂树期长，耐储运。

18. TSZ-06 (*Prunus persica*)

由山东省果树研究所选育。‘莱山蜜’和混合花粉杂交后代。果实圆形，单果重200 g左右，果面全红，果顶凹陷，缝合线明显，两半对称，白肉硬脆，风味甜。中熟品种，果实发育期110 d左右。

19. TSJ-06 (*Prunus persica*)

由山东省果树研究所选育。‘超红’后代。果实长圆，两半不对称，果顶尖，单果重106 g，果肉硬脆，甘甜爽口。早熟品种，果实发育期60 d左右。

20. Tsf-03 (*Prunus persica*)

由山东省果树研究所选育。‘超红’桃后代。果实圆形，单果重100 g左右，果面全红，白肉，硬脆，5月底成熟。特早熟品种，果实发育期55~60 d。

21. Tsh-17 (*Prunus persica*)

由山东省果树研究所选育。‘中华寿桃’与‘超红’杂交种。晚熟品种，果树大型，椭圆，果顶突，平均单果重260 g，果面光洁，2/3片红， 白肉硬脆。

22. 6前4 (*Prunus persica*)

【育种基本情况】由大连市农业科学研究院以罐藏黄桃‘黄露’(*Prumus persica* ‘Huanglu’)为母本，以‘菲利浦’(*Prumus persica* ‘Phillips’)为父本进行杂交，从后代种子培育选出。目前已在在大连复州八里等地试栽。

【生物学特性】一般在大连地区，萌芽期4月10日左右，始花期4月27日左右，盛花初期4月30日左右，盛花终期5月2日左右，果实成熟期8月26日。果实发育期为115 d左右。

【植物学特性】‘6前4’桃的树势强健，生长旺盛，树冠大，树姿开张。一年生枝条阳面红褐色，背面绿色。多年生枝灰褐色，略粗糙，无毛。叶片大，平均长14.05 cm，宽3.42 cm，宽披针形，叶基楔形，先端急尖，平展，叶尖下垂，叶缘微锯齿形，深绿色有光泽，叶柄长0.78 cm，叶基两侧有2~5个蜜腺。

【主要经济性状】果实近圆形，果个大，果顶稍凹入，梗洼浅，缝合线浅，两半部均称，纵径6.2 cm，横径7.2 cm，侧径7.50 cm，核重13.0 g。平均果重205.2 g，最大果重235.1 g。果皮为黄色，向阳面呈玫瑰红和较明晰条纹。果肉橙黄色，肉厚2 cm，近核处周围与果肉色泽相近，稍有红晕，肉质细密，纤维较细、中多，韧性较强，汁液中等，不溶质，风味酸甜可口，有淡清香味，黏核，适于加工，可溶性固形物含量9.2%（图3.34）。

图3.34 ‘6前4’果实（左）及结果状（右）

【植物学特性】树势中强，树姿开张、树冠半圆形。一年生枝阳面深褐色，背面绿褐色。多年生枝褐色，光滑无毛，皮孔密、较大。叶片圆形，叶基钝圆，先端短尾尖。叶缘锯齿圆钝；叶脉黄绿色，叶背无毛，叶片稍向上抱合；叶柄长3.2 cm，叶柄红褐色，具1~3个圆形蜜腺，褐色。花白色。完全花比例52%，坐果率36.9%（图3.37）。

【主要经济性状】果实椭圆形，果实纵径5.7 cm，横径5.0 cm，侧径5.2 cm，平均单果重79.0 g，最大果重137.0 g。果顶微凹，缝合线浅，较对称。梗洼深，果皮底色橙黄，果面近1/2着深红色片红，茸毛稀。果肉橙黄，汁液中多，纤维中等，风味甜，有香气。果核椭圆形，核面有皱纹，核翼明显，核纵径3.1 cm，横径2.0 cm。鲜核重3.2 g，鲜仁重1.1 g，核仁饱满。离核、苦仁。果实可溶性固形物含量12.9%~13.2%。

以短果枝和花束状果枝结果为主。栽培时宜配置授粉树，连续丰产性强。五年生树每公顷可达30 000 kg以上。

【抗逆性】树体和花芽抗寒力均强，在北京地区，多年内未见严重冻花芽和抽条现象。2005年花期遇晚霜为害，仍能保持较高产量。2006年度冬季低温，北京及周边地区一些品种花芽严重受冻，而该品种仍表现丰产。无特殊的敏感性病虫害和逆境伤害。

【综合评价】该品种为目前国内优良的大果型、鲜食加工兼用杏品种。具有品质优良、丰产、稳产、商品性好等突出优点，尤其是作为抗晚霜品种发展，具有良好的发展前景。

图3.37 ‘京佳1号’

①三年生嫁接幼树 ②枝条 ③叶片 ④果实结果状

【栽培技术要点】采用株行距3 m×4 m或3 m×5 m进行定植。需配置授粉树或人工授粉。授粉品种宜选用‘骆驼黄’、‘蜜陀罗’、‘杨继元’、‘红玉’、‘早甜核’、‘葫芦杏’等。采用开心形或自然圆头形整枝，注意加强夏季修剪，及时进行新梢摘心，培育结果枝及结果枝组。改善通风透光条件，促进果实着色、品质提高和花芽分化。该品种坐果率高，辅以适当的疏花疏果，单果重可以提高20 g以上。注意适时采收。

（完成人：王玉柱、孙浩元、杨　丽、张俊环）

2. 京早红（*Prunus armeniaca*　‘Jingzaohong’）

【育种基本情况】由北京市农林科学院林业果树研究所以母本中熟品种‘大偏头’（*Prunus armeniaca*　‘Dapiantou’）和父本早熟品种‘红荷包’（*Prunus armeniaca*　‘Honghebao’）杂交育成的早熟、鲜食杏品种，连续丰产性能强，抗日烧病。2008年通过北京市林木品种审定委员会品种审定（编号：京S-SV-PA-008-2008），专家综合分析认为，该品种是一个成熟期早、品质优良的早熟鲜食杏品种，具有较高的商品价值和市场前景。适合北京地区栽培。

【生物学特性】在北京延庆地区3月中下旬萌动，4月中旬盛花，花期5~7 d。4月下旬展叶，6月下旬果实成熟，果实发育期65 d左右。11月上旬落叶，年生长发育期210 d左右。

【植物学特性】树势中庸，树姿半开张。一年生枝红褐色，多年生枝灰褐色，光滑无毛。叶片圆形，叶基钝圆，先端急尖。叶柄长3.0 cm，叶缘锯齿圆钝；叶脉黄绿色；叶柄具1~2个蜜腺，褐色。花浅粉色。完全花比例52%，坐果率19.2%（图3.38）。

图3.38 ‘京早红’实生树（左）及果实及结果状（右）

【主要经济性状】果实心脏圆形，果实纵径4.4 cm，横径4.5 cm，侧径4.3 cm，平均单果重48.0 g，大果重56.0 g，可食率94.3%。果顶圆凸，缝合线浅，不对称。梗洼中等深度，果皮底色黄，果面部分着红晕，茸毛中等。果肉黄色，汁液中多，纤维中等，风味酸甜，肉质较细，香气微。果核卵圆形，核面有皱纹，核翼明显，核纵径3.1 cm，横径2.0 cm。离核、苦仁。果实可溶性固形物含量12.0%~14.5%。

以短果枝和花束状果枝结果为主。栽培时宜配置授粉树，丰产性强。五年生树每公顷可达16 500 kg以上。

【抗逆性】树体和花芽抗寒力均较强，在北京地区，多年内未见严重冻花芽和抽条现象。2006年度冬季低温，北京及周边地区一些品种花芽严重受冻，而该品系表现结果正常。多年来无特殊的敏感性病虫害和逆境伤害，抗日烧。

【综合评价】该品种为目前国内优良的早熟鲜食杏品种。具有品质优良、成熟期早、较耐贮运，丰产、抗日烧、商品性好等突出优点，作为优质早熟新品种发展，具有良好的发展前景。

【栽培技术要点】采用株行距3 m×4 m或3 m×5 m进行定植。需配置授粉树或人工授粉。授粉品种宜选用‘骆驼黄’、‘葫芦杏’等。采用开心形或自然圆头形整枝，注意加强夏季修剪，及时进行新梢摘心，培育结果枝及结果枝组。改善通风透光条件，促进果实品质提高和花芽分化。注意适时采收。

（完成人：王玉柱、孙浩元、杨　丽、张俊环）

3. 西农25 (*Prunus armeniaca* ‘Xinong 25’)

【育种基本情况】由北京市农林科学院林业果树研究所于1983年1月自陕西省果树所引入北京，亲本不详。经引种观察、评价、栽培技术试验和区试，在北京地区栽培，‘西农25’表现良好、适应性强。2008年通过北京市林木品种审定委员会品种审定（编号：京S-SV-PA-009-2008），专家综合分析认为，该品种果实美观，果肉细腻硬脆，风味独特，耐贮运，是一个优良的中熟鲜食杏品种，具有良好的市场发展前景。已在北京地区栽培推广。

【生物学特性】在北京北部地区4月中旬叶芽膨大，4月下旬叶芽露顶，5月初展叶，10月底落叶。4月初花芽露萼，4月10日左右露瓣，4月中旬盛花，花期7 d左右。5月初新梢第一次生长，6月上旬结束；新梢第二次生长从7月上旬开始，8月初结束；果实第一次速长期为5月初至5月中旬；果实第二次速长期为6月中下旬；6月中下旬果实开始着色，7月上旬果实成熟。果实发育期75 d左右。

【植物学特性】树势中庸，树冠圆头形，树姿半开张。一年生枝红褐色，多年生枝灰褐色，光滑无毛。叶片圆形，叶基钝圆，先端急尖。叶柄长3.1 cm，叶缘锯齿圆钝；叶脉黄绿色；叶柄具1~2个蜜腺，褐色。花白，5瓣。完全花比例64.1%，坐果率38.2%，以花束状果枝结果为主。较丰产（图3.39）。

【主要经济性状】果实心脏圆形，平均单果重58.5 g，最大果重70.5 g，果实纵横侧径4.9 cm×4.9 cm×4.5 cm；果顶圆凸，梗洼中等深，缝合线浅，较对称。果皮茸毛中多，裂果极少。果皮底色黄，阳面着鲜红色片红，着色范围中等。果肉橙黄色，汁液多，肉质硬脆，纤维少，肉质细。甜味浓，酸味微，无涩味，有香气。果实可溶性固形物含量14.0%~15.5%，pH6.2。离核、苦仁。鲜核重2.1 g，核纵横侧径2.9 cm×2.1 cm×1.1 cm，卵圆形，核面不光滑，有网纹，核翼中宽。

以短果枝和花束状果枝结果为主。自交不亲和，栽培时宜配置授粉树。授粉试验结果发现骆驼黄适宜作为授粉树。较丰产，高接4~5年，每公顷可达22 500 kg以上。

图3.39 ‘西农25’

① 盛果期嫁接树　② 一年生枝条　③ 叶片　④ 果实

【抗逆性】树体抗寒力强，在北京地区生长良好，引种多年来未见树体遭受冻害。该品种不借助辅助设施，能够在北京地区完成生育周期。无特殊的敏感性病虫害和逆境伤害。

【综合评价】引种试验和区试结果表明，‘西农25’是适合北京地区栽培的中熟鲜食杏品种。‘西农25’表现出较强的抗逆性和适应性，丰产性好，果实风味独特，果实较耐贮运、外观鲜亮色泽好、果实经济价值高，具有良好的发展前景。

【栽培技术要点】在土壤条件比较差的山区梯田或丘陵地株行距为2 m×（4~5）m；地势平坦、土壤肥沃、土层深厚的平原地，株行距为3 m×5 m。该品种自交不亲合，需配置授粉树或人工授粉，授粉品种宜选用骆驼黄等。采用开心形或自然圆头形整枝，注意加强夏季修剪，及时进行新梢摘心，培育结果枝及结果枝组。改善通风透光条件，促进果实品质提高和花芽分化。花期易发生冻害的地方，采用花前灌水、熏烟等方法，防止花器官受冻。

（完成人：王玉柱、孙浩元、杨　丽、张俊环）

4. 京脆红 (*Prunus armeniaca* ‘Jingcuihong’)

【育种基本情况】 由北京市农林科学院林业果树研究所以母本中熟品种‘青密沙’（*Prunus armeniaca* ‘Qingmisha’）和父本极早熟品种‘骆驼黄’（*Prunus armeniaca* ‘Luotuohuang’）杂交育成的早熟、鲜食杏品种，风味甜，色泽鲜艳，丰产。2010年通过北京市林木品种审定委员会审定（编号：京S-SV-PA-017-2010），专家综合分析认为，该品种肉质脆软、汁多、风味甜，采摘期长，是一个优良的早熟鲜食杏品种，具有较高的商品价值和较好的市场前景。适合北京地区栽培。

【生物学特性】 在北京平谷区3月中旬花芽萌动，4月上中旬盛花。花浅粉色。4月中下旬展叶，11月上旬落叶，年生育期210 d左右。6月中旬果实成熟，果实发育期65 d左右。

【植物学特性】 树势中庸，树姿半开张。一年生枝红褐色，多年生枝灰褐色，光滑无毛。叶片圆形，叶基钝圆，先端急尖。叶柄长3.1 cm，叶缘锯齿圆钝；叶脉黄绿色；叶柄具1~2个蜜腺，褐色。花浅粉色。完全花比例37.4%，坐果率19.5%（图3.40）。

【主要经济性状】 果实圆形，果实纵径4.4 cm，横径4.5 cm，侧径4.3 cm，平均单果重68.0 g，最大果重85.2 g。果实底色黄，着红色，着色面积较大。果顶平，梗洼中深；缝合线浅，较对称；果肉较细，纤维中多，汁多，可溶性固形物含量13.0%~14.0%，风味甜，有香气。果核卵圆形，核翼明显。离核、甜仁。

图3.40 ‘京脆红’

① 高接树　② 一年生枝　③ 叶片　④ 果实

以短果枝和花束状果枝结果为主。栽培时宜配置授粉树，丰产性强。

【抗逆性】树体和花芽抗寒力均较强，在北京地区，多年内未见严重冻花芽和抽条现象。多年来无特殊的敏感性病虫害和逆境伤害。

【综合评价】该品种为优良的早熟鲜食杏品种。具有品质优良、成熟期早、较耐贮运，丰产、色泽鲜艳、商品性好等突出优点，作为早熟、优质、观光采摘的鲜食新品种发展，具有良好的发展前景。

【栽培技术要点】采用株行距3 m × 4 m或3 m × 5 m进行定植。两个亲本均为自交不亲和品种，需配置授粉树或人工授粉，授粉品种宜选用‘大偏头’、‘红荷包’等。采用开心形或自然圆头形整枝，注意加强夏季修剪，及时进行新梢摘心，培育结果枝及结果枝组。改善通风透光条件，促进果实品质提高和花芽分化。结果量多时，应注意疏果，单果重可大幅度提高。注意在果实迅速膨大期控水。

（完成人：王玉柱、孙浩元、杨　丽、张俊环）

5. 京香红 (*Prunus armeniaca* ‘Jingxianghong’)

【育种基本情况】由北京市农林科学院林业果树研究所以母本中熟品种‘青密沙’（*Prunus armeniaca* ‘Qingmisha’）和父本极早熟品种‘骆驼黄’（*Prunus armeniaca* ‘Luotuohuang’）杂交育成的早熟、优质鲜食杏品种，连续丰产性强。2010年通过北京市林木品种审定委员会审定（编号：京S-SV-PA-016-2010），专家综合分析认为，该品种果肉细、肉质柔软、汁多、有香气，是一个优良的早熟鲜食杏品种，具有较高的商品价值和较好的市场前景。适合北京地区栽培。

【生物学特性】在北京平谷区3月中旬花芽萌动，4月上中旬盛花。花浅粉色。4月中下旬展叶，11月上旬落叶，年生育期210 d左右。6月中旬果实成熟，果实发育期63 d左右。

【植物学特性】树势中庸，树姿半开张。一年生枝红褐色，多年生枝灰褐色，光滑无毛。叶片近圆形，叶基钝圆，先端急尖。叶柄长3.0 cm，叶缘锯齿圆钝；叶脉黄绿色；叶柄具1~2个蜜腺，褐色。花浅粉色。完全花比例37.6%，坐果率20.3%（图3.41）。

【主要经济性状】果实扁圆形，平均单果重76.0 g，最大果重98.0 g。果实底色黄，着红色，着色面积较大。果顶平，梗洼中深；缝合线浅，较对称；果肉较细，纤维中多，汁多，可溶性固形物含量13.0%~14.0%，风味甜，香气浓。果核卵圆形，核翼明显。离核、苦仁。

以短果枝和花束状果枝结果为主。栽培时宜配置授粉树，丰产性强。

【抗逆性】树体和花芽抗寒力均较强，在北京地区，多年内未见严重冻花芽和抽条现象。多年来无特殊的敏感性病虫害和逆境伤害。

【综合评价】该品种为优良的早熟鲜食杏品种。具有品质优良、成熟期早、丰产、商品性好等突出优点，作为填补极早熟和中熟品种空档的新品种发展，具有良好的发展前景。

【栽培技术要点】采用株行距3 m×4 m或3 m×5 m进行定植。两个亲本均为自交不亲合品种，需配置授粉树或人工授粉。授粉品种宜选用‘大偏头’、‘红荷包’等。采用开心形或自然圆头形整枝，注意加强夏季修剪，及时进行新梢摘心，培育结果枝及结果枝组。改善通风透光条件，促进果实品质提高和花芽分化。结果量多时，应注意疏果，单果重有较大提高。注意适时采收。

图3.41 ‘京香红’

① 高接树　② 一年生枝　③ 叶片　④ 果实

（完成人：王玉柱、孙浩元、杨　丽、张俊环）

6. 魁金（*Prunus armeniaca* ‘Kuijin’）

【育种基本情况】由山东省果树研究所以母本雌蕊败育率低的‘二花槽’（*Prunus armeniaca* ‘Erhuacao’）和父本极早熟品种‘红荷包’（*Prunus armeniaca* ‘Honghebao’）杂交育成。2009年通过山东省农业厅林木品种审定委员会审定(编号：鲁农审2009079号)。已在山东地区栽培推广。

【生物学特性】正常年份，在临沂蒙阴县3月上旬花芽萌动，3月下旬为盛花期，花期持续10 d左右，5月底果实成熟，果实生育期56 d左右，11月中旬落叶，年营养生长期220 d左右。适应性强，特别抗干旱，耐瘠薄，高抗花期霜冻，病虫害少。

【植物学特性】幼树生长强健，成龄树树势中庸，树冠圆头形，树姿开张，一年生枝深红色，节间长1.6 cm，多年生枝黄褐色；叶片近圆形或长圆形，叶尖短尖，浓绿色，叶片大而厚，长8.4 cm，宽7.0 cm，紫红色，完全花比例91%（图4.42）。

图3.42　‘魁金’

①枝条　②叶片　③果实　④六年生树

【主要经济性状】果实大，近圆形，平均单果重89.1 g，最大果重142.8 g；果形端正，果顶渐凸，梗洼浅，中广，缝合线浅，两侧对称，果皮橙黄色，果面光洁、美观；果肉黄色，汁液中多，肉质细，纤维很少，不溶质。果实硬度4.28 kg/cm^2，可溶性固形物13.2%，总糖10.9%，可滴定酸0.93%。有香气，风味酸甜可口，品质上等。果核小，离核，苦仁。果皮厚、韧，耐贮运，常温条件下可存放10~15 d。

幼树结果早，栽后当年即能形成花芽，第2年坐果株率100%，平均株产1.0 kg左右；第3年平均株产18.9 kg以上，第4年平均株产40.0 kg。

【抗逆性】适应性特强，在不同立地条件下多年试栽均表现生长结果良好，特别抗干旱、耐瘠薄、高抗花期霜冻。无水浇条件，仍生长结果良好。在特殊年份，如2008年11月至2009年2月中旬，山东省平均降水量仅9~15 mm，致使部分果园出现不同程度的旱情。在此情况下，魁金杏仍生长正常丰产。

【综合评价】具有成熟早、果大、质优、高产、雌蕊败育率低、自花授粉坐果率高、抗花期霜冻、耐瘠薄、抗干旱以及高抗裂果等优良特性，具有广阔的发展前景。

【栽培技术要点】适应范围广，对土壤、气候条件要求不严格，可在北方落叶果树产区栽培。避开低洼地势，在背风向阳处建园，苗木不可栽植过深，株行距（1.5~2.0）m×4.0 m，南北行向，树形采用多主枝开心形。自花结实，单一品种园也可连年丰产；与欧洲生态群、华北生态群相互授粉坐果率也很高；建议与凯特、金太阳等品种混栽。晚秋早施基肥，充分灌水。早春解冻后及早追肥灌水。幼树修剪以短截为主，以促进分枝扩大树冠，初果期在保持好树形的基础上，不断扩大树冠，培养尽可能多的结果枝组，以冬剪和夏剪相结合为好。坐果率高，应适应疏果，花后15~20 d定果，长枝留4~5个果，中枝留2~3个果，短枝留1个果。

（完成人：石荫坪、王强生、王金政、薛晓敏、安国宁、张安宁、苑兆和、尹燕雷）

7. 早玉 (*Prunus armeniaca* ‘Zaoyu’)

【育种基本情况】由山东省果树研究所和平原县林业局于1999年从实生杏树资源优株中发掘、选育出的一个兼具果大、优质、高产、特早熟等优良特性新品种，亲本不详。2009年通过品种审定(编号：鲁农审2009078号)，已在山东地区栽培推广。

【生物学特性】在原产地平原县，3月上旬花芽萌动，3月下旬盛花期，3月底为末花期，花期6~8 d；4月中旬新梢开始生长，4月下旬为新梢快速生长期，5月中旬基本停止生长，停顿15~20 d开始第二次生长，9月初新梢基本停止生长，果实5月25日左右成熟，11月中下旬为落叶期。

【植物学特性】树势中强、树姿开张、干性较弱，放任管理条件下树冠呈自然圆头形；幼树生长势旺，新梢背面鲜红色、光亮有光泽，腹面淡绿色；一年生枝较粗壮，紫红色，节间长1.67 cm；多年生枝深紫色，皮孔少、较光滑；叶片大而厚、椭圆形、较伸展、略向叶面弯曲，叶缘锯齿粗、钝，叶尖狭长、钝，叶柄较长，叶片柄洼较浅，叶色浓绿，幼叶初展时稍带红色，叶柄着生2~3个蜜腺；叶芽三角形；花芽圆锥形，多单花芽，复花芽较少，花芽密度较稀；花瓣较大，呈粉红色（图3.43）。

【主要经济性状】果实大型、长圆形，平均单果重81.9 kg，最大果重147 g；果皮较薄，果面洁净、光亮，底色黄白，果皮厚、茸毛少、易剥离；果实充分成熟时，阳面着红色晕，白里透红，外观艳丽诱人；果顶微凹、有小尖突、缝合线深、两半部对称；果柄较短；果肉白色，硬溶质，肉质细腻、质地脆嫩、纤维少、汁液中多，含可溶性固形物14.0%，总糖10.75%，可滴定酸1.40%；风味酸甜、香气浓郁；短期贮藏之后，果实风味浓甜，香气飘逸，品质极佳。果核小，离核，可食率96.7%。果实耐碰压，较耐贮运。

【抗逆性】早玉杏开花期较晚，有利于避开晚霜为害；抗寒性强，可以有效抵御低温为害。2009年3月24日盛花期，遇强寒流南下侵袭，气温在36 h内从25℃骤降至－3℃，并夹带雨雪，果园发生霜冻，花冠和幼果发生结冰，但并没有造成对花、果器官的严重伤害，也没有影响开花坐果，幼果仍然正常生长发育。生产实践充分说明，早玉杏具有很强的抗寒性，能够抵御较强的霜冻为害。

多年以来，在正常管理条件下，‘早玉’杏生产栽培中除蚜虫之外，没有发生任何其他的病、虫为害，基本没有发生过细菌性穿孔病。说明早玉杏对多种病害有较强的抗性。

图3.43 ‘早玉’果实（左）及枝条（右）

【综合评价】该品种为目前国内优良的大果型、早熟杏品种。具有品质优良、丰产、稳产、商品性好等突出优点，尤其是作为抗晚霜品种发展，具有良好的发展前景。

【栽培技术要点】采用株行距3 m×4 m或3 m×5 m进行定植。需配置授粉树或人工授粉。授粉品种以选用花粉量较大的金太阳、凯特杏为宜。采用多主枝开心形或自然圆头形整枝，注意加强夏季修剪，及时进行新梢摘心，培育结果枝及结果枝组。改善通风透光条件，促进果实着色、品质提高和花芽分化。提倡花期人工辅助授粉，可显著提高坐果率。为生产优质高档果，需适时进行适当的人工疏花疏果。注意适时采收。

（完成人：王金政、张寿平、安国宁、任善军、张安宁、薛晓敏、苑兆和、尹燕雷）

8. 国丰（*Prunus armeniaca* ‘Guofeng’）

【育种基本情况】由辽宁省农业科学院果树科学研究所以母本晚熟鲜食加工兼用品种‘串枝红’（*Prunus armeniaca* ‘Chuanzhihong’）和父本极晚熟杏资源‘XC0431’杂交育成的大果型、鲜食加工兼用杏品种。2008年获得国家林业局植物新品种保护办公室授权（品种权号：20080023），2010年通过辽宁省非主要农作物品种备案。专家综合分析认为，该品种为大果、甜仁、中熟优质杏新品种。在辽宁海城以南地区均可栽植。

【生物学特性】在辽宁熊岳地区正常年份3月下旬花芽萌动，4月中下旬开花，花期

6~7 d，7月初开始着色，7月11日前后开始成熟，7月12~15日可完全成熟，果实发育期约80 d。10月末开始落叶，树体营养生长期约200 d。

【植物学特性】树势中庸，树姿半开张，一年生枝红褐色，斜生，生长弯曲，有光泽，无茸毛，平均长75 cm，粗0.7 cm，皮孔大而少；叶片近圆形，长7.8 cm，宽5.4 cm；叶尖突尖，叶基圆形；叶缘中深，钝锯齿，不整齐；叶面平滑，叶片薄，绿色，无茸毛；叶柄紫红色，无茸毛，柄长4.3 cm，蜜腺2~4个；花蕾粉红色，花瓣白色，单瓣，5瓣，圆形，萼片暗红色。自然坐果率15.3%（图3.44）。

图3.44 ‘国丰’花（左）与叶片（右）

【主要经济性状】果实近圆形，果顶平或微凹，梗洼浅而广，缝合线浅，果肉较对称，平均单果重57.0 g，大果重93.4 g；果实整齐度好，颜色艳丽，果皮底色黄色，成熟时有红晕，有茸毛，不易剥离；果肉橙色，肉质松脆，软溶质，纤维中，果汁多，风味甜，完熟时香味浓；离核，甜仁，核卵圆形，核面粗糙；可溶性固形物含量16.5%，可溶性糖含量7.70%，可滴定酸含量1.70%，每100 g含维生素C含量5.10 mg；常温下可贮藏3~5 d，品质上等（图3.45）。

图3.45 ‘国丰’结果状（左）与果实剖面图（右）

各类果枝均能结果，初果期以中长果枝结果为主，盛果后以中短果枝结果为主，栽培时宜配置授粉树，连续丰产性强。五年生树每公顷产量可达30 000 kg以上。

【抗逆性】树体和花芽抗寒力均较强，在熊岳地区，多年内未见严重冻花芽和抽条现象。无特殊的敏感性病虫害和逆境伤害。

【综合评价】该品种为目前国内优良的大果型、鲜食加工兼用杏品种。具有品质优良、丰产、稳产、商品性好等突出优点，具有良好的发展前景。

【栽培技术要点】采用株行距3 m×4 m或3 m×5 m进行定植。需配置授粉树或人工授粉。授粉品种宜选用‘骆驼黄’、‘凯特’、‘金太阳’等。树形可采用小冠疏层形或开心形，幼树以扩冠为主，对枝梢多次摘心，以促进中短果枝和花束状果枝的形成，增加分枝级数，扩大树冠，盛果期后注意及时回缩，以防树体衰弱。改善通风透光条件，促进果实着色、品质提高和花芽分化。注意适时采收。

（完成人：刘威生、刘　宁、孙　猛、张玉萍、赵　锋、郁香荷、徐　铭）

（二）选育的优系

1. L2-41（*Prunus armeniaca*）

【育种基本情况】由北京市农林科学院林业果树研究所从极早熟品种‘骆驼黄’（*Prunus armeniaca* ‘Luotuohuang’）为母本的实生后代中选出。经过2007年初选、2008年复选，2009选为极早熟优系并开始区试。

【生物学特性】在北京海淀西部地区3月中旬花芽萌动，4月上旬盛花。花浅粉色。4月中下旬展叶，11月上旬落叶，年生长发育期210 d左右。5月底至6月初果实成熟，果实发育期52 d左右。

【植物学特性】树势中庸，树姿半开张。一年生枝红褐色，多年生枝灰褐色，光滑无毛。叶片卵圆形，叶基钝圆，先端短突尖。叶柄长3.8 cm，叶缘锯齿圆钝；叶脉黄绿色；叶柄蜜腺1~4个，圆形，褐色。花浅粉色。完全花比例49.1%，坐果率26.2%。

【主要经济性状】果实卵圆形，平均单果重32.5 g，最大果重36.5 g。果实底色黄，果顶平，梗洼中深；缝合线浅，较对称；果肉较细，纤维少，汁多，可溶性固形物含量13.6%，风味甜，香气浓。果核圆形，核翼明显。离核、甜仁（图3.46）。

图3.46 ‘L2-41’果实

以短果枝和花束状果枝结果为主。栽培时宜配置授粉树，丰产性强。

【抗逆性】树体和花芽抗寒力均较强，在北京地区，多年内未见严重冻花芽和抽条现象。多年来无特殊的敏感性病虫害和逆境伤害。

【综合评价】该优系为优良的极早熟鲜食杏品系。具有果实风味佳、品质优良、成熟期早、丰产性好等突出优点，作为极早熟品系发展，有良好的发展前景。

【栽培技术要点】采用株行距3 m×4 m或3 m×5 m进行定植。采用开心形或自然圆头形整枝，注意加强夏季修剪，及时进行新梢摘心，培育结果枝及结果枝组。改善通风透光条件，促进果实品质提高和花芽分化。结果量多时，应注意疏果，单果重可大幅度提高。

（完成人：王玉柱、孙浩元、杨　丽、张俊环）

2. P30-127（*Prunus armeniaca*）

【育种基本情况】由北京市农林科学院林业果树研究所从极早熟品种‘骆驼黄’（*Prunus armeniaca* ‘Luotuohuang’）为母本的实生后代中选出。2007年初选为极早熟优株，2008年复选为优系。

【生物学特性】在北京平谷区3月中旬花芽萌动，4月上旬盛花。花浅粉色。4月中下旬展叶，11月上旬落叶，年生长发育期210 d左右。5月底至6月初果实成熟，果实发育期50 d左右。

【植物学特性】树势中庸，树姿半开张。一年生枝红褐色，多年生枝灰褐色，光滑无毛。叶片近圆形，叶基钝圆，先端急尖。叶柄长3.5 cm，叶缘锯齿圆钝；叶脉黄绿色；叶柄具1~3个蜜腺，褐色。

【主要经济性状】果实长圆形，平均单果重44.2 g，最大果重58.0 g。果实底色黄。果顶平，梗洼中深；缝合线浅，较对称；果肉较细，纤维中多，汁多，可溶性固形物含量13.2%~14.7%，风味甜，香气浓。果核卵圆形，核翼明显。半离核，甜仁（图3.47）。

图3.47 ‘P30-127’果实（左）及结果状（右）

以短果枝和花束状果枝结果为主。栽培时宜配置授粉树，丰产性强。

【抗逆性】树体和花芽抗寒力均较强，在北京地区，多年内未见严重冻花芽和抽条现象。多年来无特殊的敏感性病虫害和逆境伤害。

【综合评价】该优系为优良的早熟鲜食杏品系，比‘骆驼黄’早5 d成熟。具有果个大而整齐、品质优良、成熟期早、丰产、商品性好等突出优点，可作为极早熟新品系发展，具有良好的发展前景。

【栽培技术要点】采用株行距3 m×4 m或3 m×5 m进行定植。需配置授粉树或人工授粉。授粉品种宜选用大偏头、红荷包等。采用开心形或自然圆头形整枝，注意加强夏季修剪，及时进行新梢摘心，培育结果枝及结果枝组。改善通风透光条件，促进果实品质提高和花芽分化。结果量多时，应适当疏果，单果重可大幅度提高。

（完成人：王玉柱、孙浩元、杨　丽、张俊环）

3. L9-3（*Prunus armeniaca*）

【育种基本情况】由北京市农林科学院林业果树研究所从以极早熟品种‘骆驼黄’（*Prunus armeniaca* ‘Luotuohuang’）为母本的实生后代中选出。经过2007年初选、2008年复选，2009选为极早熟优系并开始区试。

【生物学特性】在北京海淀西部地区3月中旬花芽萌动，4月上旬盛花。4月中下旬展叶，11月上旬落叶，年生长发育期210 d左右。5月底6月初果实成熟，果实发育期55 d左右。

【植物学特性】树势中庸，树姿半开张。一年生枝红褐色，多年生枝灰褐色，光滑无毛。叶片近圆形，叶基钝圆，先端短突尖。叶柄长3.2 cm，叶缘锯齿圆钝；叶脉黄绿色；叶柄1~3个蜜腺，褐色。花浅粉色。完全花比例50.4%，坐果率7.2%。

【主要经济性状】果实圆形，平均单果重45.0 g，最大果重51.7 g。果实底色黄，果顶平，梗洼深；缝合线中深，片肉较对称；果肉较细，纤维少，汁多，可溶性固形物含量16.0%，风味甜，香气浓。果核卵圆形，核翼明显。离核、苦仁（图3.48）。

图3.48　‘L9-3’果实

以短果枝和花束状果枝结果为主。栽培时宜配置授粉树。

【抗逆性】树体和花芽抗寒力均较强，在北京地区，多年内未见严重冻花芽和抽条现象。多年来无特殊的敏感性病虫害和逆境伤害。

【综合评价】该优系为优良的极早熟鲜食杏品系，具有果实风味佳、品质优、成熟期极早、丰产等突出优点，可作为优良的极早熟品系发展，具有良好的发展前景。

【栽培技术要点】采用株行距3 m×4 m或3 m×5 m进行定植。采用开心形或自然圆头形整枝，注意加强夏季修剪，及时进行新梢摘心，培育结果枝及结果枝组。改善通风透光条件，促进果实品质提高和花芽分化。结果量多时，应注意疏果，单果重可大幅度提高。

（完成人：王玉柱、孙浩元、杨　丽、张俊环）

4. L2-45（*Prunus armeniaca*）

【育种基本情况】由北京市农林科学院林业果树研究所从以极早熟品种‘骆驼黄’

整枝，注意加强夏季修剪，及时进行新梢摘心，培育结果枝及结果枝组。改善通风透光条件，促进果实品质提高和花芽分化。结果量多时，应注意疏果。

（完成人：王玉柱、孙浩元、杨　丽、张俊环）

9. L15-N-23（*Prunus armeniaca*）

【育种基本情况】由北京市农林科学院林业果树研究所从母本中熟品种‘青密沙’（*Prunus armeniaca* ‘Qingmisha’）和父本极早熟品种‘骆驼黄’（*Prunus armeniaca* ‘Luotuohuang’）杂交的后代中选出。经过2007年初选，2008年复选为优系并开始区试。

【生物学特性】在北京平谷区3月中旬花芽萌动，4月上中旬盛花。4月中下旬展叶，11月上旬落叶，年生育期210 d左右。6月中旬果实成熟，果实发育期65 d左右。

【植物学特性】树势中庸，树姿半开张。一年生枝红褐色，多年生枝灰褐色，光滑无毛。叶片卵圆形，叶基钝圆，先端短突尖。叶柄长3.7 cm，叶缘锯齿圆钝；叶脉黄绿色；叶柄1~3个蜜腺，褐色。花浅粉色。完全花比例21.0%，坐果率12.6%。

【主要经济性状】果实圆形，果实纵径4.9 cm，横径5.0 cm，侧径4.8 cm，平均单果重74.1 g，大果重87.2 g。果实底色黄，着红色，着色面积较大。果顶平，梗洼中深；缝合线中深，较对称；成熟时硬度较大，果肉较细，纤维中多，汁多，可溶性固形物含量14.6%~16.0%，风味甜，香气浓。果核卵圆形，核翼中宽。离核，苦仁（图3.54）。

图3.54 ‘L15-N-23’果实（左）及结果状（右）

以短果枝和花束状果枝结果为主。栽培时宜配置授粉树。丰产性好。

【抗逆性】树体和花芽抗寒力均较强，在北京地区，多年内未见严重冻花芽和抽条现象。多年来无特殊的敏感性病虫害和逆境伤害。

【综合评价】该优系为优良的早熟鲜食杏品系。果实个大，外观色泽鲜艳，成熟期早，品质优良，且丰产性好，作为填补极早熟和中熟品种空档的新品系发展，具有良好的发展前景。

【栽培技术要点】采用株行距3 m×4 m或3 m×5 m进行定植。二个亲本均为自交不亲合品种，需配置授粉树或人工授粉。授粉品种宜选用‘大偏头’、‘红荷包’等。采用开心形或自然圆头形整枝，注意加强夏季修剪，及时进行新梢摘心，培育结果枝及结果枝组。改善通风透光条件，促进果实品质提高和花芽分化。

（完成人：王玉柱、孙浩元、杨　丽、张俊环）

10. L13-N-14（*Prunus armeniaca*）

【育种基本情况】由北京市农林科学院林业果树研究所从母本中熟品种‘青密沙’（*Prunus armeniaca* ‘Qingmisha’）和父本极早熟品种‘骆驼黄’（*Prunus armeniaca* ‘Luotuohuang’）杂交的后代中选出。经过2008年初选、2009年复选，2010年选为优系并开始区试。

【生物学特性】在北京平谷区3月中旬花芽萌动，4月上中旬盛花。4月中下旬展叶，11月上旬落叶，年生育期210 d左右。6月中旬果实成熟，果实发育期62 d左右。

【植物学特性】树势中庸，树姿半开张。一年生枝红褐色，多年生枝灰褐色，光滑无毛。叶片近圆形，叶基钝圆，先端急尖。叶柄长2.7 cm，叶缘锯齿圆钝；叶脉黄绿色；叶柄1~3个蜜腺、褐色。花浅粉色。完全花比例26.5%，坐果率18.3%。

【主要经济性状】果实圆形，平均单果重64.8 g，大果重98.7 g。果实底色黄，着红色，着色面积较大。果顶平，梗洼中深；缝合线浅，较对称；果肉较细，纤维中多，汁多，可溶性固形物含量15.2%，风味甜，香气浓（图3.55）。

图3.55 ‘L13-N-14’果实（左）及结果状（右）

以短果枝和花束状果枝结果为主。

【抗逆性】树体和花芽抗寒力均较强，在北京地区，多年内未见严重冻花芽和抽条现象。多年来无特殊的敏感性病虫害和逆境伤害。

【综合评价】该优系为优良的早熟鲜食杏品系。具有品质优良、成熟期早、丰产、外观色泽鲜艳、商品性好等突出优点，作为填补极早熟和中熟品种空档的新品系发展，具有良好的发展前景。

【栽培技术要点】采用株行距3 m × 4 m或3 m × 5 m进行定植。两个亲本均为自交不亲合品种，需配置授粉树或人工授粉。授粉品种宜选用大偏头、红荷包等。采用开心形或自然圆头形整枝，注意加强夏季修剪，及时进行新梢摘心，培育结果枝及结果枝组。改善通风透光条件，促进果实品质提高和花芽分化。

（完成人：王玉柱、孙浩元、杨　丽、张俊环）

11. SS0106 (*Prunus armeniaca*)

【育种基本情况】‘SS0106’系山东省果树研究所从实生杏树资源优株中发掘、选育出的一个兼具果个中等、优质、高产、特早熟、鲜食加工兼用的新品系，抗晚霜能力强，适合山东地区栽植。

【生物学特性】在山东泰安地区，3月初萌动，3月中上旬盛花，花期3~4 d，花白色。3月底展叶，5月底成熟，果实发育期60 d左右。11月上旬落叶，年生育期220 d左右。

【植物学特性】树势中强，树姿开张，树冠半圆形。一年生枝阳面棕红色，背面黄褐色。多年生枝暗黑色，皮孔密。叶片圆形，叶基钝圆。叶脉绿色，叶背有毛，叶柄3.5 cm左右，紫红色，坐果率45%左右（图3.56）。

图3.56 ‘SS0106’枝条（左）及叶片（右）

【主要经济性状】果个中等，单果重65 g左右；果实近圆形，缝合线明显，两半部不对称；果面光滑，黄绿色，果肉细脆，汁液丰富，风味酸甜，可溶性固形物含量13%左右；突出性状为特早熟，在泰安地区5月底成熟（图3.57）。

【抗逆性】适应性特强，在不同立地条件下多年试栽均表现生长结果良好，特别抗干旱、耐瘠薄、高抗花期霜冻。无水浇条件，仍生长结果良好。

【综合评价】该品种为具有成熟早、果个中等、质优、高产、雌蕊败育率低、自花授粉坐果率高、抗花期霜冻、耐瘠薄、抗干旱以及高抗裂果等优良特性，具有广阔的发展前景。

【栽培技术要点】适应范围广，对土壤、气候条件要求不严格，可在北方落叶果树产区栽培。避开低洼地势，在背风向阳处建园，苗木不可栽植过深，株行距（1.5~2.0）m × 4.0 m，南北行向，树形采用小冠疏层形。自花结实，单一品种园也可连年丰产；与欧洲生态群、华北生态群相互授粉坐果率也很高；建议与金太阳等品种混栽。晚秋早施基肥，充分灌水。早春解冻后及早追肥灌水。

（完成人：王金政、邹显昌、张安宁、郭长利）

图3.57 ‘SS0106‘果实

12. YS9907 (*Prunus armeniaca*)

【育种基本情况】‘YS9907’系山东省果树研究所从实生玉杏树资源优株中发掘、选育出的一个兼具果个中大、优质、高产、特早熟、鲜食加工兼用的新品种，抗寒能力强，适合山东地区栽植。

【生物学特性】在山东泰安地区，3月上旬开始萌动，3月中旬盛花，花期5~7 d，花白色。3月底展叶，6月底成熟，果实发育期90 d左右。11月上旬落叶，年生育期220 d左右。

【植物学特性】树势中强，树姿开张、树冠半圆形。一年生枝阳面棕红色，背面黑褐色。多年生枝暗褐色，皮孔大、较稀疏。叶片圆形，叶基钝圆。叶脉绿色，叶背有毛，叶柄4.5 cm左右、绿色，坐果率35%左右（图3.58）。

【主要经济性状】果实中大，单果重60~75 g；果实长圆形，果尖明显，缝合线明显，两半部不对称；果面光滑，有光泽，颜色金黄，阳面有红晕；风味酸甜，香味浓；可溶性固形物15.6%，在泰安地区6月下旬成熟。幼树结果早，当年结果，第2年单株产量2 kg左右。

【抗逆性】适应性特强，在不同立地条件下多年试栽均表现生长结果良好，特别抗干旱、耐瘠薄、高抗花期霜冻。无水浇条件，仍生长结果良好。

图3.58 ‘YS9907’枝条

【综合评价】该品种为目前国内优良的中大果型、鲜食加工兼用杏品种。具有品质优良、丰产、稳产、商品性好等突出优点，尤其是作为抗寒品种发展，具有良好的发展前景。

【栽培技术要点】适应范围广，对土壤、气候条件要求不严格，可在北方落叶果树产区栽培。避开低洼地势，在背风向

图3.59 ‘YS9907’果实（左）及结果植株（右）

阳处建园，苗木不可栽植过深，株行距（1.5 ~ 2.0）m × 4.0 m，南北行向，树形采用多主枝开心形。注意加强夏季修剪，及时进行新梢摘心，培育结果枝及结果枝组。改善通风透光条件，促进果实着色、品质提高和花芽分化。

（完成人：王金政、邹显昌、张安宁、郭长利）

13. 优59号 (*Prunus armeniaca*)

【育种基本情况】由山东省果树研究所石荫坪主持的“特早熟杏胚培育种”项目选出的优系之一。参加前期工作的有王强生、隋从义、杨建明、郑红军、孙清荣、李勃、山东农业大学的陈学森。母本‘红荷包’（*Prunus armeniaca*‘Honghebao’），父本‘麦黄’（*Prunus armeniaca*‘Maihuang’）。1990年杂交，试管胚培成苗，1992年定植，1994年开始结果。

【生物学特性】在山东泰安地区2月下旬萌动，3月底盛花，5月中旬果实成熟，果实发育期52 d左右，11月下旬落叶，年生育期270 d左右。

【植物学特性】树势中庸，树冠开张，树冠圆头形。新梢红褐色。花束状果枝占76%，短果枝1.0%，中果枝3.0%，长果枝11.0%。叶卵圆-短椭圆形，先端急尖，叶长8.5 cm，宽6.7 cm，叶柄长2.5 cm，着生蜜腺2~4个，有小叶，叶缘锯齿钝稀。花药长1.6 mm，宽1.1 mm，花粉粒赤道轴48.4 μm，生活力92.3%。用试管桃杏授粉坐果率14.3%，自花授粉率15.6%，自然授粉率15.6%。有效花比率高，败育花少。雌高型16.2%，等高型65.0%，雌低型5.4%，雌退型12.9%（图3.60）。

【主要经济性状】果实卵-卵圆形，果顶凹，梗洼广，中深，缝合线浅。单果重50~60 g，纵径4.5 cm，横径4.5 cm。底色橙黄，彩色鲜红，着色面广。果肉橙黄色，质地细，纤维少，汁多味甜，味甜，离核，仁苦。可溶性固形物15.0%。在泰安地区5月中旬成熟。四年生单株产量19 kg，每公顷可达41 442 kg以上（图3.61）。

【抗逆性】适应性广，抗逆性较强，抗干旱，耐瘠薄，花期抗霜冻。

【综合评价】本优系为红色特早熟鲜食杏，品质优良，丰产，适应性广，抗逆性强，经济价值高，有广阔的发展前景。

【栽培技术】适应性广，对土壤，气候条件要求不严，抗花期霜冻力强，可在北方落叶果树产区栽培。树冠紧凑，适合密植。应选择背风向阳处建园，可提早成熟，提前上市，增加经济效益。对授粉树配置要求不严，姊妹系相互授粉，与华北生态群，欧洲生态群品种相互授粉，坐果率都很高。

图3.60 ‘优59号’枝条（左）及叶片（右）

图3.61 ‘优59号’果实（左）及结果状（右）

（完成人：安国宁、王金政）

14. 优124号 (*Prunus armeniaca*)

【育种基本情况】由山东省果树研究所石荫平主持的特早熟杏胚培育种项目选出的优系之一。参加前期工作的有王强生、隋从义、杨建明、郑红军、孙清荣、李勃、山东农业大学的陈学森。以母本‘二花槽’（*Prunus armeniaca* ‘Erhuacao’），父本‘红荷包’（*Prunus armeniaca* ‘Honghebao’）。1990年杂交，试管胚培成苗，1992年定植，1994年开始结果。

【生物学特性】在山东泰安地区2月下旬萌芽，3月底盛花期，5月下旬果实成熟，果实发育期57 d左右。11月下旬落叶，年生育期270 d左右。

【植物学特性】树势特开张，三年生干周13.5 cm，树高2.5 m，冠径2.8 m×3.1 m。新梢红褐色，以花束状果枝为主占46.2%，长果枝占42.2%，中果枝占4.2%，短果枝占8.4%。叶长8.9 cm，宽7.6 cm，叶柄长4.6 cm，柄带红色，着生蜜腺3~5个，有小叶，锯齿密深。花芽类型单花型占10.7%，花叶型占76%，花叶花占9.3%，花花占2.7%，花花花占1.3%。单药花粉粒1 786个，花粉粒赤道轴59.6 μm，生活力93.3%（图3.62）。

图3.62 ‘优124号’枝条（左）及叶片（右）

【主要经济性状】果实近圆形，果顶平，缝合线浅。单果重60~70 g，纵径5.2 cm，横径5.1 cm，侧径5.1 cm。底色橙黄，彩色鲜红，着色面广。果肉橙黄色，肉细汁多，味甜，离核，仁苦，可溶性固形物含量15.2%。在泰安地区5月底成熟。幼树二年生开花，三年结果，四年丰产（图3.63）。

图3.63 ‘优124号’果实（左）及结果状（右）

【抗逆性】适应性广，抗逆性强，抗干旱，耐瘠薄，花期抗霜冻。

【综合评价】本优系为红色早熟，鲜食杏，果实美观，品质优良丰产，适应性广，抗逆性强，经济价值高，发展前景广阔。

【栽培技术】适应性广，对土壤，气候条件要求不严，抗花期霜冻力强，可在北方落叶果树产区栽培。树冠特开张，幼树不需拉枝。应选择背风向阳处建园，可提早成熟，提前上市，增加经济效益。对授粉树配置要求不严，姊妹系相互授粉，与华北生态群，欧洲生态群品种相互授粉，坐果率都很高。

（完成人：安国宁、王金政）

15. 02-01-71（*Prunus armeniaca*）

【育种基本情况】由辽宁省农业科学院果树科学研究所以母本晚熟鲜食加工兼用品种‘串枝红’（*Prunus armeniaca* ‘Chuanzhihong’）和父本极晚熟杏资源‘XC0431’杂交育成。该品系具有品质优良、丰产、稳产、商品性好等特点。适合在辽宁海城以南地区栽培。

【生物学特性】在辽宁熊岳地区正常年份3月下旬花芽萌动，4月中下旬开花，花期6~7 d，7月初开始着色，7月6日前后成熟，果实发育期约73 d。10月末开始落叶，树体营养生长期约200 d。

【植物学特性】树势中庸，树姿半开张。一年生枝阳面黄褐色，多年生枝褐色，皮孔稀、中大。叶片圆形，叶基圆，叶尖突尖。叶缘钝锯齿；叶背无毛，叶片平展，叶色深绿；叶柄长5.6 cm，叶长11 cm，叶宽9.6 cm，1~2个圆形蜜腺，褐色。花单瓣，花瓣白色。完全花比例70%，坐果率15.9%。

【主要经济性状】果实心脏形，平均单果重32.0 g，大果重67.0 g。果顶圆凸，缝合线中深，较对称。梗洼中深，果皮底色黄，果面近1/4着红色，难剥离。果肉橙黄色，肉质松软，汁液多，纤维中等，风味甜，有香气。果核卵圆形，鲜核重3.1 g，核仁饱满。离核、甜仁。可溶性固形物含量17.0%，可溶性糖含量11.43%,可滴定性酸含量0.86%，每100 g含维生素C含量8.051 mg（图3.64）。

图3.64 ‘02-01-71’结果状（左）及果实剖面图（右）

图3.66 ‘02-01-178’ 结果状（左）及果实剖面图（右）

象。没有特殊的敏感性病虫害和逆境伤害。

【综合评价】该品种为目前国内优良的大果型、鲜食加工兼用杏品种。具有品质优良、丰产、稳产、商品性好等突出优点，具有良好的发展前景。

【栽培技术要点】采用株行距3 m×4 m或3 m×5 m进行定植。需配置授粉树或人工授粉。授粉品种宜选用‘骆驼黄’、‘金太阳’、‘凯特’、‘沙金红’等。树形可采用小冠疏层形或开心形，幼树可对枝梢进行多次摘心，增加分枝级数，以促进中短果枝和花束状果枝的形成，盛果期后注意及时回缩，以防树体衰弱。同时改善通风透光条件，促进果实着色、品质提高和花芽分化。注意适时采收。

（完成人：刘威生、孙　猛、刘　宁、张玉萍、徐　铭、郁香荷）

18. 03-01-19（*Prunus armeniaca*）

【育种基本情况】由辽宁省农业科学院果树科学研究所以母本晚熟鲜食加工兼用品种‘串枝红’（*Prunus armeniaca* ‘Chuanzhihong’）和父本中熟硬肉杏品种‘凯特’（*Prunus armeniaca* ‘Kaite’）杂交育成。

【生物学特性】在辽宁熊岳地区正常年份3月下旬花芽萌动，4月中下旬开花，花期6~7 d，7月上旬开始着色，7月14日前后开始成熟，果实发育期约80 d。10月末开始落叶，树体营养生长期约200 d。

【植物学特性】树势中庸，树姿半开张。一年生枝阳面黄褐色，多年生枝褐色，皮孔密、较大。叶片卵圆形，叶基截形，叶尖突尖。叶缘复锯齿；叶背无毛，叶脉有毛，叶色绿，叶片平展；叶柄长3.2 cm，叶长7.7 cm，叶宽5.4 cm，1~2个圆形蜜腺。花单瓣，花瓣白色。完全花比例82.0%，坐果率19.9%。

【主要经济性状】果实椭圆形，平均单果重58.0 g，大果重107.0 g。果顶微凹，缝合线浅，片肉较对称。梗洼深，果皮底色绿黄，果面近1/3着紫红色。果肉橙色，肉质硬脆，汁液多，纤维细，风味酸甜。果核卵圆形，核面粗糙，鲜核重3.6 g，核仁饱满。离核，苦仁。可溶性固形物含量15.4%（图3.67）。

以短果枝和花束状果枝结果为主。栽培时宜配置授粉树，连续丰产性强。五年生树每

图3.67 ‘03-01-19’结果状（左）及果实剖面图（右）

公顷产量可达30 000 kg以上。

【抗逆性】树体和花芽抗寒力均较强，在熊岳地区，多年内未见严重花芽冻害和抽条现象。没有特殊的敏感性病虫害和逆境伤害。

【综合评价】该品种为目前国内优良的大果型、鲜食加工兼用杏品种。具有品质优良、丰产、稳产、商品性好等突出优点，具有良好的发展前景。

【栽培技术要点】采用株行距3 m×4 m或3 m×5 m进行定植。需配置授粉树或人工授粉。授粉品种宜选用‘骆驼黄’、‘金太阳’、‘沙金红’、‘巴斗’等。树形可采用小冠疏层形或开心形，幼树可对枝梢进行多次摘心，增加分枝级数，以促进中短果枝和花束状果枝的形成，盛果期后注意及时回缩，以防树体衰弱。同时改善通风透光条件，促进果实着色、品质提高和花芽分化。注意适时采收。

（完成人：刘威生、孙　猛、刘　宁、张玉萍、徐　铭、郁香荷）

19. 03-01-77（*Prunus armeniaca*）

【育种基本情况】由辽宁省农业科学院果树科学研究所以母本晚熟鲜食加工兼用品种‘串枝红’（*Prunus armeniaca* ‘Chuanzhihong’）和父本中熟硬肉杏品种‘凯特’（*Prunus armeniaca* ‘Kaite’）杂交育成的大果、中熟、鲜食加工兼用杏新品系。适合在辽宁省海城以南地区栽培。

【生物学特性】在辽宁熊岳地区正常年份3月下旬花芽萌动，4月中下旬开花，花期6~7 d，7月上旬开始着色，7月13日前后成熟，果实发育期约80 d。10月末开始落叶，树体营养生长期约200 d。

【植物学特性】树势中庸，树姿半开张。一年生枝阳面黄褐色，多年生枝褐色，皮孔较密、中大。叶片圆形，叶基圆，叶尖突尖。叶缘钝锯齿；叶背无毛，叶片平展，叶色深绿；叶柄长4.5 cm，叶长10.2 cm，叶宽9.1 cm，1~2个圆形蜜腺。花单瓣，花瓣白色。完全花比例81.2%，坐果率20.4%。

【主要经济性状】果实卵圆形，平均单果重41.0 g，大果重93.0 g。果顶微凹，缝合线浅，片肉较对称。梗洼深，果皮底色绿黄，果面近1/4着红色。果肉橙色，肉质硬脆，汁液中多，纤维细，风味酸甜。果核椭圆形，核面平滑，鲜核重3.0 g，核仁饱满。离核，苦仁。可溶性固形物含量16.3%（图3.68）。

图3.68 ‘03–01–77’ 结果状（左）及果实剖面图（右）

以短果枝和花束状果枝结果为主。栽培时宜配置授粉树，连续丰产性强。五年生树每公顷产量可达30 000 kg以上。

【抗逆性】树体和花芽抗寒力均较强，在熊岳地区，多年内未见严重花芽冻害和抽条现象。没有特殊的敏感性病虫害和逆境伤害。

【综合评价】该品种为目前国内优良的大果型、鲜食加工兼用杏品种。具有品质优良、丰产、稳产、商品性好等突出优点，具有良好的发展前景。

【栽培技术要点】采用株行距3 m×4 m或3 m×5 m进行定植。需配置授粉树或人工授粉。授粉品种宜选用‘骆驼黄’、‘金太阳’、‘沙金红’、‘巴斗’等。树形可采用小冠疏层形或开心形，幼树可对枝梢进行多次摘心，增加分枝级数，以促进中短果枝和花束状果枝的形成，盛果期后注意及时回缩，以防树体衰弱。同时改善通风透光条件，促进果实着色、品质提高和花芽分化。注意适时采收。

（完成人：刘威生、孙　猛、刘　宁、张玉萍、徐　铭、郁香荷）

20. 03-02-53（*Prunus armeniaca*）

【育种基本情况】由辽宁省农业科学院果树科学研究所以母本晚熟鲜食加工兼用品种‘串枝红’*Prunus armeniaca* ‘Chuanzhihong’）和父本早熟硬肉杏品种‘金太阳’（*Prunus armeniaca* ‘Jintaiyang’）杂交育成的中果型、中熟杏新品系。适宜在辽宁省南部地区栽培。

【生物学特性】在辽宁熊岳地区正常年份3月下旬花芽萌动，4月中下旬开花，花期6~7 d，7月上旬开始着色，7月17日前后成熟，果实发育期约85 d。10月末开始落叶，树体营养生长期约200 d。

【植物学特性】树势较弱，树姿开张。一年生枝阳面红褐色，多年生枝褐色，皮孔较密、较小。叶片圆形，叶基圆，叶尖突尖。叶缘钝锯齿；叶脉、叶背均有毛，叶片平展，叶色绿；叶柄长3.4 cm，叶长8.7 cm，叶宽7.2 cm，1~2个圆形蜜腺。花单瓣，花瓣白色。完全花比例89.5%，坐果率23.5%。

【主要经济性状】果实卵圆形，平均单果重46.0 g，大果重76.0 g。果顶平，缝合线浅，片肉较对称。梗洼浅，果皮底色绿黄，果面近1/3着红色。果肉橙色，肉质硬脆，汁液中多，纤维细，风味酸甜。果核卵圆形，核面较平滑，鲜核重2.6 g，核仁饱满。离核，苦仁。可溶性固形物含量15.7%（图3.69）。

图3.69 ‘03-02-53’ 结果状（左）及果实剖面图（右）

以短果枝和花束状果枝结果为主。栽培时宜配置授粉树，连续丰产性强。五年生树每公顷产量可达30 000 kg以上。

【抗逆性】树体和花芽抗寒力均较强，在熊岳地区，多年内未见严重花芽冻害和抽条现象。没有特殊的敏感性病虫害和逆境伤害。

【综合评价】该品种为目前国内优良的中果型、鲜食加工兼用杏品种。具有品质优良、丰产、稳产、商品性好等突出优点，具有良好的发展前景。

【栽培技术要点】采用株行距3 m×4 m或3 m×5 m进行定植。需配置授粉树或人工授粉。授粉品种宜选用‘骆驼黄’、‘凯特’、‘沙金红’、‘巴斗’等。树形可采用小冠疏层形或开心形，幼树可对枝梢进行多次摘心，增加分枝级数，以促进中短果枝和花束状果枝的形成，盛果期后注意及时回缩，以防树体衰弱。同时改善通风透光条件，促进果实着色、品质提高和花芽分化。注意适时采收。

（完成人：刘威生、孙　猛、刘　宁、张玉萍、徐　铭、郁香荷）

三、樱桃

（一）选育的新品种

1. 彩虹（*Prunus avium* ‘Caihong’）

【育种基本情况】由北京市农林科学院林业果树研究所采集的实生种子播种后所得，亲本不详。2009年通过品种审定，已在北京地区栽培推广。

【生物学特性】在北京地区一般3月下旬萌芽，4月上旬盛花，花期1周左右。展叶基本与开花同期，4月中旬抽梢，6月上旬果实开始成熟。果实发育期67 d左右。11月上中旬落叶，年生育期223 d左右。

【植物学特性】树姿较开张；一年生枝阳面棕褐色，节间平均长度3.8 cm，新梢微红；叶片长14.7 cm，宽7.4 cm，叶柄长3.8 cm；叶椭圆倒卵形，绿色；叶面平展，半革质，叶背密被短茸毛；叶尖急尖，叶基广楔形，叶缘为钝重锯齿；蜜腺近圆形，2~3个；花白色，花粉量多，花期早，萼筒内壁橘黄色，雌蕊高于雄蕊。

【主要经济性状】果实扁圆形，初熟时黄底红晕，完熟后全面橘红色，十分艳丽美观；果个大，平均单果重9.1 g，最大果重10.5 g，可溶性固形物20.2%；果肉黄色、脆、汁多，风味酸甜可口；平均单核重0.6 g，单核长1.3 cm，可食率93%，果柄较长，平均长度5.0 cm。北京地区果实发育期65~70 d，6月上中旬成熟，成熟期介于‘红蜜’和‘雷尼’之间，在树上维持时间可达半月，较适合观光采摘（图3.70）。

图3.70 ‘彩虹’

① 五年生结果状　② 果实　③ 结果状

早果丰产性好，需要配置授粉树。树势中庸，各类果枝均能结果，初果期以中长果枝结果为主，长果枝比例可达72%，进入盛果期后，以短果枝和花束状果枝结果为主。

【抗逆性】在北京地区，该品种实生树、高接树和幼树，多年内未见严重冻害和日烧现象。与北京地区所有的甜樱桃品种一样，幼树定植当年不进行防护会发生抽条现象，树体和花芽抗寒力均较强。无特殊的敏感性病虫害和逆境伤害。

【综合评价】该品种为目前国内优秀的晚熟甜樱桃品种，果肉脆、风味浓郁、品质优良、早果、丰产、稳产等是其突出特点，尤其果实成熟时在树上保持时间较长，十分适于观光采摘。

【栽培技术要点】采用株行距3 m×4 m或3 m×5 m进行定植。需配置授粉树或人工授粉。授粉品种宜选用‘雷尼’、‘红灯’、‘先锋’等。采用纺锤形整枝，注意加强夏季修剪，及时进行新梢摘心，以加速整形，促进花芽形成。盛果期树要及时疏除过密枝条，改善通风透光，促进花芽分化，对过大的枝组及时进行回缩，以保持树势中庸健壮，防止结果部位外移。

（完成人：张开春、张晓明、闫国华、周　宇、姜立杰等）

2. 泰山红日 (*Prunus avium* L. ‘Taishan Hongri’)

【育种基本情况】1982年，采用‘那翁’（*Prunus avium* L. ‘Napoleon’）和‘大紫’（*Prunus avium* L. ‘Black Tararian’）自然授粉的种子播种，获得20株实生苗，种植于肥城市安驾庄镇前寨子村南山果园，1991年发现一单株连续丰产能力强、果个大、品质优异、适应性强，1993年通过初选，1998年复选为优良新品系，暂定名为‘前寨红’。于此同时，在同村生产园中嫁接繁殖，详细观察生物学特性和植物学特征。在当地建立品种比较园1.33 hm^2，进行丰产栽培和品种比较试验。又先后在泰安、临沂和聊城等地建立了区试园和示范园；在河北石家庄、辽宁大连等地引种试栽，建立了区域试验基地。区域试验结果表明，该新品系优良性状稳定，2005年5月通过山东省农业科学院组织的专家测产验收和品质鉴定，定名为‘泰山红日’。该品种具有成熟早、品质优、果个大、丰产性能高、耐贮运等优良特性，是一个综合经济性状优良的甜樱桃品种，具有广阔的发展前景。

【生物学特性】幼树生长旺盛，树姿直立，萌芽率高，成枝力强，进入结果期后，树姿逐渐开张，生长势趋于缓和。以中果枝侧腋花芽结果为主，成花易，早果，连续丰产性强，无大小年现象。在一般管理水平下，以‘Colt’为砧木，五年生树株产可达5~7 kg；八年生树树高达4 m，平均冠径4.5 m，株产可达50 kg。如果采用矮化砧木‘吉塞拉’做砧木，可以提早结果，提高产量，减少生长量。

【植物学特性】树皮灰褐色，皮孔偏少，中大，枝条粗壮，一年生枝黄绿色，二年生枝黄褐色，叶片窄椭圆形，先端较尖，中等大小，长14.0~16.0 cm，宽6.0~8.0 cm，叶缘锯齿细而深，叶片较厚，平展，深绿色；叶柄中长，平均长3.8 cm，粗4.0 mm，蜜腺2个，椭圆形，红褐色。花芽中大，饱满，每个单花芽有2~3朵花，花冠中大，直径为30.0~35.0 mm，花瓣白色，倒卵圆形，花粉量大。

【主要经济性状】果实圆心脏形，在山东泰安平均单果重7.9 g，最大9.9 g；果面全红，果皮厚，抗裂果。果柄中长，长度为5.1 cm，果柄与果实连接非常牢固；果实汁液红色，可溶性固形物含量16.2%，风味浓厚，口感极甜，鲜食品质非常适合中国人的口味（图3.71）。

图3.71 ‘泰山红日’结果状

形大蜜腺；花冠大，花冠平均直径4.1 cm；花瓣白色，5瓣花，近圆形，离瓣，部分重叠，花瓣平均纵径1.8 cm，平均横径1.7 cm，雄蕊32~39枚；雄蕊与雌蕊柱头等高，花粉量多（图3.73）。

图3.73 ‘明珠’开花状

【主要经济性状】果实宽心脏形，整齐，平均果重12.3 g，最大单果重14.5 g，果实纵径2.4 cm，横径3.1 cm，果柄长度2.3~4 cm，平均粗度0.16 cm；果梗洼广、浅、缓，果顶圆、平，果皮底色稍呈浅黄，阳面呈鲜红色霞，有光泽，外观色泽美；果肉浅黄，肉质较软，肥厚多汁，风味甜酸可口，鲜食品质上等；果核近圆形、黏核；果肉厚度达1.3 cm，果实可食率为93.3%，可溶性固形物含量22.0%，pH 3.5，干物质18.0%，可溶性总糖14.75%，可滴定酸0.41%。

各类结果枝的花芽所占比率：长果枝花芽数占总花芽数的28.0%，中果枝占29.7%，短果枝占23.3%，花束状果枝占19.1%。按不同结果枝的比率与其花芽数相乘，计算出长、中果枝的花芽数占总花芽数的67.5%，说明可以结出大量的优等果。2008年甘井子区营城子镇对门沟村于登俭果园进行调查，五年生‘明珠’樱桃树平均单株产量6.5 kg，折合每667 m^2产325 kg（图3.74）。

图3.74 ‘明珠’

① 五年生结果树 ② 果实 ③ 结果状

【抗逆性】由于‘明珠’樱桃叶片大而厚，叶面革质化，光亮，多年的生产栽培表现叶片抗细菌性穿孔病、叶斑病及早期落叶病能力较强；与生产上常用品种对比，其树体抗流胶病能力强；在试栽的园块目前尚未发现明显的病毒病植株，也未出现冻害现象。

【综合评价】该品种早熟，果个大、优质、丰产、肉质较脆，风味酸甜可口，品质极佳；树势强健，生长旺盛，树姿较直立，芽萌发力和成枝力较强，有显著的经济效益。

【栽培技术要点】可采用3 m×4 m或3 m×5 m的株行距，每667 m^2栽45~55株。‘明珠’的授粉品种有‘先锋’、‘美早’、‘拉宾斯’、‘佳红’、‘雷尼’、‘红灯’，花期最好进行放蜂辅助授粉，并结合喷施赤霉素、硼砂，提高坐果率。该品种生长旺盛，干性强，故生产上应采用改良主干形或小冠疏层形整形方式，幼树期采用轻剪技术，多缓放，同时配合支、拉等人工开张树姿的方法。夏季修剪主要调节生长量，均衡树势，改善树体结构，调整通风透光条件。该品种幼树期间长势旺，进入结果期稍晚，生产上三年完成整形工作后，即可全树喷施PBO100~150倍液或主干涂抹3~5倍液，以促使其进入结果期。

（完成人：潘凤荣、王逢寿、刘桂林、肖敏、李俞涛、郑 玮、刘红霞、夏国芳）

5. 晚红珠（*Prunus avium* L. ‘Wanhongzhu’）

【育种基本情况】‘晚红珠’是大连农业科学研究院选用第一代杂交育种的‘滨库’（*Prunus avium* L. ‘Bing’）×‘日出’（*Prunus avium* L. *Early purple* ‘Giugne’）的后代19-11优良株系的自然杂交选育而成的极晚熟优良品种。2008年6月通过了辽宁省非主要农作物品种审定委员会审定并命名（审定证书编号：辽备果 [2008] 337号）。2009年6月大连市科技局组织专家对樱桃‘晚红珠’进行了鉴定（鉴定证书编号：大科鉴字 [2009] 第102号），专家一致认为该品种研究成果已达到国际先进水平。

【生物学特性】在大连地区，花芽膨大期为3月下旬，始花期4月18~20日，盛花期4月20~23日，果实成熟期6月30日至7月5日，果实发育期70 d，属极晚熟品种。

【植物学特性】树势强健，生长旺盛，七年生树高达3.8 m，冠径5.3 m，干周61.0 cm，幼树期枝条虽直立，但枝条拉平后第二年即可形成许多莲座状果枝；叶片中大，叶片阔椭圆形，平均叶长14.5 cm，宽7.6 cm，叶基呈半圆形，先端渐尖，叶缘复锯齿，大而钝；叶片质较厚，叶面平展，深绿色有光泽；蜜腺为紫红色肾形，有2个；花冠大，近圆形，离瓣，部分重叠，雄蕊与雌蕊柱头等高，花粉量多。

【主要经济性状】果实宽心脏形，整齐，平均果重10.0 g，最大果重12.2 g，果实平均纵径2.3 cm，平均横径2.8 cm；梗洼广、浅、缓，果顶圆、平，果皮全面洋红色，有光泽，外观色泽美；果肉红色，肉质脆，肥厚多汁，风味酸甜可口，品质优良，可溶性固形物含量18.1%，pH 3.4，干物质17.22%，可溶性总糖12.37%，可滴定酸0.67%，每100 g含维生素C9.95 mg，单宁0.22%，各种营养成分含量较高；果实可食率为92.39%；核卵圆形、黏核；耐贮运（图3.75）。

【抗逆性】抗晚霜能力很强，2005年山东烟台调查‘红灯’品种花芽冻害率为30%左右，而‘晚红珠’品种仅为2.0%，2007年春季低温阴雨造成‘红灯’、‘佳红’等品种坐果率低下，仅为20%~40%，而‘晚红珠’品种仍达60.0%以上。‘晚红珠’对阵雨的抗裂果能力强，1996年我们对晚熟品种的裂果情况进行了调查，‘晚红珠’樱桃裂果最轻，裂果率仅占17.1%，而‘巨红’樱桃裂果率达到90.0%。另外，该品种对细菌性穿孔病、叶斑病、病毒病、流胶病均有较强的抗性。该品种具有较好的耐贮性，近几年旅顺、金州、兴城果树所等地的樱桃贮藏试验表明，该品种是比较适合鲜果贮藏的优良品种之一。

图3.75 ‘晚红珠’果实及结果状

① 果实　② 结果状　③ 结果树

【综合评价】该品种成熟期极晚，树势强健，生长旺盛，丰产，果个大，外观色泽美，果肉脆，风味品质优良，耐贮性佳，商品性能优良，市场售价高，经济效益显著，深受栽培者和消费者欢迎。

【栽培技术要点】可采用3 m×4 m或3 m×5 m的株行距，每667 m^2栽45~55株。授粉树配置的比率应在（2~4）：1。‘晚红珠’的授粉品种有‘佳红’、‘红蜜’、‘红艳’、‘巨红’、‘雷尼’、‘红灯’，花期最好进行放蜂辅助授粉，提高坐果率。‘晚红珠’樱桃早果性强，一年生枝条拉平以后即可形成花芽，故生产上主要采用低干矮冠，结构紧凑的改良纺锤形整形方式。为了缓和树势，促进结果，应重视夏季修剪。‘晚红珠’樱桃幼树期间多以中长果枝结果为主，进入盛果期后多以花束状、莲座状结果枝结果为主，为了保持花束状结果枝和莲座状结果枝的寿命，必须减弱先端优势，生产上对多年生的枝组要及时回缩；缓放拉平的枝，对先端生长旺盛的发育枝在生长季及时疏除或多次摘心，以促进后端形成花束或莲座状结果枝。

大连地区6月中下旬即进入雨季，中晚熟樱桃品种都面临着裂果的威胁，虽然‘晚红珠’樱桃对阵雨的抗裂果能力较强，但对于长时间的降雨会有影响，因此在接近成熟的一段时间内要经常进行灌水，在落花以后每隔10 d左右喷一次氨基酸钙或美果露，以增强抗裂果能力，有条件的果园最好架设防雨棚。

（完成人：潘凤荣、王逢寿、刘桂林、肖　敏、李俞涛、郑　玮、刘红霞、夏国芳）

6. 春晓（*Prunus avium* ‘Chunxiao’）

【育种基本情况】由中国农业科学院郑州果树研究所2002年从极早熟欧洲甜樱桃品种‘早红宝石’(*Prunus avium* ‘Zaohong Baoshi’)大果型芽变选种育成的极早熟、丰产欧洲甜樱桃品种。2009年通过河南省林木品种审定委员会的品种审定（编号：豫S-SV-PA-006-2009），专家综合分析认为，该品种具有极早熟性状、优异早果性和丰产结实性状，是欧洲甜樱桃的一个极早熟优良品种，特别适于生态旅游果园栽培。已在郑州地区栽培推广。

【生物学特性】在郑州地区3月2~6日萌动；3月25~27日初开花，盛花期为3月28~31日，末花期3月30日至4月2日，花期为5~6 d；果实硬核期4月14日左右，果实开始着色期4月22日左右，果实生理成熟期5月2日左右，果实发育期33~35 d，11月底落叶，营养生长时间269~272 d。

【植物学特性】树冠中大、呈圆锥形，属乔木；树姿半开张，属普通类型；树势生长势中等，干性较强，枝条中粗，分枝角度一般在40°左右；成年树主干呈灰色、较光滑，一年生枝为褐红色，皮孔较小、较稀。叶片中大、多为长椭圆形，叶长14.4 cm，宽7.0 cm，叶色绿，叶片平展，叶尖急尖，叶基广楔叶缘锯齿粗重，叶背被毛稀疏，叶面无毛，叶腺2个、大型、紫红色，叶柄3.8 cm；花序伞形，无花序轴，萼筒钟状，萼片反折；花蕾浅粉红色，每花序有花朵1~4朵；花单瓣，花瓣近圆形、白色，花瓣顶端微凹，花茎3.2 cm，花柱

图3.76 ‘春晓’花（左）、叶片（中）及新梢（右）

头无毛（图3.76）。

【主要经济性状】果实紫红色，短心脏形，果顶微凹，缝合线平或微凹，果形整齐端正，着色均匀一致，果面平滑亮泽；果实横径1.9 cm，纵径1.9 cm，平均单果重5.3 g；果肉紫红色，肉质细脆、多汁，带皮果肉硬度0.50 kg/cm^2,可溶性固形物含量13.9%，总糖含量8.89%，可滴定酸含量0.79%，每100 mL含维生素C 16.87 mg，酸甜适口，风味浓郁，品质上等；果柄中粗中长，平均长4.4 cm、粗1.3 mm，梗洼较浅；果与柄较难分离，鲜核重0.27 g，无核纹，可食率91.7%，畸形果率3.7%。

幼树以中长果枝结果为主，随树龄增大逐渐以花束状果枝结果为主，五年生以上结果树长果枝、中果枝和短果枝结果比例很小。据在郑州果树所品种观察园观察记载，‘春晓’品种之所以早果性状好，是中长枝易形成花芽，而花束状结果枝需营养枝在缓放1~3年后才能形成。花束状果枝连续结果能力较强，可以连续结果4~6年，有一定的连续结果能力。盛果期结果树，丰产稳产性好，大小年现象不明显。属自花不实品种，在授粉树配置合理的果园，自然结实率较高，生理落果轻，易结果丰产。具有较好的早果性和丰产性，幼树定植后个别单株第2年即可少量成花，第3年开始结果，四年进入盛果期初期，每公顷产量达12 000 kg以上；高接树一般第2年即可开始结果，高接三年以后进入盛果期，每公顷产量达22 500 kg以上。

【抗逆性】根据各地引种试栽的情况调查，植株表现生长健壮，枝叶繁茂，很少发现有严重的斑点落叶病、叶部穿孔病等叶部病害的发生；树体上没有发现严重的流胶病、腐烂病等枝干病害；在果实上，由于果实在5月初已成熟采收，生长期短，没有发现病虫为害；其花期比郑州的小樱桃晚2周，避开了早春低温，花期不易遭受冻害，在2006年甜樱桃花期遭遇零下2°C的低温下，仍能正常坐果。较抗裂果，着色期遇雨时，最高裂果率5%；畸形果率也较低，一般为5%左右。

【综合评价】该品种具有极早熟性状、优异早果性和丰产结实性状，裂果率和畸形果率也很低，是甜樱桃的一个极早熟优良品种，特别适于生态旅游果园栽培。

【栽培技术要点】采用株行距2 m×4 m或2.5 m×5 m进行定植。需配置授粉树或人工授粉。授粉品种宜选用‘红密’、‘拉宾斯’、‘早大果’、‘龙宝’等品种，授粉品种最好有2个以上。采用细长纺锤形整形，‘春晓’在乔化砧上树体生长旺盛，枝条开张角度较小，易形成竞争，在幼龄期应注意及时拉枝开张角度，疏除背上枝，缓和树体生长势，减小竞争。由于一年生枝条短截后成枝力较强，在初过期树体上应少短截，多缓放，促进花束状果枝形成。新植果园在定植时要施足够的有机肥，以保证幼树一开始就有一个良好的生长基础；以后每年都要秋施一定量的有机肥，并注意在生长关键时期即萌芽前、开花后、果实膨大期及时补充氮肥和微量元素。果园灌水应和施肥适当结合，缺水的地区，主要是前期与追肥相吻合的三次水，即花前水、幼果发育水和果实膨大水。雨季注意防涝排水。‘春晓’品种花期虽比中国樱桃晚，但在甜樱桃中是花期较早的品种，在花期当气温低于15℃时，蜜蜂等传粉昆虫不活动，会造成授粉受精不良。应采用授粉器等人工辅助授粉、或花期喷硼等措施提高坐果率。该品种是极早熟品种，固形物含量略低，这是早熟品种的共性。果个虽然比中国樱桃大的多，但在甜樱桃中果实属中等偏小，所以应注意加强树体管理，保持生长健壮，多施有机肥料，可以提高固形物含量达到15%，果实增大到7.0 g，以提高果实商品性能（图3.77）。

（完成人：赵改荣、李　明、齐秀娟、黄贞光、李玉红、韩礼星）

图3.77 ‘春晓’果实（左上）、结果状（左下）及结果树（右）

（二）选育的优系

1. 4-7（*Prunus avium*）

【育种基本情况】由北京市农林科学院林业果树研究所采集‘拉宾斯’（*Prunus avium* ‘Lapins’）的实生种子播种后所得，进行多年观察后表现优良，被选为优系。

【生物学特性】在北京地区一般3月下旬萌芽，4月上旬盛花，花期1周左右。展叶基本与开花同期，4月中旬抽梢，6月上旬果实开始成熟。果实发育期60 d左右。11月上中旬落叶，年生育期220 d左右。

【植物学特性】树势中庸，树姿较开张；一年生枝阳面棕褐色；叶片中大，平均叶长14.9 cm，宽7.1 cm，椭圆倒卵形，绿色，叶片平展，半革质，叶尖急尖，叶基广楔形，叶缘锯齿粗重，叶背被毛稀疏，叶面无毛，蜜腺近圆形，2~3个；花序伞形，无花序轴，萼筒钟状，萼片反折；每花序有花朵2~4朵；花单瓣，花瓣近圆形、白色。

图3.78 ‘4－7’果实

【主要经济性状】果实近圆形，果皮红色，个大，平均单果重8.0 g，果肉红色，风味酸甜浓郁，可溶性固形物17.0%；平均单核重0.35 g，单核长1.0 cm，果柄较短，平均长度3.0 cm。北京地区果实发育期65 d左右，6月上中旬成熟（图3.78）。

早果丰产性好，需要配置授粉树。树势中庸，各类果枝均能结果，进入盛果期后，以短果枝和花束状果枝结果为主。

【抗逆性】在北京地区，该品种实生树、高接树和幼树，多年内未见严重冻害和日烧现象。树体和花芽抗寒力均较强。树体上没有发现严重的流胶病、腐烂病等枝干病害；较抗裂果，畸形果率也较低。无特殊的敏感性病虫害和逆境伤害。

【综合评价】该品种具有较好的早果性和丰产结实性，果实红色，艳丽喜人，果肉肥厚多汁，酸甜适口，是甜樱桃的一个中熟优良品系，具有良好的发展前景。

【栽培技术要点】采用株行距3 m × 4 m或3 m × 5 m进行定植。采用纺锤形整枝，及早拉枝开张角度，注意加强夏季修剪，及时进行新梢摘心，以加速整形，促进花芽形成。盛果期树应注意加强树体管理，保持生长健壮，多施有机肥料，及时疏除过密枝条，改善通风透光，促进花芽分化，提高果实商品性能。

（完成人：张开春、张晓明、闫国华、周　宇、姜立杰等）

2. 39-44（*Prunus avium*）

【育种基本情况】由北京市农林科学院林业果树研究所采集‘雷尼’（*Prunus avium* ‘Rainier’）的实生种子播种后所得，进行多年观察后表现优良，被选为优系。

【生物学特性】在北京地区一般3月下旬萌芽，4月上旬盛花，花期1周左右。展叶基本与开花同期，4月中旬抽梢，5月下旬果实开始成熟。果实发育期55~60 d。11月上中旬落叶，年生育期220 d左右。

【植物学特性】树势中庸，树姿较开张；一年生枝阳面棕褐色；叶片中大，椭圆倒卵形，平均叶长14.9 cm，宽7.0 cm，绿色，叶片平展，半革质，叶尖急尖，叶基广楔形，叶缘锯齿粗重，叶背被毛稀疏，叶面无毛，蜜腺近圆形，2~3个；花序伞形，无花序轴，萼筒钟状，萼片反折；每花序有花朵2~4朵；花单瓣，花瓣近圆形、白色。

【主要经济性状】成熟期5月下旬至6月上旬，果实近圆形，黄底红晕，平均单果重7.5 g，风味酸甜浓郁，果肉脆硬，可溶性固形物20.5%；平均单核重0.3 g，单核长1.1 cm；北京地区果实发育期55~60 d，5月下旬开始成熟；早果丰产性好，自交结实；树势中庸，各类果枝均能结果（图3.79）。

【抗逆性】在北京地区，该品种树体和花芽抗寒力均较强，多年内未见严重冻害和日

图3.79 ‘39－44’果实

烧现象。北京地区种植，幼树定植当年应防护，以防发生抽条现象。尚未发现流胶病、病毒病等病害，无特殊的敏感性病虫害和逆境伤害。

【综合评价】 该品种为自花结实的中熟甜樱桃品系，果实风味浓郁，品质优良，早果、丰产、稳产性好，综合性状优良，具有良好的发展前景。

【栽培技术要点】 采用株行距3 m×4 m或3 m×5 m进行定植。自花结实，采用纺锤形整枝，注意加强夏季修剪，及时进行新梢摘心，以加速整形，促进花芽形成。盛果期树要注意加强肥水管理和修建，多施有机肥，及时疏除过密枝条，改善通风透光，保持树势中庸健壮，提高果实商品性能。

（完成人：张开春、张晓明、闫国华、周　宇、姜立杰等）

3. 27-26（*Prunus avium*）

【育种基本情况】 由北京市农林科学院林业果树研究所采集‘斯坦拉’（*Prunus avium* ‘Stella’）的实生种子播种后所得，进行多年观察后表现优良，被选为优系。

【生物学特性】 在北京地区一般3月下旬萌芽，4月上旬盛花，花期1周左右。5月中下旬果实开始成熟。果实发育期45 d左右。11月上旬落叶，年生育期220 d左右。

【植物学特性】 树势中庸，树姿较开张；一年生枝阳面棕褐色；叶片椭圆倒卵形，平均叶长15.2 cm，宽6.8 cm，绿色，叶面平展叶尖急尖，叶基广楔形，叶缘锯齿粗重，叶面无毛，叶背被毛稀疏，叶柄长3.9 cm，具2~3个紫红色、近圆形蜜腺；花序伞形，萼筒钟状，萼片反折；每花序有花朵2~4朵；花单瓣，花瓣白色。

【主要经济性状】 早熟，成熟期5月下旬，果实扁圆形，果皮红色，平均单果重7.2 g，风味甜，果肉脆硬，可溶性固形物含量15.2%；平均单核重0.3 g，单核长1.0 cm。北京地区果实发育期45 d，5月中下旬成熟。早果丰产性好，自交结实。树势中庸，各类果枝均能结果（图3.80）。

【抗逆性】 在北京地区，该品种树体和花芽抗寒力均较强，但幼树定植当年应防护，以防发生抽条现象。无特殊的敏感性病虫害和逆境伤害。

【综合评价】 该品种为自花结实的早熟甜樱

图3.80 ‘27－26’果实

桃品系，品质优良，早果，丰产，稳产性好，综合性状优良。

【栽培技术要点】采用株行距3 m × 4 m或3 m × 5 m进行定植。采用纺锤形整枝，幼树注意加强夏季修剪，及时去除强旺枝，对主枝进行拉枝，新梢进行摘心，以促进花芽形成。该品种自花结实，易形成花芽，因此对盛果期树要注意加强肥水管理和修剪，多施有机肥，及时疏除过密枝条，改善通风透光，保持树势中庸健壮，提高果实商品性能。

（完成人：张开春、张晓明、闫国华、周　宇、姜立杰等）

4. 33-16（*Prunus avium* L.）

【育种基本情况】由北京市农林科学院林业果树研究所采集‘斯坦拉’（*Prunus avium* ‘Stella’）的实生种子播种后所得，进行多年观察后表现优良，被选为优系。

【生物学特性】在北京地区一般3月下旬萌芽，4月上旬盛花，花期1周左右。6月中旬果实开始成熟。果实发育期60 d左右。11月上中旬落叶，年生育期220 d左右。

【植物学特性】树势中庸，树姿较开张；一年生枝阳面棕褐色；叶片椭圆倒卵形，平均叶长15.4 cm，宽7.3 cm，绿色，叶面平展叶尖急尖，叶基广楔形，叶缘锯齿粗重，叶面无毛，叶背被毛稀疏，叶柄长3.8 cm，具2~3个红色、近圆形蜜腺；花序伞形，萼筒钟状，萼片反折，每花序有花朵2~4朵；花单瓣，花瓣白色。

【主要经济性状】中熟，成熟期6月上中旬，果实扁圆形，果皮红色，平均单果重7.6 g，风味酸甜浓郁，果肉脆硬，可溶性固形物含量18.0%，平均单核重0.28 g，单核长1.0 cm。北京地区果实发育期60 d左右。自交结实。树势中庸，各类果枝均能结果（图3.81）。

图3.81 ‘33–16’果实

【抗逆性】在北京地区，未发现流胶病、病毒病等病害，无特殊的敏感性病虫害和逆境伤害。该品种树体和花芽抗寒力均较强，多年内未见严重冻害和日烧现象。

【综合评价】该品种为自花结实的中熟甜樱桃品系，品质优良，早果，丰产，稳产性好，综合性状优良。

【栽培技术要点】采用株行距3 m × 4 m或3 m × 5 m进行定植。采用纺锤形整枝，注意加强夏季修剪，及时进行新梢摘心，以加速整形，对主枝及时进行拉枝开角，缓和树势，促进花芽形成。盛果期树要注意防止结果过多，加强肥水管理和修剪，多施有机肥，对弱枝及时回缩，疏除过密枝条，改善通风透光，保持树势中庸健壮。

（完成人：张开春、张晓明、闫国华、周　宇、姜立杰等）

5. 饴珠（代号：2-81）（*Prunus avium* L.）

【育种基本情况】‘饴珠’樱桃是大连农业科学研究院选用（*Prunus avium* ‘Wanhongzhu’）×‘13-33’（*Prunus avium* ‘13-33’）杂交选育而成的优良品系。

【生物学特性】在大连地区，花芽膨大期为3月下旬，始花期4月20日左右，盛花期4月22~25日，果实成熟期6月25日左右。

【植物学特性】树势中庸，枝条较开张，育种圃内九年生树高达3.4 m，冠径2.7 m，干周35.0 cm；叶片中大，叶片阔椭圆形，平均叶长12.1 cm，宽6.3 cm，叶基呈半圆形，先端渐尖，叶缘复锯齿，中大而钝；叶片质较厚，叶面平展，深绿色有光泽；平均叶柄长3.5 cm，粗0.2 cm，叶柄基部着生2~4个肾形蜜腺；花冠较大，近圆形，离瓣，部分重叠，雄蕊与雌蕊柱头等高，花粉量多（图3.82）。

【主要经济性状】果实宽心脏形，整齐；果实底色呈浅黄色，阳面着鲜红色霞；平均单果重10.6 g，最大果重12.3 g；肉质较脆，肥厚多汁，可溶性固形物含量22.0%以上，风味酸甜适口，品质上等。品质显著优于‘先锋’。核较小，近圆形，半离，耐贮运。丰产性好（图3.83）。

图3.82　‘饴珠’开花状

图3.83　‘饴珠’果实

【抗逆性】对穿孔病、叶斑病、流胶病均有较强的抗性，尚未发现病毒病，早春低温对其坐果影响很小。

【综合评价】该品种成熟期晚，树势中庸，枝条开张，丰产，果个大，外观色泽美，果肉较脆，风味酸甜适口，风味品质上等，商品性能优良。

【栽培技术要点】树势中庸，枝条较开张，早果性、丰产性强，故幼树期间注意夏剪、拉枝，进入盛果期后，注意控制产量，并及时回缩更新，促发新梢，以期长期丰产稳产，同时维持较大果个。肥水管理上要增施有机肥，花期和果实膨大期辅以复合肥或果树专用肥，以增大果个，提高产量。

（完成人：潘凤荣、王逢寿、刘桂林、肖　敏、李俞涛、郑　玮、刘红霞、夏国芳）

6. 丽珠（暂定名）（代号：1-72）（*Prunus avium* L.）

【育种基本情况】‘丽珠’樱桃是大连农业科学研究院选用‘雷尼’(*Prunus avium*

‘Rainier’)×‘8-100’（*Prunus avium*）杂交选育而成的优良品系。

【生物学特性】在大连地区，花芽膨大期为3月下旬，始花期4月18日左右，盛花期4月20~23日，果实成熟期6月28日左右。

【植物学特性】幼树树势强健，进入盛果期树势中庸健壮，枝条半开张，育种圃内九年生树高达4.0 m，冠径3.4 m，干周44.0 cm；叶片中大，叶片阔椭圆形，平均叶长12.6 cm，宽6.9 cm，叶基呈半圆形至楔形，先端渐尖，叶缘复锯齿，中大而钝；叶片质较厚，叶面平展，深绿色有光泽；平均叶柄长2.9 cm，粗0.2 cm，叶柄基部着生2个红色肾形蜜腺；花冠较大，近圆形，离瓣，部分重叠，雄蕊与雌蕊柱头等高，花粉量多（图3.84）。

【主要经济性状】‘丽珠’樱桃果实肾形，平均果重10.3 g，最大果重11.5 g，果实全面紫红色，有鲜艳光泽，外观及色泽似红灯。肉质较软，风味酸甜可口，可溶性固形物含量21.0%，品质显著优于‘先锋’。早果性好，栽后第3年即可见果。丰产（图3.85）。

图3.84 ‘丽珠’开花状

图3.85 ‘丽珠’果实

【抗逆性】该品种对穿孔病、叶斑病、流胶病均有较强的抗性，尚未发现病毒病，早春低温对其坐果影响很小。

【综合评价】该品种成熟期晚，树势中庸，枝条开张，丰产，果个大，外观色泽美，风味酸甜可口，品质显著优于‘先锋’。早果性好，栽后第3年即可见果。丰产。

【栽培技术要点】幼树树势强健，进入盛果期树势中庸健壮，枝条半开张。早果性、丰产性强，故幼树期间注意夏剪、拉枝开角，进入盛果期后，注意控制产量，并及时回缩更新，促发新梢，以期长期丰产稳产，同时维持较大果个。肥水管理上要增施有机肥，花期和果实膨大期辅以复合肥或果树专用肥，以增大果个，提高产量。

（完成人：潘凤荣、王逢寿、刘桂林、肖　敏、李俞涛、郑　玮、刘红霞、夏国芳）

7. 泰珠（暂定名）（代号：1-78）（*Prunus avium* L.）

【育种基本情况】‘泰珠’樱桃是大连农业科学研究院选用‘雷尼’(*Prunus avium* ‘Rainier’)×‘8-100’（*Prunus avium*）杂交选育而成的优良品系。

【生物学特性】在大连地区，花芽膨大期为3月下旬，始花期4月18日左右，盛花期4月

20~23日，果实成熟期6月22日左右。

【植物学特性】树势强健，生长旺盛，育种圃内九年生树高达4.5 m，冠径3.8 m，干周62.0 cm；叶片大，叶片阔椭圆形，平均叶长13.8 cm，宽6.9 cm，叶基呈半圆形至楔形，先端渐尖，叶缘复锯齿，中大而钝；叶片质厚，叶面平展，深绿色有光泽；平均叶柄长4.0 cm，粗0.2 cm，叶柄基部着生2个红色肾形蜜腺；花冠较大，近圆形，离瓣，部分重叠，雄蕊与雌蕊柱头等高，花粉量较多（图3.86）。

【主要经济性状】果实肾形，整齐。果实全面紫红色，有鲜艳光泽和明晰果点。平均单果重13.5 g，最大果重15.6 g。肉质较脆，肥厚多汁，风味酸甜适口，可溶性固形物含量19.0%以上。品质显著优于‘先锋’。核较小，近圆形，半离，耐贮运（图3.87）。

图3.86 ‘泰珠’开花状

图3.87 ‘泰珠’果实

【抗逆性】对穿孔病、叶斑病、流胶病均有较强的抗性，尚未发现病毒病。

【综合评价】该品种中晚熟，果个大，品质优，耐贮运。

【栽培技术要点】生长旺盛，干性强，故生产上应采用低干矮冠，结构紧凑的改良主干形或小冠疏层形整形方式，幼树期采用轻剪技术，多缓放，同时配合支、拉等人工开张树姿的方法。夏季修剪主要调节生长量，均衡树势，改善树体结构，调整通风透光条件。该品种幼树期间长势旺，进入结果期稍晚，生产上三年完成整形工作后，即可全树喷施PBO100~150倍液或主干涂抹3~5倍液，以促使其进入结果期。

（完成人：潘凤荣、王逢寿、刘桂林、肖　敏、李俞涛、郑　玮、刘红霞、夏国芳）

8. 春艳 (22-27) (*Prunus avium* L.)

【育种基本情况】由中国农业科学院郑州果树研究所以母本晚熟欧洲甜樱桃品种‘雷尼尔’（*Prunus avium*. ‘Rainier’）和父本早熟欧洲甜樱桃品种‘红灯’（*Prunus avium* ‘Hongdeng’）杂交育成的早熟欧洲甜樱桃品种，具有较好的早果性和丰产结实性。

【生物学特性】在郑州地区3月2日萌动；3月26日初开花，盛花期为3月28日，末花期3月30日，花期为5 d；果实硬核期4月22日左右，果实开始着色期5月2日左右，果实生理成熟期5月12~13日，果实发育期44~46 d，11月底落叶，营养生长时间约270 d。

图3.88 ‘春艳’果实

【植物学特性】树势中庸，树姿较开张，树冠半圆形；成年树主干呈灰色、较光滑；一年生枝为褐红色，皮孔较小、较稀；叶片中大、多为长椭圆形，叶色绿，叶片平展，叶尖急尖，叶基广楔叶缘锯齿粗重，叶背被毛稀疏，叶面无毛，叶腺2个、大型、红色；花序伞形，无花序轴，萼筒钟状，萼片反折；花蕾浅粉红色，每花序有花朵1~4朵；花单瓣，花瓣近圆形、白色，花瓣顶端微凹，花柱头无毛。

【主要经济性状】果实黄底红晕，着色面积有1/2，短心脏形，果顶凹，缝合线平；果实横径2.4 cm，纵径2.4 cm，平均单果重7.5~8.5 g；果肉乳黄色，肉质细脆、多汁，可溶性固形物含量15.8%，酸甜适口，风味浓郁，品质上等；果柄粗短，平均长4.0 cm、粗1.4 mm；果与柄较易分离，鲜核重0.4 g，无核纹（图3.88）。

以花束状果枝结果为主，属自花不实品种，栽培时宜配置授粉树，具有较好的早果性和丰产性，连续丰产性强，每公顷产量达22 500 kg以上。

【抗逆性】植株生长健壮，枝叶繁茂，树体上没有发现严重的流胶病、腐烂病等枝干病害；较抗裂果，畸形果率也较低。

【综合评价】该品种具有较好的早果性和丰产结实性，成熟期早，果柄短粗，果实黄底红晕、亮丽美观，果肉肥厚多汁，酸甜适口，耐贮运性好，是甜樱桃的一个早熟优良品种，具有良好的发展前景。

【栽培技术要点】采用株行距2 m × 4 m或2.5 m × 5 m进行定植。需配置授粉树或人工授粉。授粉品种宜选用‘红灯’、‘早大果’、‘拉宾斯’、‘龙冠’等品种，授粉品种最好有2个以上。采用细长纺锤形整形，在幼龄期应注意及时拉枝开张角度，疏除背上枝，缓和树体生长势，减小竞争。新植果园在定植时要施足够的有机肥，以保证幼树一开始就有一个良好的生长基础；以后每年都要秋施一定量的有机肥，并注意在生长关键时期即萌芽前、开花后、果实膨大期及时补充氮肥和微量元素。果园灌水应和施肥适当结合，缺水的地区，主要是前期与追肥相吻合的三次水，即花前水、幼果发育水和果实膨大水。

（完成人：赵改荣、李　明、黄贞光、李玉红、齐秀娟）

9. 春绣（暂定名）（*Prunus avium* L.）

【育种基本情况】由中国农业科学院郑州果树研究所从晚熟欧洲甜樱桃品种‘宾库’（*Prunus avium* ‘Bing’）自然实生后代选种育成的中晚熟欧洲甜樱桃品种，具有较好的早果性和丰产结实性。

【生物学特性】在郑州地区3月5日萌动；3月27日初开花，盛花期为3月28日，末花期

4月2日，花期为6 d；果实硬核期4月24日左右，果实开始着色期5月12日左右，果实生理成熟期5月25~26日左右，果实发育期56~58 d，11月底落叶，营养生长时间约265 d。

【植物学特性】树势中庸，树姿较开张，树冠半圆形。成年树主干呈灰色、较光滑。一年生枝为褐红色，皮孔较小、较稀；叶片中大、多为长椭圆形，叶色绿，叶片平展，叶尖急尖，叶基广楔叶缘锯齿粗重，叶背被毛稀疏，叶面无毛，叶腺2个、大型、黄绿色；花序伞形，无花序轴，萼筒钟状，萼片反折；花蕾浅粉红色，每花序有花朵1~4朵；花单瓣，花瓣近圆形、白色，花瓣顶端微凹，花柱头无毛。

【主要经济性状】果实紫红色，肾形，果顶圆平，缝合线平，果形整齐端正，着色均匀一致，果面平滑亮泽；果实横径2.7 cm，纵径2.2 cm，平均单果重8.0~9.0 g；果肉红色，肉质细脆、多汁，带皮果肉硬度0.47 kg/cm^2, 可溶性固形物含量16.5%，酸甜适口，风味浓郁，品质上等；果柄中粗中长，平均长4.8 cm、粗1.3 mm，梗洼较浅；果与柄较难分离，鲜核重0.4 g，无核纹，可食率92.5%（图3.89）。

以花束状果枝结果为主，属自花不实品种，栽培时宜配置授粉树，具有较好的早果性和丰产性，连续丰产性强，每公顷产量达22 500 kg以上。

【抗逆性】植株生长健壮，枝叶繁茂，树体上没有发现严重的流胶病、腐烂病等枝干病害；较抗裂果，畸形果率也较低。

图3.89 ‘春绣’果实

【综合评价】该品种具有较好的早果性和丰产结实性，裂果率和畸形果率也很低，果实外观整齐，亮丽美观，果肉肥厚多汁，酸甜适口，耐贮运性好，是甜樱桃的一个中晚熟优良品种，具有良好的发展前景。

【栽培技术要点】采用株行距2 m×4 m或2.5 m×5 m进行定植。需配置授粉树或人工授粉。授粉品种宜选用‘先锋’、‘拉宾斯’、‘美早’、‘桑蒂娜’、‘龙冠’等品种，授粉品种最好有2个以上。采用细长纺锤形整形，在幼龄期应注意及时拉枝开张角度，疏除背上枝，缓和树体生长势，减小竞争。新植果园在定植时要施足够的有机肥，以保证幼树一开始就有一个良好的生长基础；以后每年都要秋施一定量的有机肥，并注意在生长关键时期即萌芽前、开花后、果实膨大期及时补充氮肥和微量元素。果园灌水应和施肥适当结合，缺水的地区，主要是前期与追肥相吻合的三次水，即花前水、幼果发育水和果实膨大水。

（完成人：赵改荣、李　明、黄贞光、李玉红、齐秀娟）

10. 短把优系1（*Prunus avium* L.）

在山东泰安地区5月15日开始成熟，果实圆心脏形，全红，果柄较短，平均单果重7.5 g，可溶性固形物含量17.5%，高于同时期相同立地条件下的红灯（图3.90）。

图3.90 ‘短把优系1’结果状

图3.91 ‘短把优系2’结果状

11. 短把优系2（*Prunus avium* L.）

在山东泰安地区5月18日开始成熟，略晚于红灯，果实圆心脏形，全红，果柄短，平均单果重8.3 g，可溶性固形物含量13.6%（图3.91）。

12. U42-H04-11（*Prunus avium* L.）

在山东泰安地区5月15日开始成熟，略早于红灯，果实圆形，半红半黄，平均单果重6.9 g，可溶性固形物含量18.2%，较丰产性，可溶性固形物高于相同立地条件下的红灯（图3.92）。

13. U39-H04-10（*Prunus avium* L.）

在山东泰安地区5月15日开始成熟，略早于红灯，果实心脏形，全红，平均单果重8.2 g，可溶性固形物含量15.2%（图3.93）。

图3.92 优系‘U42-H04-11’结果状

图3.93 优系‘U39-H04-10’结果状

14. U117-H03-7（*Prunus avium* L.）

在山东泰安地区5月17日开始成熟，果实圆心脏形，全红，平均单果重8.2 g，可溶性固形物含量14.7%（图3.94）。

图3.94 优系‘U117-H03-7’结果状

第 4 部分

干果类主要果树新品种（新品系）

一、核桃

（一）选育的新品种

1. 鲁果6号（*Juglans regia* 'Luguo No.6'）

【育种基本情况】山东省果树研究所从早实核桃实生后代中选出，2009年通过山东省林木品种审定委员会审定（编号：鲁 S-SV-JR-018-2009），已在山东、陕西等地推广栽培。

【生物学特性】在泰安地区，3月10日左右开始萌动，3月20日左右发芽，3月底枝条开始抽梢，4月初展叶；4月上旬为雌花盛期，4月中旬为雄花开放盛期；雌先型，4月中旬果实开始发育，8月底果实成熟。11月上旬落叶，植株生长期为210 d。

【植物学特性】树姿较开张，树冠圆锥形；树干灰白色，光滑，有浅纵裂；枝条粗壮、光滑。二年生枝灰褐色，当年生新梢浅褐色，粗壮，茸毛短密。混合芽圆，中等，芽座小，贴生，二次枝上主、副芽分离，芽尖绿褐色。每结果枝多着生2~3朵雌花，雌花柱头绿黄色；顶芽肥大，圆形；侧芽小而圆。雄花为裸芽，圆柱形，呈鳞片状，雄花序长9.0 cm。复叶浓绿，长39.7 cm，小叶7~9片，复叶柄长8.6 cm，圆形，基部肥大，脱落后叶痕大，呈三角形；顶叶椭圆形，大型；叶表面有稀疏柔毛，背面有腺毛，脉腋间有簇状毛，叶缘全缘；小叶长椭圆形，具短柄，尖端渐尖，基部扁圆形，小叶柄无腺毛。雌花序侧生，多双果；果实圆形稍长，果基圆稍尖，果顶圆，绿色，茸毛密而短，皮孔小、稀，果柄中长，青果皮厚约0.5 cm，纵径4.24 cm，横径4.43 cm，侧径4.3 cm，三径平均4.3 cm（图4.1）。

【主要经济性状】坚果单果重13.5 g，近圆形，顶部圆形，基部尖圆；壳面光滑；淡黄色；缝合线紧，平，壳厚1.0~1.2 mm，易取整仁，出仁率55.3%；核仁饱满，色浅味香，其蛋白质含量21.8%，脂肪含量64.9%，每100 g含磷450 mg、锌3.78 mg，综合品质优良（图4.2）。

图4.1 ‘鲁果6号’结果性状

图4.2 ‘鲁果6号’坚果

【抗逆性】经品种对比和区域试验表明，‘鲁果6号’核桃抗逆性较强，适应性广，在泰安、临沂、烟台、北京等地栽培，树体生长发育均表现良好，好果率在95%以上。

【综合评价】该品种早实、丰产、优质，稳产性好，既可作雄先型品种授粉树，又可作为主栽品种，特别是土层深厚的平原地，树体生长快，盛果期产量高，坚果大。

【栽培技术要点】适宜的栽培密度为平原地区4 m×5 m或5 m×6 m，丘陵山坡地区4 m×4 m或4 m×5 m。适宜树形为主干疏层形，在修剪中除培养好主、侧枝外，还应注意控制二次枝和利用好徒长枝，疏除过密枝，处理好背下枝。

（完成人：张美勇、徐　颖、相　昆、薛培生）

2. 鲁果7号（*Juglans regia*　‘Luguo No.7’）

【育种基本情况】山东省果树研究所用早实核桃‘香玲’（*Juglans regia*　‘Xiangling’）为母本，华北晚实核桃优株为父本杂交育成，2009年通过山东省林木品种审定委员会审定（编号：鲁 S-SV-JR-019-2009），已在山东、四川等地推广栽培。

【生物学特性】在泰安，3月中旬芽萌动，3月下旬发芽；4月初枝条开始生长，4月中旬雄花、雌花均开放，雌雄花期极为相近，为雌雄同熟型。果实发育期130 d左右，在果实膨大期间，如温度超过40℃，果实易被灼伤。9月上旬果实成熟，11月上旬落叶，植株营养生长期210 d。

【植物学特性】树势较强，树姿开张，树冠成圆头形；树干灰白色，光滑，有浅纵裂；枝条粗壮、光滑，较密集。二年生枝条绿褐色，一年生枝深绿色，粗壮，平均长70.0 cm左右，有短茸毛；果枝率80%以上，结果枝平均长度59.0 cm，多中果枝；混合芽饱满，芽座小，贴生，二次枝上主、副芽分离，芽尖绿褐色。每结果枝着生2~4朵雌花，复叶长43.3 cm，小叶7~9片，顶端小叶椭圆形，大而厚，浓绿色，有短茸毛（图4.3）。

【主要经济性状】嫁接苗定植后，第1年开花，第2年开始结果，坐果率为70%。侧花芽比率85%，多双果。四年生高接树每公顷产量4 456.5 kg。

图4.3 ‘鲁果7号’三年生结果树

坚果单果重13.2 g，圆形，浅黄色，果基圆，果顶圆；壳面较光滑，缝合线平，结合紧密，不易开裂；内褶壁膜质，纵隔不发达。坚果纵径3.7cm，横径3.5 cm，侧径3.4 cm，壳厚0.9~1.1 mm；易取整仁，仁重7.4 g，内种皮浅黄色，核仁饱满，香味浓，无涩味；出仁率56.9%，其蛋白质含量20.8%，脂肪含量65.7%，每100 g含磷470 mg、锌3.3 mg，坚果综合品质上等（图4.4）。

【抗逆性】经品种对比和区域试验表明，‘鲁果7号’核桃较抗炭疽病和细菌性黑斑病，2008年和2009年雨季连续长期多雨潮湿的环境下，果实病果率均低于5%；且适应范围广，在泰安、临沂、烟台、北京等地栽培，树体生长发育均表现良好。

图4.4 ‘鲁果7号’坚果

【综合评价】该品种早实、丰产、抗病性强，适应性广。坚果壳薄，与核仁间隙大，外观美观，即可带壳销售，又利于加工。

【栽培技术要点】园艺栽培适宜株行距为4 m×5 m；丘陵山地栽培适宜密度为3 m×5 m或4 m×4 m。由于幼龄阶段生长快，如果任其自然生长，不易形成具有良好丰产结果类型的树形。适宜树形为主干疏层形。在修剪中除培养好主、侧枝外，还应注意控制二次枝和利用好徒长枝，疏除过密枝，处理好背下枝。背下枝萌发早，生长旺盛，容易使原头变弱而形成“倒拉”现象，因此，一般是在萌芽后尽早将其剪除。如原母枝变弱或分枝角度较小，可利用背下枝代替原头，将原头培养成结果枝组或剪除。

（完成人：张美勇、徐　颖、相　昆、薛培生）

3. 鲁果8号（*Juglans regia*　‘Luguo No.8’）

【育种基本情况】山东省果树研究所从早实核桃品种‘岱香’（*Juglans regia* ‘Daixiang’）自然杂交后代中选育。2009年通过山东省林木品种委员会审定（编号：鲁

S-SV-JR-020-2009），现已在山东、云南等地有栽培。

【生物学特性】在泰安，3月底发芽，4月上旬枝条开始生长，4月中旬雄花开放，4月下旬为雌花期，雄先型。由于其发育期相对较晚，较少遭遇晚霜。果实发育期118 d左右，9月初果实成熟，11月上旬落叶，植株生长期200 d。

【植物学特性】树姿较直立，树冠长圆头形；树干皮灰白色，幼树期间平滑，成龄树皮有纵裂；二年生枝粗壮，皮光滑，灰褐色，一年生枝浅绿色，无毛，具光泽，髓心小，徒长枝多有棱状突起，当年生新梢平均长63.0 cm，粗1.4 cm，枝皮率87.3%；混合芽圆形，饱满；二次枝有芽座，主、副芽分离，结果枝长度为25.0 cm，着生1~4朵雌花；复叶长41.0 cm，小叶数7~9片，广椭圆形，顶生小叶，叶片较大。

【主要经济性状】嫁接苗定植第1年开花，第2年开始结果，正常管理条件下坐果率为70%。侧花芽比率80%，多双果。果实圆形，果顶圆，果基阔圆，绿色，茸毛短而细，皮孔小而密，果柄长，为5.1 cm，纵径4.6 cm，横径5.0 cm，侧径4.7 cm，青皮厚0.6 cm（图4.5）。嫁接苗定植后，第1年开花，第2年开始结果，坐果率为70%。侧花芽比率85%，多双果。高接七年生嫁接树每公顷产量5 914.5 kg。平均坚果重12.6 g，近圆形，壳面较光滑，缝合线紧、窄而稍凸，不易开裂。壳厚1.0 mm，内褶壁膜质，纵隔不发达，可取整仁，出仁率55.1%。内种皮颜色浅，核仁饱满，色浅味香。其蛋白质含量20.8%，脂肪含量66.1%（图4.6）。

图4.5 ‘鲁果8号’结果状

图4.6 ‘鲁果8号’坚果

【抗逆性】由于其发芽晚，电导率、单宁含量及类黄酮等物质含量较高，具备了较好的抗寒性能。因此，很少遭遇晚霜为害。并且其适应能力较强，在山东、云南、辽宁等省市均能表现树体生长旺盛，适应能力强。

【综合评价】该品种早实、抗寒性强，适应性广。坚果外观美观，有广阔的发展空间。

【栽培技术要点】适宜的栽培密度为平原地区4 m×5 m或4 m×6 m，丘陵山坡地区4 m×4 m或3 m×5 m。在修剪中注意对徒长枝进行短截，培养成结果枝组，以充实树冠。施肥以有机肥为主，并适时追施无机肥。施肥方法主要是土壤施肥，较少采取根外追肥。

（完成人：张美勇、徐　颖、相　昆、薛培生）

4. 鲁果11号（*Juglans regia*‘Luguo No.11’）

【育种基本情况】山东省果树研究所从早实核桃实生后代中选出。2010年7月通过验收，现已在山东等地推广栽培。

【生物学特性】在泰安地区3月下旬发芽，4月中旬雄花开放，4月下旬为雌花期，雄先型。9月上旬果实成熟，11月上旬落叶，植株生长期210 d左右。其雌花期与鲁丰等雌先型品种的雄花期基本一致，可作为授粉品种。

【植物学特性】树姿开张，树势硕壮稳健，树冠圆头形；树干皮灰白色，枝条粗壮，皮光滑；二年生枝绿褐色，一年生枝墨绿色，结果母枝褐绿色，多年生枝灰白色，以中短果枝结果为主；混合芽大，圆形，饱满，芽座小，每结果枝着生2~4朵雌花；复叶长35.0 cm，小叶数7~9片，长椭圆形，顶生小叶较大。

【主要经济性状】嫁接苗定植后，第1年开花，第2年开始结果，坐果率为87%；侧花芽比率96.2%，多双果和三果；结果母枝抽生的果枝多，果枝率高达92.3%；果实大，纵径5.9 cm，横径4.3 cm，侧径4.4 cm，青皮厚0.3 cm（图4.7）。梯田堰边栽植，5年生砧木上高接3年生树高3.2 m，东西长2.2 m，南北宽1.9 m，结果189个，平均每平方米冠幅投影面积结果数43.3个，坚果平均单果重17.2 g，折合株产3.3 kg。

图4.7 ‘鲁果11号’结果状

平均坚果重17.2 g，最大坚果重25.2 g，卵圆形，壳面较光滑，缝合线紧平，壳厚1.2 mm，可取整仁，出仁率52.4%；核仁饱满，色浅味香，蛋白质含量22.9%，脂肪含量59.7%（图4.8）。

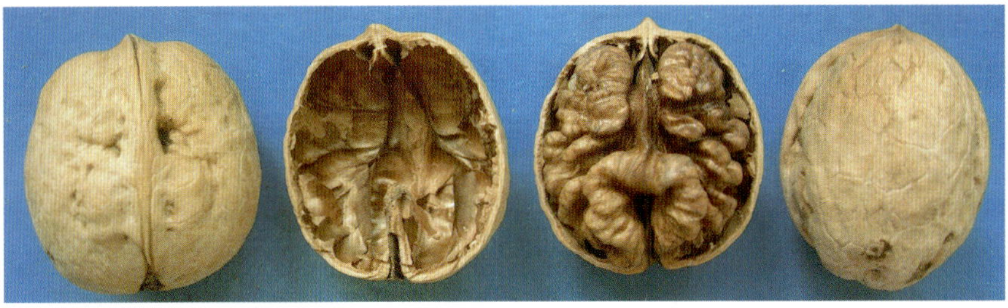

图4.8 ‘鲁果11号’坚果

【抗逆性】品种对比和区域试验表明，‘鲁果11号’树体生长快，树体健壮，耐瘠薄能力强，在土层较薄的丘陵山地生长结果仍良好。

10. 云新303（*Juglans sigillata* Dode. ‘Yunxin 303’）

【育种基本情况】由云南省林业科学院利用‘三台核桃’（*Juglans sigillata* Dode. ‘Santai Hetao’）与新疆早实核桃优株‘新早13号’（*Juglans regia* ‘Xinzao No.13’）进行种间杂交育成。2010年通过品种验收，已在云南、四川、贵州、重庆等省（市）栽培推广。具有结实早、成熟早、丰产早、树体矮化便于管理、较耐寒冷霜冻等特性。适于南方云南、四川、贵州、重庆等省（市）栽培推广。

【生物学特性】在云南省昆明市3月初芽萌动，3月下旬雄花散粉，4月上旬雌花开放，雄先型。9月初果实成熟，11月中旬落叶。

【植物学特性】嫁接后2~3年挂果，早实品种类型。树势中强，树姿开张、树冠半圆形，发枝力强（图4.20，图4.21）。七年生树高4.5 m，干径17.6 cm，冠幅14.7 m；小叶9~11片，多9片，呈椭圆状披针形；顶芽圆锥形，侧芽圆锥形或扁圆形，有芽柄、芽距；一年生枝绿褐色，光滑无毛，皮孔较密；多年生枝褐色；雌雄异花，每花枝平均着花2.9朵，每果枝平均坐果2.4个，坐果率85%，侧果枝率87%。

图4.20 ‘云新303’大树

【主要经济性状】坚果三径均值3.5 cm，扁圆，缝合线稍凸，种壳光滑，内褶壁不发达，易取仁，仁色黄白饱满（图4.22），壳厚0.7 mm，单果重10.7 g，仁重6.3 g，出仁率58.9%，含油率68.6%，风味香纯。以短果枝结果为主。栽培时宜配置授粉树，连续丰产性强。5~8年进入盛果期，每公顷产量可达2 250 kg以上。

【抗逆性】该品种发芽较云南主栽核桃品种‘漾濞泡核桃’晚15~20 d，能有效避开晚霜为害。较亲本新疆核桃优株‘新早13号’抗叶斑病、褐斑病能力强。

【综合评价】该品种具有早实、早熟、品质优良、丰产、稳产、树种矮化等突出优点，尤其是作为避晚霜品种，具有良好的发展前景。

【栽培技术要点】选择年均温13~16℃，日照1 800 h以上，年降雨量800 mm以上，土壤肥沃湿润，土层厚度大于100 cm的地区种植。采用株行距4 m×5 m或4 m×6 m进行定植。授粉品种宜选漾濞泡核桃或三台核桃等。采用开心形或自然圆头形树形。加强土肥水及树体管理，注意病虫害防治，适时采收。

（完成人：方文亮、范志远、习学良、赵廷松、张　雨、曾清贤等）

图4.21 ‘云新303’结果状

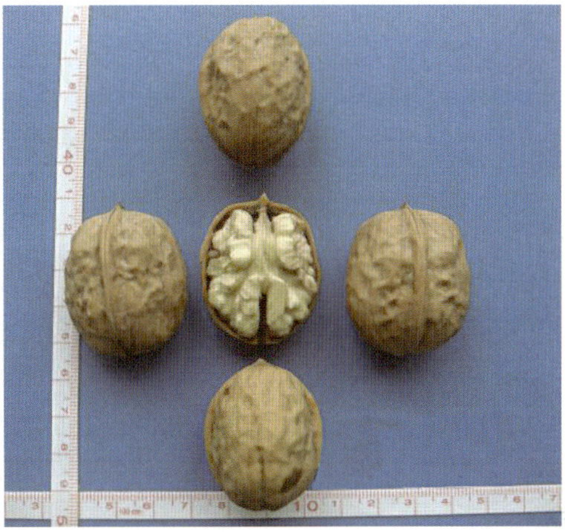

图4.22 ‘云新303’坚果

11. 云新306（*Juglans sigillata* Dode.‘Yunxin 306’）

【育种基本情况】由云南省林业科学院利用‘三台核桃’（*Juglans sigillata* Dode.‘Santai Hetao’）与新疆早实核桃优株‘新早13号’（*Juglans regia*　‘Xinzao No.13’）进行种间杂交育成。2010年通过品种验收，已在云南、四川、贵州、重庆等省（市）栽培推广。具有结实早、成熟早、丰产早、树体矮化便于管理、较耐寒冷霜冻等特性。适于南方云南、四川、贵州、重庆等省（市）栽培推广。

【生物学特性】在云南省昆明市3月初芽萌动，3月下旬雄花散粉，4月上旬雌花开放，雄先型。8月下旬果实成熟，11月中旬落叶。

【植物学特性】嫁接后2~3年挂果，早实品种类型。树势中强（图4.23，图4.24），树姿开张、树冠半圆形，发枝力强。七年生树高4.8 m，干径14.0 cm，冠幅16.3 m；小叶7~11片，多9片，呈椭圆状披针形；顶芽圆锥形，侧芽圆锥形或扁圆形，有芽柄、芽距。一

图4.23 ‘云新306’大树

年生枝绿褐色，光滑无毛，皮孔较密；多年生枝褐色。雌雄异花，每花枝平均着花2.9朵，每果枝平均坐果2.4个，坐果率85%，侧果枝率88%。

【主要经济性状】坚果三径均值3.6 cm，扁圆，缝合线稍凸，种壳光滑，内褶壁不发达，易取仁，仁色黄白饱满（图4.25），壳厚0.7 mm，单果重10.6 g，仁重6.4 g，出仁率60.1%，含油率68.6%，风味香纯。以短果枝结果为主。栽培时宜配置授粉树，连续丰产性强。5~8年进入盛果期，每公顷产量可达2 250 kg 以上。

图4.24 ‘云新306’结果状

图4.25 ‘云新306’坚果

【抗逆性】该品种发芽较云南主栽核桃品种‘漾濞泡核桃’晚15~20 d，能有效避开晚霜为害。较亲本新疆核桃优株‘新早13号’抗叶斑病、褐斑病能力强。

【综合评价】该品种具有早实、早熟、品质优良、丰产、稳产、树种矮化等突出优点，尤其是作为避晚霜品种，具有良好的推广前景。

【栽培技术要点】选择年均温13~16℃，日照1 800 h以上，年降雨量800 mm以上，土壤肥沃湿润，土层厚度大于100 cm的地区种植。采用株行距4 m×5 m或4 m×6 m进行定植。授粉品种宜选‘漾濞泡核桃’或‘三台核桃’等。采用开心形或自然圆头形树形。加强土肥水及树体管理，注意病虫害防治，适时采收。

（完成人：方文亮、范志远、习学良、赵廷松、张　雨、曾清贤等）

（二）选育的优系

1. N17-20（*Juglans regia*）

【育种基本情况】山东省果树研究所从2004年播种的‘泰勒’（*Juglans regia* ‘Tulare’）自然杂交后代中选出。现已在山东、陕西、湖北等地有试验栽培。

【生物学特性】4月中旬发芽，4月下旬雄花开放，4月底为雌花期，雄先型。9月上旬果实成熟，11月上旬落叶，植株生长期180 d左右。

【植物学特性】树姿开张，树势中庸偏旺，树冠圆头形；树干皮灰白色，长果枝结果为主；混合芽小，圆形，饱满，芽座小，每结果枝着生2朵雌花；复叶长椭圆形，顶生小叶较小（图4.26）。

【主要经济性状】坚果中大，单果重10 g左右，圆形，壳厚0.9 mm，缝合线紧而平，易取整仁；核仁色浅，稍有涩味，核仁与果壳缝隙大，易机械取仁（图4.27）。物候期晚，病害少。

图4.26 ‘N17-20’结果树

图4.27 ‘N17-20’坚果

【抗逆性】树势中庸，抗晚霜能力强。

【综合评价】该优系发芽晚，树体生长均衡，早实稳产性好，适合较寒冷地区栽培发展。

【栽培技术要点】适宜栽培株行距为4 m×5 m或5 m×6 m；树形一般采用分层形。以秋施基肥为主，修剪时注意适时疏除弱枝，回缩结果母枝，剪除过密、下垂、交叉、重叠、病虫枝、干枯枝，保持树冠内通风透光，使树体健壮。

（完成人：张美勇、徐 颖、相 昆、薛培生）

2. N16-37（*Juglans regia*）

【育种基本情况】山东省果树研究所用早实核桃品种‘岱香’（*Juglans regia* ‘Daixiang’）与‘鲁核1号’（*Juglans regia* ‘Luhe No.1’）杂交育成。现已在山东、四川等地试验栽培。

【生物学特性】4月初发芽，4月20日左右雄花开放，4月底为雌花期，雄先型。9月初果实成熟，11月上旬落叶，植株生长期200 d左右。

【植物学特性】树姿直立，树势偏旺，树冠圆头形。树干皮灰白色，中短果枝结果为主；混合芽大而圆，饱满，芽座小，多着生2~4朵雌花；复叶长椭圆形，顶生小叶较小（图4.28）。

【主要经济性状】坚果中大，单果重11 g左右，椭圆状，壳面光滑美观，壳厚1.0 mm；可取整仁，仁黄白色，味香不涩（图4.29）。

【抗逆性】树体旺盛，物候期稍晚，抗晚霜能力较强。对细菌性黑斑病和炭疽病有较强抗性。

【综合评价】该优系发芽晚，树体生长旺盛，枝条粗壮，早实、丰产稳产性好，适合多数核桃栽培区发展。

【栽培技术要点】适宜栽培株行距为4 m×4 m或4 m×5 m，树形一般采用分层形。以秋

图4.28 ‘N16-37’结果树

施基肥为主，春季适当进行追肥；修剪时注意适时疏除弱枝，回缩结果母枝，剪除过密、下垂、交叉、重叠、病虫枝、干枯枝，保持树冠内通风透光，使树体健壮。

（完成人：张美勇、徐　颖、相　昆、薛培生）

图4.29 ‘N16-37’坚果

3. N9-17（*Juglans regia*）

【育种基本情况】山东省果树研究所从早实核桃实生后代中选出。现已在山东多地试验栽培。

【生物学特性】3月下旬发芽，4月10日左右雄花开放，4月18日左右为雌花期，雄先型。9月初果实成熟，11月上旬落叶，植株生长期210 d左右。

【植物学特性】树姿较直立，树势偏旺，树冠圆头形。树干皮灰白色，中短果枝结果为主（图4.30）；混合芽大而圆，饱满，芽座小，多着生2~4朵雌花。复叶长椭圆形，顶生小叶较小。

【主要经济性状】坚果较小，单果重11 g左右，果形圆，壳面光滑，缝合线紧窄而稍凸，壳厚1.2 mm，可取整仁，出仁率52%，核仁饱满，味稍涩，浅黄色，丰产性好（图4.31）。

图4.30 ‘N9-17’结果状

图4.31 ‘N9-17’坚果

【抗逆性】树体旺盛，耐瘠薄能力强。

【综合评价】该优系树体生长旺盛，早实、丰产、稳产性好，适合多数核桃栽培区发展。

【栽培技术要点】适宜栽培株行距为4 m× 5 m或5 m×5 m，树形一般采用分层形。以秋施基肥为主，春季适当进行追肥；修剪时注意适时疏除弱枝，回缩结果母枝，剪除过密、下垂、交叉、重叠、病虫枝、干枯枝，保持树冠内通风透光，使树体健壮。

(完成人：张美勇、徐　颖、相　昆、薛培生)

4. S12-23（*Juglans regia*）

【育种基本情况】山东省果树研究所从‘鲁果2号’（*Juglans regia*‘Luguo No.2’）自然杂交后代中选育。现已在山东多地试验栽培。

【生物学特性】3月下旬发芽，4月10日左右雄花开放，4月18日左右为雌花期，雄先型。9月初果实成熟，11月上旬落叶，植株生长期210 d左右。

【植物学特性】树势中庸，树冠圆头形。树干皮灰白色，中长果枝结果为主（图4.32）；混合芽，圆形，饱满，芽座小，多着生2~4朵雌花；复叶长椭圆形，顶生小叶较大。

【主要经济性状】坚果中大，圆形，单果重13 g，壳面光滑，缝合线紧，壳厚1.0 mm，出仁率62%；核仁饱满，味香，易取整仁，仁色浅黄，综合品质优良（图4.33）。

【抗逆性】树体健壮，耐瘠薄能力强，较抗细菌性黑斑病和炭疽病。

【综合评价】该优系早实、丰产，抗逆性较强，适合多数核桃栽培区发展。

【栽培技术要点】适宜栽培株行距为4 m×5 m或5 m×5 m，树形一般采用分层形。

（完成人：张美勇、徐　颖、相　昆、薛培生）

图4.32　‘S12-23’结果状

图4.33　‘S12-23’坚果

5. 滇核优1号（*Juglans sigillata* Dode.）

【育种基本情况】由云南省林业科学院、鲁甸县林业局实生选优而成。已在鲁甸县栽培推广。

【生物学特性】在云南省鲁甸县3月上旬发芽，3月中旬雌花盛花，3月下旬雄花散粉，属于雌先型。果实9月上旬成熟，11月中旬落叶。

【植物学特性】嫁接后5~6年挂果，晚实品种类型。树势强，母树生长于海拔1 743 m，树龄200多年，树高16 m，干径108.0 cm，冠幅15.0 m×14.0 m（图4.34）。小叶7~11片，多9片，呈长椭圆状；顶芽圆锥形，侧芽圆锥形，无芽柄、芽距。一年生枝褐色，光滑无毛，皮孔白色、较密（图4.35）；雌雄异花，每花枝平均着花2.7朵，每果枝平均坐果2.4个（图4.36）。

图4.34 ‘滇核优1号’大树

图4.35 ‘滇核优1号’枝条

【主要经济性状】坚果长扁圆，两肩圆平，底部圆形，缝合线紧密，刻纹较浅；坚果三径均值3.2 cm，壳厚0.7 mm，内褶壁不发达，隔膜革质，取仁极易（图4.37）；单果重10.5 g，仁重5.9 g，出仁率56.7%；种仁黄白饱满，风味香纯。以中长果枝结果为主。10~12年进入盛果期，冠幅投影面积每平方米产坚果0.47 kg。

图4.36 ‘滇核优1号’结果状

图4.37 ‘滇核优1号’坚果

【抗逆性】较云南主栽核桃品种‘漾濞泡核桃’抗霜冻。

【综合评价】该优系具有品质优良、丰产、稳产等突出优点，有良好的推广潜力。

【栽培技术要点】选择年均温12~15℃，日照1 800 h以上，年降雨量800 mm以上，土壤肥沃湿润，土层厚度大于100 cm的地区种植。采用株行距6 m×8 m或6 m×9 m进行定植。采用开心形或自然圆头形树形。加强土肥水及树体管理，注意病虫害防治，适时采收。

（完成人：范志远、曾清贤、赵廷松、陈　静、刘　娇、张顺芬、潘　莉、黄　勇、李　鹏、杨建华、李淑芳等）

6. **滇核优2号**（*Juglans sigillata* Dode.）

【育种基本情况】由云南省林业科学院、鲁甸县林业局实生选优而成。已在鲁甸县栽培推广。

【生物学特性】在云南省鲁甸县2月下旬发芽，3月中旬雄花散粉，雌花盛花，属于雌雄同熟。果实8月下旬成熟，11月中旬落叶。

【植物学特性】嫁接后5~6年挂果，晚实品种类型。树势强，母树生长于海拔1 653 m，树龄100多年，树高19.0 m，干径70.0 cm，冠幅19.0 m×16.0 m（图4.38）。小叶7~11片，多9片，呈椭圆状披针形；顶芽圆锥形，侧芽圆锥形，无芽柄、芽距。一年生枝褐色，光滑无毛，皮孔白色、较密（图4.39）；雌雄异花，每花枝平均着花2.6朵，每果枝平均坐果2.3个（图4.40）。

图4.38 ‘滇核优2号’大树

图4.39 ‘滇核优2号’枝条

【主要经济性状】坚果扁圆，两肩圆平，底部较平，缝合线紧密突出，刻纹较深密；坚果三径均值3.3 cm，壳厚0.8 mm，内褶壁欠发达，隔膜革质，易取仁；单果重12.2 g，仁重6.9 g，出仁率56.4%；种仁黄白饱满，风味香纯。以中长果枝结果为主。10~12年进入盛果期，冠幅投影面积每平方米产坚果0.34 kg（图4.41）。

图4.40 ‘滇核优2号’结果状

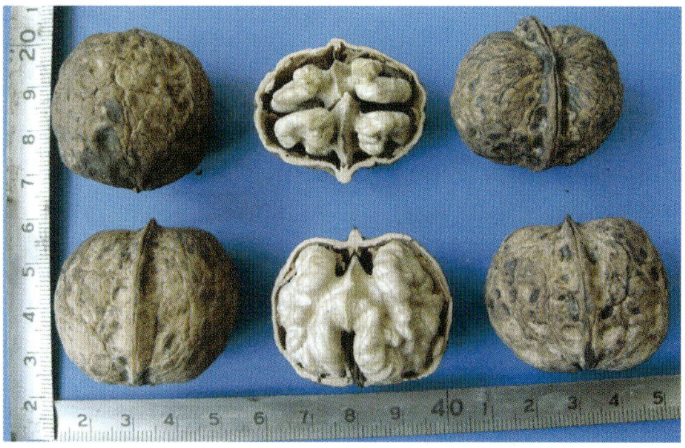

图4.41 ‘滇核优2号’坚果

【抗逆性】较云南主栽核桃品种‘漾濞泡核桃’抗霜冻。

【综合评价】该优系具有品质优良、丰产、稳产等突出优点，有良好的推广潜力。

【栽培技术要点】选择年均温12~15℃，日照1 800 h以上，年降雨量800 mm以上，土壤肥沃湿润，土层厚度大于100 cm的地区种植。采用株行距6 m×8 m或6 m×9 m进行定植。采用开心形或自然圆头形树形。加强土肥水及树体管理，注意病虫害防治，适时采收。

（完成人：范志远、曾清贤、赵廷松、陈　静、刘　娇、张顺芬、潘　莉、黄　勇、李　鹏、杨建华、李淑芳等）

7. 滇核优3号（*Juglans sigillata* Dode.）

【育种基本情况】由云南省林业科学院、鲁甸县林业局实生选优而成。已在鲁甸县栽培推广。

【生物学特性】在云南省鲁甸县3月中旬发芽，4月上旬雌花盛花，4月下旬雄花散粉，属于雌先型。果实9月中下旬成熟，11月中旬落叶。

【植物学特性】嫁接后5~6年挂果，晚实品种类型。树势强，母树生长于海拔1 911 m，树龄50年，树高15 m，干径37.0 cm，冠幅14.0 m×10.0 m（图4.42）。小叶7~11片，多9片，呈椭圆状披针形；顶芽圆锥形，侧芽圆锥形，无芽柄、芽距。一年生枝褐色，光滑无毛，皮孔白色、较密（图4.43）；雌雄异花，每花枝平均着花2.6朵，每果枝平均坐果2.3个（图4.44）。

【主要经济性状】坚果长扁圆，两肩圆，底部较圆，缝合线紧密，刻纹较深密；坚果三径均值3.3 cm，壳厚0.90 mm，内褶壁欠发达，隔膜骨质，易取仁（图4.45）；单果重12.1 g，仁重6.2 g，出仁率51.3%；种仁黄白饱满，风味香纯。以中长果枝结果为主。10~12年进入盛果期，冠幅投影面积每平方米产坚果0.32 kg。

图4.42 ‘滇核优3号’大树

图4.43 ‘滇核优3号’枝条

【抗逆性】较云南主栽核桃品种‘漾濞泡核桃’抗霜冻。

【综合评价】该优系具有品质优良、丰产、稳产等突出优点，有良好的推广潜力。

【栽培技术要点】选择年均温12~15℃，日照1 800 h以上，年降雨量800 mm以上，土壤肥沃湿润，土层厚度大于100 cm的地区种植。采用株行距6 m×8 m或6 m×9 m进行定植。采用开心形或自然圆头形树形。加强土肥水及树体管理，注意病虫害防治，适时采收。

（完成人：范志远、曾清贤、赵廷松、陈　静、刘　娇、张顺芬、潘　莉、黄　勇、李　鹏、杨建华、李淑芳等）

图4.44 ‘滇核优3号’结果状

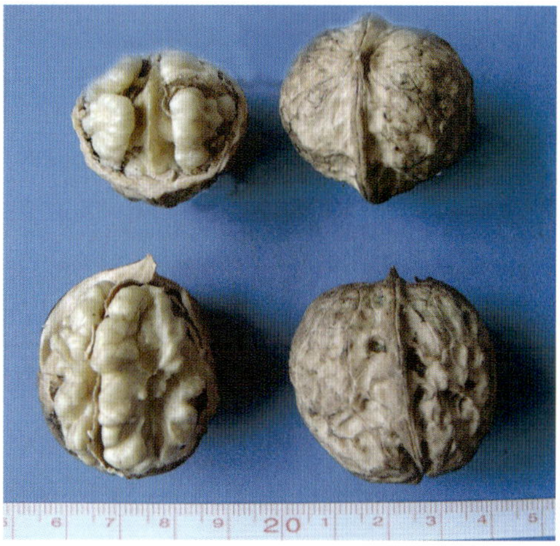

图4.45 ‘滇核优3号’坚果

8. 滇核优4号（*Juglans sigillata* Dode.）

【育种基本情况】由云南省林业科学院、鲁甸县林业局实生选优而成。已在鲁甸县栽培推广。

【生物学特性】在云南省鲁甸县3月中旬发芽，4月上旬雄花散粉，4月中旬雌花盛花，属于雄先型。果实9月中旬成熟，11月中旬落叶。

【植物学特性】嫁接后5~6年挂果，晚实品种类型。树势强，母树生长于海拔2 096 m，树龄100年，树高12.0 m，干径73.0 cm，冠幅18.0 m×16.0 m（图4.46）；小叶7~11片，多9片，呈椭圆状披针形；顶芽圆锥形，侧芽圆锥形，无芽柄、芽距；一年生枝褐色，光滑无毛，皮孔白色、较密（图4.47）；雌雄异花，每花枝平均着花2.7朵，每果枝平均坐果2.4个（图4.48）。

【主要经济性状】坚果长扁圆，两肩圆，底部较圆，缝合线紧密，刻纹较深密；坚果三径均值3.2 cm，壳厚0.7 mm，内褶壁不发达，隔膜纸质，取仁极易（图4.49）；单果重9.8 g，仁重5.5 g，出仁率55.8%；种仁黄白饱满，风味香纯。以中长果枝结果为主。10~12年进入盛果期，冠幅投影面积每平方米产坚果0.34 kg。

【抗逆性】较云南主栽核桃品种‘漾濞泡核桃’抗霜冻。

【综合评价】该优系具有品质优良、丰产、稳产等突出优点，有良好的推广潜力。

图4.46 ‘滇核优4号’大树

图4.47 ‘滇核优4号’枝条

图4.48 ‘滇核优4号’结果状

图4.49 ‘滇核优4号’坚果

【栽培技术要点】选择年均温12~15℃，日照1 800 h以上，年降雨量800 mm以上，土壤肥沃湿润，土层厚度大于100 cm的地区种植。采用株行距6 m × 8 m或6 m × 9 m进行定植。采用开心形或自然圆头形树形。加强土肥水及树体管理，注意病虫害防治，适时采收。

（完成人：范志远、曾清贤、赵廷松、陈　静、刘　娇、张顺芬、潘　莉、黄　勇、李　鹏、杨建华、李淑芳等）

9. 滇核优5号（*Juglans sigillata* Dode.）

【育种基本情况】由云南省林业科学院、鲁甸县林业局实生选优而成。已在鲁甸县栽培推广。

【生物学特性】在云南省鲁甸县3月中旬发芽，3月下旬雄花散粉，4月上旬雌花盛花，属于雄先型。果实9月下旬成熟，11月中旬落叶。

【植物学特性】嫁接后5~6年挂果，晚实品种类型。树势强，母树生长于海拔2 068 m，树龄70多年，树高9.5 m，干径63.7 cm，冠幅16.0 m × 18.0 m（图4.50）；小叶7~11片，多9片，呈椭圆状披针形；顶芽圆锥形，侧芽圆锥形，无芽柄、芽距；一年生枝褐色，光滑无毛，皮孔白色、较密（图4.51）；雌雄异花，每花枝平均着花2.9朵，每果枝平均坐果2.5个（图4.52）。

图4.50 ‘滇核优5号’大树

图4.51 ‘滇核优5号’枝条

【主要经济性状】坚果长扁圆，两肩尖削，底部较平，缝合线紧密突出，刻纹较深密；坚果三径均值3.2 cm，壳厚0.7 mm，内褶壁欠发达，隔膜纸质，取仁极易（图4.53）；单果重11.4 g，仁重7.0 g，出仁率61.4%；种仁黄白饱满，风味香纯。以中长果枝结果为主。10~12年进入盛果期，冠幅投影面积每平方米产坚果0.69 kg。

图4.52 ‘滇核优5号’结果状

图4.53 ‘滇核优5号’坚果

【抗逆性】较云南主栽核桃品种‘漾濞泡核桃’抗霜冻。

【综合评价】该优系具有品质优良、丰产、稳产等突出优点，有良好的推广潜力。

【栽培技术要点】选择年均温12~15℃，日照1 800 h以上，年降雨量800 mm以上，土壤肥沃湿润，土层厚度大于100 cm的地区种植。采用株行距6 m × 8 m或6 m × 9 m进行定植。采用开心形或自然圆头形树形。加强土肥水及树体管理，注意病虫害防治，适时采收。

（完成人：范志远、曾清贤、赵廷松、陈　静、刘　娇、张顺芬、潘　莉、黄　勇、李　鹏、杨建华、李淑芳等）

10. 滇核优6号（*Juglans sigillata* Dode.）

【育种基本情况】由云南省林业科学院、鲁甸县林业局实生选优而成。已在鲁甸县栽培推广。

【生物学特性】在云南省鲁甸县3月下旬发芽，4月中旬雄花散粉、雌花盛花，属于雌雄同熟。果实9月下旬成熟，11月中旬落叶。

【植物学特性】嫁接后5~6年挂果，晚实品种类型。树势强，母树生长于海拔1 936 m，树龄30多年，树高11.0 m，干径39.8 cm，冠幅13.8 m × 11.0 m（图4.54）；小叶7~11片，多9片，呈椭圆状披针形；顶芽圆锥形，侧芽圆锥形，无芽柄、芽距；一年生枝褐色，光滑无毛，皮孔白色、较密（图4.55）；雌雄异花，每花枝平均着花2.8朵，每果枝平均坐果2.4个（图4.56）。

图4.54 ‘滇核优6号’大树

图4.55 ‘滇核优6号’枝条

【主要经济性状】坚果短扁圆，两肩平，底部圆形，缝合线紧密，刻纹浅；坚果三径均值3.3 cm，壳厚0.89 mm，内褶壁欠发达，隔膜纸质，取仁极易（图4.57）；单果重12.3 g，仁重6.5 g，出仁率53.1%；种仁黄白饱满，风味香纯。以中长果枝结果为主。10~12年进入盛果期，冠幅投影面积每平方米产坚果0.30 kg。

【抗逆性】较云南主栽核桃品种‘漾濞泡核桃’抗霜冻。

【综合评价】该优系具有品质优良、丰产、稳产等突出优点，有良好的推广潜力。

图4.56 ‘滇核优6号’结果状

图4.57 ‘滇核优6号’坚果

【栽培技术要点】选择年均温12~15℃，日照1 800 h以上，年降雨量800 mm以上，土壤肥沃湿润，土层厚度大于100 cm的地区种植。采用株行距6 m×8 m或6 m×9 m进行定植。采用开心形或自然圆头形树形。加强土肥水及树体管理，注意病虫害防治，适时采收。

（完成人：范志远、曾清贤、赵廷松、陈　静、刘　娇、张顺芬、潘　莉、黄　勇、李　鹏、杨建华、李淑芳等）

11. 滇核优7号（*Juglans sigillata* Dode.）

【育种基本情况】由云南省林业科学院、鲁甸县林业局实生选优而成。已在鲁甸县栽培推广。

【生物学特性】在云南省鲁甸县3月中旬发芽，4月上旬雄花散粉、雌花盛花，属于雌雄同熟。果实9月中下旬成熟，11月中旬落叶。

【植物学特性】嫁接后5~6年挂果，晚实品种类型。树势强，母树生长于海拔1 770 m，树龄48年，树高9.0 m，干径35.0 cm，冠幅13.3 m×13.8 m（图4.58）；小叶7~11片，多9片，呈椭圆状披针形；顶芽圆锥形，侧芽圆锥形，无芽柄、芽距；一年生枝褐色，光滑无毛，皮孔白色、较密（图4.59）；雌雄异花，每花枝平均着花2.7朵，每果枝平均坐果2.3个（图4.60）。

图4.58 ‘滇核优7号’大树

图4.59 ‘滇核优7号’枝条

【主要经济性状】坚果长扁圆，两肩圆，底部较圆，缝合线紧密突出，刻纹较深密；坚果三径均值2.9 cm，壳厚0.69 mm，内褶壁不发达，隔膜纸质，取仁极易（图4.61）；单果重8.6 g，仁重4.6 g，出仁率54.0%；种仁黄白饱满，风味香纯。以中长果枝结果为主。10~12年进入盛果期，冠幅投影面积每平方米产坚果0.31 kg。

【抗逆性】较云南主栽核桃品种‘漾濞泡核桃’抗霜冻。

【综合评价】该优系具有品质优良、丰产、稳产等突出优点，有良好的推广潜力。

【栽培技术要点】选择年均温12~15℃，日照1 800 h以上，年降雨量800 mm以上，土壤肥沃湿润，土层厚度大于100 cm的地区种植。采用株行距6 m×8 m或6 m×9 m进行定植。采用开心形或自然圆头形树形。加强土肥水及树体管理，注意病虫害防治，适时采收。

（完成人：范志远、曾清贤、赵廷松、陈　静、刘　娇、张顺芬、潘　莉、黄　勇、李　鹏、杨建华、李淑芳等）

图4.60 ‘滇核优7号’结果状

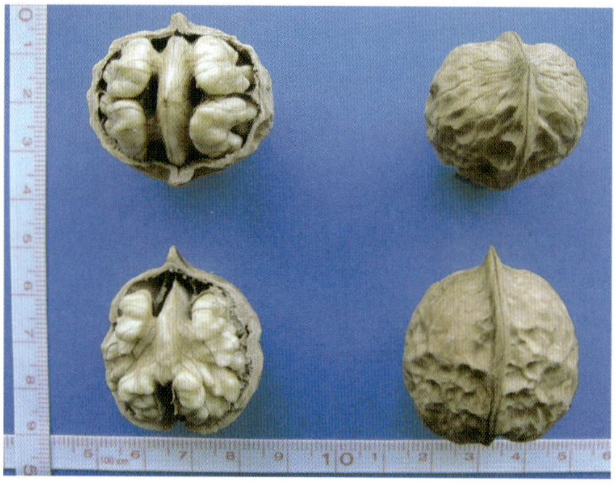

图4.61 ‘滇核优7号’坚果

12. 滇核优8号（*Juglans sigillata* Dode.）

【育种基本情况】由云南省林业科学院、鲁甸县林业局实生选优而成。已在鲁甸县栽培推广。

【生物学特性】在云南省鲁甸县3月中旬发芽，4月上旬雄花散粉，4月下旬雌花盛花，属于雄先型。果实9月中旬成熟，11月中旬落叶。

【植物学特性】嫁接后5~6年挂果，晚实品种类型。树势强，母树生长于海拔1 914 m，树龄7年，树高7.0 m，干径12.7 cm，冠幅7.5 m×7.0 m（图4.62）；小叶7~11片，多9片，呈椭圆状披针形；顶芽圆锥形，侧芽圆锥形，无芽柄、芽距。一年生枝褐色，光滑无毛，皮孔白色、较密（图4.63）；雌雄异花，每花枝平均着花2.7朵，每果枝平均坐果2.3个（图4.64）。

【主要经济性状】坚果短扁圆，两肩圆平，底部圆形，缝合线紧密突出，刻纹深密；坚果三径均值3.7 cm，壳厚1.11 mm，内褶壁欠发达，隔膜革质，取仁极易（图4.65）；单果重16.2 g，仁重8.4 g，出仁率51.9%；种仁黄白饱满，风味香纯。以中长果枝结果为主。10~12年进入盛果期，冠幅投影面积每平方米产坚果0.27 kg。

【抗逆性】较云南主栽核桃品种‘漾濞泡核桃’抗霜冻。

【综合评价】该优系具有品质优良、丰产、稳产等突出优点，有良好的推广潜力。

图4.62 ‘滇核优8号’大树

【栽培技术要点】选择年均温12~15℃，日照1 800 h以上，年降雨量800 mm以上，土壤肥沃湿润，土层厚度大于100 cm的地区种植。采用株行距6 m×8 m或6 m×9 m进行定植。采用开心形或自然圆头形树形。加强土肥水及树体管理，注意病虫害防治，适时采收。

（完成人：范志远、曾清贤、赵廷松、陈　静、刘娇、张顺芬、潘　莉、黄　勇、李　鹏、杨建华、李淑芳等）

图4.63 ‘滇核优8号’枝条

图4.64 ‘滇核优8号’结果状

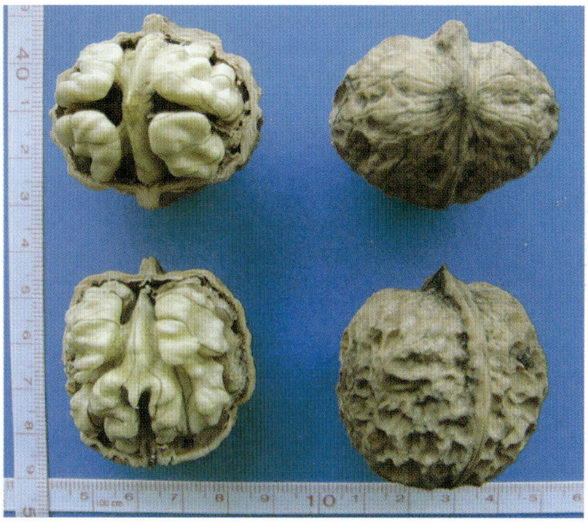

图4.65 ‘滇核优8号’坚果

13. 滇核优9号（*Juglans sigillata* Dode.）

【育种基本情况】由云南省林业科学院、鲁甸县林业局实生选优而成。已在鲁甸县栽培推广。

【生物学特性】在云南省鲁甸县2月下旬发芽，3月下旬雌花盛花，4月中旬雄花盛花，属于雌先型。果实9月上旬成熟，11月中旬落叶。

【植物学特性】嫁接后5~6年挂果，晚实品种类型。树势强，母树生长于海拔1677 m，树龄30年，树高8.0 m，干径22.3 cm，冠幅6.0 m×8.0 m（图4.66）；小叶7~11片，多9片，呈椭圆状披针形；顶芽圆锥形，侧芽圆锥形，无芽柄、芽距；一年生枝褐色，光滑无毛，皮孔白色、较密（图4.67）；雌雄异花，每花枝平均着花2.7朵，每果枝平均坐果2.3个（图4.68）。

【主要经济性状】坚果短扁圆，两肩圆平，底部较尖，缝合线紧密，刻纹浅；坚果三径均值3.3 cm，壳厚0.74 mm，内褶壁不发达，隔膜革质，取仁极易（图4.69）；单果重11.9 g，仁重6.3 g，出仁率53.1%；种仁黄白饱满，风味香纯。以中长果枝结果为主。10~12年进入盛果期，冠幅投影面积每平方米产坚果0.32 kg。

【抗逆性】较云南主栽核桃品种‘漾濞泡核桃’抗霜冻。

图4.66 ‘滇核优9号’大树

图4.67 ‘滇核优9号’枝条

4.68 ‘滇核优9号’结果状

图4.69 ‘滇核优9号’坚果

【综合评价】该优系具有品质优良、丰产、稳产等突出优点，有良好的推广潜力。

【栽培技术要点】选择年均温12~15℃，日照1 800 h以上，年降雨量800 mm以上，土壤肥沃湿润，土层厚度大于100 cm的地区种植。采用株行距6 m×8 m或6 m×9 m进行定植。采用开心形或自然圆头形树形。加强土肥水及树体管理，注意病虫害防治，适时采收。

（完成人：曾清贤、范志远、赵廷松、陈　静、刘　娇、张顺芬、潘　莉、黄　勇、李　鹏、杨建华、李淑芳等）

14.滇核优10号（*Juglans sigillata* Dode.）

【育种基本情况】由云南省林业科学院、鲁甸县林业局实生选优而成。已在鲁甸县栽培推广。

【生物学特性】在云南省鲁甸县2月下旬发芽，3月下旬雌花盛花，4月上旬雄花散粉，属于雌先型。果实9月中旬成熟，11月中旬落叶。

【植物学特性】嫁接后5~6年挂果，晚实品种类型。树势强，母树生长于海拔2 160 m，树龄27年，树高17.0 m，干径51.0 cm，冠幅16.0 m × 16.0 m（图4.70）；小叶7~11片，多9片，呈椭圆状披针形；顶芽圆锥形，侧芽圆锥形，无芽柄、芽距；一年生枝褐色，光滑无毛，皮孔白色、较密（图4.71）；雌雄异花，每花枝平均着花2.8朵，每果枝平均坐果2.4个（图4.72）。

图4.70 ‘滇核优10号’大树

图4.71 ‘滇核优10号’枝条

【主要经济性状】坚果长扁圆，两肩圆，底部较圆，缝合线紧密，刻纹较浅；坚果三径均值3.6 cm，壳厚0.90 mm，内褶壁不发达，隔膜纸质，取仁极易（图4.73）；单果重14.0 g，仁重7.4 g，出仁率53.0%；种仁黄白饱满，风味香纯。以中长果枝结果为主。10~12年进入盛果期，冠幅投影面积每平方米产坚果0.46 kg。

【抗逆性】较云南主栽核桃品种‘漾濞泡核桃’抗霜冻。

【综合评价】该优系具有品质优良、丰产、稳产等突出优点，有良好的推广潜力。

【栽培技术要点】选择年均温12~15℃，日照1 800 h以上，年降雨量800 mm以上，土壤肥沃湿润，土层厚度大于100 cm的地区种植。采用株行距6 m × 8 m或6 m × 9 m进行定植。

图4.72 ‘滇核优10号’结果状

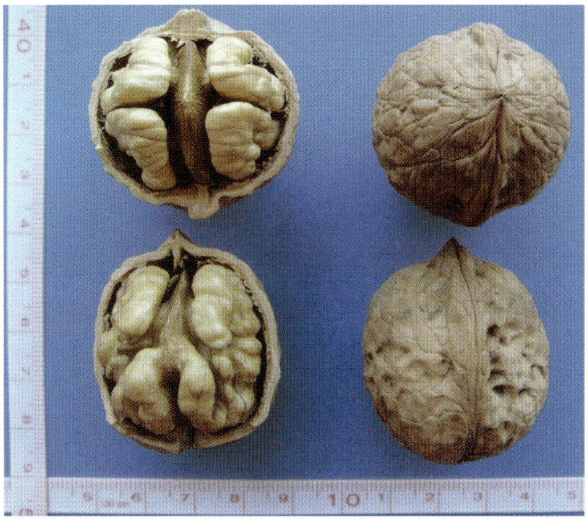

图4.73 ‘滇核优10号’坚果

采用开心形或主干分层形树形。加强土肥水及树体管理，注意病虫害防治，适时采收。

（完成人：曾清贤、范志远、赵廷松、陈　静、刘　娇、张顺芬、
潘　莉、黄　勇、李　鹏、杨建华、李淑芳等）

15. 滇核优11号（*Juglans sigillata* Dode.）

【育种基本情况】由云南省林业科学院、鲁甸县林业局实生选优而成。已在鲁甸县栽培推广。

【生物学特性】在云南省鲁甸县3月中下旬发芽，4月上旬雄花散粉，4月中旬雌花盛花，属于雄先型。果实9月中下旬成熟，11月中旬落叶。

【植物学特性】嫁接后5~6年挂果，晚实品种类型。树势强，母树生长于海拔2 133 m，树龄200多年，树高12 m，干径105.1 cm，冠幅20.4 m × 21.0 m（图4.74）；小叶7~11片，多9片，呈椭圆状披针形；顶芽圆锥形，侧芽圆锥形，无芽柄、芽距；一年生枝褐色，光滑无毛，皮孔白色、较密（图4.75）；雌雄异花，每花枝平均着花2.7朵，每果枝平均坐果2.2个（图4.76）。

【主要经济性状】坚果长扁圆，两肩圆平，底部圆形，缝合线紧密，刻纹较浅；坚果三径均值3.6 cm，壳厚1.02 mm，内褶壁不发达，隔膜纸质，易取仁（图4.77）；单果重14.5 g，仁重8.0 g，出仁率55.4%；种仁黄白饱满，风味香纯。以中长果枝结果为主。10~12年进入盛果期，冠幅投影面积每平方米产坚果0.36 kg。

图4.74 ‘滇核优11号’大树

图4.75 ‘滇核优11号’枝条

【抗逆性】较云南主栽核桃品种‘漾濞泡核桃’抗霜冻。

【综合评价】该优系具有品质优良、丰产、稳产等突出优点，有良好的推广潜力。

【栽培技术要点】选择年均温12~15℃，日照1 800 h以上，年降雨量800 mm以上，土壤肥沃湿润，土层厚度大于100 cm的地区种植。采用株行距6 m × 8 m或6 m × 9 m进行定植。采用开心形或自然圆头形树形。加强土肥水及树体管理，注意病虫害防治，适时采收。

（完成人：曾清贤、范志远、赵廷松、陈　静、刘　娇、张顺芬、
潘　莉、黄　勇、李　鹏、杨建华、李淑芳等）

图4.76 ‘滇核优11号’结果状

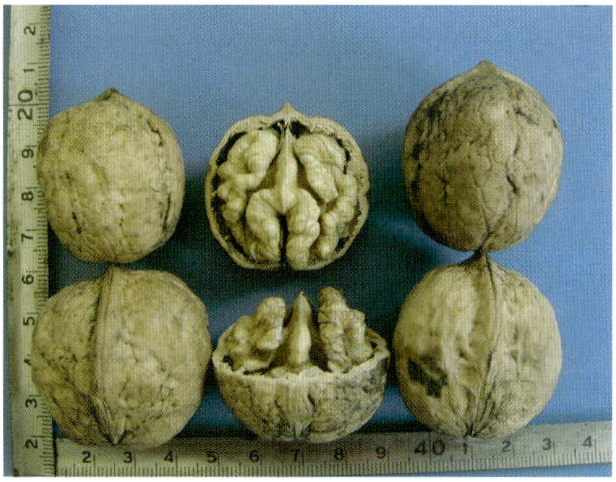

图4.77 ‘滇核优11号’坚果

16. 滇核优12号（*Juglans sigillata* Dode.）

【育种基本情况】由云南省林业科学院、鲁甸县林业局实生选优而成。已在鲁甸县栽培推广。

【生物学特性】在云南省鲁甸县3月上旬发芽，3月下旬雄花散粉、雌花盛花，属于雌雄同熟。果实9月中旬成熟，11月中旬落叶。

【植物学特性】嫁接后5~6年挂果，晚实品种类型。树势强，母树生长于海拔1 921 m，树龄12年，树高8.0 m，干径14.5 cm，冠幅4.3 m × 3.6 m（图4.78）；小叶7~11片，多9片，呈椭圆状披针形；顶芽圆锥形，侧芽圆锥形，无芽柄、芽距；一年生枝褐色，光滑无毛，皮孔白色、较密（图4.79）；雌雄异花，每花枝平均着花2.8朵，每果枝平均坐果2.4个（图4.80）。

图4.78 ‘滇核优12号’大树

【主要经济性状】坚果长扁圆，两肩圆平，底部圆形，缝合线紧密，刻纹较浅；坚果三径均值3.2 cm，壳厚0.81 mm，内褶壁不发达，隔膜纸质，易取仁（图4.81）；单果重11.2 g，仁重6.7 g，出仁率59.9%；种仁黄白饱满，风味香纯。以中长果枝结果为主。10~12年进入盛果期，冠幅投影面积每平方米产坚果0.55 kg。

【抗逆性】较云南主栽核桃品种‘漾濞泡核桃’抗霜冻。

【综合评价】该优系具有品质优良、丰产、稳产等突出优点，有良好的推广潜力。

【栽培技术要点】选择年均温12~15℃，日照

1 800 h以上，年降雨量800 mm以上，土壤肥沃湿润，土层厚度大于100 cm的地区种植。采用株行距6 m×8 m或6 m×9 m进行定植。采用开心形或自然圆头形树形。加强土肥水及树体管理，注意病虫害防治，适时采收。

（完成人：曾清贤、范志远、赵廷松、陈　静、刘　娇、张顺芬、潘　莉、黄　勇、李　鹏、杨建华、李淑芳等）

图4.79 ‘滇核优12号’枝条

图4.80 ‘滇核优12号’结果状

图4.81 ‘滇核优12号’坚果

17. 滇核优13号（*Juglans sigillata* Dode.）

【育种基本情况】由云南省林业科学院、鲁甸县林业局实生选优而成。已在鲁甸县栽培推广。

【生物学特性】在云南省鲁甸县3月中旬发芽，4月上旬雄花散粉、雌花盛花，属于雌雄同熟。果实9月中旬成熟，11月中旬落叶。

【植物学特性】嫁接后5~6年挂果，晚实品种类型。树势强，母树生长于海拔2 160 m，树龄27年，树高17.0 m，干径51.0 cm，冠幅16.0 m×16.0 m（图4.82）；小叶7~11片，多9片，呈椭圆状披针形；顶芽圆锥形，侧芽圆锥形，无芽柄、芽距；一年生枝褐色，光滑无毛，皮孔白色、较密（图4.83）；雌雄异花，每花枝平均着花2.8朵，每果枝平均坐果2.3个（图4.84）。

【主要经济性状】坚果长扁圆，两肩圆，底部圆形，缝合线紧密，刻纹较浅；坚果三径均值2.9 cm，壳厚0.90 mm，内褶壁不发达，隔膜纸质，取仁极易（图4.85）；单果重9.1 g，仁重4.8 g，出仁率52.9%；种仁黄白饱满，风味香纯。以中长果枝结果为主。10~12年进入盛果期，冠幅投影面积每平方米产坚果0.42 kg。

【抗逆性】较云南主栽核桃品种‘漾濞泡核桃’抗霜冻。

图4.82 ‘滇核优13号’大树

图4.83 ‘滇核优13号’枝条

图4.84 ‘滇核优13号’结果状

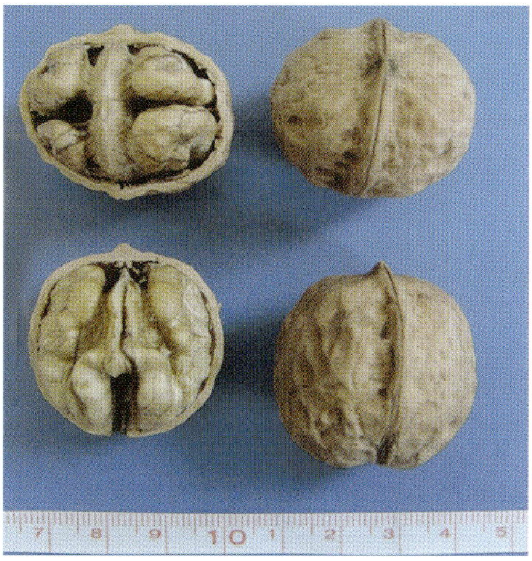

图4.85 ‘滇核优13号’坚果

【综合评价】该优系具有品质优良、丰产、稳产等突出优点，有良好的推广潜力。

【栽培技术要点】选择年均温12~15℃，日照1 800 h以上，年降雨量800 mm以上，土壤肥沃湿润，土层厚度大于100 cm的地区种植。采用株行距6 m×8 m或6 m×9 m进行定植。采用开心形或自然圆头形树形。加强土肥水及树体管理，注意病虫害防治，适时采收。

（完成人：曾清贤、范志远、赵廷松、陈　静、刘　娇、张顺芬、潘　莉、黄　勇、李　鹏、杨建华、李淑芳等）

18. 滇核优14号（*Juglans sigillata* Dode.）

【育种基本情况】由云南省林业科学院、鲁甸县林业局实生选优而成。已在鲁甸县栽培推广。

【生物学特性】在云南省鲁甸县3月上旬发芽，3月下旬雄花散粉，4月上旬雌花盛花，属于雄先型。果实9月中旬成熟，11月中旬落叶。

【植物学特性】嫁接后5~6年挂果，晚实品种类型。树势强，母树生长于海拔1 757 m，树龄180多年，树高19.0 m，干径57.3 cm，冠幅17.5 m×19.3 m（图4.86）；小叶7~11片，多9片，呈椭圆状披针形；顶芽圆锥形，侧芽圆锥形，无芽柄、芽距；一年生枝褐色，光滑无毛，皮孔白色、较密（图4.87）；雌雄异花，每花枝平均着花2.6朵，每果枝平均坐果2.2个（图4.88）。

图4.86 ‘滇核优14号’大树

图4.87 ‘滇核优14号’枝条

【主要经济性状】坚果长扁圆，两肩圆平，底部圆形，缝合线紧密，刻纹较深密；坚果三径均值3.5 cm，壳厚0.84 mm，内褶壁不发达，隔膜纸质，取仁极易（图4.89）；单果重15.7 g，仁重9.0 g，出仁率57.2%；种仁紫白饱满，风味香纯。以中长果枝结果为主。10~12年进入盛果期，冠幅投影面积每平方米产坚果0.28 kg。

图4.88 ‘滇核优14号’结果状

图4.89 ‘滇核优14号’坚果

【抗逆性】较云南主栽核桃品种 ‘漾濞泡核桃’抗霜冻。

【综合评价】该优系具有品质优良、丰产、稳产等突出优点，有良好的推广潜力。

【栽培技术要点】选择年均温12~15℃，日照1 800 h以上，年降雨量800 mm以上，土壤肥沃湿润，土层厚度大于100 cm的地区种植。采用株行距6 m×8 m或6 m×9 m进行定植。采用开心形或自然圆头形树形。加强土肥水及树体管理，注意病虫害防治，适时采收。

（完成人：曾清贤、范志远、赵廷松、陈　静、刘　娇、张顺芬、潘　莉、黄　勇、李　鹏、杨建华、李淑芳等）

19. 滇核优15号（*Juglans sigillata* Dode.）

【育种基本情况】由云南省林业科学院、鲁甸县林业局实生选优而成。已在鲁甸县栽培推广。

【生物学特性】在云南省鲁甸县3月中旬发芽，4月上旬雄花散粉、雌花盛花，属于雌雄同熟。果实9月中旬成熟，11月中旬落叶。

【植物学特性】嫁接后5~6年挂果，晚实品种类型。树势强，母树生长于海拔2 047 m，树龄28年，树高16.0 m，干径36.6 cm，冠幅13.0 m×10.0 m（图4.90）；小叶7~11片，多9片，呈椭圆状披针形；顶芽圆锥形，侧芽圆锥形，无芽柄、芽距；一年生枝褐色，光滑无毛，皮孔白色、较密（图4.91）；雌雄异花，每花枝平均着花2.7朵，每果枝平均坐果2.3个（图4.92）。

【主要经济性状】坚果长扁圆，两肩圆平，底部圆形，缝合线紧密，刻纹较浅；坚果三径均值3.2 cm，壳厚0.73 mm，内褶壁不发达，隔膜纸质，易取仁（图4.93）；单果重11.6 g，仁重7.1 g，出仁率61.3%；种仁紫白饱满，风味香纯。以中长果枝结果为主。10~12年进入盛果期，冠幅投影面积每平方米产坚果0.34 kg。

【抗逆性】较云南主栽核桃品种‘漾濞泡核桃’抗霜冻。

【综合评价】该优系具有品质优良、丰产、稳产等突出优点，有良好的推广潜力。

【栽培技术要点】选择年均温12~15℃，日照1 800 h以上，年降雨量800 mm以上，土壤肥沃湿润，土层厚度大于100 cm的地区种植。采用株行距6 m×8 m或6 m×9 m进行定植。采用开心形或自然圆头形树形。加强土肥水及树体管理，注意病虫害防治，适时采收。

（完成人：曾清贤、范志远、赵廷松、陈　静、刘　娇、张顺芬、潘　莉、黄　勇、李　鹏、杨建华、李淑芳等）

图4.90 ‘滇核优15号’大树

图4.91 ‘滇核优15号’枝条

图4.92 ‘滇核优15号’结果状

图4.93 ‘滇核优15号’坚果

20.滇核优16号（*Juglans sigillata* Dode.）

【育种基本情况】由云南省林业科学院、鲁甸县林业局实生选优而成。已在鲁甸县栽培推广。

【生物学特性】在云南省鲁甸县2月下旬发芽，3月下旬雌花盛花、雄花散粉，属于雌雄同熟。果实9月中旬上旬成熟，11月中旬落叶。

【植物学特性】嫁接后5~6年挂果，晚实品种类型。树势强，母树生长于海拔2 030 m，树龄40年，树高15.0 m，干径32.0 cm，冠幅13.9 m × 14.7 m（图4.94）；小叶7~11片，多9片，呈椭圆状披针形；顶芽圆锥形，侧芽圆锥形，无芽柄、芽距；一年生枝褐色，光滑无毛，皮孔白色、较密（图4.95）；雌雄异花，每花枝平均着花2.7朵，每果枝平均坐果2.3个（图4.96）。

图4.94 ‘核优16号’大树

图4.95 ‘滇核优16号’枝条

【主要经济性状】坚果圆球形，两肩圆，底部较尖，缝合线紧密，刻纹较浅；坚果三径均值3.0 cm，壳厚0.81 mm，内褶壁不发达，隔膜纸质，易取仁（图4.97）；单果重7.9 g，仁重5.5 g，出仁率69.3%；种仁黄白饱满，风味香纯。以中长果枝结果为主。10~12年进入盛果期，冠幅投影面积每平方米产坚果0.59 kg。

【抗逆性】较云南主栽核桃品种‘漾濞泡核桃’抗霜冻。

【综合评价】该优系具有品质优良、丰产、稳产等突出优点，有良好的推广潜力。

图4.96 ‘滇核优16号’结果状

图4.97 ‘滇核优16号’坚果

【栽培技术要点】选择年均温12~15℃，日照1 800 h以上，年降雨量800 mm以上，土壤肥沃湿润，土层厚度大于100 cm的地区种植。采用株行距6 m×8 m或6 m×9 m进行定植。采用开心形或自然圆头形树形。加强土肥水及树体管理，注意病虫害防治，适时采收。

（完成人：曾清贤、范志远、赵廷松、陈　静、刘　娇、张顺芬、潘　莉、黄　勇、李　鹏、杨建华、李淑芳等）

二、板栗

（一）选育的新品种

1.燕山早生（*Castanea mollissima* BL. ‘Yanshan Zaosheng’）

【育种基本情况】由北京市农林科学院林业果树研究所由板栗实生树中选出早熟优良品种，母株在北京市昌平区长陵镇南庄村，树龄70年，2001年选出，通过嫁接无性系繁殖，建立复选圃复选和进行区域性试验，2010年定名，通过北京市林木品种审定委员会品种审定。综合分析认为，该品种具有早熟、丰产、抗性强、耐贮等优良特性。适合北京地区栽培。主要分布在密云、怀柔、昌平等县区的主要栗产区均有栽培，以新发展的幼树为主。

【生物学特性】在北京地区4月中旬既开始萌芽，4月下旬至5月上旬展叶。6月中旬盛花，花期6~10 d，花白色，柔荑花序。坚果8月20日左右开蓬成熟，果实发育期仅70 d左右，较中晚熟品种提前20~30 d。11月上旬落叶。

【植物学特性】母株树龄100年以上，树高约8.3 m，冠幅11 m×8 m，呈圆头形，树势中

【抗逆性】该品种有较强的适应性，表现为耐旱、耐瘠薄、抗寒，经历2009—2010年的冬季极端低温度未见死树。在缓坡和沟谷地带更能表现出了该品种的优良特性，多年来无

图4.101 ‘燕昌早生’结果状

图4.102 ‘燕昌早生’果实

特殊的敏感性病虫害和逆境伤害。

【综合评价】该品种抗病能力较强，抗旱力中等，适宜在条件较好的地区发展。在环境条件较差时雌花数并不减少，但是每棚中的坚果减少，容易产生独籽栗。结果过多或修剪不当，容易产生大小年。该品种坚果中等偏大，坚果美观，品质上等。为目前国内优良的大果型、鲜食加工兼用杏品种。具有品质优良、丰产、稳产、商品性好等突出优点，尤其是作为抗晚霜品种发展，具有良好的发展前景。

【栽培技术要点】本品种适宜在北京市板栗产区范围的沟谷，山前平地及河滩地种植，株行距以3 m×4 m为宜，每公顷栽840株。建议基肥在果实采收后施入。树形宜选用多主枝自然开心形，主枝4~5个。

该品种结果母枝抽生结果枝能力较强，且结果枝平均结苞数较多，管理不当时平均坚果重会下降，需在控制结果母枝留量和雌花量的同时，加强肥水管理，结果母枝留量以每平方米10~12个为宜。

（完成人：黄武刚、周志军、程丽莉、何锡山）

3. 东岳早丰（*Castanea mollissima* BL.‘Dongyue Zaofeng’）

【育种基本情况】山东省果树研究所于20世纪90年代从泰安市岱岳区黄前镇红河村山地栗园选出的早熟实生变异优株（原编号HHZF03~2）。母树为20世纪60年代栽植的实生树，树龄40年以上，现生长结果正常。经专家鉴定，认为该品种表现早熟、丰产、优质，适应范围广，抗逆性强等特点。2009年12月通过山东省林木新品种审定，（编号：鲁S-SV-CM-014-2009），目前已在山东、河北、北京等板栗主产区推广应用。

【生物学特性】在泰安4月初萌芽，4月10日左右展叶，5月中下旬雌花出现，盛花期在5月底至6月初，以‘泰栗1号’、‘鲁岳早丰’、‘岱岳早丰’、‘石丰’、‘黄棚’等作

为授粉品种；在8月底成熟，较山东红栗提前20 d以上；11月上中旬落叶。

【植物学特性】树冠圆头形，多年生枝灰白色，一年生枝黄绿色；皮孔扁圆形，白色，大小中等，中密；混合芽三角形，芽鳞黄褐色，芽体饱满；叶片长椭圆形，长18.5 cm，宽7.9 cm，叶姿斜向，叶表面深绿色，背面灰绿色，光滑；叶尖渐尖，锯齿斜向，齿距1.6 cm，两边叶缘向表面微卷；叶柄黄绿色，长1.9 cm（图4.103）。幼树生长旺盛，新梢粗壮，利用10年生以上大树嫁接10年，树高3.8 m左右，干周50.3 cm左右，冠径3.6 m×3.8 m；结果枝长25.5 cm，粗0.6 cm；果前梢长4~9 cm，粗0.3 cm，混合芽数2.4个；结果母枝平均抽生结果枝2.3条，占发枝量的59.0%；发育枝0.5条，占发枝量的12.8%；细弱枝1.1条，占28.2%；每结果枝平均着生总苞数2.4个，每苞含坚果2.7粒（图4.104，图4.105）。

图4.103 ‘东岳早丰’枝条

图4.104 ‘东岳早丰’结果状

【主要经济性状】总苞椭圆形，纵径5.7 cm，横径7.4 cm，高径4.9 cm，总苞皮厚0.2 cm，每苞含坚果2.7粒，单苞重60.0 g左右；苞刺中密，较硬，刺束长1.1 cm，分枝角度大；苞柄长0.55 cm，较短；成熟时“一”字形开裂，出实率48.1%，空苞率0.97%（图4.106）；坚果椭圆形，红棕色，充实饱满，光亮美观，整齐度高；果肉黄色，细糯香甜，涩皮易剥离，底座中等大小，接线呈月牙形；栗实中大，平均单果重10.5 g，平均含水量33.7%，干样含淀粉

图4.105 ‘东岳早丰’丰产状

图4.106 ‘东岳早丰’坚果

【主要经济性状】坚果椭圆形，深褐色，有光泽，整齐度高；果肉黄色，口感细糯，风味香甜；单粒重8.1g，可溶性糖16.2%，淀粉47.3%，蛋白质5.22%，脂肪2.17%。出实率47%；接线月牙形，底座小；果肉抗褐变，沸水煮熟后在室温下存放5 d（已经风干），颜色依旧保持果肉原有黄色（图4.122）。早果性强，嫁接后第2年，结果株率达到60%以上。

图4.121 ‘H7–1’结果状

图4.122 ‘H7–1’坚果抗褐变状

【抗逆性】抗逆性强，经多年品比试验和区试试栽，未出现病虫重大为害及旱涝逆境死亡现象，在干旱缺水的片麻岩山地、土壤贫瘠的河滩沙地均能正常生长结果。

【综合评价】该品种树姿较紧凑，嫁接后2年结果，为早实、质优新品系。该品系具有抗褐变的明显性状，是适宜加工型板栗品系之一。

【栽培技术要点】适宜pH 值5.6~7.0的片麻岩地及河滩沙地种植。适宜密植栽培，土壤条件好可按株行距2 m × 4 m栽植，土壤条件差可按2 m × 3 m，间伐后可为4 m ×（4 ~ 6）m。该品种幼树生长旺盛，密植栽培条件下，嫁接第2年采用春季拉枝、刻芽技术可当年结果。盛果期随着树冠扩大和母枝数量的增多，逐步疏除辅养枝，打开层间距，修剪宜截强留中庸、去直立留平斜，培养层间结果枝组。盛果期树花量大，应加强肥水管理和病虫害防治工作。

（完成人：孔德军、刘庆香、王广鹏）

2. H7-6（*Castanea mollissima* BL.）

【育种基本情况】河北省农林科学院昌黎果树研究所1996年通过‘燕明’（*Castanea mollissima* BL.‘Yanming’）与‘燕山早丰’（*Castanea mollissima* BL.‘Yanshan Zaofeng’）杂交培育而成具丰产、个大、质优性状的板栗新品系。

【生物学特性】在昌黎地区4月12~14日萌芽，4月22~26日展叶，6月12日新梢停长。6月9日盛花期，9月9日果实成熟期，11月20日落叶。

【植物学特性】树冠较开张，圆头形；幼树结果母枝长32.6 cm，粗0.62 cm，节间长2.1 cm；枝条皮色浅褐，无茸毛，皮孔小、不规则，密度中等；混合芽呈圆形，叶片长椭圆形，长17.6 cm，宽7.60 cm，有光泽；叶姿较平展，浅绿色，锯齿较小，叶柄长1.75 cm；雄花序长20.4 cm，雄花序数9.8条/果枝，雌花数2.4个/果枝（图4.123）；刺苞大小中等，均重51.8 g，椭圆形；刺束中密，长1.09 cm，成熟为黄绿色；苞皮厚度0.32 cm，成熟时“一”字或“十”字形开裂，苞内平均含坚果2.35粒（图4.124）。

图4.123 ‘H 7–6’四年生幼树

图4.124 ‘H 7–6’结果枝

【主要经济性状】坚果椭圆形，深褐色，油亮；果肉淡黄色，口感细糯，风味香甜；单粒质量8.4 g，可溶性糖17.2 %，淀粉49.3 %，蛋白质5.32 %，脂肪1.99 %；出实率46.5 %；接线月牙形，底座小。早果性强，嫁接后第2年，结果株率达到60%以上。坚果整齐度高，耐贮性强（图4.125）。

图4.125 ‘H7–6’坚果

【抗逆性】部分抗逆性状的表现结合新优系区试、试栽工作正在评价中。

【综合评价】该品种树姿开张，嫁接后2年结果，早实性强，果枝连续结果能力强，树体高产稳产，坚果色泽油亮，品质好。

【栽培技术要点】适宜pH 5.6~7.0的片麻岩地及河滩沙地种植。土壤条件好可按株行距2 m × 4 m栽植，土壤条件差可按2 m × 3 m，间伐后可为4 m ×（4 ~ 6）m。该品种密植栽培条件下，嫁接第2年采用春季拉枝、刻芽技术可当年结果，盛果期树，应加强肥水管理和病虫害防治工作。

（完成人：孔德军、刘庆香、王广鹏）

3. M3-21（*Castanea mollissima* BL.）

【育种基本情况】河北省农林科学院昌黎果树研究所1996年通过‘燕光’（*Castanea mollissima* BL.‘Yanguang’）与‘燕山短枝’（*Castanea mollissima* BL.‘Yanshan

Duanzhi'）杂交培育而成具丰产、优质、个大、抗褐变性状的板栗新品系。

【生物学特性】在昌黎地区4月13~16日萌芽，4月23~27日展叶，6月14日新梢停长。6月7日盛花期，9月6日果实成熟期，11月20日落叶。

【植物学特性】树冠半开张，圆头形；幼树结果母枝长42.3 cm，粗0.74 cm，节间长2.41 cm；皮色浅褐，无茸毛，皮孔小、不规则，密度中等；混合芽呈圆形，叶片长椭圆形，长18.4 cm，宽7.8 cm，有光泽；叶姿较平展，浅绿色，锯齿较小；叶柄长1.7 cm；雄花序长17.8 cm，雄花序数9.7条/果枝，雌花2.0个/果枝；刺苞大小中等，均重51.8 g，椭圆形；刺束中密，成熟为黄绿色；苞皮厚度0.32 cm，成熟时“一”字或“十”字形开裂，苞内平均含坚果2.25粒（图4.126，图4.127）。

图4.126 'M3-21'3年生幼树

图4.127 'M3-21'结果状

【主要经济性状】坚果椭圆形，浅褐色，有光泽，整齐度高；果肉黄色，口感细糯，风味香甜，单粒质量9.4 g，可溶性糖16.2%，淀粉50.3%，蛋白质5.08%，脂肪2.13%。出实率48.5%。接线月牙形，底座小。早果性强，嫁接后第2年，结果株率达到60%以上。粒果耐贮性强，腐烂率低。果肉抗褐变，沸水煮熟后在室温下存放5 d（已经风干），颜色依旧保持果肉原有黄色（图4.128，图4.129）。

图4.128 'M3-21'坚果

图4.129 'M3-21'坚果抗褐变（左）与对照（右）比较

【抗逆性】在干旱缺水的片麻岩山地、土壤贫瘠的河滩沙地均能正常生长结果，其抗逆性状正在进一步评价中。

【综合评价】该品种树姿开张，嫁接后2年结果，早实性强；树体高产，稳产，坚果色泽好，个大，抗褐变。是丰产、大粒、适宜加工型板栗新品系。

【栽培技术要点】适宜pH 5.6~7.0的片麻岩地及河滩沙地种植。在板栗新区，要配置授粉树，授粉品种可选用燕山早丰、燕光、燕晶等。该品种密植栽培条件下，嫁接当年可利用夏季摘心去叶促分枝，秋季短截促成花技术，实现幼树早期高产。盛果期树应加强肥水管理和病虫害防治工作。

（完成人：孔德军、刘庆香、王广鹏）

4. D5-50（*Castanea mollissima* BL.）

【育种基本情况】河北省农林科学院昌黎果树研究所1996年通过‘燕光’（*Castanea mollissima* BL.‘Yanguang’）与‘燕山短枝’（*Castanea mollissima* BL.‘Yanshan Duanzhi’）杂交培育而成具丰产、稳产、品质优良性状的板栗新品系。

【生物学特性】在昌黎地区4月14~16日萌芽，4月24~27日展叶，6月10日新梢停长。6月11日盛花期，9月14日果实成熟期，11月19~20日落叶。

【植物学特性】树冠开张，圆头形；幼树结果母枝长42.7 cm，粗0.72 cm，节间长2.05 cm；皮色浅褐，无茸毛，分枝角度中等；皮孔中等大小、不规则，密度中等（图4.130）。混合芽圆形，芽尖褐色。叶片长椭圆形，先端渐尖，长19.3 cm，宽7.61 cm，有光泽；叶姿斜生，较平展，浅绿色，叶柄长1.6 cm；雄花序长10.4 cm，雄花序数8.7条／果枝，雌花2.1个／果枝（图4.131）；刺苞大小中等，均重48.1 g，椭圆形；刺束中密，长1.08 cm，斜生，成熟为黄绿色；蓬皮厚度0.28 cm，成熟时“一”字或“十”字开裂，苞内平均含坚果2.4粒（图4.132）。

【主要经济性状】坚果椭圆形，褐色，油亮（图4.133），整齐度高；果肉黄色，口感细糯，风味香甜；单粒质量8.4 g，可溶性糖15.2%，淀粉45.4%，蛋白质4.98%，脂肪2.22%。出实率47.5%；接线月牙形，底座小。早果性强，嫁接后第2年，结果株率达到70%以上。栗果耐贮性强，腐烂率低。果枝连续结果能力强，结果母枝平均抽生结果枝2.1条。

图4.130 ‘D5-50’三年生幼树

图4.131 ‘D5-50’花、叶

图4.132 ‘D5-50’结果状

图4.133 ‘D5-50’坚果

【抗逆性】在干旱缺水的片麻岩山地、土壤贫瘠的河滩沙地均能正常生长结果，其抗逆性状正在进一步评价中。

【综合评价】该品种树姿开张，早实性强；树体高产、稳产、坚果色泽好、结果母枝连续结果能力强、果枝率高。是丰产、优质型板栗新品系。

【栽培技术要点】适宜片麻岩地及河滩沙地种植。栽植密度按株行距2 m × 4 m或2 m × 3 m，间伐后可为4 m ×（4~6） m。该优系在板栗新区要配置授粉树，授粉树以‘燕山早丰’、‘燕光’、‘燕晶’、‘替码珍珠’为佳。幼树采用春季拉枝、刻芽技术实现早期高产，盛果期树应加强肥水管理。

（完成人：孔德军、刘庆香、王广鹏）

5. D7-43（*Castanea mollissima* BL.）

【育种基本情况】河北省农林科学院昌黎果树研究所1996年通过‘燕明’（*Castanea mollissima* BL. ‘Yanming’）与‘燕山早丰’（*Castanea mollissima* BL.‘Yanshan Zaofeng’）杂交培育而成具丰产、稳产、品质优良性状的板栗新品系。

【生物学特性】在昌黎地区4月中旬萌芽，4月26~28日展叶，6月12日新梢停长。6月9日盛花期，9月15日果实成熟期，11月中旬落叶。

【植物学特性】树冠较开张，圆头形；幼树结果母枝长30.3 cm，粗0.62 cm，枝条皮色浅褐，无茸毛，皮孔小、密度中等；叶片长椭圆形，长17.4 cm，宽7.61 cm，有光泽；叶姿较平展，锯齿较小（图4.134）；雄花序长17.4 cm，雄花序数7.7条/果枝，雌花2.49个/果枝；刺苞大小中等，均重46.8 g，椭圆形（图4.135）；刺束中密，成熟为黄绿色；苞皮厚度0.30 cm，成熟时为“一”字或“十”字开裂，苞内平均含坚果2.45粒（图4.136）。

【主要经济性状】坚果椭圆形，褐色，油亮，整齐度高（图4.137）；果肉淡黄色，口感细糯，风味香甜；单粒质量8.7 g，可溶性糖17.2%，淀粉43.4%，蛋白质4.77%，脂肪2.11%；出实率49.5%；接线月牙形，底座小。早果性强，嫁接后第2年，结果株率达到70%以上。栗果耐贮性强，腐烂率低。结果枝比率高，结果母枝平均抽生结果枝2.4条。

图4.134　‘D7–43’三年生幼树

图4.135　‘D7–43’结果枝

图4.136　‘D7–43’刺苞

图4.137　‘D7–43’坚果

【抗逆性】在干旱缺水的片麻岩山地、土壤贫瘠的河滩沙地均能正常生长结果，其抗逆性状正在进一步评价中。

【综合评价】该品种树姿开张，早实性强；树体高产，稳产，坚果粒大，品质优良，结果母枝连续结果能力强，果枝率高。是丰产、优质型板栗新品系。

【栽培技术要点】适宜密植栽培，土壤条件好，栽植密度按株行距2 m×4 m，土壤条件差可按2 m ×3 m，间伐后可为4 m ×（4~6）m。该品种在集约化栽培条件下，嫁接第2年采用春季拉枝、刻芽技术可当年结果，盛果期树应加强肥水管理和病虫害防治工作。

（完成人：孔德军、刘庆香、王广鹏）

6. X33-44（*Castanea mollissima* BL.）

【育种基本情况】河北省农林科学院昌黎果树研究所2003年通过‘薄皮’（*Castanea mollissima* BL.‘Bopi’）与‘垂枝’（*Castanea mollissima* BL.‘Chuizhi’）杂交培育而成，具抗褐变性状。适宜加工的板栗新品系。

【生物学特性】在昌黎地区4月中旬萌芽，4月25~28日展叶，6月12日新梢停长。6月9日盛花期，9月13日果实成熟期，11月中旬落叶。

图4.145 ‘DL-1’坚果

图4.146 ‘DL-1’母树结果状

10. DL-2（*Castanea mollissima* BL.）

由山东省果树研究所在泰山板栗实生后代群体中选育。该优系坚果单果重10.0 g以上，含糖量20.7%，坚果充实饱满，品质上，耐贮藏，在泰安地区9月中旬成熟（图4.147，图4.148）。

图4.147 ‘DL-2’坚果

图4.148 ‘DL-2’结果树

11. Za-2（*Castanea mollissima* BL.）

由山东省果树研究所于2003年以优质晚熟大粒板栗品种‘黄棚’（*Castanea mollissima* BL.‘Huangpeng’）为母本，矮化短枝丰产型品种‘沂蒙短枝’（*Castanea mollissima* BL.‘Yimeng Duanzhi’）为父本杂交育成。该优系坚果油亮，充实饱满，整齐度高，单果重8.0 g左右，为中粒型炒食栗品种，含糖量18.0%，品质优，耐贮藏，在泰安地区9月中下旬成熟（图4.149，图4.150）。

12. Za-5（*Castanea mollissima* BL.）

由山东省果树研究所于2002年以优质丰产型板栗品种‘华光’（*Castanea mollissima* BL.‘Huaguang’）为母本，早熟大粒型品种‘泰栗1号’（*Castanea mollissima* BL.‘Taili Yihao’）为父本杂交育成。该优系单果重8.0 g以上，含糖量19.0%，坚果油亮，充实饱满，品质优，耐贮藏。在泰安地区9月中下旬成熟（图4.151，图4.152）。

图4.149 ‘Za-2’坚果

图4.150 ‘Za-2’母树结果状

图4.151 ‘Za-5’坚果

图4.152 ‘Za-5’母树结果状

三、枣

（一）选育的新品种

1. 鲁枣1号（*Ziziphus jujuba* ‘Luzao No.1’）

【育种基本情况】由山东省果树研究所从‘金丝小枣’（*Ziziphus jujuba* ‘Jinsi Xiaozao’）自然杂交实生苗中选育。2001年播种，2003年发现该株系具有早熟、丰产、优质、早实、裂果轻等优点，同年入选高接选种圃。经过系统的选育和详细观察记载，发现成熟期特早，丰产性状突出，综合性状表现良好，2008年定名‘鲁枣1号’（原编号01-1），2009年通过山东省林木品种审定委员会的审定（编号：鲁 S-SV-ZJ-001-2009），并已在山东等地栽培推广。

【生物学特性】在山东泰安，4月上旬萌芽，5月中旬始花，5月底至6月初盛花，8月初始着色，8月中旬成熟采收，果实生长期70~75 d，属极早熟类型。落叶期在11月上中旬。

【植物学特性】树冠自然开心型或小冠疏层形，主枝分枝角度60° ~70° ；树势中庸，发枝力强，结果后呈自然开心形或小冠疏层形（图4.153），一年生枝紫红色，富光泽，皮孔大，圆形，开裂，凸起。针刺细短，长0.5~1.0 cm，易脱落。二次枝自然生长节数6~10节。二年生枝紫褐色，多年生枝灰褐色，较粗糙。枣股圆锥形。枣吊长12~20.5 cm，着叶9~12片，叶披针形，长7.3 cm，宽4.4 cm，叶尖钝尖，锯齿大，浅圆，1 cm有锯齿4片。花量多。花昼开型，蜜盘黄绿色，花径0.4~0.6 cm，中大（图4.154）。

图4.153 ‘鲁枣1号’二年生树结果状

图4.154 ‘鲁枣1号’枣吊

【主要经济性状】果实椭圆形；平均纵径3.0 cm，横径2.4 cm，平均果重8.2 g，最大果重13.6 g，果实大小均匀，整齐度较高；果皮红色，中厚；果肉厚，白色，肉质细，汁液中多，味甜酸。鲜枣可溶性固形物含量33.1%，可食率95.9%，可滴定酸含量0.42%，每100 g含维生素C324.05 mg；风味佳，品质上等。成熟期早，果实8月上旬开始着色，中旬全红完熟，果实生长期70~75 d；为目前我国仅有的少数几个特早熟品种资源之一；丰产稳产，当年生枣头具有较好的结果能力。定植后3~5年进入丰产期，二年生树单株产枣0.5~1.0 kg，三年生树产量达3.0~3.4 kg，连续结果能力强（图4.155，图4.156）。

图4.155 ‘鲁枣1号’果实

图4.156 ‘鲁枣1号’结果状

【抗逆性】在山地、丘陵、河滩、平原等不同立地条件下引种和栽培，树体生长发育正常，坐果稳定，能保持早熟、丰产、早实、稳产、裂果轻、抗性强的特性，抗干旱，耐涝，在雨季地下水位30~50 cm的黏壤和沙壤土上生长结果良好。较耐瘠薄，因生长期短，需热量较少，适宜设施栽培，鲜果可提早上市。在肥水条件较好，土层较厚的丘陵和平原地区，更易发挥其增产潜力。抗病强，裂果较少。

【综合评价】该品种综合性状表现良好，具有早实、丰产稳定、裂果轻、抗病性强、极早熟、鲜食口感好等特点。

【栽培技术要点】采用酸枣为砧木嫁接繁殖建园，密植栽培建园株行距2 m×3 m，一般栽培建园株行距2 m×4 m、3 m×4 m或3 m×5 m。树形采用自然开心形或小冠疏层形为宜。修剪上以冬夏结合为好，冬剪主要是采用短截、疏枝以及撑、拉、吊等修剪方法，稳定树形，培养结果枝组。夏剪主要是采用抹芽、摘心，疏枝以及撑、拉、吊等修剪方法，控制树体营养生长。主要发生的病虫害种类有尺蠖、桃小，锈病等。根据发生的病虫害种类适时合理喷药防治。

（完成人：单公华、周广芳、张　琼等）

2. 鲁枣2号（*Ziziphus jujuba*‘Luzao No.2’）

【育种基本情况】山东省果树研究所从‘六月鲜’（*Ziziphus jujuba*‘Liuyuexian’）的实生苗中选出。2003年发现该株系具有早熟、丰产、优质、早实、不裂果等优点，同年入选高接选种圃。经过系统选育，综合性状表现良好，早熟丰产性状突出，2008年定名‘鲁枣2号’（原编号F-1），2009年通过山东省林木品种审定委员会的审定（编号：鲁 S-SV-ZJ-002-2009），并已在山东等地栽培推广。

【生物学特性】在山东泰安，4月上旬萌芽，5月中下旬始花，5月底至6月初盛花，8月中旬始着色，8月下旬成熟采收，果实生长期80~85 d。属极早熟类型。落叶期在11月上中旬。

【植物学特性】树冠自然圆头形或主干疏层形，主枝分枝角度40°~60°；树势较强，发枝力中等，结果后呈自然圆头形或主干疏层形，一年生枝紫红色，富光泽，皮孔大，圆形，开裂，凸起（图4.157）；针刺细短，长0.5~1 cm，易脱落；二次枝自然生长节数7~11节；二年生枝紫褐色，多年生枝灰褐色，较粗糙；枣股圆锥形；枣吊长16~27 cm，着叶11~17片，叶长披针形，长5.8 cm，宽3.0 cm，叶尖钝尖，锯齿大，浅圆，1 cm内有锯齿4片（图4.158）；花量多；花昼开型，蜜盘黄绿色，花径0.6 cm，中大。

【主要经济性状】果实椭圆形，平均果重8.2 g，最大果重13.6 g，平均纵径3.0 cm，横径2.4 cm，果实大小均匀，整齐度较高；果皮红色，中厚；果肉厚，白色，肉质细，汁液中多，味甜酸；鲜枣可溶性固形物含量33.1%，可食率95.9%，可滴定酸含量0.42%，每100 g含维生素C324.05 mg；品质上等。成熟期早，果实8月上旬开始着色，中旬全红完熟。果实生长期70~75 d，为目前我国仅有的少数几个特早熟品种资源之一。结果早，丰产稳产。当年生枣头具有较好的结果能力。定植后3~5年进入丰产期，二年生树单株产量0.5~1.0 kg，三年生树产量达3.0~3.4 kg（图4.159，图4.160）。

图4.157 ‘鲁枣2号’母树

图4.158 ‘鲁枣2号’枣吊

图4.159 ‘鲁枣2号’结果状

图4.160 ‘鲁枣2号’二年生树

【抗逆性】在山地、丘陵、河滩、平原等不同立地条件下引种和栽培，树体生长发育正常，坐果稳定，能保持早熟、丰产、早实、稳产、裂果轻、抗性强的特性，抗干旱，耐涝，在雨季地下水位30~50 cm的黏壤和沙壤土上生长结果良好。较耐瘠薄，在肥水条件较好，土层较厚的丘陵和平原地区，更易发挥其增产潜力。抗裂果、抗病能力强。

【综合评价】‘鲁枣2号’是一个早熟、果大、早实、丰产、抗裂果、抗病性强，品质优良的早熟鲜食新品种，适宜平原、山地、丘陵、河滩种植发展。

【栽培技术要点】采用酸枣为砧木嫁接繁殖建园，密植栽培建园株行距2 m×3 m，一般栽培建园株行距2 m×4 m、3 m×4 m或3 m×5 m。树形以采用自然圆头形、开心形或主干疏层形为宜。修剪以冬夏结合为好，冬剪主要是采用短截、疏枝以及撑、拉、吊等修剪方法，稳定树形，培养结果枝组。夏剪主要是采用抹芽、摘心，疏枝以及撑、拉、吊等修剪方法，控制树体营养生长。主要发生的病虫害种类有尺蠖、桃小，锈病等。根据发生的病虫害种类适时合理喷药防治。

（完成人：单公华、周广芳、张　琼等）

3. 鲁枣3号（*Ziziphus jujuba*‘Luzao No.3’）

【育种基本情况】由山东省果树研究所从播种的自然杂交实生苗中选出。2004年播种，发现一株当年播种开花结果，并进行标记，此优株2005年结果42个，2006年入选高接选种圃，2007年开始进行区域试验和品种比较试验，表现成熟期早，极丰产、稳产，适应性强，综合性状表现良好。2009年定名‘鲁枣3号’（原编号04-7），2010年通过山东省农作物品种审定委员会的审定（编号：鲁农审2010076号），已在山东等地栽培推广。

【生物学特性】在山东泰安，4月上旬萌芽，5月中旬始花，5月底至6月初盛花，8月中旬始着色，8月底成熟采收，9月初完熟。果实生长期80~85 d。落叶期在11月上中旬。

【植物学特性】树势中等，树姿开张，主干灰褐色，粗糙，皮易剥落；枣头红褐色，富光泽，皮孔大，圆形，开裂，凸起，分布不均匀（图4.161）；针刺发达，长1.7~1.9 cm，不易脱落。二次枝自然生长节数10~12节，节间长4.5~5.5 cm；二年生枝紫褐色，多年生枝灰褐色，较粗糙；枣股圆锥形，枣吊长16.2~26.8 cm，着叶8~13片，叶卵状披针形，叶纵径6.3 cm，横径3.3 cm，叶尖钝尖，锯齿大，浅圆，1 cm有锯齿4片（图4.162）；花量多；蜜盘黄绿色，花径0.4~0.6 cm，中大。花昼开型。

图4.161　‘鲁枣3号’母树

图4.162　‘鲁枣3号’枣吊

【主要经济性状】果实短椭圆或卵圆形，纵径3.3 cm，横径2.8 cm，平均果重10.3 g，最大果重12.7 g，果实大小均匀，整齐度较高；果皮鲜红色，富光泽，果皮薄；果肉白色，肉质细，汁液中多，味甜。鲜枣可溶性固形物含量31.5%，可滴定酸含量0.45%，每100 g含维生素C427.3 mg，可食率97.1%，风味佳，品质上等，为早熟品种，极丰产。当年生枣头及多年生枝均具有特别强的结果能力，在中等管理条件下，常出现大量的二次结果。酸枣砧嫁接苗当年可见果，高接换头当年可结果，嫁接当年结果株率达80%。定植第3年平均单株产量5.2 kg，连续结果能力强，可早期获得较高的经济收益（图4.163，图4.164）。

图4.163 ‘鲁枣3号’果实性状

图4.164 ‘鲁枣3号’结果状

【抗逆性】果实轻微裂果，不易感染果实病害。适应性强，花期在气温忽高忽低的情况下，仍坐果良好。抗干旱，耐涝，在雨季地下水位30~50 cm的黏壤和沙壤土上生长结果良好。较耐瘠薄。

【综合评价】成熟期早，丰产、优质、裂果轻、抗病性强，鲜食性强。

【栽培技术要点】一般栽培建园株行距2 m×4 m、3 m×4 m或3 m×5 m。树形以采用小冠疏层形或开心形为宜。修剪上以冬夏结合为好，冬剪主要是采用短截、疏枝以及撑、拉、吊等修剪方法，稳定树形，培养结果枝组。夏剪主要是采用抹芽、摘心，疏枝以及撑、拉、吊等修剪方法，控制树体营养生长。主要发生的病虫害种类有尺蠖、桃小，锈病等。根据发生的病虫害种类适时合理喷药防治。

（完成人：单公华、周广芳、张　琼等）

4. 研金1号（*Ziziphus jujuba* ‘Yanjin No.1’）

【育种基本情况】由山东滨州冬枣研究院从山东省无棣县‘金丝小枣’（*Ziziphus jujuba* ‘Jinsi Xiaozao’）实生后代中选育，2008年通过山东省林木品种审定（编号：鲁 S-SV-ZJ-003-2008）。已在山东滨州、北京怀柔等地推广栽培。

【生物学特性】在山东滨州地区，4月初萌动，4月中旬发芽，5月初枝条开始抽梢，5月中旬展叶。5月中下旬初花；5月底盛花，6月中旬果实开始发育。9月中旬果实成熟。11月中旬落叶，生长期220 d。

【植物学特性】树冠圆头形或圆锥形，结果前树姿直立，结果后树姿开张；主干灰褐色，新枣头红褐色，一年生枝红褐色，皮孔圆形，较密，突起，开裂，灰白色（图4.165）；枣吊长，枣吊上着生叶片12~30片，叶片深绿色，平均叶长6.0 cm，宽2.9 cm，叶面积为14.9 cm^2，叶片比金丝小枣宽、厚，叶片背有蜡质，无茸毛，有光泽，叶脉明显，形状为卵状披针形，叶尖渐尖、圆钝，叶缘锯齿圆钝；枣股中大，圆柱形或圆锥形，抽吊能力较强，花量多，平均每枣吊花序13个，每花序着生花数2~12朵，花属昼开型，雄蕊5个，雌蕊1个，花盘黄白色，较其他品种偏大，直径3.5 mm。

【主要经济性状】果实长圆形，纵横径为3.3 cm × 2.5 cm。果个大，平均单果重9.9 g，最大单果重20.2 g，成熟后果皮紫红色，果点小，不明显，果顶平，梗洼浅、狭，果肉黄白色、韧，果汁少（图4.166）。肉厚核小，果核为纺锤形，风味甘甜微酸，品质上等，适于制干。制干率、可溶性固形物含量分别是60.8%、37.3%，比‘金丝小枣’、‘金丝1号’、‘金丝2号’高。每100 g果肉含维生素C为456 mg，可食率达95.4%。

图4.165 ‘研金1号’结果状

图4.166 ‘研金1号’果实

【抗逆性】适应性较强，在滨州、东营、黄骅等地试栽，均表现良好，耐盐碱，耐瘠薄，抗病性强，病果率低于5%。适宜在平原地区栽植。

【综合评价】该品种丰产、优质，稳产性好，耐盐碱，耐瘠薄，抗病性强，树体生长快，盛果期产量高，枣果个大。

【栽培技术要点】一般采取行株距为3 m × 2 m或4 m × 2 m，并可适当密植和间作。适宜树形为自由纺锤形、小冠疏层形或开心形等树形，树高控制在2.0~2.5 m，各骨干枝均匀着生在中心干上，保持树冠通风透光结构。冬季修剪采用疏剪、短截相结合，疏密留稀，疏弱留强，保持好各级骨干枝的生长势和从属关系，并有计划地进行结果枝组的更新复壮。

（完成人：李主江、杨同庆、刘文娥、蔡培军）

5. 研金2号（*Ziziphus jujuba*‘Yanjin No.2’）

【育种基本情况】山东滨州冬枣研究院从山东无棣县‘金丝小枣’（*Ziziphus jujuba* ‘Jinsi Xiaozao’）实生后代中选出，2008年通过山东省林木品种审定（编号：鲁 S-SV-ZJ-004-2008），已在山东滨州、北京怀柔等地推广栽培。

【生物学特性】在山东滨州地区，4月上旬开始萌动，4月中下旬发芽，5月初枝条抽梢，5月中旬展叶。5月20日左右初花，5月底盛花期，6月中旬果实开始发育，9月上旬果实成熟。11月中旬落叶，植株生长期215 d。

【植物学特性】树冠圆头形或圆锥形，结果前树姿直立，结果后树姿开张。主干灰褐色，新枣头红褐色，皮孔圆形，较密，突起，开裂，灰白色。叶片深绿，平均叶长7.3 cm，宽3.8 cm，平均叶面积为12.3 cm^2，叶片背有蜡质，无茸毛，有光泽，形状为卵状披针形，叶尖渐尖、圆钝，叶缘锯齿圆钝（图4.167）；枣股中大，圆锥形，抽吊能力较强，花量中等，每枣吊花序12个，每花序花数3~12朵，花属昼开型，雄蕊5个，雌蕊1个，花盘黄白色，较其他品种大，直径3.66 mm。

图4.167 ‘研金2号’结果状

【主要经济性状】研金2号果实长椭圆形，纵横径为3.1 cm×2.5 cm；平均单果重10.2 g，最大单果重19.8 g，成熟后果皮紫红色，果点小，不明显，果顶平，梗洼浅、狭，果肉黄白色、韧（图4.168）；肉厚核小，果核为尖椭圆形，风味甘甜微酸，品质上等。制干率、可溶性固形物含量比分别是61.5%、37.5%，比‘金丝小枣’、‘金丝1号’、‘金丝2号’高。每100 g含维生素C为463 mg，可食率达95.1%。

图4.168 ‘研金2号’果实

【抗逆性】‘研金1号’适应性较强，在滨州、东营、黄骅等地试栽，均表现良好，耐盐碱，耐瘠薄，抗病性强，病果率低于5%。适宜在平原地区栽植。

【综合评价】该品种丰产、优质，稳产性好，耐盐碱，耐瘠薄，抗病性强，树体生长快，盛果期产量高，枣果个大。

【栽培技术要点】一般采取行株距为3 m×2 m或4 m×2 m，并可适当密植和间作。适宜树形为自由纺锤形、小冠疏层形或开心形等树形，树高控制在2~2.5 m，各骨干枝均匀着生在中心干上，保持树冠通风透光结构。冬季修剪采用疏剪、短截相结合，疏密留稀，疏弱留强，维持好各级骨干枝的生长势和从属关系，并有计划地进行结果枝组的更新复壮。

（完成人：李主江、杨同庆、刘文娥、蔡培军）

6. 辰光（*Ziziphus jujuba*‘Chenguang’）

【育种基本情况】 由河北农业大学利用秋水仙素对‘临猗梨枣’（*Ziziphus jujuba*‘Linyi Lizao’）的茎尖进行诱变而获得的纯合四倍体，大果型、鲜食品质优良。2009年通过河北省林木品种审定委员会的审定（编号：冀S-SV-ZJ-013-2009），专家综合分析认为，该品种是一个优良的大果型、中早熟、鲜食枣品种。适宜河北栽培。

【生物学特性】 在河北献县，一般4月中旬萌动，6月上旬进入初花期，6月中旬进入盛花期，9月上旬进入白熟期，9月中下旬果实着色成熟。果实发育期100 d左右，10月底落叶，年生育期190 d左右。

【植物学特性】 树势较强，树姿半开张，干性中等，树冠圆头形。三年生高接树（砧木为6年生冬枣）高2.8 m，东西枝展2.7 m，南北枝展2.0 m；枝条稀疏，新枣头红褐色，针刺不发达。平均枣吊长20.6 cm，着生叶片12片。叶片卵圆形，平均纵径5.50 cm，横径3.70 cm，叶形指数为1.50，绿色，叶基圆形，叶尖钝尖，叶缘具锐锯齿（图4.169）；花为日开型，花蕾直径0.366 cm左右，四孔沟花粉比例达11.2%。

【主要经济性状】 果实圆形，平均果实纵径为4.31 cm，横径4.21 cm，单果重39.6 g，可食率为98.5%（图4.170）；可溶性总糖含量达18.3%，可滴定酸为0.20%，每100 g含维生素C为253 mg。果皮红色，果面光滑，果皮薄，果肉白色，质地细腻酥脆，果肉硬度为9.6 kg/cm^2，汁液多，甜；果核倒纺锤形，平均单核重0.60 g，核内一般不含种仁。果实成熟期遇雨基本没有裂果发生，易染缩果病和黑斑病。在管理水平较好的平原枣园，当年生新枣头可以坐果，三年生树平均株产5.6 kg。

图4.169 ‘辰光’结果状

图4.170 ‘辰光’果实

【抗逆性】 经在示范基地的观察，没有裂果发生，缩果病发病程度与‘临猗梨枣’相近。

【综合评价】 该品种为世界上首个四倍体枣品种，为优良的大果型中熟优良鲜食品种。果实个大，平均单果重比对照大60%左右；果皮薄，果肉质地细腻酥脆，汁液多，味甜，口感极好；早果、丰产性强。适合在水肥条件较好、交通便利的城郊发展。

【栽培技术要点】适宜的株行距（2~3）m ×（3~4）m。发枝力强，枝条粗壮，因此整形容易；树形以圆头形，开心形为宜；修剪上以夏剪为主，冬剪为辅，夏剪主要采用抹芽、早摘心、拉枝、花期环剥等方法促进坐果，冬剪主要采用回缩、疏枝等方法，培养树形；在加强肥水管理、合理负载、增强树势基础上，尽早防治缩果和黑斑病的发生。适时采收。

（完成人：刘孟军、刘平、将洪恩、代丽、吴改娥、刘志国）

7. 颖玉（*Ziziphus jujuba*‘Yingyu’）

【育种基本情况】行唐县林业局从‘婆枣’（*Ziziphus jujuba*‘Pozao’）中系统选育的加工蜜枣、鲜食、制干兼用品种，早实丰产性强、抗缩果、综合品质优良。2009年通过河北省林木品种审定委员会的审定（编号：冀S-SV-ZJ-012-2009）。该品种是一个优良的大果型、极晚熟、蜜制鲜食加工兼用枣品种，抗缩果能力强，较抗裂果。适合河北太行山区及生态条件类似区栽培。

【生物学特性】在河北行唐，4月中旬萌芽，5月下旬始花期，6月上中旬进入盛花期，10月下旬完熟，果实发育期140 d左右，11月上旬落叶，年生育期200 d左右。

【植物学特性】树姿半开张，树冠圆头形，骨干枝开张角度40°~50°。主干和多年生枝灰褐色，皮宽条片状，外表粗糙，有纵裂纹，不易剥落；一年生枝红褐色，针刺特少，长0.9~1 cm，易脱落；皮孔大，灰褐色，椭圆形；二次枝顶端略弯曲，自然生长有7~11节，有效结果节数2~10节，抽生枣吊2~5个；结果枝着生叶片6~12片、花序5~11个；叶片长卵圆形，长5.2 cm，宽3.2 cm，绿色，叶面光泽油亮，叶尖钝尖，叶基圆形略偏斜，锯齿浅，不规则，1 cm内有锯齿2~3个。

【主要经济性状】果实长圆形，果个大，平均单果重25 g，大果多在35 g左右，最大单果重45 g，可食率93.1%，制干率53.4%，含可溶性固形物37%左右，品质上等。早丰性强，嫁接苗当年可结果。抗病性强，抗缩果病，基本不裂果（图4.171）。

图4.171 ‘颖玉’结果状

【抗逆性】抗缩果能力强，抗裂果能力较强。

【综合评价】该品种为抗缩果、加工蜜枣、鲜食、制干兼用的枣品种，具有早果、产性强、速产、稳产等突出特点。具有较好的发展前景。

【栽培技术要点】山地建园株行距（2~3）m ×（3~4）m，平地建园株行距（3~4）m ×（4~6）m。树形以疏散分层形，开心形和自由纺锤形为宜。修剪上以冬夏结合为好，冬剪主要是采用短截、疏枝以及撑、拉、吊等修剪方法，稳定树形，培养结果枝组。夏剪主要是采用抹芽、摘心，疏枝以及撑、拉、吊等修剪方法，控制树体营养生长。主要发生的病虫害种类有尺蠖、黏虫、桃小，锈病等。根据发生的病虫害种类适时合理喷药防治。

（完成人：李素荣、刘孟军、赵建才、王丽娟、戎俊青、赵惠芳等）

8. 颖秀（*Ziziphus jujuba*‘Yingxiu’）

【育种基本情况】行唐县林业局从‘婆枣’（*Ziziphus jujuba*‘Pozao’）中系统选育的加工蜜枣、鲜食、制干兼用品种，早丰产性强、较抗缩果、综合品质优良。2009年通过河北省林木品种审定委员会的审定（编号：冀S-SV-ZJ-011-2009）。该品种是一个优良的大果型、极晚熟、鲜食制干兼用枣品种，抗缩果能力较强。适合河北太行山区及生态条件类似区栽培。

【生物学特性】 在河北行唐，4月中旬萌芽，5月下旬始花，6月上中旬进入盛花期，10月下旬完熟，果实发育期140 d左右，属极晚熟类型。落叶期在11月上旬，年生育期200 d左右。

【植物学特性】树势中庸，树姿开张，树冠圆锥形。6年生嫁接树，平均树高 2.7 m，东西枝展 2.9 m，南北枝展 2.7 m，骨干枝开张角度70°~80°（图4.172）；主干和多年生枝灰褐色，皮宽条片状，外表粗糙，有纵裂纹，不易剥落；一年生枝灰褐色，大部分枝条表面被覆白色浮皮。针刺短小，特不发达，长1 cm，易脱落；皮孔密，长椭圆形，凸起，开裂；二次枝整个枝面间有不规则白灰色蜡皮，梢端略下垂，自然生长有5~9节；有效结果节数4~8节，抽生枣吊2~5个，枣吊着生叶片12~23片、花序10~20个；叶片长卵圆形，长4.3 cm，宽2.2 cm，绿色，叶面光亮平滑，先端急尖，叶基圆形稍偏斜，锯齿特浅，1 cm内有锯齿3~4个，叶柄长0.5~0.8 cm；枣吊不易脱落。

【主要经济性状】 果实圆形，平均单果重26.8 g，最大单果重51 g，果面光滑，皮薄肉厚核小，质地细密酥脆，汁液多，鲜食口感爽脆香甜，可溶性固形物含量33%，可食率95.1%，制干率53.3%，品质上等（图4.173）。

图4.172 ‘颖秀’结果状

图4.173 ‘颖秀’果实

嫁接苗当年可结果，连续丰产能力强。

【抗逆性】较抗缩果病，较抗裂果。

【综合评价】该品种为目前国内优良的大果型、鲜食制干兼用枣品种。具有极晚熟、抗病性、丰产性强、品质优良等突出优点，尤其是作为较抗缩果和裂果的品种发展，有一定的发展前景。

【栽培技术要点】山地建园株行距（2~3）m ×（3~4）m，平地建园株行距（3~4）m ×（4~6）m。树形以疏散分层形，开心形和自由纺锤形为宜。修剪上以冬夏结合为好，冬剪主要是采用短截、疏枝以及撑、拉、吊等修剪方法，稳定树形，培养结果枝组。夏剪主要是采用抹芽、摘心，疏枝以及撑、拉、吊等修剪方法，控制树体营养生长。主要发生的病虫害种类有尺蠖、黏虫、桃小，锈病等。根据发生的病虫害种类适时合理喷药防治。

（完成人：李素荣、刘孟军、赵建才、王丽娟、戎俊青、赵惠芳等）

9. 阜星（*Ziziphus jujuba*‘Fuxing’）

【育种基本情况】由河北省林业科学研究院从阜平的‘婆枣’（*Ziziphus jujuba*‘Pozao’）中选育出的极抗枣疯病品种。2009年通过河北省林木品种审定委员会的审定（编号：冀S-SV-ZJ-008-2009），该品种是一个优良的极抗枣疯病、中熟、制干枣品种。适合河北太行山区及生态条件类似区栽培。

图4.174 ‘阜星’成熟果实

【生物学特性】在河北阜平，10月上旬果实完熟。果实生长期95~110 d。

【植物学特性】树体较大，树势较开张，树冠自然半圆形，在一般枣树适生栽培区能正常生长。栽后3年开始结果，5年以后进入丰产期，连续结果能力强。

【主要经济性状】果实圆柱形，平均纵径3.76 cm，横径2.89 cm，平均果重13.6 g，最大果重23.2 g，果个大小均匀；果皮深红褐色，较薄（图4.174）；果肉厚，乳白色，肉质细，汁液多，味浓酸甜；鲜枣可溶性固形物含量29.2%，可食率95.5%，制干率53.4%，制干后的红枣含总糖73.5%。

【抗逆性】抗枣疯病能力极强，对缩果病和裂果的抗性一般。

【综合评价】该品种为目前国内优良的抗枣疯病制干枣品种。具有丰产、连续结果能力强等突出特点，尤其是作为抗枣疯病品种发展，具有良好的发展前景。

【栽培技术要点】树形以适宜树形为开心形、小冠疏层形为宜，以疏枝、缓放和拉枝等修剪方式为主。增施有机肥，改善团粒结构和水气环境；增施速效肥，改善肥力条件；通过挖沟扩穴、熟土回填及适当增施有机肥或沤秸秆，局部改善熟土层薄的低肥缺点，加厚活土层，增加果园的经济效益。害虫主要有枣红蜘蛛、绿盲蝽象、枣尺蛾、桃小食心虫、红缘天牛、皮暗斑螟等；病害有枣锈病等，注意预防及防治。在药物防治上选用高效低（无）毒低（无）残留药剂以及其他生物制剂进行防治，不喷任何针对枣缩果病防治的杀菌剂。最佳采收期为10月上旬。

（完成人：王振亮、温秀军、田国忠、邵学红、孙朝晖）

10. 唐星（*Ziziphus jujuba* ‘Tangxing’）

【育种基本情况】由河北省林业科学研究院从阜平的‘婆枣’（*Ziziphus jujuba* ‘Pozao’）中选育出的极抗枣疯病的枣品种。2009年通过河北省林木品种审定委员会的审定（编号：冀S-SV-ZJ-009-2009），该品种是一个优良的极抗枣疯病、中熟、制干枣品种。适合河北太行山区及生态条件类似区栽培。

【生物学特性】在河北唐县，10月上旬果实完熟。果实生长期95~110 d。

图4.175 ‘唐星’结果状

【植物学特性】树体较大，树势较开张，树冠自然半圆形，在一般枣树适生栽培区能正常生长。栽后3年开始结果，5年以后进入丰产期，连续结果能力强（图4.175）。

【主要经济性状】果实圆柱形，平均纵径3.85 cm，横径2.68 cm，平均果重13.2 g，最大果重20.8 g，果个大小均匀；果皮深红褐色，较薄；果肉厚，乳白色，肉质细，汁液多，味浓酸甜。鲜枣可溶性固形物含量28.7%，可食率95.6%，制干率53.1%，制干后的红枣含总糖72.6%。

【抗逆性】抗枣疯病能力强，对缩果病和裂果的抗性一般。耐瘠薄，耐盐碱，抗干旱。

【综合评价】该品种为目前国内优良的抗枣疯病制干品种，具有丰产、制干品质优良等特点，尤其是作为抗枣疯病品种发展，具有良好的发展前景。

【栽培技术要点】树形以适宜树形为开心形、小冠疏层形为宜，以疏枝、缓放和拉枝等修剪方式为主。增施有机肥，改善团粒结构和水气环境；增施速效肥，改善肥力条件；通过挖沟扩穴、熟土回填及适当增施有机肥或沤秸秆，局部改善熟土层薄的低肥缺点，加厚活土层，增加果园的经济效益。害虫主要有枣红蜘蛛、绿盲蝽象、枣尺蛾、桃小食心虫、红缘天牛、皮暗斑螟等；病害有枣锈病等，注意预防及防治。在药物防治上选用高效低（无）毒低（无）残留药剂以及其他生物制剂进行防治，不喷任何针对枣缩果病防治的杀菌剂。最佳采收期为10月上旬。

（完成人：王振亮、温秀军、田国忠、邵学红、孙朝晖）

11. 雨帅（*Ziziphus jujuba*‘Yushuai’）

【育种基本情况】由河北农业大学、献县林业局从‘金丝小枣’（*Ziziphus jujuba* ‘Jinsi

xiaozao’）中选育出的大果型、制干枣品种，抗裂果能力极强。2009年通过河北省林木品种审定委员会的审定（编号：冀S-SV-ZJ-014-2009），该品种是一个大果型、中晚熟、制干枣品种，极抗裂果。适宜河北金丝小枣产区及生态条件类似区栽培。

【生物学特性】在河北献县，一般4月上旬萌动，6月上旬进入盛花期，9月下旬果实着色成熟（比‘金丝小枣’晚10 d左右），果实发育期110 d左右。10月底落叶，年生育期190 d左右。

【植物学特性】树势中庸，树姿开张，树体干性一般，树形自然圆头形。十二年生树高7.0 m，东西枝展6.0 m，南北枝展5.0 m；枝条稀疏，新枣头棕褐色，托叶刺不发达或无；平均枣吊长22.0 cm，着生叶片13片；叶片卵状披针形，平均纵径8.14 cm，平均横径3.62 cm，绿色，叶基圆楔形，叶尖锐尖，叶缘锯齿钝齿状；花为日开型，花直径0.54 cm左右。

【主要经济性状】果实长圆形，平均果实纵径为3.4 cm，横径2.5 cm，单果重11.1 g，可食率为96.9%，可溶性总糖含量达24.7%，可滴定酸为0.19%，每100 g果实含维生素C为435 mg；果皮红色，果点较大，果皮较厚，果肉质地致密，汁液少，较甜（图4.176）；果核纺锤形，平均单核重0.34 g；核内不含种仁，全红脆熟期的枣果制干率达58%左右；干制红枣含可溶性总糖65.5%，可滴定酸1.00%，肉质松软，黄褐色。

早果性强，当年生新枣头摘心后，即可坐果；果实个大，平均单果重比对照‘金丝小枣’高1倍；丰产性强，4年生高接大树平均株产45.5 kg，比‘金丝小枣’增加44%（图4.177）；抗裂果，果实成熟期裂果率为零，相同栽培和立地条件下，‘金丝小枣’裂果率达35.6%；没有缩果病发生。

图4.176 ‘雨帅’果实

图4.177 ‘雨帅’结果状

【抗逆性】抗裂果能力极强，抗缩果病能力较强。耐旱、耐瘠薄。

【综合评价】该品种为目前国内优良的极抗裂果制干枣品种，具有早果性强、丰产、较抗缩果等突出优点，尤其作为抗裂果的枣品种发展，具有良好的发展前景。

【栽培技术要点】平原建园适宜的株行距为3 m × 4 m，山地建园适宜的株行距（2~3）m ×（3~4）m，无需配置授粉树。发枝力强，枝条粗壮，整形容易，可利用摘心、拉枝等措施等，促进早期丰产；树形可采用圆头形，开心形等；修剪上以夏剪为主，冬剪为辅，夏剪主要采用抹芽、早摘心、拉枝等；冬剪主要采用短截、疏枝等方法，培养树形。可采用花期环剥、盛花期喷施赤霉素等方法促进坐果。由于丰产性好，应加强肥水管理特别是有机肥的施用。

（完成人：刘孟军、刘　平、王保利、杨玉宣、王洪旗、刘嘉宾等）

12. 阜香（*Ziziphus jujuba*‘Fuxiang’）

【育种基本情况】由河北农业大学、阜平县林业局从阜平的‘婆枣’（*Ziziphus jujuba*‘Pozao’）中选育出的大果型、丰产的制干品种。2009年通过河北省林木品种审定委员会的审定（编号：冀S-SV-ZJ-016-2009），该品种是一个优良的大果型、中晚熟、制干枣品种。适宜在河北太行山区及生态条件类似区栽培。

【生物学特性】在河北阜平，一般4月中旬萌动，6月中旬进入盛花期，9月下旬果实着色成熟。果实发育期110 d左右，属中晚熟品种。11月初落叶，年生育期190 d左右。

【植物学特性】树势中庸，树姿开张，干性一般，树冠自然圆头形。十二年生树高7.0 m，东西枝展6.0 m，南北枝展5.0 m。主干黑褐色，皮纵裂，枝条稀疏，新枣头棕褐色，托叶刺不发达或无；平均枣吊长22.29 cm，基部粗0.216 cm；叶片卵圆形，平均纵径6.59 cm，平均横径3.68 cm，绿色，叶基圆形或偏斜形，叶尖急尖或钝尖，叶缘锯齿钝齿状，锯齿中深；花为日开型，花直径0.6 cm左右。

【主要经济性状】果实长圆形，平均果实纵径为4.1 cm，横径3.5 cm，单果重22.7 g，可食率为97.9%；可溶性总糖含量达24.3%，可滴定酸为0.35%，每100 g果实含维生素C含量为343 mg，粗纤维含量为10.03%。果皮红色，果面光滑，果点大，果皮薄，果肉质地松脆，汁液中等，酸甜适口，风味浓（图4.178，图4.179）；果核倒纺锤形，平均单核重0.47 g。核内一般不含种仁；全红脆熟期的枣果制干率达55%左右；干制红枣含可溶性总糖74.5%，可滴定酸1.40%，肉质松软，有香气，黄褐色。

图4.178　‘阜香’果实

图4.179　‘阜香’结果状

柄较粗，长7 mm左右。果面较平滑，果皮较薄，着色前阳面有浅褐色晕块，完全成熟后为深红色；果点中大，较密，显著（图4.183，图4.184）；果肉浅绿色，肉质较致密，汁液中多，味酸甜，口感好，适宜鲜食和制干，主要用于制干，品质上等；鲜枣可溶性固形物含量36.00%，总糖29.68%，酸0.63%，每100 g果实含维生素C 291.88 mg，可食率96.7%；制干率54.6%，干枣可溶性固形物含量69.30%，总糖65.11%，酸1.21%，可食率93.96%；枣核长纺锤形，平均鲜重0.79 g，纵横径3.07 cm × 0.74 cm，核内无种子。

图4.181 ‘金谷大枣’叶后的木质化枣吊

图4.182 ‘金谷大枣’四年生定植树

图4.183 ‘金谷大枣’结果状

图4.184 ‘金谷大枣’果实

嫁接第2年少量结果，第3年有一定产量，第4年平均株产达3.6 kg，第5年进入盛果期，平均株产20 kg。据测算，盛果期平均产量可达每公顷22 500 kg。坐果率较高，枣头、2~3年和三年以上枝吊果率分别为6.0%、91.7%和29.4%。

【抗逆性】该品种适应性广，具有较强的抗病性和抗裂果能力，在病害发生严重年份，该品种果实裂果率和病果率仅分别为壶瓶枣品种的25%和15%左右。

【综合评价】该品种树体中等大、成枝力强，开花结果早，早期丰产性能强。果实性状主要表现在果个大，肉质较致密、味酸甜可口，干鲜兼用，品质优异。尤其是鲜枣可食率和制干率高，具有较强的抗病性和抗裂果能力。

【栽培技术要点】要求土肥水条件充足良好，交通便利，丘陵坡地均可。定植嫁接苗或坐地酸枣苗嫁接建园；株行距（2.0~3.0）m×（3.0~4.0）m，每公顷840~1 650株；小冠疏层形或主干疏层形均可，树高2.5~3.5 m，骨干枝5~7个，层性明显。加强夏季修剪，及时抹芽，疏除过密枝，冬季修剪时注意进行骨干枝的更新复壮。

（完成人：李登科、王永康、隋串玲、赵爱玲、朱林秀、杜学梅、吕英忠、吴建功、聂利胜、赵广平）

15. 晋赞大枣（*Ziziphus jujuba*‘Jinzan Dazao’）

【育种基本情况】由山西省农业科学院果树研究所在河北省赞皇县资源调查时发现的‘赞皇大枣’（*Ziziphus jujuba*　‘Zanhuang Dazao’）大果、晚熟自然变异类型。2010年通过山西省林木品种审定委员会审定（编号：晋S-SC-ZT-005-2010），定名为晋赞大枣，该品种丰产性好，果个大而整齐，制干和加工品质较好，适宜在忻州及其以南地区气候条件下栽培。

【生物学特性】在山西太谷地区，4月20日左右萌芽，5月中旬枣头枝进入旺盛生长期，5月下旬为初花期，6月初进入盛花期。枣果白熟期为8月下旬，9月20日左右进入脆熟期，10月上旬果实完全成熟，果实生育期120 d左右，属极晚熟品种，比赞皇大枣成熟期晚10~15 d。落叶期为10月下旬，营养生长天数为180~190 d。

【植物学特性】树体中等大，树姿半开张，干性中等。树干灰褐色，主干皮裂呈条状；枣头红褐色，蜡层多，长90.7 cm，粗1.21 cm，节间长10.9 cm。二次枝弯曲度小，平均长29.9 cm，5节，针刺不发达；当年生枣股一般着生枣吊1个，多年生枣股着生枣吊2~6个，平均4个；木质枣吊较发达，枣吊平均长28.0 cm，着叶13片；叶片较大，叶长7.85 cm，叶宽3.55 cm，叶柄长0.77 cm，卵圆形，深绿，较光亮，叶面不平整，叶尖急尖，叶基圆形或截形，叶缘有不同程度褶皱，锯齿呈钝齿状。花量较大，每花序平均着花 6 朵，花较大，密盘直径3.9 mm，雄蕊5片，花瓣和萼片各5片，花粉活力高。与赞皇大枣相似，性状表现为明显的巨大型，如节间长，叶片大而肥厚，颜色深绿，果实特大等（图4.185，图4.186）。

图4.185 ‘晋赞大枣’木质化枣吊结果状

图4.186 ‘晋赞大枣’六年生树

【主要经济性状】果个特大，果形倒卵圆形或扁柱形，后期果大多为扁卵圆形，纵横侧径5.05 cm × 3.66 cm × 3.44 cm，单果重29.9 g，大小整齐一致；果面略有隆起，红色，外观艳丽；果肩凸圆，果顶凹陷，果皮厚度中等，果点小，稀疏，不显著。梗洼浅而广，萼片脱落，柱头残存；果肉浅绿色，肉质较致密，中等粗细，汁液中多，味酸甜，口感较好，适宜制干或加工，品质较好（图4.187）；鲜枣可食率96.1%，可溶性固形物含量32.0%，总糖28.71%，酸0.40%，糖酸比60.79，每100 g果实含维生素C 352.82 mg；制干率51.0%，干枣可食率91.2%，可溶性固形物含量56.7%，总糖50.61%，酸1.21%；果核纺锤形，核纹深，平均鲜重1.18 g，纵横径3.07 cm × 0.99 cm，核内无种子。

嫁接第2年少量结果，第3年结果株率17.9%，第4年有一定产量，株产3.6 kg，最高可达6 kg以上。5年后进入盛果期开始大量结果，平均株产20 kg，最高25 kg。股吊率和吊果率较高，枣头、2~3龄和3龄以股吊率分别为1.0、1.8和4.1吊，吊果率分别为2.0%、132.1%和12.9%（图4.188）。

图4.187 '晋赞大枣'果实

图4.188 '晋赞大枣'局部结果状

【抗逆性】适应性广、抗逆性强。区域试验结果表明，在山西省中部及以南地区的气候条件下可正常生长发育，性状优异而稳定。果实较抗病和较抗裂果。

【综合评价】该品种成熟期晚，果个特大，肉质较致密、味酸甜，适宜制干和加工，品质较好。同时具有较强的适应性和抗裂果能力。

【栽培技术要点】株行距（3.0~3.5）m×（3.0~4.0）m，每公顷720~1 110株。树形采用小冠疏层形或主干疏层形均可，树高3.0~3.5 m，骨干枝5~7个。其他同金谷大枣。

（完成人：李登科、王永康、隋串玲、赵爱玲、朱林秀、杜学梅、曹清国、吴建功、严林森、李振刚）

16. 京枣18（*Ziziphus jujuba* 'Jingzao 18'）

【育种基本情况】该品种2002年采自北京市西城区月坛小区一棵实生树。

【生物学特性】在北京北部地区4月20日左右萌芽，5月20日始花，5月底6月初盛花，盛花期持续到6月10左右，白熟期8月中旬，脆熟期为8月底，成熟期9月上中旬，果实生长时间100~120 d，10中下旬落叶。

【植物学特性】树姿开张，树势弱，干性弱；针刺小；叶近椭圆形、浅绿色（图4.189）。

【主要经济性状】果实纵径1.7 cm，横径2.3 cm，平均单果重11.8 g，最大单果重13.8 g是普通酸枣的2~3倍重，果实为圆柱形；果实大小整齐，成熟果红色或紫红色，果肉浅白色，果肉细，质地酥脆，汁液多，风味酸，可溶固形物31.4%，总糖含量231.43%，酸含量1.44%，每100 g果实含维生素C为141.8 mg；果核小，纺锤形或近圆形，红褐色，平均核重0.22 g，核壳薄，含仁率100%，种仁饱满率100%，可食率94%（图4.190）。

图4.189 ‘京枣18’结果状

图4.190 ‘京枣18’果实

【抗逆性】该品系适应性强、抗寒能力强，在内蒙古的毛乌素沙地种植，在2009年低温 -30℃左右无冻害。丰产稳产，裂果率低，抗缩果病。

【综合评价】该品种为目前国内优良的大果酸味型、鲜食、加工等兼用型品种。具有品质优良、丰产、稳产、商品性好等突出优点，抗寒能力强、防沙效果好，极具开发前景。

【栽培技术要点】采用株行距2 m × 3 m进行定植。采用纺锤形或主干疏层形整枝，加强夏季修剪，及时进行新梢摘心，改善通风透光条件。对于枣树病虫害以预防为主，药物治理为辅的原则，重点防治枣锈病、裂果病、枣瘿蚊、绿盲蝽象等病虫害。

（完成人：潘青华、白　金、张玉平、李少宁、金万梅）

17. 京枣28（*Ziziphus jujuba*‘Jingzao 28’）

【育种基本情况】该品种是2007年采自北京市海淀区四季青镇，是北京市农林科学院林业果树研究所在200多个品系中经过多年观察对比筛选出来的。

【生物学特性】在北京地区4月20日左右萌芽，5月20日左右开花，5月底6月上旬盛花，花量大，白熟期8月中下旬，脆熟期为9月初，完熟期9月上中旬，果实生长时间100~110 d，10月中下旬开始落叶。

【植物学特性】该品种树姿开张，树势强，干性强。针刺弱；叶卵圆形、绿色（图4.191）。

【主要经济性状】平均单果重33.6 g，最大单果重45.5 g，果实为苹果形；果实大小较整齐，成熟果实紫红色（图4.192）；果肉绿白色，果肉中细，质地酥脆，汁液多，风味甜，可溶性固形物含量28.4%、总糖含量21.6%、可滴定酸含量0.4%、每100 g果实含维生素C为275 mg；核小，可食率98%，30%左右的核为纺锤形，有仁，但只有极少数的仁发育完全，70%左右为扁纺锤形，无仁。

图4.191 ‘京枣28’结果状

图4.192 ‘京枣28’果实

【抗逆性】该品种适应性强、抗寒能力强。丰产稳产，抗缩果病。

【综合评价】该品种具有适应性强、结果早、果大、丰产稳产、可食率高、口感好等性状，属于优良的大果型鲜食枣类型。

【栽培技术要点】株行距3 m×3 m或3 m×4 m进行定植。采用纺锤形或主干疏层形整枝，加强夏季修剪，及时进行新梢摘心，改善通风透光条件。对于枣树病虫害以预防为主，药物治理为辅的原则，重点防治枣锈病、裂果病、枣瘿蚊、绿盲蝽象等病虫害。

（完成人：潘青华、白金、张玉平、李少宁、金万梅）

（二）选育的优系

1. 鲁枣4号（*Ziziphus jujuba*）

【育种基本情况】由山东省果树研究所从‘金丝小枣’（*Ziziphus jujuba* ‘Jinsi Xiaozao’）自然杂交实生苗中选出。2004年播种，2005年发现结果及果实综合性状良好，当年标记，入选高接选种圃（编号04-1），并进行繁殖异地推广区试。经几年的详细观察记载，发现无果实病害，裂果轻微，结果早而丰产，干鲜枣品质皆优，成熟期较早，2010年定名‘鲁枣4号’，并通过专家验收鉴定。

【生物学特性】在山东泰安，4月初萌芽，5月中旬始花，5月底至6月初盛花，9月上旬开始着色，9月中旬成熟采收，果实生长期95~100 d。落叶期在11月上中旬。

【植物学特性】树姿直立，树势强，主干灰褐色，粗糙，皮易剥落；枣头紫红色，富光泽，皮孔大，圆形，开裂，凸起；针刺发达，较长，1~26 cm；二次枝自然生长节数7~11节；二年生枝紫褐色，多年生枝灰褐色，较粗糙；枣股圆锥形。枣吊长16~27 cm，着叶9~14片，叶卵圆形，长5.8 cm，宽3.0 cm，叶尖钝尖，锯齿粗，浅圆，1 cm有锯齿3~4片；花量多，花昼开型，蜜盘绿黄色，花径0.6 cm，中大（图4.193，图4.194）。

图4.193 ‘鲁枣4号’母树

【主要经济性状】果实长椭圆形，两端齐平，平均纵径3.1 cm，横径2.3 cm，果实较大，平均果重10.1 g，最大果重13.8 g，果实大小均匀，整齐度较高；果皮紫红色，中厚（图4.195）；果肉厚，绿白色，肉质细，疏松，汁液中多，味甜酸；鲜枣可溶性固形物含量40.0%，可食率98.2%，鲜食味佳，每100 g果肉含维生素C124 mg，出干率55%，干枣丰满富弹性，制干、鲜食品质均为上等。果实成熟期9月中旬，无果实病害，裂果轻微，干鲜兼用品种。结果早、丰产。当年生枣头具有较好的结果能力。定植后3~5年进入丰产期，二年生树单株产量0.4~1.6 kg，三年生树产量达3~4.4 kg（图4.196）。

图4.194 ‘鲁枣4号’开花状

图4.195 ‘鲁枣4号’果实

【抗逆性】在山东、江西南城、云南宜良等地区的山地、丘陵、河滩、平原等不同立地条件下引种和栽培，结果表明：栽植于平原地，‘鲁枣4号’无果实病害，裂果轻，多雨年份裂果率2.1%。抗病强。抗干旱、耐涝，在雨季地下水位30~50 cm的黏壤和沙壤土上生长结果良好。耐瘠薄，在山岭薄地生长结果良好。

【综合评价】该品系为早实，丰产性状突出，优质，裂果轻，抗病性强的优良干鲜兼用品种。

【栽培技术要点】采用酸枣为砧木嫁接繁殖建园，一般栽培建园株行距2 m×4 m、3 m×4 m或3 m×5 m。树形以采用自然开心形或小冠疏层形为宜。修剪上以冬夏结合为

图4.196 ‘鲁枣4号’二年生树

好，冬剪主要是采用短截、疏枝以及撑、拉、吊等修剪方法，稳定树形，培养结果枝组。夏剪主要是采用抹芽、摘心，疏枝以及撑、拉、吊等修剪方法，控制树体营养生长。主要发生的病虫害种类有尺蠖、桃小，锈病等。根据发生的病虫害种类适时合理喷药防治。

（完成人：单公华、周广芳、张琼等）

2. 鲁枣5号（*Ziziphus jujuba*）

【育种基本情况】由山东省果树研究所从‘金丝小枣’（*Ziziphus jujuba* ‘Jinsi Xiaozao’）自然杂交实生苗中选出。2004年播种，2005年发现结果及果实综合性状良好，当年标记，入选高接选种圃（编号04-4），并进行繁殖异地推广区试。2006～2007年开始进行品比试验和区域试验，经几年的详细观察记载，发现无裂果，果实大，一级果率高，结果早而丰产，干、鲜枣品质皆优。无果实病害，裂果轻微，成熟期较早，2010年通过专家验收鉴定，并定名‘鲁枣5号’。

【生物学特性】在山东泰安，4月初萌芽，5月中旬始花，5月底至6月初盛花，9月上旬开始着色，中旬成熟采收，果实生长期95~100 d。落叶期在11月上中旬。

【植物学特性】树姿直立，树势强，主干灰褐色，粗糙，皮易剥落；枣头紫红色，富光泽，皮孔大，圆形，开裂，凸起。针刺发达，较长，1~2.6 cm；二次枝自然生长节数7~11节；二年生枝紫褐色，多年生枝灰褐色，较粗糙；枣股圆锥形，枣吊长16~27 cm，着叶9~14片，叶卵圆形，长5.8 cm，宽3.0 cm，叶尖钝尖，锯齿粗，浅圆，1 cm有锯齿3~4片；花量多，花昼开型，蜜盘绿黄色，花径0.6 cm，中大（图4.197，图4.198）。

图4.197 ‘鲁枣5号’母树

【主要经济性状】果实椭圆形，平均果重10.5 g，最大果重11.7 g，平均纵径3.1 cm，横径2.6 cm，果实较大，果实大小均匀，整齐度较高；果皮鲜红色，中厚；果肉厚，绿白色，肉质细，疏松，汁液中多，味酸甜；鲜枣可溶性固形物含量37.6%，可食率95.9%，鲜食味佳，每100 g果肉含维生素C128 mg，干枣个大、丰满富弹性，符合出口标准的一级果率69.5%，制干、鲜食品质均为上等，果实成熟期9月中旬（图4.199，图4.200）。抗裂果。是一

图4.198　‘鲁枣5号’开花状

图4.199　‘鲁枣5号’结果状

图4.200　‘鲁枣5号’幼树结果状

个干鲜兼用品种。定植后3~5年进入丰产期，二年生树单株产量0.3~1.5 kg，三年生树产量达3~3.4 kg。

【抗逆性】抗裂果，果实病害轻。抗干旱，耐涝，在雨季地下水位30~50 cm的黏壤和沙壤土上生长结果良好。耐瘠薄，在山岭薄地生长结果良好。

【综合评价】该品系综合性状表现良好，早实、丰产、优质、抗裂果、抗病性强的优良干鲜兼用品种。

【栽培技术要点】一般栽培建园株行距2 m×4 m、3 m×4 m或3 m×5 m。树形以采用小冠疏层形或开心形为宜。修剪上以冬夏结合为好，冬剪主要是采用短截、疏枝以及撑、拉、吊等修剪方法，培养结果枝组。夏剪主要是采用抹芽、摘心，疏枝以及撑、拉、吊等修剪方法，控制树体营养生长。主要发生的病虫害种类有尺蠖、桃小，锈病等。根据发生的病虫害种类适时合理喷药防治。

（完成人：单公华，周广芳，张　琼等）

3. 鲁枣6号（*Ziziphus jujuba*）

【育种基本情况】由山东省果树研究所从自然杂交实生苗中选出。2004年播种，2005年发现该株系具有结果早、丰产，无裂果，果实大，晚熟，品质优良等优点，同年入选高接选种圃（编号04-12），2006—2007年开始进行品比试验和区域试验，2010年通过专家验收鉴定，并定名‘鲁枣6号’。

【生物学特性】在山东泰安，4月初萌芽，5月中旬始花，5月底至6月初盛花，9月中旬开始着色，9月下旬到10月上旬成熟采收，果实生长期110~120 d。属晚熟类型。落叶期在11月上中旬。

【植物学特性】树姿直立，树势中庸，主干灰褐色，粗糙，皮易剥落；枣头紫红色，富光泽，皮孔大，圆形，开裂，凸起。针刺发达，长而粗壮，最长者达4 cm；二次枝自然生长节数7~11节；二年生枝紫褐色，多年生枝灰褐色，较粗糙；枣股圆锥形，枣吊长16~27 cm，着叶11~15片，叶卵状披针形，长5.8 cm，宽3.0 cm，叶尖钝尖，锯齿粗，浅圆，1 cm有锯齿3~4片；花量多，花昼开型，蜜盘绿黄色，花径0.6 cm，中大（图4.201，图4.202）。

图4.201 ‘鲁枣6号’母树

图4.202 ‘鲁枣6号’嫁接当年枣吊坐果状

【主要经济性状】果实长柱形或平顶锥形，平均纵径3.1 cm，横径2.6 cm，果实较大，平均果重12.2 g，最大果重15.4 g，果实大小均匀，整齐度较高；果皮鲜红色，中厚；果肉厚，绿白色，肉质细，疏松，汁液中多，味酸甜；鲜枣可溶性固形物含量34.5%，可食率97.1%，鲜食味佳，每100 g果肉含维生素C128 mg，鲜食品质上等。果实成熟期9月下旬至10月上旬。抗裂果，是一个优良鲜食品种。丰产稳产。当年生枣头具有较好的结果能力。定植后3~5年进入丰产期，二年生树单株产枣0.4~1.6 kg，三年生树产量达3~4.4 kg（图4.203，图4.204）。

【抗逆性】抗裂果，果实病害轻。抗干旱，耐涝，在雨季地下水位30~50 cm的黏壤和沙壤土上生长结果良好。耐瘠薄，在山岭薄地生长结果良好。

【综合评价】该品系结果早、丰产，抗裂果，品质优良，果实大，晚熟的优良鲜食品种。

图4.203 ‘鲁枣6号’果实

图4.204 ‘鲁枣6号’结果状

【栽培技术要点】 密植栽培建园株行距2 m×3 m，一般栽培建园株行距2 m×4 m、3 m×4 m或3 m×5 m。树形以采用自然开心形或小冠疏层形为宜。修剪上以冬夏结合为好，冬剪主要是采用短截、疏枝以及撑、拉、吊等修剪方法。夏剪主要是采用抹芽、摘心，疏枝以及撑、拉、吊等修剪方法，控制树体营养生长。主要发生的病虫害种类有尺蠖、桃小，锈病等。根据发生的病虫害种类适时合理喷药防治。

（完成人：周广芳、单公华、张　琼等）

4. 鲁枣7号（*Ziziphus jujuba*）

【育种基本情况】 由山东省果树研究所从‘磨盘枣’（*Ziziphus jujuba* ‘Mopanzao’）自然杂交实生苗中选出。2004年播种，2005年入选高接选种圃（编号04-2），2006～2007年开始进行品比试验和区域试验，2010年通过专家验收鉴定，并定名‘鲁枣7号’。

【生物学特性】 在山东泰安，4月初萌芽，5月中旬始花，5月底至6月初盛花，9月上旬开始着色，9月中下旬成熟采收，果实生长期95~105 d，11月初落叶。

图4.205 ‘鲁枣7号’母树

【植物学特性】 树姿直立，树势强，主干灰褐色，粗糙，皮易剥落；枣头紫红色，富光泽，皮孔大，圆形，开裂，凸起。针刺发达，较长，1~2.6 cm；二次枝自然生长节数7~11节，二年生枝紫褐色，多年生枝灰褐色，较粗糙；枣股圆锥形，枣吊长15~18 cm，着叶11~13片，叶卵状披针形，长5.5 cm，宽2.8 cm，叶尖钝尖，锯齿粗，浅圆，1 cm有锯齿3~4片；花量多，花昼开型，蜜盘黄色，花径0.7~0.8 cm，中大（图4.205，图4.206）。

【主要经济性状】 果实磨盘形，胴部有缢痕环围似石磨状，顶端大于肩端，两端齐平，平均纵径2.9 cm，横径2.5 cm，果实中大，平均果重8.6 g，最大果重9.3 g，大小均匀，整齐度较高；果皮紫红色，中厚；果肉厚，绿白色，肉质细，疏松，汁液中多，味酸甜；鲜枣可溶性固形物含量37.5%，可食率94.0%，鲜食味佳，每100 g果肉含维生素C124 mg，观赏、鲜食均为上乘，果实成熟期9月中

图4.206 ‘鲁枣7号’开花状

下旬，与磨盘枣同期成熟，无裂果，果实病害轻微，为观赏、鲜食兼用品种。当年生枣头具有较好的结果能力。定植后二年生树单株产量0.2~1.0 kg，三年生树产量达3~4.1 kg（图4.207，图4.208）。

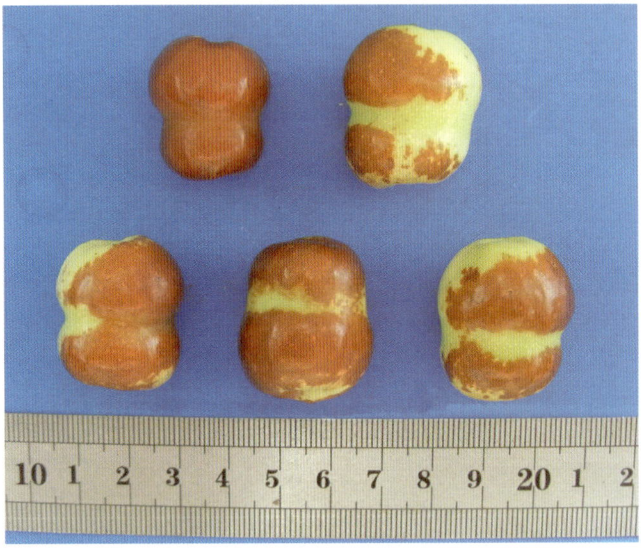

图4.207 ‘鲁枣7号’果实

图4.208 ‘鲁枣7号’结果状

【抗逆性】果实不裂果，少有果实病害。抗干旱，耐涝，耐瘠薄，在山岭薄地生长结果良好。

【综合评价】该品系结果早、丰产，不裂果，观赏与鲜枣兼用的优良品种。

【栽培技术要点】一般栽培建园株行距3 m×4 m或3 m×5 m。树形以采用小冠疏层形或自然开心形为宜。修剪上以冬夏结合为好，冬剪主要是采用短截、疏枝以及撑、拉、吊等修剪方法。夏剪主要是采用抹芽、摘心，疏枝等修剪方法，控制树体营养生长。主要发生的病虫害种类有尺蠖、桃小，锈病等。根据发生的病虫害种类适时合理喷药防治。

（完成人：单公华、周广芳、张　琼等）

5. 07-1（*Ziziphus jujuba*）

【育种基本情况】山西省农业科学院果树研究所在山西太谷县小白乡农家院内发现的‘壶瓶枣’（*Ziziphus jujuba* ‘Hupingzao’）整株变异，于2007年筛选为新品系。目前正在进行区试试验。

【生物学特性】在山西省太谷县，4月中旬萌芽，5月下旬开花，8月下旬果实进入白熟期，9月中旬果实完全成熟。

【植物学特性】树体高大，较开张；枣吊长27.1 cm，着叶16片；叶片卵状披针形，叶长7.5 cm，叶宽3.5 cm，叶柄长5.7 mm，深绿色，光亮，叶面不平展，反卷，叶缘波状弯曲，叶尖锐尖，叶基圆楔形，叶缘锯齿钝（图4.209）。

图4.209　‘07–1’果实

图4.210　‘07–1’结果状

【主要经济性状】果个大，单果重33.3 g，果形圆柱形，果点不明显，果皮较薄，紫红色、肉厚、有弹性，果核小，可食率96.3%。制干率62.4%，干枣含可溶性固形物70.3%，总糖67.6%，酸含量7.47%，制干品质优异（图4.210）。

【抗逆性】据2008年调查，果实脆熟后期裂果率32.1%，而壶瓶枣高达88.9%。

【综合评价】初步认为该品系为大果、优质、抗裂果、与壶瓶枣同期成熟的干鲜兼用类型。

【栽培技术要点】同‘金谷大枣’。

（完成人：李登科、王永康、隋串玲、赵爱玲、朱林秀、杜学梅）

6. 08-1（*Ziziphus jujuba*）

【育种基本情况】山西省农业科学院果树研究所在山西柳林县王家沟乡吕梁木枣主产区发现的自然变异株系，于2008年筛选为新品系。目前正在进行区试试验。

【生物学特性】在山西太谷地区，4月20日萌芽，6月上旬盛花期，9月下旬果实完全成熟。

【植物学特性】枣头灰褐色，二次枝弯曲度中等，枣吊长27.9 cm，着叶16片；叶片卵状披针形，叶长6 cm，叶宽2.9 cm，叶柄长6 mm，绿色，较光亮，叶尖锐尖，叶基截形，叶缘钝锯齿。

【主要经济性状】果实圆锥形，纵横径5.00 cm × 3.36 cm，单果重21.4 g，大小整齐；果面光滑，红色。果肩凸圆，果顶平圆；果皮中厚，果点大，稀疏，较显著；果梗长3.6 mm，梗洼广、中等深，萼片脱落，柱头残存（图4.211）；果肉浅绿色，质地疏松，较粗，汁液少，味甜，品质佳，适宜制干；鲜枣可食率97.5%，含可溶性固形物34.80%，总糖22.75%，单糖9.28%，双糖13.47%，酸0.45%，糖酸比50.04∶1，每100 g果肉含维生素C247.48 mg；制干率56.7%，干枣含水量19.3%。果核小，平均鲜重0.53 g。

【抗逆性】抗逆性与对照‘吕梁木枣’相当。

【综合评价】该品系抗逆性强，耐瘠薄。大果形，优质，制干品种。抗裂果能力强。

图4.211 ‘08-1’结果状

【栽培技术要点】同‘晋赞大枣’。

（完成人：李登科、王永康、隋串玲、赵爱玲、朱林秀、杜学梅）

7. 2001-1（*Ziziphus jujuba*）

【育种基本情况】由山西省农业科学院果树研究所2001年经‘婆婆枣’（*Ziziphus jujuba* ‘Popozao’）胚培养和秋水仙素诱变处理得到的变异株系。

【生物学特性】在山西太谷地区，4月18日萌芽，5月28日初花，果实9月上旬白熟，10月初完全成熟。

【植物学特性】树体中等大，开张；二次枝和枣吊针刺发达，最长可达3.5 cm；二次枝弯曲度中等；枣吊长17.4 cm，着叶13片；叶片椭圆形，叶长4.7 cm，叶宽2.4 cm，叶柄长3.4 mm，绿色，较光亮，叶面合抱，叶尖锐尖，叶基圆形，叶缘锐锯齿（图4.212，图4.213）。

【主要经济性状】果实中等大，扁柱形，纵横侧径3.20 cm × 2.68 cm × 2.52 cm，单果重11.9 g，大小整齐；果面不平整，有隆起，赭红色；果肩凸圆，果顶凹陷，果皮厚，果点小，密度大，不显著；梗洼浅而广，萼片脱落，柱头残存；果肉浅绿色，质地致密，汁液少，味甜酸，鲜食品质差，适宜制干或加工，鲜枣可食率92.2%。果核较大，倒纺锤形，平均鲜重0.93 g，纵横侧径1.88 cm × 1.01 cm × 0.93 cm，核内含有种子，种仁饱满，含仁率100%，双仁率30%（图4.214，图4.215）。

【抗逆性】抗裂果能力极强。

【综合评价】该品系早果，丰产，成熟晚，极抗裂果。

【栽培技术要点】同‘金谷大枣’。

（完成人：李登科、王永康、隋串玲、赵爱玲、杜学梅）

图4.212 ‘2001-1’八年生树

图4.213 ‘2001-1’枣吊

图4.214 ‘2001-1’果实

图4.215 ‘2001-1’结果状

8. 2001-2（*Ziziphus jujuba*）

【育种基本情况】由山西省农业科学院果树研究所2001年经‘壶瓶枣’（*Ziziphus jujuba* ‘Hupingzao’）胚培养和秋水仙素诱变处理得到的变异株系，现进行性状稳定性观察。

【生物学特性】在山西太谷地区，4月18日萌芽，5月28日初花，果实9月上旬白熟，9月下旬成熟。

【植物学特性】树体高大，开张，主干条裂；针刺不发达，二次枝弯曲度小；枣吊长21.9 cm，着叶13片；叶片卵状披针形，叶长7.1 cm，叶宽3.2 cm，叶柄长5.9 mm，浅绿色，灰暗，叶面平展，叶尖钝尖，叶基圆形，叶缘钝锯齿（图4.216）。

【主要经济性状】果实较大，扁柱形，纵横侧径4.37 cm × 2.88 cm × 2.51 cm，单果重14.8 g，大小整齐；果面光滑，红色，果肩平圆，果顶平或尖，果皮中等厚，果点大，密度大，不显著；梗洼窄而深，萼片脱落，柱头残存（图4.217，图4.218）。果肉白色，质地疏松，汁液中多，味酸甜，鲜食品质中等，制干鲜食兼用。鲜枣可食率95.4%；果核较大，纺锤形，平均鲜重0.83 g，纵横侧径3.19 cm × 0.83 cm × 0.76 cm，部分核内含有不饱满种子，含仁率40%（图4.219）。

图4.216 ‘2001–2’八年生树

图4.217 ‘2001–2’果实

图4.218 ‘2001–2’结果状

图4.219 ‘2001–2’枣核

【抗逆性】抗病虫害性强。

【综合评价】该品系果实较大，制干鲜食兼用。

【栽培技术要点】同‘晋赞大枣’。

（完成人：李登科、王永康、隋串玲、赵爱玲、朱林秀、杜学梅）

9. 2001-3（*Ziziphus jujuba*）

【育种基本情况】由山西省农业科学院果树研究所2001年‘苹果枣’（*Ziziphus jujuba* ‘Pingguozao’）经胚培养和秋水仙素诱变处理得到的变异株系，现进行性状稳定性观察。

【生物学特性】在山西太谷地区，4月13日萌芽，5月24日初花，果实9月上旬白熟，9月20日左右完全成熟。

【植物学特性】树体中等大，较开张；针刺发达，最长达1.5 cm；二次枝弯曲度中等；

枣吊长19.7 cm，着叶11片。叶片卵状披针形，叶长5.3 cm，叶宽2.2 cm，叶柄长4 mm，浅绿色，光亮，叶面合抱，叶尖锐尖，叶基偏斜形，叶缘锐锯齿。

【主要经济性状】果实较小，近圆形，纵横径2.06 cm × 1.92 cm，单果重4.9 g，大小整齐；果面平整，浅红色；果肩平圆，果顶凹陷，果皮薄，果点小，密度中等，不显著。梗洼浅而广，萼片脱落，柱头残存。果柄长3.8 cm。果肉浅绿色，肉细，酥脆，汁液多，味极甜，鲜食品质极佳，鲜枣可食率95.1%；果核小，倒纺锤形，平均鲜重0.24 g，纵横侧径1.38 cm × 0.66 cm，核内大多含有种子，种仁饱满，含仁率90%（图4.220，图4.221）。

【抗逆性】适应性较强，较抗裂果。

【综合评价】该品系早产，丰产，优质，宜鲜食。

【栽培技术要点】同‘金谷大枣’。

（完成人：李登科、王永康、隋串玲、赵爱玲、杜学梅）

图4.220　‘2001–3’果实

图4.221　‘2001–3’枣核

10. 2001-4（*Ziziphus jujuba*）

图4.222　‘2001–4’八年生树

【育种基本情况】由山西省农业科学院果树研究所2001年经‘六月鲜’（*Ziziphus jujuba* ‘Liuyuexian’）枣胚培养和秋水仙素诱变处理得到的变异株系，现进行性状稳定性观察。

【生物学特性】在山西太谷地区，4月15日萌芽，5月23日初花，果实9月上旬白熟，9月下旬完全成熟。

【植物学特性】树体较大，较开张；针刺发达，最长达2.5 cm；二次枝弯曲度大；枣吊长21 cm，着叶15片；叶片椭圆形，叶长5.1 cm，叶宽2.5 cm，叶柄长3.9 mm，绿色，较光亮，叶面平展，叶尖急尖，叶基圆形，叶缘锐锯齿（图4.222）。

jujuba ‘Pingguozao’）胚培养和秋水仙素诱变处理得到的变异株系，现进行性状稳定性观察。

【生物学特性】在山西太谷地区，4月16日萌芽，5月25日初花，果实8月下旬白熟，9月中旬完全成熟。

【植物学特性】树体较小，枝系柔软，易倒伏；针刺发达，最长可达2.5 cm；枣头蜡层较多，二次枝弯曲度中等；枣吊长16.6 cm，着叶11片；叶片卵状披针形，叶长5.9 cm，叶宽2.5 cm，叶柄长5.3 mm，绿色，较光亮，叶面反卷，叶尖锐尖，叶基圆形，叶缘锐锯齿（图4.229，图4.230）。

图4.229 ‘2003-1’三年生树

图4.230 ‘2003-1’结果状

【主要经济性状】果实较小，卵圆形，纵横径3.15 cm × 2.52 cm，单果重8.7 g，大小整齐；果面光滑，红色；果肩平圆，果顶凹陷，果皮中等厚，果点小，较密，不显著；梗洼中等深广，萼片脱落，柱头残存；果肉白色，质地疏松，汁液中等多，味甜酸，鲜食品质中等，鲜枣可食率95.6%；果核较小，纺锤形，平均鲜重0.38 g，纵横径1.96 cm × 0.75 cm，少数核内含有种子，种仁不饱满，含仁率30%（图4.231，图4.232）。

图4.231 ‘2003-1’果实

图4.232 ‘2003-1’果实剖面

【抗逆性】抗裂果能力较强。

【综合评价】该品系早产，丰产，稳产。

【栽培技术要点】适合矮化密植栽培，（1.5~2.0）m×3 m，其他同‘金谷大枣’。

（完成人：李登科、王永康、隋串玲、赵爱玲、杜学梅）

13. 大河道大果（*Ziziphus jujuba*）

由河北农业大学从‘赞皇大枣’（*Ziziphus jujuba* ‘Zanhuang Dazao’）中初选的大果型、丰产优系。生物学特性、植物学特性、主要经济性状、抗逆性正在观察之中（图4.233）。

14. 巨圆果（*Ziziphus jujuba*）

由河北农业大学从‘赞皇大枣’（*Ziziphus jujuba* ‘Zanhuang Dazao’）中初选的特大果型、丰产优系。生物学特性、植物学特性、主要经济性状、抗逆性正在观察之中（图4.234）。

图4.233 ‘大河道大果’干制后的果实

图4.234 ‘巨圆果’果实

15. 鳌鱼2号（*Ziziphus jujuba*）

由河北农业大学2009年从行唐的‘婆枣’（*Ziziphus jujuba* ‘Pozao’）中发现的大果、丰产优系。生物学特性、植物学特性、主要经济性状、抗逆性正在观察之中。

16. 饼饼罐（*Ziziphus jujuba*）

由河北农业大学从赞皇大枣（*Ziziphus jujuba* ‘Zanhuang Dazao’）中发现的极晚熟，果实扁圆美观，果实富含维生素C的优系。生物学特性、植物学特性、主要经济性状、抗逆性正在观察之中。

17. 1-24（*Ziziphus jujuba*）

由河北农业大学从‘涞水铃枣’（*Ziziphus jujuba* ‘Laishui Lingzao’）的自然实生后代中发现的优系。果实有香味、抗裂，丰产。果实9月21日脆熟，平均果重8.8 g，果实椭圆形，味酸甜，酥脆，汁液多，肉质中粗，新枣头可结果。其他生物学特性、植物学特性、主要经济性状、抗逆性正在观察之中。

18. 13-2（*Ziziphus jujuba*）

由河北农业大学从‘沂水大雪枣’（*Ziziphus jujuba* ‘Yishuidaxuezao’）的自然实生后代中发现的优系。极抗裂，极丰产。果实9月21日脆熟，平均果重4.7 g，果实圆形，味

图4.235 ‘13–2’果实（浸水后10 d）

酸，酥脆，汁液中多，肉质中粗，含仁率100%。极抗裂果，果实浸水10 d后，果肉水浸状，表皮不裂。其他生物学特性、植物学特性、主要经济性状、抗逆性正在观察之中（图4.235）。

19. 13-3（*Ziziphus jujuba*）

由河北农业大学从‘沂水大雪枣’（*Ziziphus jujuba* ‘Yishuidaxuezao’）的自然实生后代中发现的优系。极早熟，丰产。果实8月29日完熟，平均果重6.8 g，果实长圆形，味甜酸，酥脆，汁液多，肉质细。其他生物学特性、植物学特性、主要经济性状、抗逆性正在观察之中。

20. 13-95（*Ziziphus jujuba*）

由河北农业大学从‘沂水大雪枣’（*Ziziphus jujuba* ‘Yishuidaxuezao’）的自然实生后代中发现的优系。极早熟、果实略扁，较丰产。果实8月29日完熟，平均果重6.9 g，果实略扁，味甜酸，酥脆，汁液中多，肉质细。其他生物学特性、植物学特性、主要经济性状、抗逆性正在观察之中。

21. 2-10（*Ziziphus jujuba*）

由河北农业大学从‘雄性不育3号’（*Ziziphus jujuba* ‘JMS No.3’）的自然实生后代中发现的优系。果实特甜，白熟期果实特甜，坐果率低。其他生物学特性、植物学特性、主要经济性状、抗逆性正在观察之中。

22. 2-14（*Ziziphus jujuba*）

由河北农业大学从‘雄性不育3号’（*Ziziphus jujuba* ‘JMS No.3’）的自然实生后代中发现的优系。果实有镒痕、宜鲜食，含仁率100%，丰产。果实9月21日脆熟，平均果重6.9 g，果实圆锥形带镒痕，味甜，酥脆，汁液多，肉质中粗，含仁率100%。其他生物学特性、植物学特性、主要经济性状、抗逆性正在观察之中。

23. 2-12（*Ziziphus jujuba*）

由河北农业大学从‘雄性不育3号’（*Ziziphus jujuba* ‘JMS No.3’）的自然实生后代中发现的优系。极矮化，是正常株高的50%，二次枝节间长度为1.33 cm。其他生物学特性、植物学特性、主要经济性状、抗逆性正在观察之中（图4.236）。

图4.236 ‘2–12’树体（极矮化）

24. 1-33（*Ziziphus jujuba*）

由河北农业大学从‘涞水铃枣’（*Ziziphus jujuba* ‘Laishuilingzao’）的自然实生后代中发现的优系。矮化，株高是正常株高的75%，二次枝节间长度为1.6 cm。其他生物学特性、植物学特性、主要经济性状、抗逆性正在观察之中。

25. 13-92（*Ziziphus jujuba*）

由河北农业大学从‘沂水大雪枣’（*Ziziphus jujuba* ‘Yishuidaxuezao’）的自然实生后代中发现的优系。果实特大，果皮白色，果实9月10日白熟，平均果重29.0 g，果实倒卵圆形，味酸，较致密，汁液多，肉质细，丰产性较差。其他生物学特性、植物学特性、主要经济性状、抗逆性正在观察之中。

四、仁用杏

（一）选育的新品种

1. 京仁1号（*Prunus armeniaca* ‘Jingren No.1’）

【育种基本情况】由北京市农林科学院林业果树研究所以母本仁用杏品种‘龙王帽’（*Prunus armeniaca* ‘Longwangmao’）和从意大利引进的父本扁桃品种‘1号扁桃’（*Amygdalus communis* L.）进行远缘杂交育成的新品种。2010年7月通过专家现场审查，专家综合分析认为，该品种是一个单仁重较高、抗性强的仁用杏品种，可作为进一步进行仁用杏改良的亲本材料，已获得国家林业局植物新品种权保护（品种权号：20100022）。适合北京地区栽培。

【生物学特性】在北京东部地区3月中旬萌动，4月上旬盛花，花期5~7 d。4月中下旬展叶，果实7月上中旬成熟，果实发育期90 d左右。11月初落叶，年长生发育期210 d左右。

【植物学特性】树势中庸，树姿开张；主干条状纵裂；一年生枝紫红色，多年生枝灰褐色，皮孔稠密不均；幼树结果初期发枝力强；叶片卵圆形，先端短尾尖，基部钝圆，边缘锯齿细密；叶柄长2.5~3.5 cm（图4.237，图4.238）；花单生，极稀2~3朵簇生，花萼筒状，紫红色；花瓣白色。

图4.237 ‘京仁1号’枝条

图4.238 ‘京仁1号’叶片

【主要经济性状】果实长扁圆形，可溶性固形物含量10.9%；成熟时果皮黄色，向阳面稍具斑点红晕；果核长卵圆形，核壳粗糙，杏仁较饱满，味甜，平均单仁重0.8 g，离核（图4.239，图4.240）。

以短果枝和花束状果枝结果为主。栽培时宜配置授粉树。

图4.239 ‘京仁1号’果实

图4.240 ‘京仁1号’果核和仁

【抗逆性】树体和花芽抗寒力均强，在北京地区，多年内未见严重冻花芽和抽条现象。

【综合评价】该品种是仁用杏与扁桃远缘杂交获得的新品种，抗性强，核仁较大，可作为仁用杏进一步改良的亲本。

【栽培技术要点】可采用株行距3 m × 4 m或3 m × 5 m进行定植，开心形或自然圆头形整枝。注意加强夏季修剪，及时进行新梢摘心，培育结果枝及结果枝组。改善通风透光条件，促进核仁的充实、核仁品质的提高和花芽分化。7月份前追肥以N肥为主，磷、钾肥配合使用，7月份及以后，追肥以钾肥为主。秋施基肥以有机肥为主。应注意适时采收。

（完成人：王玉柱、孙浩元、杨　丽、张俊环）

2. 京仁2号（*Prunus armeniaca* ‘Jingren No.2’）

【育种基本情况】由北京市农林科学院林业果树研究所以母本仁用杏品种‘龙王帽’（*Prunus armeniaca* ‘Longwangmao’）和从意大利引进的父本扁桃品种“1号扁桃”（*Amygdalus communis* L.）进行远缘杂交育成的新品种。已获得国家林业局植物新品种权保护（品种权号：20100023），2010年7月通过专家现场审查，专家综合分析认为，该品种是一个单仁重高、丰产、抗性强的仁用杏品种，也可作为进一步进行仁用杏改良的亲本材料。适合北京地区栽培。

【生物学特性】在北京东部地区3月中旬萌动，4月上旬盛花，花期5 ~ 7 d。4月中下旬初展叶，果实7月中旬果实成熟，果实发育期95 d左右。11月初落叶，年生长发育期210 d左右。

【植物学特性】树势较强，树姿半开张；主干条状纵裂；一年生枝紫红色，多年生枝灰褐色，皮孔稠密；幼树结果初期发枝力强；叶片近圆形，先端短尾尖，基部钝圆，叶缘锯齿尖，重锯齿；叶柄长2.5~4.0 cm（图4.241，图4.242）；花单生，花萼筒状，浅紫红色；花瓣白色。

图4.241 ‘京仁2号’枝条

图4.242 ‘京仁2号’叶片

【主要经济性状】果实7月中旬成熟，果实长扁圆形，果顶尖，可溶性固形物含量10.5%；成熟时果皮浅黄色，部分果实向阳面具少量红晕；果核长卵圆形，核壳粗糙，湿重4.3 g，核仁饱满，味甜，鲜仁平均重1.0 g，干仁平均单仁重0.8 g，离核（图4.243，图4.244）。

图4.243 ‘京仁2号’果实

图4.244 ‘京仁2号’果核和仁

以短果枝和花束状果枝结果为主。

【抗逆性】树体和花芽抗寒力均强，在北京地区，多年内未见严重冻花芽和抽条现象。

【综合评价】该品种是仁用杏与扁桃远缘杂交获得的新品种，抗性强，核仁大，既可作为新品种推广，也可作为仁用杏进一步改良的亲本使用。

【栽培技术要点】同‘京仁1号’。

（完成人：王玉柱、孙浩元、杨 丽、张俊环）

第 5 部分

浆果类主要果树新品种（新品系）

一、葡萄

（一）选育的新品种

1. 瑞都无核怡（*Vitis vinifera* L.‘Ruidu Wuheyi’）

【育种基本情况】由北京市农林科学院林业果树研究所以早熟、脆肉、玫瑰香味浓、结果习性好的品种‘香妃’（*Vitis vinifera* ‘Xiangfei’）为母本，以无核、晚熟、外观漂亮但果粒偏小的‘红宝石无核’（*Vitis vinifera* ‘Ruby Seedless’）为父本进行杂交选育而成的晚熟无核品种。2009年通过北京市林木品种审定委员会审定，专家综合分析认为该品种果粒大、色泽艳丽、酸甜适口、栽培特性良好，适合在北京地区栽培推广。

【生物学特性】在北京地区4月下旬萌芽，5月底至6月初开花，花期5～7 d。9月中旬果实成熟，果实发育期110 d左右，属于中晚熟品种。新梢8月中下旬开始成熟。

【植物学特性】嫩梢梢尖开张，花青素着色中等，茸毛疏；幼叶橙黄色，上表面茸毛极疏，下表面茸毛疏，上表面有光泽，花青素着色中等，叶片厚度中等；新梢半直立，生长势中等，节间背腹均为绿具红条纹，无茸毛，副梢生长力中等，卷须间断，冬芽花青素着色弱；成龄叶单叶心形，绿色，中等大小，中等厚，5裂，叶缘上卷，上裂刻开张或稍重叠，下裂刻开张，锯齿形状为双侧凸，叶柄比主脉短，叶柄洼形状为宽拱形，叶背刺毛，茸毛密度疏—极疏，上表面叶脉花青素着色弱，下表面叶脉花青素着色极弱。

【主要经济性状】丰产，9月中下旬成熟。果穗圆锥形，有副穗，单歧肩较多，穗长17.8 cm，宽12.3 cm，平均单穗重459.0 g，穗梗长3.9 cm，果梗长0.7 cm，果粒着生密度中等；果粒椭圆形或近圆形，长24.3 mm，宽21.8 mm，平均单粒重6.2 g，最大单粒重11.4 g；果粒大小较整齐一致，果皮紫红—红紫色，色泽一致；果皮薄，果粉薄，果皮较脆，无涩味；果肉无香味，果肉质地较脆，硬度中—硬，酸甜多汁，肉无色；果梗抗拉力中等，横断面为圆形，可溶性固形物含量16.2%，无种子。

【抗逆性】在北京地区，该品系实生原株树、高接树和幼树，8年内未见严重冻害和抽条现象，常规埋土栽培条件下，树体可安全越冬。多年来无特殊的敏感性病虫害和逆境伤害。

图5.1 ‘瑞都无核怡’果实

【综合评价】该品种晚熟，无核，果粒大，色泽较艳丽，肉质较脆，酸甜适口，栽培特性良好，有望在栽培中广泛推广。

【栽培技术要点】栽培上注意合理密植、合理枝梢密度，注重树势调控。篱架栽培推荐使用规则扇形整枝，中短梢相结合修剪；棚架栽培时可使用龙干形整枝，以短梢修剪为主。注意提高结果部位，增加底部通风带，以减少果实病虫害发生。

适当疏花疏果，果实套袋栽培，每穗留果粒70～90粒即可。果实转色后注意补充磷、钾肥并及时防治白腐病和炭疽病等果实病害。

‘瑞都无核怡’果实和结果状况分别见图5.1和图5.2。

（完成人：徐海英、张国军、闫爱玲）

图5.2 ‘瑞都无核怡’结果状况

2. 夏至红（*Vitis vinifera* L.‘Xiazhihong’）

【育种基本情况】由中国农业科学院郑州果树研究所以葡萄早熟品种‘绯红’（*Vitis vinifera*‘Cardinal’）为母本，以‘玫瑰香’（*Vitis vinifera*‘Muscat Hamburg’）为父本通过杂交育种结合生物技术育种方法育成的早熟大粒新品种，2009年12月通过河南省林木品种审定委员会审定。专家综合分析认为该品种丰产、早果性好、极早熟、风味清甜爽口，品质良好，适合在河南地区推广栽培。

【生物学特性】在河南省郑州地区，夏至红4月2～5日萌芽，5月18～23日开花，花后浆果开始生长膨大迅速，浆果6月24日开始着色，果实着色后还有一次膨大过程，果实开始成熟在6月28～30日，充分成熟为7月5日，果实成熟期极早。果实整个发育期为47 d。新梢开始成熟为7月15日，11月上旬落叶。

【植物学特征】夏至红为欧亚种。树势中庸偏强，幼嫩枝条绿色具紫红色条纹，成熟枝条为红褐色，枝条圆，表面有细条纹，表皮上具皮孔，节上和节间无茸毛，节间长度中等，一般为10.0～14.0 cm，枝条粗度为0.5～0.8 cm；植株生长后，枝条呈半直立状，新梢上茸毛少，卷须分布间断，卷须长为14.0～20.0 cm；新梢生长势中庸，副梢萌发力、生长力中等偏强；新梢顶部嫩梢形态半开张，颜色红色，茸毛较少；幼叶表面颜色紫红色，有光泽，茸毛少；成熟叶片为心形，叶形较大，颜色为绿色，叶片平展，中等厚，锯齿形状为双侧凸，叶片5裂，缺刻深，上缺刻稍重叠，基部形状为U形，下缺刻重叠，基部形状为U形；叶柄中等长，长度为6.0～8.0 cm，叶柄洼半闭合，基部为U形；叶背具刺毛，少；两性花，第1花序一般着生枝条的3～4节，每新梢着生2～3个花序；每果粒中有1～3粒种子，平均为1.4粒，种子发育一般。

【主要经济性状】果穗圆锥形，无副穗，果穗大，穗长15.0～25.0 cm，宽10.0～13.0 cm，平均单穗重750.0 g，最大可达1 300.0 g以上，果穗上果粒着生紧密，果穗大小整齐；果粒圆形，紫红色，着色一致，成熟一致，果粒大，纵径1.5～2.3 cm，横径1.3～1.5 cm，平均单粒重8.5 g，最大可达15.0 g，果粒整齐；皮中等厚，果粉多，肉脆，硬度中，无肉囊，果汁绿色，汁液中等，果实充分成熟时为紫红色到紫黑色，果肉绿色，果皮无涩味，果梗短，抗拉力强，不脱粒，不裂果；风味清甜可口，具轻微玫瑰香味，品质极上。该品种可溶性固形物含量为14.9%，总糖11.92%，总酸为0.72%，糖酸比达到17∶1，维生素C含量为每100 g 8.99 mg，氨基酸含量为每100 g 38.46 mg，单宁含量为每100 g 299.60 mg。

‘夏至红’具有早果丰产特性，植株生长发育快，枝条成熟早。可以达到早期丰产的目的，二年生的夏至红，每公顷产量18 000 kg，三年生产量可以达到每公顷21 000～30 000 kg。

‘夏至红’果实及二年生结果状况分别见图5.3和图5.4。

图5.3 ‘夏至红’果实

图5.4 二年生‘夏至红’结果状况

【抗逆性】是极早熟葡萄品种，果实上基本无病虫害的侵害，除在多雨年份，注意防治葡萄黑痘病外，果实成熟以前，可以少量喷药或不喷药。但果实采摘后的生长期，特别是多雨年份，或降雨量较大的地区，要注意防治葡萄病害的发生。保护地栽培中，基本无病虫害的发生。

【综合评价】该品种为极早熟欧亚种葡萄栽培品种，丰产性好，果粒大，平均单粒重达到8.5 g，果粒圆形，充分成熟呈鲜红色到紫红色，外观很美；皮薄、肉脆、种子少；可溶性固形物达到14.9%，风味清甜爽口，具有玫瑰香味。品质上等，与现有同期成熟的栽培品种相比，是极早熟葡萄品种中综合性状最好的。栽培适应性强，适宜栽培区域广，可以在全国葡萄栽培生态区中进行推广。尤其适合于葡萄的保护地栽培，栽培的类型可以是保护地促成栽培或避雨栽培。生产上应注意合理负载，加强肥水管理。

【栽培技术要点】

主要繁殖方法　扦插繁殖和嫁接繁殖。

栽培技术要点　①选择土壤肥力较好，排水条件良好的地方建园；②栽培架式和株行距为，篱架：2.0 m × 1.0 m；小棚架：4.0 m × 1.0 m；高宽垂架式：3.0 m × 1.5 m；③该品种的抗病力中等，要注意防止后期霜霉病为害；④该品种进入盛果期后，要注意配方施肥，施肥的具体比例为，前期N：P：K=1.2：1：1，后期N：P：K=1：1：1.5，以利于果实品质的提高，施肥以有机肥为主；⑤该品种的冬芽易萌发，要注意夏季的修剪方式；⑥保护地栽培时注意低温休眠和发芽问题；⑦合理控制负载，一般每个结果枝条上留一个果穗，每公顷产量控制在30 000 kg。

（完成人：刘三军、蒯传化、于巧丽、刘崇怀、王　鹏）

3. 霞光（*Vitis vinifera* L. × *Vitis labrusca* L.‘Xiaguang’）

【育种基本情况】由河北省农林科学院昌黎果树研究所以‘玫瑰香’（*Vitis vinifera* L.‘Muscat Hamburg’）为母本，以‘京亚’（*Vitis labrusca* L.‘Jingya’）为父本杂交育成的大粒、丰产、抗病性强的品种。2010年通过河北省林木品种审定委员会审定。专家综合分析认为该品种粒大、色美、丰产性好、抗性强，适合在河北地区推广栽培。

【生物学特性】在河北昌黎地区一般4月9～11日萌芽，5月21～23日开花，7月中旬果实开始着色，8月下旬成熟，从萌芽至成熟仅需135～136 d，为中熟品种。

【植物学特性】嫩梢梢尖半开张，花青素分布浅，茸毛极密；幼叶绿色带有黄斑，花青素着色中等，表面有光泽，下表面茸毛极密；成龄叶较大，叶片绿色，中等厚；肾脏形，5裂，上裂刻深，下裂刻浅；植株生长势强，一年生苗定植后，主蔓增粗快，平均直径1.3 cm，年生长量大，平均年生长量225.0 cm，枝条成熟度好。结实力强，每结果枝平均1.6穗；副梢的结实力极强，副梢的结果枝比率达80%以上。

【主要经济性状】果穗中等大，圆锥形，果穗较紧，平均穗重572.0 g，最大980.0 g，平均穗长15.5 cm，宽11.8 cm，果穗紧凑，果穗大小均匀；果粒极大，果粒近圆形，平均粒重12.5 g，最大18.5 g，平均果粒纵径27.5 mm，横径25.1 mm，果粒大小均匀；果实紫黑色，色泽美观，果穗、果粒着色均匀一致；果粉厚、果皮中等厚，果皮与果肉分离；果肉较脆；品质优良，口感甜，具中等草莓香味，可溶性固形物含量为17.8%，最高达19.5%；果粒附着力较强，不落果。该品种丰产性强，结果早，产量高，具有早结果、早丰产的突出优良特性。在昌黎果树所试验区，2005年5月份定植自根营养袋苗，植株生长健壮，二年生开始结果，三年生每公顷产量20 787 kg，四年生平均每公顷产量28 782 kg，五年生平均每公顷产量29 581 kg，3～5年平均每公顷产量26 383 kg，比巨峰增产12.5%。利用贝达作砧木，三年生每公顷产量21 000 kg，五年生每公顷产量30 000 kg。

‘霞光’果实及其植株分别见图5.5和图5.6。

图5.5 ‘霞光’果实

图5.6 ‘霞光’植株

【抗逆性】对葡萄的主要病害抗性强，根据2008年田间自然发病情况调查，葡萄叶片霜霉病、葡萄果实白腐病、炭疽病的发病率与‘巨峰’相似。

【综合评价】该品种集多个突出优良性状于一体，大粒、优质、色美、丰产性强、抗病性强、适应性广，综合技术性状和经济指标非常突出，具有良好的发展前景。

【栽培技术要点】该品种生长势较强，年生长量大，可采用篱架、棚篱架或小棚架栽培。小棚架株距0.8～1.0 m，行距4.0 m，以每公顷栽植2 505～3 120株为宜。篱架栽培，株距0.6～0.8 m，行距2.2～2.5 m，以每公顷栽植4 995～5 670株为宜。每株留1～2个主蔓，冬季修剪以中长梢修剪为主。因该品种副梢易萌发，应注意疏芽、抹梢和副梢摘心，以利通风透光。

苗木定植时需挖宽1.0 m、深0.8 m的定植沟，每公顷施优质基肥60 000～75 000 kg，过磷酸钙900～1 500 kg。追肥应注意氮肥、磷肥、钾肥比例，因其生长势强，生长中后期以磷肥和钾肥为主，注意叶面喷肥，7～9月份应施磷酸二氢钾3～5次，促进枝条充分成熟和果实上色成熟。

该品种产量高，为保证果实质量，应控制产量，一般要求每公顷产22 500～24 000 kg。果穗选留按“强二壮一弱不留”的原则，即前端旺枝，可酌留2个穗，壮枝留1个穗，弱枝、培养枝不留果穗。

该品种抗病性与巨峰相近，在多雨年份应提早喷波尔多液预防，为防止葡萄灰霉病的发生，在花前和花后应喷布50%多菌灵1 000倍液＋50%甲基托布津800倍液1～2次。坐果后应根据病害发生情况，采用保护剂和杀菌剂交替用药。

（完成人：赵胜建、郭紫娟、马爱红、袁军伟、刘长江）

4. 申宝（*Vitis vinifera* L. × *Vitis labrusca* L. ‘Shenbao’）

【育种基本情况】由上海市农业科学院林木果树研究所从‘巨峰’（*Vitis vinifera* L. ‘Kyoho’）实生变异选育而成的大粒、丰产的新品种，适合无核化栽培。2008年通过上海市农作物新品种委员会审定，2009年申请新品种保护权，已得到受理。专家综合分析认为该品种果形好、果粒大、抗性强，无核化栽培效果好，适合上海地区栽培推广。

【生物学特性】在上海地区3月中下旬萌芽，5月中旬开花，花期3～5 d。8月上中旬果实成熟，果实发育期90 d左右。10月下旬、11月初落叶，年生育期150 d左右，属中熟品种。

【植物学特性】四倍体葡萄，欧美杂交种。植株生长强健，树势中庸；嫩梢绿色，茸毛中等，幼叶呈绿色，边缘紫红色，背面密被白色茸毛；成龄叶片大，心形，较厚，3～5浅裂；平展，上表面平滑，下表面茸毛中等，叶缘锯齿锐；叶柄淡绿色，洼矢形或拱形开展；成熟枝条为红褐色，节间长度中等；卷须间隔性，花穗中等大，两性花。

【主要经济性状】经无核化栽培后，果穗圆锥形或圆柱形，平均穗重476.0 g，果粒着生中等紧密，果粒长椭圆形，平均粒重9.0 g，最大粒重10.5 g；果皮中厚，果粉中等，果皮绿色—绿黄色；果肉软，可溶性固形物含量为15.0%～17.0%，可滴定酸含量为0.70%～0.80%，风味浓郁，无核率100%，品质上等，不裂果，果穗与果粒大小整齐。

植株生长强健，树势中庸。花芽容易形成，早果性强，连年产量稳定，种植第2年，平均每公顷产量达11 250 kg，三年生树每公顷产量可达15 000 kg以上。

‘申宝’果实及结果状况见图5.7和图5.8。

【抗逆性】‘申宝’为四倍体葡萄，欧美杂交种树体的抗逆性均强，在上海地区多年内未见特殊的敏感性病虫害和逆境伤害。

【综合评价】该品种是绿色系无核化葡萄新品种，具有无核果粒大、果形好、品质优良、丰产、稳产、商品性好等突出优点，果皮绿色，避免了南方地区葡萄上色难的问题，栽培容易，尤其作为特色品种（大粒无核）发展，

图5.7 ‘申宝’果实

具有良好的发展前景。

【栽培技术要点】适宜于设施栽培条件。采用棚架、篱架均可。结果母枝适合于中梢修剪；适宜于二次药剂处理模式，盛花末期用低浓度赤霉素（25 mg/L）浸花穗，间隔10～12 d再处理果穗，浓度不宜超过50 mg/L；该品种花芽容易形成，要控产优质栽培，每结果枝留1个果穗，每个果穗留果粒60粒左右。实施套袋栽培，提高商品性。

图5.8 ‘申宝’结果状况

（完成人：蒋爱丽、李世诚、杨天仪、金佩芳、程杰山、张朝轩）

5. 申华（*Vitis vinifera* L. × *Vitis labrusca* L. ‘Shenhua’）

【育种基本情况】由上海市农业科学院林木果树研究所以鲜食早熟品种‘京亚’（*Vitis labrusca* L.‘Jingya’）为母本，以早熟无核化栽培优良品系‘86-179’（*Vitis vinifera* L.‘86-179’）为父本杂交育成的大粒、丰产、稳产的鲜食葡萄品种。2010年已申报上海市农作物新品种审定，已在上海地区多点栽培。

【生物学特性】在上海地区3月中旬萌芽，5月中旬开花。7月下旬8月上旬果实成熟，果实发育期70 d左右。10月下旬、11月初落叶，年生育期140 d左右，属早熟品种。

【植物学特性】四倍体葡萄，欧美杂交种。嫩梢红色，茸毛中等，幼叶呈红色，背面有少量白色茸毛；成龄叶片中等大、心形，浅5裂；叶片平展，上表面平滑，下表面茸毛少，叶缘锯齿锐；叶柄深红色，叶柄洼拱形开展；成熟枝条为红褐色，节间中等长；卷须间隔性，花穗中等大，两性花。

【主要经济性状】经过无核化栽培后，穗重420.0～520.0 g，果粒中等紧密，果粒椭圆形，平均粒重12.0 g，最大18.0 g；果皮紫红色，色泽匀称。果肉中等，肉质致密，可溶性固形物含量为15.0%～17.0%，无核率100%，风味浓郁，品质优良，不脱粒、不裂果，外观优良。

植株生长强健，树势中庸，萌芽与结果枝率较高，早果性能好，连续结果稳定。种植第2年就开始投产，三年生树每公顷产量可达15 000 kg，经济性状优良。

‘申华’果实及其结果状况见图5.9和图5.10。

【抗逆性】‘申华’为四倍体葡萄，欧美杂交种，在上海地区多年内未见特殊的敏感性病虫害和逆境伤害。

【综合评价】该品种是红色系无核化葡萄新品种，具有成熟期早、着色好、果形好、无核、果粒大、品质优良、外观漂亮、丰产稳产、商品性好等突出优点，尤其在南方作为特色品种（大粒无核）发展，具有良好的应用前景。

【栽培技术要点】应实施设施栽培，以保证无核化栽培质量。栽培架式采用篱架或棚架均可；结果母枝适宜中梢修剪；适宜于二次药剂处理模式，在盛花末期用低浓度的赤霉素处理花穗（25 mg/L左右），间隔10～12 d，再处理果穗1次，浓度为30～50 mg/L；每公顷产量控制在15 000 kg以内，以保证果品的优质性状；实施套袋栽培。

图5.9 ‘中华’果实

图5.10 ‘中华’结果状况（转色前）

（完成人：蒋爱丽、程杰山、李世诚、金佩芳、张朝轩、杨天仪）

6. 京艳（*Vitis vinifera* L. ‘Jingyan’）

【育种基本情况】由中国科学院植物研究所于1997年以早熟红色品种‘京秀’（*Vitis vinifera* L.‘Jingxiu’）为母本，以早熟具玫瑰香味品种‘香妃’（*Vitis vinifera* L. ‘Xiangfei’）为父本杂交育成的早熟、丰产、带玫瑰香味的品种。2010年通过北京市林木品种审定委员会审定。专家综合分析认为该品种具有玫瑰香味，丰产、稳产性能强，果实极易着色，果实艳丽、美观，适合在北京地区栽培推广。

【生物学特性】植株生长势中等。露地栽培芽眼萌发率89.6%，果枝比率58.5%，结果系数0.96，每果枝的果穗数为1.7。副梢结实力中等。早果性好，极丰产。在北京地区露地4月上旬萌芽，5月下旬开花，8月上旬果实充分成熟，果穗、果粒成熟一致。抗病性强。

【植物学特征】嫩梢黄绿；梢尖开张，有中等密度白色茸毛；幼叶黄绿色，幼叶叶背被白色茸毛；新梢节间背侧颜色为绿带红条纹，腹侧为绿色；第1花序着生在2～5节；成龄叶片呈心形，较小。叶片5裂，上裂刻较深，上裂片闭合，基部呈U形，下裂刻浅，开张，基部呈U形；叶柄洼半开张，叶片锯齿两侧凸；新梢生长较直立。

【主要经济性状】果穗圆锥形，有副穗；果粒着生密度中等，果穗长26.0 cm，宽13.0 cm，果穗平均重420.0 g；果粒椭圆形，长25.9 mm，宽22.0 mm，果粒重6.5～7.8 g，最大10.5 g；果粉薄，果皮中，果皮与果肉不易分离，果脐不明显，果肉与种子分离，果肉与果刷难分离，果汁中；成熟时果实玫瑰红或紫红色，果实着色对光照条件要求低，易着色；果实可溶性固形物含量15.0%～17.2%，可滴定酸含量0.59%；肉厚而脆，味酸甜，有玫瑰香味；种子多为3粒。

‘京艳’果实及其结果状况见图5.11和图5.12。

图5.11　‘京艳’果实

图5.12　‘京艳’结果状况

【抗逆性】 品种的抗病性可决定品种在生产中的适应性并影响其向生产的推广及推广面积。新品种果肉脆，果实不易裂果，因而果实病害少。新品种对霜霉病、炭疽病及白腐病具有较强的抗性。

【综合评价】 ‘京艳’与对照品种‘京秀’相比，其具有悦人的玫瑰香味，丰产、稳产性能强，果实极易着色，果实艳丽、美观。果穗松紧适度，可节省疏花疏果用工。为优良的早熟、红色品种。

【栽培技术要点】

适宜生长区域　干旱、半干旱地区，多雨潮湿地区应进行避雨栽培。

栽培技术要点　篱架、棚架栽培均可，中长梢修剪；喜肥水，宜多施有机肥；丰产性强，易超产，应严格控制产量，壮枝留一穗果，细弱枝上不留果穗，每公顷产量控制在15 000～18 750 kg；果穗松紧适度，为保证穗、粒整齐美观，在坐果后对果穗进行稍微的修整；此品种易着色，在光照充足的地区或年份果实为紫红色，进行套袋可得玫瑰红色果实；对病虫害的防治以防为主，在萌芽前后、开花前后及封穗期前喷施保护性药剂，后期发现病叶、病果及时清除，在果实发育后期一般不用药。

（完成人：李绍华、范培格、王利军、杨美容、吴本宏、段　伟、张映祝）

（二）选育的优系

1. 26-3-4（*Vitis vinifera* L.）

【育种基本情况】 由北京市农林科学院林业果树研究所以极早熟、品质优良的‘京秀’

（*Vitis vinifera* L. ‘Jingxiu’）为母本，以早熟、脆肉、玫瑰香味浓、结果习性好的品种‘香妃’（*Vitis vinifera* L. ‘Xiangfei’）为父本进行杂交选育而成的早熟、大粒、香味品种。

【生物学特性】在北京地区4月下旬萌芽，5月底至6月初开花，花期5～7 d。8月下旬果实成熟，果实发育期110 d左右，属于中熟品种。新梢7月中下旬开始成熟。

【植物学特性】新梢半直立，节间背侧绿色具红条纹，节间腹侧绿色具红条纹，无茸毛，副梢生长力中，嫩梢梢尖开张，茸毛密；卷须间断，卷须长度中等；幼叶橙黄色，上表面茸毛中，有光泽，下表面茸毛密，花青素着色中，厚度中等；叶片心形，绿色，中等大小，中等厚，5裂，叶缘上卷，上裂刻稍重叠，下裂刻开张，锯齿形状为一直一凸，叶柄比主脉短，叶柄洼形状为窄拱，叶背毡毛，茸毛密度中等，上表面叶脉花青素着色中，下表面叶脉花青素着色中。

‘26-3-4’果实及其生长状况见图5.13和图5.14。

图5.13 ‘26-3-4’果实

【主要经济性状】丰产，8月中旬成熟。果穗圆锥形，有副穗，无歧肩，穗长25.0 cm，宽15.7 cm，平均单穗重601.1 g，穗梗长4.8 cm，果梗长1.0 cm，果粒着生密度中等；果粒椭圆形或近圆形，长25.9 mm，22.8 mm，平均单粒重7.9 g，最大单粒重12.0 g；果粒大小较整齐一致，果皮紫红—红紫色，色泽一致；果皮薄，果粉薄，果皮较脆，稍有涩味；果肉无香味，果肉质地较脆，硬度中—硬，酸甜多汁，肉无色；果梗抗拉力中等，横断面为圆形；可溶性固形物含量17.1%；种子1～2粒。

图5.14 ‘26-3-4’结果状况

【抗逆性】综合抗病性中等，在北京地区栽培没有严重冻害或抽条。

【综合评价】该品种早熟，果粒大，色泽较艳丽，肉质较脆，酸甜适口。适度丰产情况下，果穗松紧度适中，不用疏果或是摘除果套即可上色良好。在温室及设施内表现更佳，挂果期较长，果实成熟中后期有悦人的清香味，是适合观光采摘园配置的优良特色品种（系）。

【栽培技术要点】注意控制产量，调节树势。建议采用可逐年扩大株距的树形，以稳定生长与结果间的平衡。

（完成人：徐海英、张国军、闫爱玲）

2. 26-11-4R（*Vitis vinifera* L.）

【育种基本情况】北京市农林科学院林业果树研究所2007年审定了一个早熟、有玫瑰香味的品种‘瑞都香玉’（*Vitis vinifera* L. ‘Ruidu Xiangyu’），该品系是该品种的红色芽变。

【生物学特性】在北京地区4月中旬萌芽，5月下旬开花，花期5～7 d。8月中下旬果实成熟，新梢7月中下旬开始成熟。11月中旬落叶。

【植物学特性】新梢半直立，节间背侧绿色具红条纹，节间腹侧绿色，无茸毛，嫩梢梢尖开张，茸毛中多；卷须间断，卷须长度中等；叶片单叶，心形，绿色，中等大小，中等厚，5裂，叶缘上卷，上裂刻稍重叠，下裂刻开张，锯齿形状为双侧凸，叶柄比主脉短，叶柄洼形状为矢形，叶背毡毛，茸毛密度中等，上表面叶脉花青素着色极弱，下表面叶脉花青素着色极弱；幼叶黄色，上表面茸毛密度中等，下表面茸毛密，上表面有光泽，花青素着色中等，叶片厚度中等，冬芽花青素着色弱。

【主要经济性状】丰产，8月中旬成熟。果穗圆锥形，有副穗，无歧肩，穗长17.5 cm，宽12.3 cm，平均单穗重243.0 g，穗梗长2.1 cm，果梗长0.7 cm，果粒着生密度中等；果粒椭圆形或近圆形，长20.7 mm，宽18.2 mm，平均单粒重3.9 g，最大单粒重5.0 g；果粒大小较整齐一致，果皮紫红—红紫色，色泽一致；果皮薄，果粉薄，果皮较脆，稍有涩味；果肉有玫瑰香味，果肉质地较脆，硬度中—硬，酸甜多汁，肉无色；果梗抗拉力中等，横断面为圆形，可溶性固形物含量20.8%；种子1～2粒。

‘26-11-4R’果实及其结果状况见图5.15和图5.16。

【抗逆性】未发生裂果，未见严重冻害和抽条。

【综合评价】是难得的早熟红色系玫瑰香型葡萄新品系。该品系早熟，果粒大，不裂果，具有玫瑰香味，色泽较艳丽，肉质较脆，酸甜适口。

【栽培技术要点】充足肥水，注意控制产量并适当进行果穗修剪。

图5.15 ‘26-11-4R’果实

图5.16 ‘26-11-4R’结果状况

（完成人：徐海英、张国军、闫爱玲）

3. 26-9-1（*Vitis vinifera* L.）

【育种基本情况】由北京市农林科学院林业果树研究所以极早熟、品质优良的‘京秀’（*Vitis vinifera* L. ‘Jingxiu’）为母本，以早熟、脆肉、玫瑰香味浓、结果习性好的品种‘香妃’（*Vitis vinifera* L. ‘Xiangfei’）为父本进行杂交选育而成的大粒、不裂果、带玫瑰香味的新优系。

【生物学特性】在北京地区4月中旬萌芽，5月下旬开花，花期5～7 d。8月中下旬果实成熟，新梢7月中下旬开始成熟。11月中旬落叶。

【植物学特性】新梢半直立，无茸毛，生长势中等，卷须间断，长度中，副梢生长力中，节间中到短；节间背侧绿具红条纹，节间腹侧绿具红条纹，冬芽花青素着色浅；嫩梢梢尖半开张，梢尖茸毛着色浅，花青素着色全部覆盖，梢尖匍匐茸毛疏，直立茸毛极疏。

幼叶表面黄绿色，花青素着色浅，上表面有光泽，下表面叶脉间匍匐茸毛极疏，下表面叶脉间直立茸毛极疏，幼叶薄，下表面主脉上匍匐茸毛极疏，下表面主脉上直立茸毛中；成叶心形，绿色，上表面主脉花青素浅，下表面主脉花青素中，厚度中等；成叶较平展，5裂，上裂刻深，开张，上裂刻基部U形，下裂刻深，开张，基部U形；叶柄洼开张呈U形，不限制型叶柄洼，叶柄洼无锯齿；叶缘锯齿形状双侧凸，下表面叶脉间匍匐茸毛中，下表面叶脉间直立茸毛中，下表面主脉上匍匐茸毛疏，下表面主脉上直立茸毛中或密；叶柄短于主脉，无毛。

【主要经济性状】丰产，中晚熟。果穗圆锥形，果粒着生中等紧密；果粒椭圆形或近圆形，单粒重6.0～7.0 g，果粒大小较整齐一致；果皮紫红—红紫色，色泽一致，果皮薄，果粉薄，果皮较脆，稍有涩味。果肉有玫瑰香味，果肉质地中，硬度中，酸甜多汁，肉无色；果梗抗拉力中等，横断面为圆形；可溶性固形物17.0%；种子1～2粒。

‘26-9-1’果实见图5.17。

【抗逆性】未发生裂果，未见严重冻害和抽条。

【综合评价】红色系玫瑰香型葡萄新品系。该品系红色、果粒大、具有玫瑰香味、肉质较脆、不裂果，是有望替代古老葡萄品种‘玫瑰香’肉质软、果粒小、紫色果皮的新优系。

（完成人：徐海英、张国军、闫爱玲）

4. 25-9-1（*Vitis vinifera* L.）

【育种基本情况】由北京市农林科学院林业果树研究所以极早熟、品质优良的‘京秀’（*Vitis vinifera* L. ‘Jingxiu’）为母本，以早熟、脆肉、玫瑰香味浓、结果习性好的品种‘香妃’（*Vitis vinifera* L. Xiangfei’）为父本进行杂交选育而成的红色、大粒、硬肉、带玫瑰香味的新品系。

图5.17 ‘26-9-1’果实

【生物学特性】在北京地区4月中旬萌芽，5月下旬开花，花期5～7 d。8月中上旬果实成熟，新梢7月中下旬开始成熟。11月中旬落叶。

【植物学特性】新梢半直立，无茸毛，生长势中等，卷须间断，长度中，副梢生长力中，节间中；节间背侧绿具红条纹，节间腹侧绿具红条纹，冬芽花青素着色浅；嫩梢梢尖半开张，梢尖茸毛着色浅，花青素着色全部覆盖，梢尖匍匐茸毛极疏，直立茸毛极疏。

幼叶表面黄绿色，花青素着色浅，上表面有光泽，下表面叶脉间匍匐茸毛极疏，下表面叶脉间直立茸毛极疏，幼叶薄，下表面主脉上匍匐茸毛极疏，下表面主脉上直立茸毛中；成叶心形，绿色，上表面主脉花青素浅，下表面主脉花青素浅，厚度中等，成叶横截面呈波状，5裂，上裂刻深，开张，上裂刻基部U形，下裂刻开张，基部U形；叶柄洼开张呈V形，不限制型叶柄洼，叶柄洼无锯齿；叶缘锯齿形状双侧凸，下表面叶脉间匍匐茸毛疏，下表面叶脉间直立茸毛极疏，下表面主脉上匍匐茸毛疏，下表面主脉上直立茸毛疏或中；叶柄长于主脉，无毛。

‘25-9-1’果实见图5.18。

【主要经济性状】丰产，果实中熟。果穗圆锥形，果粒着生密度中等；果粒近圆形，平均单粒重6.0 g，果粒大小较整齐一致，果皮紫红—红紫色，色泽一致，果皮薄，果粉薄，果皮较脆，稍有涩味；果肉有玫瑰香味，果肉质地脆，硬度硬，酸甜多汁，肉无色；果梗抗拉力中等，横断面为圆形；可溶性固形物含量16.0%；种子2～4粒。

图5.18 ‘25-9-1’果实

【抗逆性】抗病性中等，稍有裂果，未见严重冻害和抽条。

【综合评价】温室或设施葡萄栽培较理想的红色玫瑰香型新品系。该品系红色、果粒大、具有玫瑰香味、肉质脆、果肉硬。

（完成人：徐海英、张国军、闫爱玲）

5. 10E-13-10（*Vitis hybrid* L. × *Vitis labrusca* L.）

【育种基本情况】由北京市农林科学院林业果树研究所从‘峰后’（*Vitis labrusca* L.‘Fenghou’）的实生后代中选出的大粒、硬肉、有淡草莓香味的新品系。

【生物学特性】在北京地区4月中旬萌芽，5月下旬开花，花期5～7 d。8月中上旬果实成熟，新梢7月中下旬开始成熟。11月中旬落叶。

【植物学特性】新梢半直立，无茸毛，生长势强，卷须间断，长度长，副梢生长力中，节间中—长；节间背侧绿具红条纹，节间腹侧绿色，冬芽花青素着色中；嫩梢梢尖半开张，梢尖茸毛着色浅，花青素着色全部覆盖，梢尖匍匐茸毛疏或中，直立茸毛极疏。

幼叶表面橙黄色，花青素着色中，表面有光泽，下表面叶脉间匍匐茸毛中，下表面叶脉间直立茸毛疏，幼叶厚度中，下表面主脉上匍匐茸毛疏，下表面主脉上直立茸毛中；成叶心形，绿色，上表面主脉花青素浅，下表面主脉花青素中，厚度中等，成叶横截面呈外展，5裂，上裂刻深，开张，上裂刻基部U形，下裂刻开张，基部U形；叶柄洼开张呈U形，不限制型叶柄洼，叶柄洼无锯齿；叶缘锯齿形状双直或一直一凸，下表面叶脉间匍匐茸毛疏，下表面叶脉间直立茸毛疏，下表面主脉上匍匐茸毛疏，下表面主脉上直立茸毛疏；叶柄短于主脉，无毛。

【主要经济性状】较丰产，中晚熟，果穗300.0～500.0 g，果穗圆锥形，较紧密。果粒红色，椭圆形，15.0～17.0 g，硬肉、酸甜，种子1～2粒。

【抗逆性】抗病性中等，未见严重冻害和抽条。

【综合评价】是色泽、肉质十分优异的巨峰系大粒葡萄新品系，自然果粒比巨峰葡萄重3～5 g，肉质硬，草莓香气淡雅。

6. 10-16-3（*Vitis vinifera* L.）

【育种基本情况】由中国农业科学院郑州果树研究所以早熟葡萄品种‘维多利亚’

（*Vitis vinifera* L. ‘Victoria’）为母本，以优良中熟品种‘玫瑰香’（*Vitis vinifera* L.‘Muscat Hamburg’）为父本，通过杂交和胚培养技术获得的大粒、丰产、抗性好的优良葡萄新品系。目前正在进行中试。

【生物学特性】在郑州地区，该品系4月3日萌芽，5月20～25日开花，浆果在花后膨大迅速，浆果7月5日开始成熟，7月10日完熟。浆果发育期52 d。7月20日枝条开始成熟，10月底落叶。该品系适宜于露地早熟栽培和保护地促早栽培。

【植物学特性】树势生长势中等。结果枝率高，结实力强；每果枝平均着生果穗数1.5个，夏芽副梢结实力强；嫩梢绿色，具稀疏茸毛；幼叶黄绿色，边缘稍带红色，上表面有光泽，下表面茸毛稀疏；成龄叶片近圆形，中等大，黄绿色，叶缘稍下卷，叶片5裂，叶缘锯齿小而钝；叶柄洼开张呈拱形；枝条黄褐色；节间中等长；两性花；二倍体。

【主要经济性状】果穗圆锥形，大，平均穗重670.0 g；果粒着生中等紧密，果粒椭圆形，绿黄色，较大，纵径3.1 cm，横径2.3 cm，平均单粒重8.3 g，最大粒重12.8 g；果皮中等厚，果肉脆硬，味甜，爽口，有香味（玫瑰香）；每果粒含种子2～3粒；可溶性固形物含量达到16.3%，可滴定酸含量0.34%。鲜食品质优良。早果丰产性好，二年生树每公顷产量达到7 500 kg，进入丰产期后，每公顷产量可达45 000 kg以上，但以每公顷30 000 kg为宜。

‘10-16-3’果穗及丰产性能见图5.19。

【抗逆性】欧亚种栽培品种，抗性较一般欧亚种品种强。在郑州地区以及我国西北、华北、东北地区，果实成熟采收前基本无病害发生。但在上述地区以南区域，应采用避雨栽培模式进行栽培。在保护地栽培中，基本没有重大病虫害发生。

【综合评价】该品系为早熟鲜食葡萄新品系。具有果粒大、外形美观、品质优良的特点。丰产性好，但要合理控制负载量。对肥水条件要求较高。可以在我国西北、华北、南方等葡萄产区进行栽培。同时，该品系也是保护地促成栽培的优良品系之一。

【栽培技术要点】

主要繁殖方法　扦插繁殖和嫁接繁殖。

栽培技术要点　①选择土壤肥力较好，排水条件良好的地方建园；②栽培架式和株行距为：篱架，2.0 m×1.0 m；小棚架，4.0 m×1.0 m；高宽垂架式，3.0 m×1.5 m；③该品种的抗病力中等，要注意防止后期的霜霉病的为害；④该品种进入盛果期后，要注意配方施肥，施肥的具体比例前期为N∶P∶K=1.2∶1∶1，后期为N∶P∶K=1∶1∶1.5，以利于果实品质的提高，施肥以有机肥为主；⑤该品种的冬芽易萌发，要注意夏季的修剪方式；⑥保护地栽培时

图5-19 ‘10-16-3’果穗及丰产性能

要注意低温休眠和发芽问题；⑦合理控制负载：一般每个结果枝条上留一穗果，每公顷产量控制在30 000 kg左右。

（完成人：刘三军、蒯传化、于巧丽、刘崇怀）

7. 3-3-1（*Vitis vinifera* L.）

【育种基本情况】由中国农业科学院郑州果树研究所以晚熟、优质、无核葡萄品种‘红宝石无核’（*Vitis vinifera* L. ‘Ruby Seedless’）为母本，以早熟、大粒、优质葡萄品种‘绯红’（*Vitis vinifera* L. ‘Cardinal’）为父本杂交选育，结合无核葡萄配挽救技术培育而成的大粒、丰产、优质的新品系。目前正在全国4个省市进行中试。

【生物学特性】郑州地区，该品系4月5日萌芽，5月23～28日开花，8月上旬浆果成熟，从萌芽至浆果成熟发育天数为118 d，浆果中早熟。8月上旬枝条开始成熟，10月底落叶。

【植物学特性】植株生长势中庸偏强。芽眼萌发率62.0%，结果系数1.3。嫩梢绿黄色，幼叶紫红色；成龄叶片心形，中等大小，下表面有稀疏茸毛；叶片5裂，上下缺刻较深；叶柄洼闭合，基部V形；新梢生长半直立，新梢绿色具红色条纹，成熟枝条红褐色；两性花，二倍体。欧亚种。

‘3-3-1’果实及其丰产状况见图5.20和图5.21。

图5.20 ‘3-3-1’果实

图5.21 ‘3-3-1’丰产状况

【主要经济性状】果穗圆锥形，大，平均单穗重780.0 g，最大穗重1 200.0 g以上，果穗整齐，果粒着生紧密，果粒卵圆形，鲜红色或紫红色，中等大小，果粒平均重4.3 g，最大粒重6.1 g；果粉中等厚，果皮薄；果肉硬脆，汁多，味酸甜适口，有香味。无核，种子不发育，有残核痕迹；可溶性固形物含量为17.4%，可滴定酸含量0.46%。鲜食品质上等。丰产性良好，进入结果期的产量可达每公顷45 000 kg以上，一般负载量以每公顷30 000～37 500 kg为宜。

【抗逆性】对葡萄病害和逆境抗性较强，但应注意防治葡萄黑痘病。

【综合评价】此品系为中早熟葡萄良种，在葡萄无核品种中，果穗大、果粒大、外观和品质较好，耐贮运、丰产、抗病，综合栽培性状好。

【栽培技术要点】架式采用篱架、棚架、高宽垂架式均可。短梢修剪。注意防治黑痘病等真菌性病害。注意葡萄园的排水，保持土壤水分的稳定。

（完成人：刘三军、蒯传化、于巧丽、刘崇怀）

8. 2-16-3（*Vitis vinifera* L.）

【育种基本情况】由中国农业科学院郑州果树研究所以优质、大粒、晚熟、耐贮运的葡萄品种‘红地球’（*Vitis vinifera* L. ‘Red Globe’）为母本，以优质、香气浓郁、中熟品种‘玫瑰香’（*Vitis vinifera* L. ‘Muscat Hamburg’）为父本杂交选育而成的大粒、优质、晚熟葡萄新品系。目前正在进行中试。

【生物学特性】郑州地区，露地栽培4月3～7日萌芽，5月20～25日开花，花后浆果迅速膨大，浆果8月25日至9月1日充分成熟，从萌芽至浆果成熟需140～150 d，晚熟品种。

【植物学特性】植株生长势较强。隐芽萌发力与结实力均较强，芽眼萌发率为65.0%，结果枝率68.6%，平均结果系数1.62。嫩梢绿色，带浅紫红色条纹，有稀疏白色茸毛；幼叶微红色，上表面光滑，下表面有稀疏茸毛；成龄叶片心形，中等大，厚度中等（介于双亲之间），主叶脉黄绿色带浅紫红色，上表面光滑，下表面有中等茸毛；叶片5裂，裂刻中等深；叶柄洼矢形，叶柄中等长，浅红色；卷须分布不连续，细而长，2～3分杈；成熟枝条浅褐色，节间中等长，两性花，二倍体。欧亚种。

【主要经济性状】果实圆锥形，极大，穗长23.0 cm，穗宽15.6 cm，平均单穗重800 g，最大穗重2 000 g以上；果穗大小整齐，果粒着生较为紧密，果粒近圆形或卵圆形，红色或紫红色，大，平均单粒重8.5 g，最大粒重12.8 g；果粉中等厚；果皮中等厚，韧，与果肉易分离；果肉较硬，介于双亲之间，汁多、味甜、爽口，具浓郁玫瑰香味；果刷长，不脱粒；果实耐贮运性强。每果实含种子3～4粒，种子与果肉易分离；可溶性固形物含量为17.3%，可滴定酸含量为0.4%。鲜食品质上等。具有良好的丰产性能，进入结果期的负载量一般控制在每公顷30 000 kg。适合于露地栽培、避雨栽培以及保护地延迟栽培。

‘2-16-3’果实及其结果状见图5.22和图5.23。

【抗逆性】欧亚种，抗逆性中等偏强，抗病性中等，特别对葡萄黑痘病、葡萄霜霉病等抗性中等，需要在生产上注意防治。

【综合评价】该品系为大粒、优质、晚熟葡萄新品系，穗大、粒大、色艳、优质、脆肉、耐贮运、丰产、喜肥水，但抗真菌性病害能力中等。

【栽培技术要点】适合于我国西北、华北、西南、长江中下游等地区栽培，露地栽培要求无霜期达到150 d 以上。小棚架和高宽垂架式栽培较为适宜，修剪采用中短梢结合修剪。注意真菌性病害的防治。

图5.22 ‘2–16–3’果实

图5.23 ‘2–16–3’结果状况

（完成人：刘三军、蒯传化、于巧丽、陈勇朋、黄　怡）

9. 00-8-1（*Vitis vinifera* L.）

【育种基本情况】由中国农业科学院郑州果树研究所以‘美人指’（*Vitis vinifera* L. ‘Manicure Finger’）为母本，以‘玫瑰香’（*Vitis vinifera* L.‘Muscat Hamburg’）为父本杂交选而成的晚熟、优质、大粒、耐贮运的鲜食葡萄新品系。目前已经进入中试阶段。

【生物学特性】郑州地区，4月5日萌芽，5月23～27日开花，浆果充分成熟时间为9月1～5日。从萌芽到果实成熟需150 d左右，晚熟品种，10月底至11月初落叶。

【植物学特性】植株生长势强。芽眼萌发率90%以上，成枝率96%，结果系数1.1～1.3，隐芽萌发结果力强。嫩梢油绿色，带紫晕；梢尖黄绿色，无茸毛，有光泽；幼叶黄绿色，上表面有光泽，成龄叶片近圆形，中等大，叶片5裂，裂刻较深；叶柄洼开张呈矢形或三角形。新梢生长直立性强。成熟枝条红黄色。两性花。欧亚种。

【主要经济性状】果穗圆锥形，大，平均单穗重650 g，最大穗重1 500 g以上；果穗大小整齐，果粒着生中等紧密，果粒尖卵形，鲜红色到紫红色，大，平均单粒重9.3 g，最大粒重13.7 g；果粉中等厚，果皮薄、韧，无涩味；果肉较硬，汁多、味甜，有玫瑰香味；每果粒含种子1～2粒。可溶性固形物含量15.4%；鲜食品质上等。丰产性中等偏强，一般进入结果期的负载量以控制在每公顷25 500～30 000 kg为宜。

‘00-8-1’果穗见图5.24.。

【抗逆性】具有良好的抗逆性能，但抗病性中等，易感葡萄白腐病和葡萄炭疽病，生产上应注意防治。

【综合评价】该品系为晚熟、优质、大粒、耐贮运的鲜食葡萄新品系。果粒类似母本‘美人指’，果形奇特，果实成熟后可以挂树贮藏，利于糖分积累和鲜食品质的提高。它是保护地延迟栽培的最佳备选品种。通过杂交育种改良，该品系克服了‘美人指’品种的脱粒缺点，同时提高了果实品质和香气。

【栽培技术要点】采用棚架（或水平棚架）、高宽垂架式均可，修剪采用中、长梢结合修剪方式。注意花后幼果期的水分管理（防止幼果裂果），果实膨大期注意防治缩果病（日灼病或气灼病），严格控制氮肥施用量，防止植株的贪青旺长，促进枝条老化。本品系适于在干旱、半干旱区域栽培。

（完成人：刘三军、于巧丽、蒯传化、刘崇怀、顾　红）

图5.24 ‘00-8-1’果穗

10. 2-21-1（*Vitis vinifera* L. × *Vitis labrusca* L.）

【育种基本情况】由中国农业科学院郑州果树研究所从‘巨峰’（*Vitis labrusca* L.‘Kyoho’）实生苗中选出的早熟、大粒、优质鲜食葡萄新品系，目前已经进入中试阶段。

【生物学特性】在郑州地区，本品系3月25日开始萌芽，5月10～15日开花，浆果花后膨大迅速，7月8～12日浆果充分成熟，从萌芽到果实成熟需要发育103 d，早熟品种，11月初落叶。

【植物学特性】植株生长势中等，隐芽和副芽萌发力中等，芽眼萌发率76.6%，平均结果系数1.55。隐芽萌发结实力强。早果丰产性好。嫩梢绿色，梢尖开张，紫红色，有浓郁白色茸毛；幼叶绿色，带紫红色晕，上表面有光泽，下表面有浓郁白色茸毛；成龄叶片心形，中等大，深绿色，主要叶脉绿色，上表面有皱褶，下表面密布锈色茸毛，叶片3～5裂；新梢生长直立性强；卷须分布不连续，2～3分杈，新梢节间、背腹均为褐色，表面有条纹，红褐色，有稀疏茸毛，节间中等长。两性花。四倍体。

‘2-21-1’果穗见图5.25。

【主要经济性状】果穗圆锥形或圆柱形，较大，有时有副穗，平均单穗重506 g，最大穗重达到1 000 g以上，果穗大小整齐，果粒着生中等紧密，果粒圆形到椭圆形，紫红到紫黑色，大，平均单粒重9.3 g，最大粒重14.0 g；果粉厚，果皮厚而韧；果肉软，汁液多，味酸甜，有草莓香味；每果粒含种子1～3粒，多为2粒。可溶性固形物含量16.2%，可滴定酸含量0.55%；鲜食品质上等。丰产性好，一般控制产量在每公顷30 000 kg。

图5.25 ‘2–21–1’果穗

【抗逆性】抗旱性、抗寒性和抗涝性均强，同时，对葡萄白腐病、葡萄炭疽病、葡萄黑痘病抗性极强，对叶蝉类害虫也有一定抗性。

【综合评价】该品系为早熟、大粒、优质鲜食葡萄品种，是巨峰系品种中早熟新品系之一，上色早、着色快；适合于露地早熟栽培和保护地促成栽培；抗性强，管理省工，易于栽培。

【栽培技术要点】栽培方法和方式与‘巨峰’品种相似。丰产性好，生产上应严格控制负载量。

（完成人：刘三军、蒯传化、于巧丽、顾　红、刘崇怀）

11. C2-14-3（*Vitis vinifera* L. × *Vitis labrusca* L.）

【育种基本情况】由河北省农林科学院昌黎果树研究所以‘巨峰’（*Vitis labrusca* L.‘Kyoho’）为母本，以‘早黑宝’（*Vitis vinifera* L.　‘Zaoheibao’）为父本品种杂交育成的早熟、大粒、肉脆、色美、抗病性强的新品系，正在进行区域试验。

【生物学特性】在昌黎地区一般4月上旬萌芽，5月下旬开花，7月上旬果实开始着色，8月上旬成熟，为中早熟品种。

【植物学特性】植株生长势中等强，芽眼萌发率高，副芽萌发力强。新梢绿色，梢尖半开张，颜色中等，茸毛密；幼叶橙黄色，上表面有光泽，花青素着色中等程度，下表面无茸毛。成龄叶片心形，绿色，叶面平整，上表面有光泽，下表面无茸毛；叶片5裂，上裂刻叶片稍重叠，基部U形；下裂刻叶片稍重叠，基部U形；叶柄短，叶柄洼宽拱形，基部U形；枝条横截面椭圆形，有条纹。

【主要经济性状】果穗圆锥形，中等大，穗长15.3 cm，穗宽13.1 cm，平均穗重407.3 g；果粒着生较紧密，果粒近圆形，蓝黑色，中等大，纵径2.2 cm，横径2.0 cm，平均粒重9.0 g，最大粒重12.0 g；果粉中等厚，果皮中等厚而较韧，果肉较脆，汁多，味甜；每果粒含种子2～4粒，种子外表无横沟，种脐不突出，种子与果肉易分离；可溶性固形物含量为16.2%。

‘C2-14-3’果实见图5.26。

【抗逆性】对葡萄的主要病害抗性强，葡萄叶片霜霉病、葡萄果实白腐病、炭疽病的发病率与‘巨峰’相似。

【综合评价】比玫瑰香早熟、粒大、肉脆、色美、抗病性强、适应性广，综合技术性状和经济指标非常突出。

【栽培技术要点】该品种生长势中等强，可采用篱架、小棚架栽培。小棚架株距0.8～1.0 m，行距4.0 m，以每公顷栽植2 505～3 120株为宜；篱架栽培，株距0.6～0.8 m，行距2.2～2.5 m，以每公顷栽植4 995～5 670株为宜。每株留1～2个主蔓，冬季修剪以中长梢修剪为主。因该品种副梢易萌发，应注意疏芽、抹梢和副梢摘心，以利通风透光。

图5.26 ‘C2-14-3’果实

苗木定植时需挖宽1.0 m、深0.8 m的定植沟，每公顷施优质基肥60 000～75 000 kg，过磷酸钙900～1 500 kg。追肥应注意氮肥、磷肥、钾肥比例，7～9月份应施磷酸二氢钾3～5次，促进枝条充分成熟和果实上色成熟。

该品系抗病性与‘巨峰’相近，在多雨年份应提早喷波尔多液预防，为防止葡萄灰霉病的发生，在花前和花后应喷布50%多菌灵1 000倍液＋50%甲基托布津800倍液1～2次。坐果后应根据病害发生情况，采用保护剂和杀菌剂交替用药。

（完成人：赵胜建、郭紫娟、马爱红、刘长江、袁军伟）

12. C1-1-9（*Vitis vinifera* L.× *Vitis labrusca* L.）

【育种基本情况】由河北省农林科学院昌黎果树研究所以‘巨峰’（*Vitis labrusca* L.‘Kyoho’）为母本，以‘早黑宝’（*Vitis vinifera* L. ‘Zaoheibao’）为父本杂交育成的早熟、大粒、肉脆、色美、抗病性强的新品系。

【生物学特性】在昌黎地区一般4月20～26日萌芽，5月25日至6月3日开花，7月上旬果实开始着色，8月上旬成熟。

【植物学特性】植株生长势强，芽眼萌发率极高，副芽萌发力强，副芽结实力强。新梢绿色，梢尖半开张，颜色弱，茸毛中等密；幼叶橙黄色，上表面有微弱光泽，花青素着色程度弱，下表面无茸毛；成龄叶片心形，绿色，叶面平整，上表面有光泽，下表面无茸毛；叶片5裂，上裂刻叶片稍重叠，基部U形；下裂刻叶片稍重叠，基部V形；叶柄中等长，叶柄洼宽拱形，基部U形；枝条横截面椭圆形，有条纹。

【主要经济性状】果穗圆锥形，中等大，穗长18.1 cm，穗宽10.7 cm，平均穗重355.3 g；

形；枝条横截面椭圆形，有条纹。

【主要经济性状】果穗圆锥形，有单歧肩，中等大，穗长13.7 cm，穗宽13.1 cm，平均穗重568.0 g；果粒着生紧密，果粒椭圆形，蓝黑色，中等大，纵径2.3 cm，横径2.1 cm，平均粒重10.0 g，最大粒重14.0 g。果粉薄，果皮薄而较脆，无涩味，果肉较脆，汁多，味甜，有浓玫瑰香味；每果粒含种子1～3粒，多为1～2粒，种子外表无横沟，种脐突出，种子与果肉易分离。可溶性固形物含量为15.8%。

'C2-3-7'果实及其结果状况见图5.29和图5.30。

【抗逆性】对葡萄的主要病害如葡萄霜霉病、葡萄白腐病、炭疽病的抗性较强。

【综合评价】该品种早熟、肉硬、色艳、粒大、味甜、有浓玫瑰香味，综合品质优于亚都蜜。

图5.29 'C2-3-7'果实

图5.30 'C2-3-7'结果状况

【栽培技术要点】该品种生长势较强，年生长量大，可采用篱架、棚篱架或小棚架栽培。小棚架株距0.8～1.0 m，行距4.0 m，以每公顷栽植2 505～3 120株为宜；篱架栽培，株距0.6～0.8 m，行距2.2～2.5 m，以每公顷栽植4 995～5 670株为宜。每株留1～2个主蔓，冬季修剪以中长梢修剪为主。因该品种副梢易萌发，应注意疏芽、抹梢和副梢摘心，以利通风透光。

苗木定植时需挖宽1.0 m、深0.8 m的定植沟，每公顷施优质基肥60 000～75 000 kg，过磷酸钙900～1 500 kg。追肥应注意氮肥、磷肥、钾肥比例，因其生长势强，生长中后期以磷肥和钾肥为主，注意叶面喷肥，7～9月份应施磷酸二氢钾3～5次，促进枝条充分成熟和果实上色成熟。

（完成人：赵胜建、郭紫娟、马爱红、刘长江、袁军伟）

15. C4-3-1（*Vitis vinifera* L. × *Vitis labrusca* L.）

【育种基本情况】由河北省农林科学院昌黎果树研究所以‘巨峰’（*Vitis labrusca* L.‘Kyoho’）为母本，以‘早黑宝’（*Vitis vinifera* L.　‘Zaoheibao’）为父本杂交育成的大粒、脆肉、抗病性强的品种。

【生物学特性】在昌黎地区一般4月上旬萌芽，5月下旬开花，7月中旬果实开始着色，8月下旬成熟。

【植物学特性】植株生长势中等强，芽眼萌发率中等，副芽萌发力强。新梢绿色，梢尖半开张，颜色弱，茸毛密；幼叶橙黄色，上表面有光泽，花青素着色程度弱，下表面有茸毛，密；成龄叶片心形，绿色，叶面平整，上表面有光泽，下表面茸毛疏，叶片5裂，上裂刻叶片稍重叠，基部U形，下裂刻叶片稍重叠，基部U形；叶柄中等长，叶柄洼开张椭圆形，基部U形；枝条横截面椭圆形，有条纹。

【主要经济性状】果穗圆锥形，间或有单歧肩，中等大，穗长17.7 cm，穗宽11.2 cm，平均穗重345.3 g；果粒着生紧密。果粒近圆形，紫红色，较大，纵径22.9 mm，横径23.9 mm，平均粒重8.0 g，最大粒重10.0 g；果粉中等厚，果皮中等厚而较韧，稍有涩味，果肉较脆，汁多，味甜；每果粒含种子1～3粒，种子外表无横沟，种脐突出，种子与果肉易分离。可溶性固形物含量为17.1%。

‘C4-3-1’果实见图5.31。

【抗逆性】对葡萄的主要病害如葡萄霜霉病、葡萄白腐病、炭疽病的抗性较强。

【综合评价】比玫瑰香容易着色、粒大、果肉较脆、味甜，综合技术性状和经济指标突出。

【栽培技术要点】生长势中等，可采用篱架或小棚架栽培。小棚架栽，培株距0.8～1.0 m，行距4.0 m，以每公顷栽植2 505～3 120株为宜；篱架栽培，株距0.6～0.8 m，行距2.2～2.5 m，以每公顷栽植4 995～5 670株为宜。每株留1～2个主蔓，冬季修剪以中长梢修剪为主。

苗木定植时需挖宽1.0 m、深0.8 m的定植沟，每公顷施优质基肥60 000～75 000 kg，过磷酸钙

图5.31　‘C4-3-1’果实

900～ 1 500 kg。

该品种抗病性与巨峰相近，在多雨年份应提早喷波尔多液预防，为防止葡萄灰霉病的发生，在花前和花后应喷布50%多菌灵1 000倍液＋50%甲基托布津800倍液1～2次。坐果后应根据病害发生情况，采用保护剂和杀菌剂交替用药。

（完成人：赵胜建、郭紫娟、马爱红、刘长江、袁军伟）

16. C7-4-3（*Vitis vinifera* L. × *Vitis labrusca* L.）

【育种基本情况】由河北省农林科学院昌黎果树研究所以‘巨峰’（*Vitis labrusca* L.‘Kyoho’）为母本，以‘早黑宝’（*Vitis vinifera* L. ‘Zaoheibao’）为父本杂交育成的大粒、脆肉、抗病好的新品系。

【生物学特性】在昌黎地区一般4月15～20日萌芽，5月25～30日开花，7月中旬果实开始着色，8月中下旬成熟。

【植物学特性】植株生长势极强，芽眼萌发率高，副芽萌发力强。新梢绿色，梢尖半开张，颜色弱，茸毛疏；幼叶橙黄色，上表面有光泽，花青素着色中等程度，下表面无茸毛；成龄叶片心形，绿色，叶缘稍有下卷，上表面有光泽，下表面无茸毛，叶片5裂，上裂刻叶片稍重叠，基部U形，下裂刻叶片稍重叠，基部U形，叶缘锯齿锐。叶柄中等长，叶柄洼宽拱形，基部U形；枝条横截面椭圆形，有条纹。

‘C7-4-3’果实及其结果状况见图5.32和图5.33。

图5.32 ‘C7-4-3’ 果实

图5.33 ‘C7-4-3’ 结果状况

【主要经济性状】果穗圆锥形，中等大，穗长15.7 cm，穗宽9.7 cm，平均穗重364.0 g；果粒着生中等紧密或紧密，果粒近圆形，紫红—蓝黑色，大，纵径24.1 mm，横径22.8 mm，平均粒重9.0 g，最大粒重16.0 g；果粉中等厚，果皮薄而脆，果肉较脆，汁多，味甜，有浓玫瑰香味；每果粒含种子1～3粒，种子外表无横沟，种脐突出，种子与果肉易分离。可溶性固形物含量为18.4%。

【抗逆性】对葡萄的主要病害如葡萄霜霉病、葡萄白腐病、炭疽病的抗性较强。

【综合评价】该品种比玫瑰香粒大、肉脆、抗病、上色均匀、容易管理、有浓玫瑰香味、丰产性强，综合技术性状和经济指标非常突出，有良好的发展潜力。

【栽培技术要点】生长势较强，年生长量大，可采用篱架、棚篱架或小棚架栽培。小棚架栽培，株距0.8～1.0 m，行距4.0 m，以每公顷栽植2 505～3 120株为宜；篱架栽培，株距0.6～0.8 m，行距2.2～2.5 m，以每公顷栽植4 995～5 670株为宜。每株留1～2个主蔓，冬季修剪以中长梢修剪为主。因该品种副梢易萌发，应注意疏芽、抹梢和副梢摘心，以利通风透光。

苗木定植时需挖宽1.0 m、深0.8 m的定植沟，每公顷施优质基肥60 000～75 000 kg，过磷酸钙900～1 500 kg。追肥应注意氮肥、磷肥、钾肥比例，因其生长势强，生长中后期以磷肥和钾肥为主，注意叶面喷肥，7～9月份应施磷酸二氢钾3～5次，促进枝条充分成熟和果实上色成熟。

该品种产量高，为保证果实质量，应控制产量，一般要求每公顷产量22 500～24 000 kg。果穗选留按“强二壮一弱不留”的原则，即前端旺枝可酌留2个穗，壮枝留1穗，弱枝、培养枝不留果穗。

（完成人：赵胜建、郭紫娟、马爱红、刘长江、袁军伟）

17. C7-7-5（*Vitis vinifera* L. × *Vitis labrusca* L.）

【育种基本情况】由河北省农林科学院昌黎果树研究所以‘巨峰’（*Vitis labrusca* L.‘Kyoho’）为母本，以‘早黑宝’（*Vitis vinifera* L. ‘Zaoheibao’）为父本杂交育成的大粒、优质、色美、有浓郁玫瑰香味的新品系。

【生物学特性】在昌黎地区一般4月15日萌芽，5月25日开花，7月中旬果实开始着色，8月上旬成熟。

【植物学特性】植株生长势中等强，芽眼萌发率高，副芽萌发力强。新梢绿色，梢尖半开张，颜色弱，茸毛密；幼叶橙黄色，上表面有光泽，花青素着色中等程度，下表面有稀疏茸毛；成龄叶片心形，绿色，叶面平整，上表面有光泽，下表面茸毛极疏，叶片5裂，上裂刻叶片稍重叠，基部U形，下裂刻叶片稍重叠，基部U形；叶柄短，叶柄洼宽拱形，基部U形；枝条横截面椭圆形，有条纹。

【主要经济性状】果穗圆锥形，中等大，穗长12.3 cm，穗宽10.1 cm，平均穗重244.0 g；果粒着生紧密，果粒近圆形，蓝黑色，较大，纵径23.3 mm，横径22.4 mm，平均粒重9.0 g，

图5.34 ‘C7-7-5’果实

最大粒重12.0 g；果粉中等厚，果皮薄而较脆，果肉软，汁多，味甜，有浓玫瑰香味；每果粒含种子1～3粒，种子外表无横沟，种脐突出，种子与果肉易分离。可溶性固形物含量为18.2%。

‘C7-7-5’果实见图5.34。

【抗逆性】对葡萄的主要病害如葡萄霜霉病、葡萄白腐病、炭疽病的抗性较强。

【综合评价】该品种穗大、果粒大、质优、色美、有浓郁玫瑰香味，综合技术性状和经济指标突出。

【栽培技术要点】该品种生长势中等强，可采用篱架或小棚架栽培。小棚架栽培，株距0.8～1.0 m，行距4.0 m，以每公顷栽植2 505～3 120株为宜；篱架栽培，株距0.6～0.8 m，行距2.2～2.5 m，以每公顷栽植4 995～5 670株为宜。每株留1～2个主蔓，冬季修剪以中长梢修剪为主。

苗木定植时需挖宽1.0 m、深0.8 m的定植沟，每公顷施优质基肥60 000～75 000 kg，过磷酸钙900～1 500 kg。追肥应注意氮肥、磷肥、钾肥比例，7～9月份应施磷酸二氢钾3～5次，促进枝条充分成熟和果实上色成熟。

（完成人：赵胜建、郭紫娟、马爱红、刘长江、袁军伟）

18. C13-10-2（*Vitis vinifera* L. × *Vitis labrusca* L.）

【育种基本情况】由河北省农林科学院昌黎果树研究所以‘巨峰’（*Vitis labrusca* L.‘Kyoho’）为母本，以‘玫瑰香’（*Vitis vinifera* L. ‘Muscat Hamburg’）为父本杂交育成的优质、硬肉、抗性好、有草莓香味的新品系。

【生物学特性】在昌黎地区一般4月9～11日萌芽，5月21～23日开花，7月中旬果实开始着色，8月下旬成熟。

【植物学特性】植株生长势中等强，芽眼萌发率中等，副芽萌发力强。新梢绿色，梢尖半开张，颜色弱，茸毛极密；幼叶橙黄色，上表面有光泽，花青素着色程度弱，下表面有极密茸毛；成龄叶片心形，绿色，叶面平整，上表面有光泽，下表面茸毛密，叶片5裂，上裂刻叶片稍重叠，基部U形，下裂刻叶片稍重叠，基部U形；叶柄长，叶柄洼宽拱形，基部U形；枝条横截面椭圆形，有条纹。

【主要经济性状】果穗圆锥形，带副穗，小，间或有单歧肩，中等大，穗长12.3 cm，穗宽9.7 cm，平均穗重292.7 g；果粒着生紧密，果粒椭圆形，蓝黑色，大，纵径27.4 mm，横径24.1 mm，平均粒重10.3 g，最大粒重14.0 g；果粉中等厚，果皮中等厚而较脆，果肉脆硬，汁中等多，味甜，有草莓香味；每果粒含种子1～2粒，种子外表无横沟，种脐不突出，种子与果肉易分离。可溶性固形物含量为16.5%。

‘C13-10-2’果实见图5.35。

图5.35 ‘C13-10-2’果实

【抗逆性】对葡萄的主要病害抗性强，葡萄叶片霜霉病、葡萄果实白腐病、炭疽病的发病率与巨峰相似。

【综合评价】该品种比巨峰穗紧、味甜、肉硬、质优、色美、果肉较脆、抗病性强、适应性广，综合技术性状和经济指标突出。

【栽培技术要点】生长势中等强，可采用篱架或小棚架栽培。小棚架栽培，株距0.8～1.0 m，行距4.0 m，以每公顷栽植2 505～3 120株为宜；篱架栽培，株距0.6～0.8 m，行距2.2～2.5 m，以每公顷栽植4 995～5 670株为宜。每株留1～2个主蔓，冬季修剪以中长梢修剪为主。

苗木定植时需挖宽1.0 m、深0.8 m的定植沟，每公顷施优质基肥60 000～75 000 kg，过磷酸钙900～1 500 kg。追肥应注意氮肥、磷肥、钾肥比例，7～9月份应施磷酸二氢钾3～5次，促进枝条充分成熟和果实上色成熟。

该品种抗病性与‘巨峰’相近，在多雨年份应提早喷波尔多液预防，为防止葡萄灰霉病的发生，在花前和花后应喷布50%多菌灵1 000倍液＋50%甲基托布津800倍液1～2次。坐果后应根据病害发生情况，采用保护剂和杀菌剂交替用药。

（完成人：赵胜建、郭紫娟、马爱红、刘长江、袁军伟）

19. C16-18-2（*Vitis vinifera* L. × *Vitis labrusca* L.）

【育种基本情况】由河北省农林科学院昌黎果树研究所以‘早黑宝’（*Vitis vinifera* L. ‘Zaoheibao’）为母本，以‘巨峰’（*Vitis labrusca* L. ‘Kyoho’）为父本杂交育成的丰产、脆肉、抗病性好的新品系。

【生物学特性】在昌黎地区一般4月9～11日萌芽，5月21～23日开花，7月中旬果实开始着色，8月下旬成熟。

【植物学特性】植株生长势中等强，芽眼萌发率中等，副芽萌发力强。新梢绿色，梢尖半开张，颜色弱，茸毛密；幼叶橙黄色，上表面有光泽，花青素着色中等弱，下表面有茸毛，密。成龄叶片心形，绿色，叶缘稍有下卷，上表面有光泽，下表面茸毛中等密，叶片5裂，上裂刻叶片稍重叠，基部U形，下裂刻叶片稍重叠，基部U形；叶柄中等长，叶柄洼宽拱形，基部U形；枝条横截面椭圆形，有条纹。

图5.36 ‘C16-18-2’果实

【主要经济性状】果穗圆锥形，间或有单歧肩，中等大，穗长16.7 cm，穗宽14.3 cm，平均穗重440.7 g；果粒着生中等紧密或紧密，果粒近圆形，蓝黑色，较大，纵径23.8 mm，横径22.5 mm，平均粒重9.0 g，最大粒重12.0 g；果粉厚，果皮厚而较脆，有涩味，果肉较脆，汁中等多，味酸甜，有草莓香味；每果粒含种子1~2粒，种子外表无横沟，种脐突出，种子与果肉易分离。可溶性固形物含量为18.0%。

‘C16-18-2’果实见图5.36。

【抗逆性】对葡萄的主要病害抗性强，叶片葡萄霜霉病、葡萄果实白腐病、炭疽病的发病率与巨峰相似。

【综合评价】该品种比巨峰坐果好、丰产、品质优、肉脆、色美、丰产性极强、抗病性强、适应性广，综合技术性状和经济指标突出。

【栽培技术要点】生长势较强，年生长量大，可采用篱架、棚篱架或小棚架栽培。小棚架栽培，株距0.8~1.0 m，行距4.0 m，以每公顷栽植2 505~3 120株为宜；篱架栽培，株距0.6~0.8 m，行距2.2~2.5 m，以每公顷栽植4 995~5 670株 为宜。每株留1~2个主蔓，冬季修剪以中长梢修剪为主。

苗木定植时需挖宽1.0 m、深0.8 m的定植沟，每公顷施优质基肥60 000~75 000 kg，过磷酸钙900~1 500 kg。追肥应注意氮肥、磷肥、钾肥比例，因其生长势强，生长中后期以磷肥和钾肥为主，注意叶面喷肥，7~9月份应施磷酸二氢钾3~5次，促进枝条充分成熟和果实上色成熟。

该品种产量高，为保证果实质量，应控制产量，一般要求每公顷产量22 500~24 000 kg。果穗选留按“强二壮一弱不留”的原则，即前端旺枝可酌留2个穗，壮枝留1穗，弱枝、培养枝不留果穗。

该品种抗病性与巨峰相近，在多雨年份应提早喷波尔多液预防，为防止葡萄灰霉病的发生，在花前和花后应喷布50%多菌灵1 000倍液+50%甲基托布津800倍液1~2次。坐果后应根据病害发生情况，采用保护剂和杀菌剂交替用药。

（完成人：赵胜建、郭紫娟、马爱红、刘长江、袁军伟）

20. G8（*Vitis vinifera* L.）

【育种基本情况】由上海市农业科学院林木果树研究所以鲜食早熟无核品种‘喜乐’（*Vitis vinifera* L.‘Himrod Seedless’）为母本，以‘布朗无核’（*Vitis vinifera* L.‘Bronx Seedless’）为父本杂交，经过胚挽救培养培育的早熟无核葡萄优良品系。

【生物学特性】在上海地区3月中旬萌芽，5月上中旬开花。7月下旬至8月上旬果实成熟，10月下旬落叶，年生育期140d左右，属早熟品种。

【植物学特性】二倍体葡萄，欧美杂交种。嫩梢红色，幼叶红色，背面有少量白色茸毛；成龄叶片特大，心形，深5裂；叶片厚、下翻卷，叶缘锯齿锐；叶柄淡红色，叶柄洼拱形开展；成熟枝条为红褐色，节间长；卷须间隔性，花穗中等，两性花。

【主要经济性状】果穗重250～350 g，果粒中等紧密，果粒椭圆形，粒重4.0 g左右，果皮黄色或淡红色，果肉硬，可溶性固形物含量14.0%～16.0%，无核。设施栽培为7月中旬成熟。植株生长强健，树势较旺，萌芽与结果枝率较高，早果性能好，连续结果稳定。

‘G8’果实见图5.37。

【抗逆性】‘G8’是欧美杂交种葡萄，叶片厚而大，在上海地区未见特殊的病虫害和逆境伤害。

【综合评价】该优系是黄色系二倍体无核葡萄新品系，具有成熟期早、肉质好、品质优良等优点，作为早熟无核品种发展，具有良好的推广前景。

【栽培技术要点】最好采用设施促成栽培，充分发挥早熟品种的特性；对架式要求不严，篱架或棚架均可；结果母枝适宜中梢修剪；用30～50 mg/L的赤霉素处理果穗能增大果粒；实施套袋栽培。

图5.37 ‘G8’果实

（完成人：蒋爱丽、程杰山、张朝轩、杨天仪、李世诚）

21. 97-优6（*Vitis vinifera* L.）

【育种基本情况】由中国科学院植物研究所于1997年以早熟红色品种‘京秀’（*Vitis vinifera* L. ‘Jingxiu’）为母本，以早熟具玫瑰香味品种‘香妃’（*Vitis vinifera* L. ‘Xiangfei’）为父本杂交育成的中熟、大粒、具有玫瑰香味的新优系。2007年选出，目前已在北京海淀、朝阳等地进行区试。

【生物学特性】植株生长势中等。露地栽培芽眼萌发率71.7%，果枝率75.2%，结果系数1.15，每果枝的果穗数为1.55。副梢结实力中等。早果性好，极丰产。在北京地区露地4月上旬萌芽，5月下旬开花，8月底9月初果实充分成熟，果实可在树上挂到9月底，果肉仍很脆，风味更为浓郁。果穗、果粒成熟一致。

【植物学特征】嫩梢黄绿，梢尖开张，有中等密度白色茸毛；幼叶黄绿色，幼叶叶背被白色茸毛。第1花序着生在2～5节；成龄叶片心形，较小；叶片5裂，上裂刻较深，上裂片闭合，基部呈U形，下裂刻浅，开张，基部呈U形；叶柄洼半开张，叶片锯齿两侧凸；新梢生长较直立。

【主要经济性状】果穗圆锥形，果粒着生密度中等，果穗长23.0 cm，宽13.0 cm，果穗平均重440.0 g，果实绿黄色或绿色，果粒椭圆形，长25.6 mm，宽22.7 mm。果粒重8.0～9.0 g；果粉薄，果皮中，果皮与果肉不易分离，果脐不明显，果肉与种子分离，果肉与果刷难分离，果汁中；成熟时果实可溶性固形物含量14.5%～17.0%，可滴定酸含量0.50%；肉厚而脆，味酸甜，有浓郁玫瑰香味；种子多为3粒，种子小。

【抗逆性】品种的抗病性可决定品种在生产中的适应性并影响其向生产的推广及推广面积。果实不易裂果，果实病害少，对霜霉病、炭疽病及白腐病具有较强的抗性。

‘97-优6’果实及其结果状况见图5.38和图5.39。

图5.38 ‘97–优6’果实

图5.39 ‘97–优6’结果状况

【综合评价】绿色，中熟。果穗中等大，穗形整齐美观，果粒大，肉厚而脆，有浓郁玫瑰香味，中熟。和生产中中熟品种‘玫瑰香’相比，果肉硬脆，不易掉粒，成熟后在树上可久挂，果实风味更为浓郁，而且在多雨潮湿地区种植不存在果实上色问题。

【栽培技术要点】适宜生长区域：干旱、半干旱地区，多雨潮湿地区应进行避雨栽培。

篱架、棚架栽培均可，中长梢修剪；喜肥水，宜多施有机肥；丰产性强，易超产，应严格控制产量，壮枝留1穗果，细弱枝上不留果穗，每公顷产量控制在15 000～18 750 kg；果穗松紧适度，为保证穗、粒整齐美观，在坐果后对果穗进行稍微修整；对病虫害的防治以防为主，在萌芽前后、开花前后及封穗期前喷施保护性药剂，后期发现病叶、病果及时清除，在果实发育后期一般不用药。

（完成人：李绍华、范培格、王利军、杨美容、吴本宏、段　伟、张映祝）

22. 97-优7（*Vitis vinifera* L.）

【育种基本情况】由中国科学院植物研究所于1997年以早熟红色品种‘京秀’（*Vitis vinifera* L. ‘Jingxiu’）为母本，以早熟无核品种‘京早晶’（*Vitis vinifera* L. ‘Jingzaojing’）为父本杂交育成的大粒、早熟、无核新优系。2003年选出，目前已在北京海淀、朝阳等地进行区试。

【生物学特性】植株生长势中等。露地栽培萌芽率55.3%，果枝率78.2%，每果枝穗数1.35个，结果系数1.06。副梢结实力中等。早果性好，极丰产。在北京地区露地4月初萌芽，5月20日左右开花，6月底进入转色期，7月底充分成熟。果实成熟后可在树上久挂，果肉仍很脆。果穗、果粒成熟一致。

【植物学特征】嫩梢黄绿，梢尖开张，幼叶黄绿色；第1花序着生在2～5节。成龄叶片心形，较小。叶片5裂，上裂刻较深，上裂片闭合，基部呈U形；下裂刻浅，开张，基部呈U形。叶柄洼半开张。叶片锯齿两侧直。新梢生长较直立。

【主要经济性状】果穗圆锥形，果粒着生密度中等，果穗长16.3 cm，宽13.5 cm。果穗平均重371.0 g，最大穗重740.0 g。果粒椭圆形，长21.9 mm，宽16.5 mm。果粒重4.5～5.2 g，最大6.5 g。果粉中，果皮中，果皮与果肉不易分离，果脐不明显，果肉与果刷难分离，果汁中，种子不发育。成熟时果实玫瑰红或鲜紫红色，果实可溶性固形物含量15.6%～18.7%，可滴定酸含量0.42%。肉厚而脆，味酸甜。

‘97-优7’果实及其结果状况见图5.40和图5.41。

图5.40 ‘97–优7’果实

图5.41 ‘97–优7’结果状况

【抗逆性】果实不易裂果，果实病害少，对霜霉病、炭疽病及白腐病具有较强的抗性。

【综合评价】穗大粒大，穗形整齐美观，早熟，丰产，形色美。肉厚而脆，酸甜适口。和‘京早晶’相比，其果粒大，颜色好，丰产性能强，不易裂果，生长势中等。目前正在区试阶段。

【栽培技术要点】适宜生长区域：干旱、半干旱地区，多雨潮湿地区应进行避雨栽培。

篱架、棚架栽培均可，中长梢修剪。喜肥水，宜多施有机肥。丰产性强，易超产，应严格控制产量，壮枝留1穗果，细弱枝上不留果穗，每公顷产量控制在15 000 ~ 18 750 kg。果穗松紧适度，为保证穗、粒整齐美观，在坐果后对果穗进行稍微修整。对病虫害的防治以防为主，在萌芽前后、开花前后及封穗期前喷施保护性药剂，后期发现病叶、病果及时清除，在果实发育后期一般不用药。

（完成人：李绍华、范培格、王利军、杨美容、吴本宏、段　伟、张映祝）

23. 97-优4（*Vitis vinifera* L.）

【育种基本情况】由中国科学院植物研究所于1997年以早熟红色品种‘京秀’（*Vitis vinifera* L. ‘Jingxiu’）为母本，以早熟无核品种‘京早晶’（*Vitis vinifera* L. ‘Jingzaojing’）为父本杂交育成的极早熟、极丰产、大粒新优系。2003年选出，目前已在北京海淀、朝阳等地进行区试。

【生物学特性】植株生长势中等。露地栽培萌芽率56.4%，果枝率84.1%，每果枝穗数1.57个，结果系数1.32。副梢结实力中等。早果性好，极丰产。北京露地4月初萌芽，5月20日左右开花，6月下旬进入转色期，7月20日左右果实充分成熟。果实成熟后可在树上久挂，果肉仍很脆。果穗、果粒成熟一致。

【植物学特征】嫩梢黄绿，梢尖开张，幼叶黄绿色；第1花序着生在2 ~ 5节；成龄叶片心形，较小，叶片5裂，上裂刻较深，上裂片闭合，基部呈U形，下裂刻浅，开张，基部呈U形；叶柄洼半开张，叶片锯齿两侧直，新梢生长较直立。

【主要经济性状】果穗圆锥形带副穗，果粒着生密度中等，果穗极长，最长40.0 cm，平均20.5 cm，宽12.0 cm，果穗平均质量286.0 g，最大穗重530.0 g；果粒卵圆或鸡心形，长18.1 mm，宽16.0 mm。果粒平均重3.0 g，最大4.8 g；果皮薄，果皮与果肉不易分离，果脐不明显，果肉与果刷难分离，果汁中，种子不发育，成熟时果实玫瑰红或紫红色；果实可溶性固形物含量15.5% ~ 18.0 %，可滴定酸含量0.44 %；肉厚而脆，味酸甜。

‘97-优4’果实及其结果状况见图5.42和图5.43。

【抗逆性】果实不易裂果，果实病害少，对霜霉病、炭疽病及白腐病具有较强的抗性。

【综合评价】穗大粒中，穗形整齐美观，形色美，肉脆味甜，极早熟，极丰产。和‘京早晶’相比，成熟期早，果穗大，果皮为红色，丰产性能强，不易裂果，生长势中等。

【栽培技术要点】适宜生长区域：干旱、半干旱地区，多雨潮湿地区应进行避雨栽培。

篱架、棚架栽培均可，中长梢修剪。喜肥水，宜多施有机肥。丰产性强，易超产，应严格控制产量，壮枝留1穗果，细弱枝上不留果穗，每公顷产量控制在15 000 ~ 18 750 kg。果穗大，花前需修整花序，在坐果后对果穗进行稍微修整。对病虫害的防治以防为主，在萌芽前后、开花前后及封穗期前喷施保护性药剂，后期发现病叶、病果及时清除，在果实发育后期一般不用药。

图5.42 ‘97–优4’果实

图5.43 ‘97–优4’结果状况

（完成人：李绍华、范培格、王利军、杨美容、吴本宏、段 伟、张映祝）

24. 45号（*Vitis vinifera* L.）

【育种基本情况】由中国科学院植物研究所于1997年以早熟红色品种‘京秀’（*Vitis vinifera* L. ‘Jingxiu’）为母本，以早熟具玫瑰香味品种‘香妃’（*Vitis vinifera* L. ‘Xiangfei’）为父本杂交育成的极早熟、极丰产、具有浓郁玫瑰香味的新优系。2007年选出，目前已在北京海淀、朝阳等地进行区试。

【生物学特性】植株生长势中等。露地栽培萌芽率66.7%，果枝率71.9%，每果枝穗数1.61个，结果系数1.16。副梢结实力中等。早果性好，极丰产。北京露地4月初萌芽，5月20日左右开花，7月20日左右果实充分成熟，极早熟。果实成熟后可在树上久挂，果肉仍很脆。果穗、果粒成熟一致。

【植物学特征】嫩梢黄绿，梢尖开张，幼叶黄绿色；第1花序着生在2～5节；成龄叶片心形，较小，叶片5裂，上裂刻较深，上裂片闭合，基部呈U形，叶柄洼半开张，叶片锯齿两侧凸，新梢生长较直立。

【主要经济性状】果穗圆锥形带副穗，果粒着生密度中等，果穗平均重348.0 g；果粒椭圆形，果粒重5.8～6.2 g；果皮薄，果皮与果肉不易分离，果脐不明显，果肉与果刷难分离，果汁中；果实绿黄色，果实可溶性固形物含量17.0%～21.0%，可滴定酸含量0.44%；肉厚而脆，味酸甜，具浓郁玫瑰香味。

‘45号’果实见图5.44。

【抗逆性】果实不易裂果，果实病害少，对霜霉病、炭疽病及白腐病具有较强的抗性。

【综合评价】该品系成熟期极早，果实具有浓郁玫瑰香味，不裂果，成熟后可在树上久挂。而且果穗松散，可节省疏花、疏果用工。极丰产，为优良的极早熟品种。

果穗较紧，为保证穗、粒整齐美观，在开花前及坐果后对果穗进行修整。对病虫害的防治以防为主，在萌芽前后、开花前后及封穗期前喷施保护性药剂，后期发现病叶、病果及时清除，在果实发育后期一般不用药。

图5.46 ‘27号’果实

图5.47 ‘27号’结果状况

（完成人：李绍华、范培格、王利军、杨美容、吴本宏、段 伟、张映祝）

27. 28号（*Vitis vinifera* L.）

【育种基本情况】由中国科学院植物研究所于1997年以早熟红色品种‘京秀’（*Vitis vinifera* L. ‘Jingxiu’）为母本，以晚熟具玫瑰香味品种‘亚历山大’（*Vitis vinifera* L.‘Muscat of Alexandria’）为父本杂交育成的大粒、早熟、极丰产的新优系。2007年选出，目前已在北京海淀、朝阳等地进行区试。

【生物学特性】植株生长势中等。早果性好，极丰产。北京露地4月初萌芽，5月20日左右开花，6月下旬进入转色期，8月初果实充分成熟。果实成熟后可在树上久挂，果肉仍很脆。果穗、果粒成熟一致。

【植物学特征】嫩梢黄绿，梢尖开张，幼叶黄绿色；第1花序着生在2～5节；成龄叶片心形，较小，叶片5裂，上裂刻较深，上裂片闭合，基部呈U形；叶柄洼半开张，叶片锯齿两侧凸，新梢生长较直立。

【主要经济性状】果穗圆锥形带副穗，果粒着生密度中等，果穗平均重512.0 g，最大穗重781.0 g；果粒椭圆形，果粒平均重7.5 g，最大9.5 g；果粉厚，果皮薄，果皮与果肉不易分离，果脐不明显，果肉与果刷难分离，果汁中；成熟时果实紫红色，果实可溶性固形物含量15.6%，可滴定酸含量0.39%；肉厚而脆，味酸甜，具浓郁玫瑰香味。

【抗逆性】果实不易裂果，果实病害少，对霜霉病、炭疽病及白腐病具有较强的抗性。

【综合评价】该品系穗大、粒大，穗形整齐美观，着色好，肉脆味甜，早熟，极丰产。

为优良的早熟、大粒、具玫瑰香味的红色品种。

【栽培技术要点】适宜生长区域：干旱、半干旱地区，多雨潮湿地区应进行避雨栽培。

篱架、棚架栽培均可，中长梢修剪。喜肥水，宜多施有机肥。丰产性强，易超产，应严格控制产量，壮枝留1穗果，细弱枝上不留果穗，每公顷产量控制在15 000～18 750 kg。果穗松紧适度，为保证穗、粒整齐美观，在坐果后对果穗进行稍微的修整。此品种易着色，在光照充足的地区或年份果实为紫红色，进行套袋可得玫瑰红色果实。对病虫害的防治以防为主，在萌芽前后、开花前后及封穗期前喷施保护性药剂，后期发现病叶、病果及时清除，在果实发育后期一般不用药。

图5.48 ‘28号’果实

‘28号’果实见图5.48。

（完成人：李绍华、范培格、王利军、杨美容、吴本宏、段 伟、张映祝）

28. 沪6（*Vitis vinifera* L.）

【育种基本情况】由上海市农业科学院林木果树研究所以鲜食早熟无核葡萄品种‘金星无核’（*Vitis vinifera* L. ‘Venus Seedless’）的自然受粉胚珠，经胚挽救培养培育的无核葡萄新品系。

【生物学特性】上海地区3月中旬萌芽，5月上旬开花，7月中下旬果实成熟，10月下旬落叶，年生育期135 d左右，属特早熟品种。

【植物学特性】二倍体葡萄，欧美杂交种。嫩梢红色，幼叶呈红色，背面有少量白色茸毛；成龄叶片中等大，心形，浅3裂，叶缘锯齿锐；叶柄红色，叶柄洼拱形开展；成熟枝条红褐色，节间中等；卷须间隔性，花穗小，两性花。

【主要经济性状】果穗重250.0 g左右，果粒鸡心形，粒重3.5 g左右；果皮深紫红色，果肉中等，可溶性固形物含量15.0%～18.0%，有残核。上海地区设施促成栽培为7月上旬成熟。植株生长强健，树势中庸。

‘沪6’果实及其结果状况见图5.49和图5.50。

【抗逆性】‘沪6’是欧美杂交种葡萄，在上海地区多年内未见特殊的病虫害和逆境伤害。

【综合评价】该优系是红色系二倍体无核葡萄新品系，具有成熟期早、色泽鲜艳、果形奇特、品质优良等突出优点，作为特早熟红色系无核品种发展，具有良好的推广前景。

【栽培技术要点】实施促成设施栽培，充分发挥早熟品种的特性，结果母枝适宜于中梢修剪。该品种有种子残痕，适宜于二次药剂处理，盛花期用低浓度的赤霉素（25 mg/L）

处理花穗，间隔10～12 d，再用50 mg/L的赤霉素处理果穗，实施套袋栽培。

图5.49 ‘沪6’果实

图5.50 ‘沪6’结果状况（转色前）

（完成人：蒋爱丽、程杰山、张朝轩、杨天仪、李世诚）

29. 沪1（*Vitis vinifera* L. × *Vitis labrusca* L.）

【育种基本情况】 由上海市农业科学院林木果树研究所以鲜食早熟品种‘红后’（*Vitis vinifera* L.‘Honghou’）为母本，以特大粒中熟品种‘藤稔’（*Vitis labrusca* L.‘Fujiminori’）为父本杂交育成的晚熟、大粒鲜食葡萄新品系。2004年确定为优良品系，并在上海市郊多点试种。

【生物学特性】 在上海地区3月中旬萌芽，5月中旬开花，8月下旬果实成熟，果实发育期90 d左右。10月下旬11月初落叶，年生育期160 d左右，属中晚熟品种。

【植物学特性】 四倍体葡萄，欧美杂交种。嫩梢红色，茸毛中等，幼叶呈红色，背面有少量白色茸毛；成龄叶片中等偏小，心形，深5裂，叶片厚、平展，上表面平滑，下表面稀少茸，叶缘锯齿锐；叶柄长，深红色，叶柄洼拱形开展。成熟枝条为红褐色，节间中等长；卷须间隔性，花穗小，两性花。

【主要经济性状】 果穗圆柱形，穗重250.0～350.0 g，果粒着生中等紧密，果粒椭圆形，粒重8.0～10.0 g，果皮绿色—绿黄色；果皮中厚，果粉中等，果肉软，可溶性固形物含量15.0%～18.0%，可滴定酸含量为0.6%，风味浓郁，品质上等；果粒大小整齐，不易脱粒和裂果，每果粒通常含2粒种子。8月下旬成熟。

植株生长强健，树势中庸。花芽容易形成，连年产量稳定，种植第2年，平均每公顷产量9 000 kg，三年生树每公顷产量12 750～15 000 kg。

‘沪1’果实及其结果状况见图5.51和图5.52。

【抗逆性】 四倍体葡萄，欧美杂交种，叶片厚而且偏小，通风透光好，在上海地区多年内未见特殊的病虫害和逆境伤害。

【综合评价】 该优系是绿色系四倍体葡萄新品系，具有果穗、果粒整齐，果粒大，品质优良，丰产，稳产，商品性好，成熟期较晚，栽培容易，省工等突出优点，果皮绿色，避免了南方地区葡萄上色难的问题，尤其作为省力化栽培的中晚熟品种发展，具有良好的发展前景。

图5.51 ‘沪1’果实

图5.52 ‘沪1’结果状况

【栽培技术要点】对架式要求不严，篱、棚架式栽培均可。结果母枝适宜于中长梢修剪。实施套袋栽培。露地栽培需加强对黑痘病、灰霉病、炭疽病、霜霉病等的防治。

（完成人：蒋爱丽、李世诚、程杰山、张朝轩、杨天仪、金佩芳）

30. 沪4（*Vitis vinifera* L.）

【育种基本情况】由上海市农业科学院林木果树研究所以鲜食早熟无核葡萄品种‘金星无核’（*Vitis vinifera* L. ‘Venus Seedless’）的自然受粉胚珠，经胚挽救培养培育的早熟、红色、无核葡萄新品系，在上海市郊已多年试种。

【生物学特性】上海地区3月中旬萌芽，5月上中旬开花，8月上旬果实成熟，10月下旬、11月初落叶，年生育期145 d左右，属早熟品种。

【植物学特性】二倍体葡萄，欧美杂交种。嫩梢红色，幼叶呈红色，背面有少量白色茸毛，成龄叶片特大，心形，深5裂，叶片厚、下翻卷，上表面平滑，下表面稀少茸，叶缘锯齿锐；叶柄长，淡红色，叶柄洼拱形开展；成熟枝条为红褐色，节间长；卷须间隔性，花穗小，两性花。

【主要经济性状】果穗重250.0～350.0 g；果粒圆形，粒重4 g左右，果皮紫红色，果肉较软，可溶性固形物含量15.0%～17.0%，有玫瑰香味，无核。上海地区设施促成栽培为7月中旬成熟，属早熟品种。

植株生长强健，树势旺。早期产量偏低，三年生树每公顷产量可达11 700～12 750 kg。

‘沪4’果实及其结果状况见图5.53和图5.54。

【抗逆性】‘沪4’是欧美杂交种葡萄，叶片厚而大，在上海地区多年内未见特殊的病虫害和逆境伤害。

【综合评价】该优系是红色系二倍体葡萄新品系，具有成熟期早、色泽鲜艳、有玫瑰香味、品质优良等突出优点，作为设施早熟红色系无核品种发展，具有良好的推广前景。

【栽培技术要点】实施促成设施栽培，充分发挥早熟品种的特性。架式用篱、棚架均可。结果母枝适宜中长梢修剪。该品种有种子残痕，适宜于二次药剂处理，在盛花期用低浓度的赤霉素（25 mg/L）处理花穗，间隔10～12 d，再用赤霉素（30～50 mg/L）处理果穗，实施套袋栽培。

图5.53 ‘沪4’果实

图5.54 ‘沪4’结果状况（转色前）

（完成人：蒋爱丽、李世诚、程杰山、张朝轩、杨天仪、金佩芳）

二、草莓

（一）选育的新品种

1. 天香（*Fragaria ananassa* ‘Tianxiang’）

【育种基本情况】由北京市农林科学院林业果树研究所以法国品种‘达赛莱克特’（*Fragaria ananassa* ‘Darselect’）为母本，以‘卡姆罗莎’（*Fragaria ananassa* ‘Camarosa’）为父本杂交育成，适合日光温室栽培。2008年通过北京市林木品种审定委员会审定，专家综合分析认为，该品种是早熟鲜食草莓品种，生长势强，连续结果能力强，抗灰霉病，具有较高的商品价值和市场前景。适合北京地区日光温室草莓生产栽培。

【生物学特性】北京地区露地栽培初花期为4月上中旬，盛花期为4月中旬，果实成熟期为5月中旬，果实发育期25 d左右。在北京地区日光温室栽培现蕾期为11月中旬，初花期为11月下旬，盛花期为12月上旬，果实转白期为12月下旬，果实成熟期为翌年1月上中旬。

【植物学特性】植株生长势中等，株态开张，株高9.9 cm，冠径17.7 cm × 17.1 cm；叶圆形，绿色，叶片厚度中等，叶面平，叶尖向下，叶缘粗锯齿，叶面质地较光滑，光泽度中等，叶梗长6.6 cm，单株着生叶片13片；花梗中粗，花序低于叶面，两性花。

【主要经济性状】果实圆锥形，橙红色，有光泽，种子黄色、绿色、红色兼有，平或微凸果面，种子分布中等；果肉橙红色；花萼单层、双层兼有，主贴副离；一、二级序果平均果重29.8 g，果实纵横径6.2 cm × 4.4 cm，最大果重58.0 g。外观评价上等。风味酸甜适中，香味较浓；可溶性固形物含量为9.0%，维生素C含量为每100 g 65.97 mg，总糖5.99%，总酸0.72%。

植株生长势中等，花量多，连续结果能力强，自然坐果率高，畸形果少，丰产性强，每公顷产量可达30 000 kg。

‘天香’果实及其结果状况见图5.55和图5.56。

图5.55　‘天香’果实

图5.56　‘天香’结果状况

【抗逆性】在北京地区，对灰霉病、蚜虫和红蜘蛛具有较强的抗性，特殊年份要注意白粉病的预防。

【综合评价】该品种为目前国内优良的大果型、鲜食加工兼用草莓品种，具有果形整齐、色艳、风味浓、丰产、商品性好等突出特点。

【栽培技术要点】选择组培脱毒原种苗繁育的无病毒的健壮子苗。草莓对肥料的需求很大，一般每公顷施腐熟优质厩肥60 000 kg，饼肥1 500 ~ 3 000 kg，三元复合肥450 ~ 600 kg，硫酸钾150 kg。采用高畦定植，每个高畦上栽种两行，行距25.0 ~ 30.0 cm，株距15.0 ~ 20.0 cm，每公顷栽苗120 000 ~ 150 000株，定植时注意定植方向。定植后要灌透水，以保持土壤湿润，有条件可加盖遮阳网，可提高草莓植株的成活率。为减少畸形果的发生，花期最好采用蜜蜂授粉，进行疏花疏果，适当控制结果数，以提高大果率和商品果率。依据植株生长势的强弱，一般每株上保留4 ~ 6个果，注意适时采收。

（完成人：张运涛、王桂霞、董　静、鲁韧强）

2. 燕香（*Fragaria ananassa*　‘Yanxiang’）

【育种基本情况】由北京市农林科学院林业果树研究所以日本品种‘女峰’（*Fragaria ananassa*　‘Nyoho’）为母本，以‘达赛莱克特’(*Fragaria ananassa*　‘Darselect’）为父

顷栽苗120 000～150 000株。定植时注意定植方向，定植后要灌透水，以保持土壤湿润，有条件可加盖遮阳网，可提高草莓植株的成活率。为减少畸形果的发生，花期最好采用蜜蜂授粉，进行疏花、疏果，适当控制结果数，以提高大果率和商品果率。依据植株生长势的强弱，一般每株上保留4～6个果，注意适时采收。

图5.59 ‘书香’果实

图5.60 ‘书香’结果状况

（完成人：张运涛、王桂霞、董　静、钟传飞）

4. 秀丽（*Fragaria ananassa* ‘Xiuli’）

【育种基本情况】由沈阳农业大学以欧美草莓品种‘吐德拉’(*Fragaria ananassa* ‘Tudla’）为母本，以日本草莓品种‘枥乙女’(*Fragaria ananassa* ‘Tochiotome’）为父本杂交育成。2010年通过辽宁省非主要农作物品种备案办公室备案，认为该品种丰产、品质优良、植株健壮、抗土传病害，具有良好的发展前景，适合在我国北方栽培。

【生物学特性】在沈阳地区日光温室促成栽培，11月上旬始花，12月中下旬果实开始成熟，翌年1月中旬大量成熟。露地条件下，沈阳地区4月下旬开花，5月下旬果实成熟。

【植物学特性】在日光温室促成栽培，植株生长势强，株态开张，株高21.9 cm，冠径27.4 cm×30.0 cm；叶片大，第3片叶中心小叶长×宽为8.0 cm×6.9 cm，叶圆形，深绿色，叶片厚，叶面平，叶缘粗锯齿，叶面质地较光滑，光泽度中等。叶梗长14.0 cm，单株着生叶片9～10片；二歧聚伞花序，平于或高于叶面，花序梗长约20.0 cm，花梗长约10.0 cm，粗度中等，单株花数10朵以上，两性花。

【主要经济性状】一级序果为圆锥形或楔形，二级序果和三级序果为圆锥形或长圆锥形，果面红色，有光泽，外观评价中上等；种子黄绿色，平或微凸凹果面，种子分布中等。果肉红色，髓心白色，无空洞。果实萼片单层，反卷；一、二级序果平均单果重27.0 g，最大果重38.0 g，果实汁液多，风味酸甜，有香味，可溶性固形物含量大于10.0%，维生素C含量为每100 g 64.00 mg；果面硬度0.43 kg/cm^2；在沈阳地区日光温室进行促成栽培，每公顷产量30 000 kg。

‘秀丽’单株结果状况及其果实见图5.61和图5.62。

图5.61 ‘秀丽’单株结果状况

【抗逆性】植株生长一致，极其健壮，抗土传病害，对白粉病具有中等抗性。适合沈阳地区及土壤和立地条件相近区域进行日光温室促成栽培或半促成栽培，一年一栽制。

【综合评价】该品系具有适合日光温室促成栽培、丰产、品质优良、植株健壮、抗土传病害等特点，其品质优于母本吐德拉，产量和植株抗性优于父本枥乙女，具有良好的发展前景，适合在我国北方栽培。

【栽培技术要点】沈阳地区日光温室促成栽培技术要点如下。

整地做垄　定植前整地做垄。平整土地前施足底肥，每公顷施入腐熟有机肥75 000 kg，氮磷钾三元复合肥750 kg，过磷酸钙600 kg。做大垄，垄面宽50～60 cm，高30～40 cm，垄沟宽达20 cm，南北走向。

定植　假植苗9月上旬定植，裸根苗8月中旬至下旬定植。采用大垄双行栽培，小行距25.0～30.0 cm，株距15.0～18.0 cm，每公顷栽植120 000～150 000株。

定植后管理　定植后浇透水，使得植株根系与土壤紧密接触。浇水应在定植后2 h内完成。如果定植的是裸根苗，定植后要适当遮阳。定植后1周内每天早晨和傍晚各喷水1次。根据天气情况和土壤干燥程度，3～5 d用滴灌浇水1次。定植2周后，应将枯叶、黄叶及新抽生的匍匐茎摘除。

扣棚保温和地膜覆盖　当外界最低气温降到8℃左右时进行扣棚保温，同时加盖草苫。扣棚后7～10 d覆盖地膜。

温湿度管理　扣棚保温后的温湿度管理指标如下。

①显蕾前　扣棚保温后的7～10 d内，一般采用高温、高湿管理，白天温度不超过30℃时不进行放风降温。为了防止烧叶，晴天的白天要给叶片喷水，每天2～3次。

图5.62 ‘秀丽’果实

②显蕾期　白天的最高温度25℃左右。

③开花期　白天最高温度保持在22～25℃，夜间最低温度维持在8～10℃。白天空气相对湿度应控制在40%～50%，以利于花粉散出和花粉发芽。

④果实膨大期和成熟期　白天温度保持在20～25℃，夜间5～10℃。

灌水和追肥　采用膜下滴灌的灌溉方式，当叶片边缘没有吐水现象时进行灌溉。追肥一般与灌水结合进行，每次追施的液体肥料浓度以0.2%～0.4%为宜。

辅助授粉　利用蜜蜂对温室内的草莓进行授粉，一般每公顷的日光温室放15～30箱蜜蜂，蜜蜂总数在15万～30万头。

病虫害管理　在开花之前防治草莓白粉病、螨类和蚜虫。

（完成人：张志宏、高秀岩、李　贺、杜国栋、刘月学、马　跃、刘凤君）

5. 石莓6号（*Fragaria ananassa* ‘Shimei No.6’）

【育种基本情况】由河北省农林科学院石家庄果树研究所以优质、加工性状优良优系‘360-1’（*Fragaria ananassa* ‘360-1’）为母本，以丰产、抗病品种‘新明星’（*Fragaria ananassa* ‘Newstar’）为父本杂交育成。2008年通过河北省林木品种审定委员会审定，专家综合分析认为该品种品质优、丰产、稳产、较耐贮运、果形好、无畸形果、商品性好，具有良好的发展前景。

【生物学特性】在河北省石家庄地区露地（地膜覆盖）栽培2月下旬或3月上旬萌芽，3月下旬显蕾，4月上旬开花，5月初成熟，5月底6月初采收末期。保护地半促成栽培采收期可长达3个月，果实发育期28 d左右，匍匐茎4月上中旬发生。

【植物学特性】植株长势强，较直立，株高30.7 cm，冠径58.2 cm×52.4 cm，每株叶片18～22片，三出复叶；叶色绿；叶形椭圆，叶片长12.1 cm，宽9.3 cm，厚0.02 cm；叶片革质较粗糙，叶面略呈匙状，光泽强；叶背茸毛多，茸毛中长、细且柔软；叶缘锯齿尖且深，锯齿27～32个；叶柄颜色红绿，茸毛中多且长、细且软，叶柄长25.0 cm，粗0.36 cm；托叶小且红绿；耳叶漏斗形，中等大；叶片寿命100 d左右；每株花序5～8个；花序低于叶面，斜生，花序二歧分枝且较低；每花序着生花10～15朵；两性花，单层花瓣，花瓣白色；花冠径3.0 cm；花萼单层，去萼易；萼下着色良好；萼片中大，平贴或稍离；萼心平，萼径3.9 cm；花梗长8.0～9.5 cm，粗0.3 cm，花梗茸毛多；匍匐茎颜色红绿，粗0.3 cm，茸毛多、细且较柔软，节间长18.3 cm，每株抽生匍匐茎10～20根，能二次抽生，有分枝，每株繁育秧苗20～50株；根系较发达，每株50～70条须根，定植苗易成活。

【主要经济性状】果实短圆锥形，纵横径3.9 cm×3.9 cm，一级序果平均果重36.6 g，二级序果平均果重22.6 g，三级序果平均果重14.9 g，最大果重51.2 g，同一级序果果个均匀整齐，各级序果无畸形，无裂果，有果颈；果面平整，鲜红色（成熟以上深红色），有光泽，着色均匀；果肉颜色红，质地密，肉细腻，纤维少；髓心小，红色、外有白圈，实心；果汁少、红色；果实风味酸甜，香气浓；可溶性固形物含量9.1%，可溶性总糖含量

5.97%，可滴定酸含量1.23%，糖酸比4.85。维生素C含量为每100 g 51.72 mg，果实综合阻力0.51 kg/cm^2，果实弹力0.88 kg/cm^2，硬度大，耐贮运性好；果实既适宜鲜食，又适宜加工。

露地平均单株产量401.6 g，每公顷产量59 490 kg。保护地半促成栽培连续形成花芽能力强，丰产稳产，平均单株产量422.3 g，每公顷产量69 675 kg。

‘石莓6号’单株结果状况及其果形及纵横切面见图5.63和图5.64。

图5.63 ‘石莓6号’单株结果状况

图5.64 ‘石莓6号’果形及纵横切面

【抗逆性】对叶斑病和灰霉病抗性较强。

【综合评价】该品种为中熟品种，鲜食、加工兼用，适宜露地及保护地半促成栽培，具有品质优、丰产、稳产、较耐贮运、果形好、无畸形果、商品性好等突出优点，具有良好的发展前景。

【栽培技术要点】

栽植密度　露地平畦栽培株行距以20.0 cm × 30.0 cm最好，高垄栽培以13.0 cm × 25.0 cm × 65.0 cm或15.0 cm × 25.0 cm × 55.0 cm为宜，每公顷可定植165 000株。

肥水管理技术　由于植株长势强，丰产性好，需肥水量大，定植时应施足基肥，每公顷施入腐熟鸡粪12 000 kg，并加入750 kg过磷酸钙和375 kg复合肥，土壤酸性（pH小于6.0）施用熟石灰450 ~ 750 kg。植株生长期加强肥水管理，现蕾期、果实膨大期各追施磷钾肥300 kg；果实成熟期隔7 ~ 10 d可叶面喷施0.3%磷酸二氢钾+0.3%尿素。果实成熟期注意控水，以防烂果，浇水应多次少量。

植株管理　在植株生长期，叶片生长量较大，特别是密植栽培应及时摘除病老残叶，集中烧毁或深埋，注意通风透光，提高果实品质。丰产田摘除匍匐茎3 ~ 4次。进行保护地半促成栽培保温10 d后可喷施7 mg/L的赤霉素1 ~ 2次促醒促长，每株喷施5 mL于苗心。

繁苗技术　定植株行距60.0 cm × 80.0 cm，每公顷定植21 000株为宜。繁苗田加强肥水管理，定植前施足基肥，匍匐茎盛发期追施速效肥尿素每公顷225 ~ 300 kg，或浇2 ~ 3次稀人粪尿，或冲施稀鸡粪。每公顷繁苗量52.5万株，多余小苗和匍匐茎去掉。丰产田就地用于繁苗田的可在果实采摘完后，6月中旬留新小叶3 ~ 5片，其余全部割掉，促发匍匐茎，减少病虫害发生。及时结合浇水追肥2～3次提高繁苗率。

病虫害防治　整个生长过程中加强地下害虫的防治。定植前对土壤和鸡粪等有机基肥进行全面消毒，鸡粪可能会有大量的虫卵，因此在腐熟翻粪过程中或土壤翻耕前喷施40%乐斯本乳油处理，用量为每公顷用药7.5 kg，加水300倍喷雾；定植后草莓生长过程中，可用90%晶体敌百虫和炒香的麦麸按1∶60的比例配成毒饵，先用水将敌百虫稀释成30倍液，再与香麸拌匀，于傍晚撒在地面，防治地老虎、蝼蛄、蛴螬等。高温雨季繁苗期叶面喷施25%咪鲜胺乳油1 000倍液或80%炭疽福美可湿性粉剂800倍液喷施防治炭疽病。

（完成人：杨　莉、李　莉、杨　雷、郝保春、张建军）

6. 晶瑶（*Fragaria ananassa*‘Jingyao’）

【育种基本情况】1996年由湖北省农业科学院经济作物研究所以‘章姬’（*Fragaria ananassa*　‘Akihime’）为父本，以‘幸香’（*Fragaria ananassa*　‘Sachinoka’）为母本杂交育成。2008年通过湖北省农作物品种审定委员会审定，专家综合分析认为，该品种品质优，大果型，硬度较大，较耐贮运，适合在湖北省栽培推广。

【生物学特性】在湖北地区9月上中旬定植，10月中旬开始抽发第1花序，至第2年5月采收结束，共可以抽发3次花序。各花序可连续开花结果，中间几乎无断档，第1批果在12月中下旬成熟。在湖北省适种地区，于4月上旬开始抽生匍匐茎。

【植物学特性】植株生长势强，植株极高大，平均株高38.4 cm，开展度40.6 cm左右；叶片长椭圆形，嫩绿色，叶面光滑，质地硬，茸毛少；叶柄长15.0 cm，粗0.3～0.4 cm，黄绿色，茸毛少；托叶大、绿色，单株叶片7～8片；花为两性花、白色，花瓣5～6个，花径2.1～3.4 cm，花柄长29.6～30.2 cm，茸毛少，有托叶。花序二歧分枝，平于或低于叶面，单株花序3～5个，花茎粗壮、坚硬直立，花量较少，顶花序8～10朵，侧花序5～7朵。

【主要经济性状】果形大，平均单果重25.9 g；果实略长圆锥形，果实表面和内部色泽均呈鲜红色，着色一致，外形美观，富有光泽，畸形果少；酸甜适口，可溶性固形物含量平均为12.8%；果实硬度大，为0.39～0.40 kg/cm^2；单株产量330.0 g以上，每公顷产量30 000 kg。

‘晶瑶’果实见图5.65。

图5.65　‘晶瑶’果实

【抗逆性】对白粉病抗性强，较抗灰霉病，对炭疽病的抗性较弱。

【综合评价】该品种果实品质优，大果型，平均单果重25.9 g，硬度较大，较耐贮运。植株生长势旺盛，每公顷栽株数较丰香少22

500株以上，可大大节省种苗投入。定植后，当3～4片新叶后开始抽发第1花序，至第2年5月采收结束，共可以抽发3次花序。各花序可连续开花结果，中间几乎无断档，每公顷产量30 000 kg。与‘丰香’相比叶片数少，仅需要在年前和年后打两次叶，很省工。抗白粉病，较抗灰霉病，对炭疽病的抗性较弱。

【栽培技术要点】在湖北地区，3月中下旬开始育苗。单行种植：株距80.0～100.0 cm，每公顷栽母株5 250～6 750株；双行种植：株距40.0～50.0 cm，行距45.0 cm，每公顷栽母株10 500～13 500株。4～7月每月每公顷追施尿素75 kg一次。注意及时灌水和排出渍水。生产定植期：9月上中旬，采用双行三角形种植，株距20.0 cm，行距25.0 cm，每公顷栽植97 500株。肥水管理：施足基肥，适时追肥。育苗期每公顷施基肥——750 kg复合肥，生产期每公顷施基肥——1 500 kg腐熟油菜饼，750 kg复混肥，150 kg硫酸钾。分别在顶果拇指大小、始采期和盛采期用塑料软管滴灌法每公顷各追施复合肥120 kg，磷酸二氢钾60～75 kg。每隔10～20 d采用塑料软管滴灌法进行补水，严禁大水漫灌。育苗期重点防治炭疽病，生产期注意防治白粉病、灰霉病和蚜虫等病虫害。生产期严禁使用赤霉素。适时采收。果实8～9成着色时采收。由于晶瑶连续结果能力较强，要严格按照技术要求施足底肥和及时追肥，防止果实因养分不足而偏小。

（完成人：顾玉成、曾祥国、向发云、宋志红、吴金平）

7．宁玉（*Fragaria ananassa* ‘Ningyu’）

【育种基本情况】由江苏省农业科学院园艺研究所以早熟硬度较佳的促成栽培品种‘幸香’（*Fragaria ananassa* ‘Sachinoka’）为母本，以早熟大果的促成栽培品种‘章姬’（*Fragaria ananassa* ‘Akihime’）为父本杂交育成。2010年通过江苏省果茶花品种鉴定专业委员会鉴定。专家综合分析认为，该品种是目前国内优良的早熟丰产的促成栽培专用草莓品种，花芽分化早，低温需求量低。连续开花结果性能好，果大丰产，前期产量高。果粒较大，外观艳丽，风味佳，商品果率高。长势强，抗逆抗病性强，具有良好的发展前景。

【生物学特性】早熟，适合我国大部分地区促成栽培。在南京地区于9月上旬定植，10月中旬显蕾，10月中下旬至11月初始花，11月底12月初果实初熟。与目前主栽品种丰香、红颜相当，早于明宝4～6 d。11月中下旬二序显蕾，11月底12月初三序显蕾。连续开花坐果性强。

【植物学特性】株态半直立，长势强，株高14.0 cm左右，冠径26.8 cm×27.2 cm左右；叶片绿色，椭圆形，大而厚。叶面粗糙，叶片长7.0 cm，叶片宽6.4 cm，叶柄长11.9 cm；花冠径3.0 cm，雄蕊平于雌蕊，花粉发芽力高，授粉均匀；平均花房长12.9 cm，分歧少，每花序10～14朵花。匍匐茎抽生能力强。

【主要经济性状】 宁玉果实圆锥形，红色，光泽强，外观整齐漂亮；着色易，果基无颈、无种子带，种子分布稀且均匀；果肉橙红，髓心橙色，风味极佳，甜香浓，酸味

图5.66 ‘宁玉’结果状况

很淡；可溶性固形物含量10.7%，硬度1.78 kg/cm^2；果面平整，坐果率高，畸形果少，果大丰产，果个均匀，一、二级序果平均果重20.5 g，株产318.0 g，每公顷产量30 000 kg，早期产量占有率可达60.5%～67.5%。

‘宁玉’结果状况见图5.66。

【抗逆性】抗热抗寒性强，育苗容易，冬季不易矮化。抗炭疽病，中抗白粉病。白粉病抗性优于丰香，炭疽病抗性优于红颜。

【综合评价】该品种为目前国内优良的早熟丰产的促成栽培专用草莓品种。该品种花芽分化早，低温需求量低；连续开花结果性能好，果大丰产，前期产量高；果粒较大，外观艳丽，风味佳，商品果率高；长势强，抗逆抗病性强，具有良好的发展前景。

【栽培技术要点】苗期注意“前促、后控”，梅雨期尽早发苗，重视补肥，8月上旬达到足够苗数，8月中旬后控制肥水，使苗矮壮。通过假植、断根、遮光、摘老叶和控氮等综合措施，力争提早花芽分化。生长势较强，植株较大，综合产量、果实品质和管理方便等因素，一般株行距为20.0 cm × 25.0 cm左右。果柄长度适中，一般不需赤霉素处理。及时做好大棚通风换气、注意棚内温度，以免高温不利植株生长和授粉受精及低温花果受冻。

（完成人：赵密珍、王壮伟、钱亚明、吴伟民、袁　骥、王　静）

8. 俏佳人（*Fragaria ananassa* ‘Qiaojiaren’）

【育种基本情况】由沈阳农业大学以‘鬼怒甘’ × ‘粉红熊猫’杂交育成，母本为栽培草莓品种‘鬼怒甘’（*Fragaria ananassa* ‘Kinuama’），开白花，日本品种，果实大，品质优；父本为‘粉红熊猫’（*Fragaria* sp. × *Potentilla* sp.），开粉红色花，英国品种。2010年5月通过辽宁省非主要农作物品种备案办公室备案，认为该品种是观赏兼食用红花草莓优良品种，性状表现稳定，观赏性强，适应性广。可用于园林绿化、盆栽观赏，具有良好的发展前景。

【生物学特性】沈阳地区露地栽植4月末撤除防寒，5月上旬始花，6月上中旬末花，一级果6月上旬成熟，同时抽生红色匍匐茎，11月上旬覆盖防寒。单株花序多，每序着生花朵数多，一年生植株春季单株开花30～40朵，单花一般持续5～7 d，整体花期可达1个月以上。

【植物学特性】植株根系发达，长势中等，较开展，平均株高18 cm。匍匐茎红色，粗壮，繁殖能力强；叶绿色，厚度中等，质地柔软，勺状，中心小叶近圆形，叶长6.4～8.2 cm，叶宽6.2～6.7 cm，叶柄上部绿色，下部微红；花两性，深粉红色，花冠3.5～3.7 cm，花瓣5～7枚，花序梗中等粗，斜生，低于或平于叶面；每株2～4个花序，每序7～14朵；果实圆锥形，红色，果个中等。

【主要经济性状】果实红色，平均单果重10.5 g，外形美观，花后可继续观果，且叶形奇特，叶色翠绿，花、果、叶均可观赏，观赏期长。花深粉红色，花朵较大，观赏性强，果实红色，微酸。与父本‘粉红熊猫’对比观察，其果实性状优于‘粉红熊猫’，果实大，花色比‘粉红熊猫’更深、更鲜艳。

‘俏佳人’开花状况及其结果状况见图5.67和图5.68。

图5.67 ‘俏佳人’开花状况

图5.68 ‘俏佳人’结果状况

【抗逆性】抗逆性强，适应性好。较抗寒，抗叶斑病。‘俏佳人’在北方地区露地栽植冬季需防寒，在长春、沈阳地区均可安全越冬。翌年不必重栽，3年后重植更新。

【综合评价】该品种是我国首次自主培育的观赏草莓新品种，是观赏兼食用红花草莓优良品种；果实红色，大，果实性状明显优于国外主栽红花草莓品种‘粉红熊猫’；性状表现稳定，观赏性强，适应性广；可用于园林绿化、盆栽观赏，具有良好的发展前景。

【栽培技术要点】

露地栽培　露地观赏栽植时对土壤要求不严，但忌在板结黏土、碱性土上栽植，栽植前施用以有机肥为主的底肥。春季栽培时，由于其抽生匍匐茎能力强，会在夏秋季很快布满空处，可按0.5 m × 0.5 m的行株距定植。在栽培过程中，可适当追肥，补充养分以促进坐果及果实发育。及时摘除老叶、病叶。红花草莓根浅、叶多，蒸腾强，因此，干旱时要及时浇水；不耐涝，忌长时间渍水，遇雨要及时疏通排水。‘俏佳人’在北方地区露地栽植冬季需防寒，以保证植株安全越冬，方法是先灌封冻水，覆盖地膜，其上盖草帘或稻草、秸秆等，在长春、沈阳地区均可安全越冬。翌年不必重栽，3年后重植更新。‘俏佳人’对叶斑病有一定抗性，病虫害方面主要有蚜虫、红蜘蛛、灰霉病等，应及时喷药防治。

盆栽　盆栽时对土壤要求较严格，盆土的配比可以按腐叶土：堆肥：沙=6：3：1或田园土：堆肥：沙=5：4：1，也可以选用常规配制的养花营养土，但总体要求盆土肥沃、疏松、透气、略呈酸性。根据花盆大小，每盆可栽单株、双株或多株。浇水原则是干则浇水、浇则浇透。盆栽要供应充足的水分，旺盛生长期要勤浇水，特别是花果期更不可缺水，否则会造成植株萎蔫、生长势衰退、花瓣脱落早。经常保持盆土疏松透气，经常摘除老叶、病叶。植株大量开花结果后，植株会变衰弱，一方面可在花果期追肥，恢复长势；另一方面用新抽生出的匍匐茎苗代替衰弱老株，重新栽植，并换盆土。病虫害方面主要防治蚜虫、红蜘蛛。

（完成人：雷家军、毕晓颖、郑　洋、刘　英、王志刚、邢桂梅、庞　兰、阮　芳）

9. 粉佳人（*Fragaria ananassa* ‘Fenjiaren’）

【育种基本情况】由沈阳农业大学以‘鬼怒甘’×‘粉红熊猫’杂交育成，母本为栽培草莓品种‘鬼怒甘’（*Fragaria ananassa* ‘Kinuama’），开白花，日本品种，果实大，品质优；父本为‘粉红熊猫’（*Fragaria* sp. ×*Potentilla* sp.），开粉红色花，英国品种。2010年通过辽宁省非主要农作物品种备案办公室备案，认为该品种是观赏兼食用红花草莓优良品种。果实红色，大，性状稳定，观赏性强，适应性广，可用于园林绿化、盆栽观赏，具有良好的发展前景。

【生物学特性】沈阳地区露地栽植4月末撤除防寒，5月上旬始花，6月上中旬末花，一级果6月上旬成熟，同时抽生红色匍匐茎，11月上旬覆盖防寒。单株花序多，每序着生花朵数多，一年生植株春季单株开花30～40朵，单花一般持续5～7 d，整体花期可达1个月以上。

【植物学特性】植株长势强，较开展，平均株高21.0 cm。匍匐茎多，红色，根系发达；叶黄绿色，厚度中等，质地柔软，有光泽，中心小叶椭圆形，叶长7.0～8.9 cm，叶宽5.6～6.6 cm，叶柄绿色；花两性，浅粉红色，花冠2.7～3.5 cm，花瓣5～7枚，花序梗中等粗，斜生，低于或平于叶面；每株2～5个花序，每花序5～13朵；果实红色，长圆锥形，果个较大。

【主要经济性状】果实红色，平均单果重14.9 g，外形美观，花后可继续观果，且叶形奇特，叶色翠绿，花、果、叶均可观赏，观赏期长；花浅粉红色，花朵较大，观赏性强，果实红色，微酸。与父本‘粉红熊猫’对比观察，其果实性状优于‘粉红熊猫’，花色比‘粉红熊猫’浅。

‘粉佳人’开花状况及其结果状况见图5.69和图5.70。

【抗逆性】抗逆性强，适应性好。较抗寒，抗叶斑病。‘粉佳人’在北方地区露地栽植冬季需防寒，以保证植株安全越冬，在长春、沈阳地区均可安全越冬。翌年不必重栽，3年后重植更新。

【综合评价】‘粉佳人’是我国首次自主培育的观赏草莓新品种，是观赏兼食用红花草莓优良品种；果实红色，大，果实性状明显优于国外主栽红花草莓品种‘粉红熊猫’；性状稳定，观赏性强，适应性广；可用于园林绿化、盆栽观赏，具有良好的发展前景。

图5.69 ‘粉佳人’开花状况

图5.70 ‘粉佳人’结果状况

【栽培技术要点】

露地栽培　露地观赏栽植时对土壤要求不严，但忌在板结黏土、碱性土上栽植，栽植前施用以有机肥为主的底肥。春季栽培时，由于其抽生匍匐茎能力强，会在夏秋季很快布满空处，可按0.5 m × 0.5 m的行株距定植。在栽培过程中，可适当追肥，补充养分以促进坐果及果实发育。及时摘除老叶、病叶。红花草莓根浅、叶多，蒸腾强，因此，干旱时要及时浇水。不耐涝，忌长时间渍水，遇雨要及时疏通排水。‘粉佳人’在北方地区露地栽植冬季需防寒，以保证植株安全越冬，方法是先灌封冻水，覆盖地膜，其上盖草帘或稻草、秸秆等，在长春、沈阳地区均可安全越冬。翌年不必重栽，3年后重植更新。‘粉佳人’对叶斑病有一定抗性，病虫害方面主要有蚜虫、红蜘蛛、灰霉病等，应及时喷药防治。

盆栽　盆栽时对土壤要求较严格，盆土的配比可以按腐叶土∶堆肥∶沙=6∶3∶1或田园土∶堆肥∶沙=5∶4∶1，也可以选用常规配制的养花营养土，但总体要求盆土肥沃、疏松、透气、略呈酸性。根据花盆大小，每盆可栽单株、双株或多株。浇水原则是干则浇水、浇则浇透。盆栽要供应充足的水分，旺盛生长期要勤浇水，特别是花果期更不可缺水，否则会造成植株萎蔫、生长势衰退、花瓣脱落早。经常保持盆土疏松透气，经常摘除老叶、病叶。植株大量开花结果后，植株会变衰弱，一方面可在花果期追肥，恢复长势；另一方面用新抽生出的匍匐茎苗代替衰弱老株，重新栽植，并换盆土。病虫害方面主要防治蚜虫、红蜘蛛。

（完成人：雷家军、代汉萍、胡新颖、杜　毅、德庆措姆、
王明喜、戴明旭、邓明琴）

（二）选育的优系

1. 06-10-2（*Fragaria ananassa*）

【育种基本情况】　由北京市农林科学院林业果树研究所以日本品种‘佐贺清香’

（*Fragaria ananassa* ‘Sagahonoka’）为母本，以欧美品种‘甜查理’（*Fragaria ananassa* ‘Sweet Charlie’）为父本杂交选育的大果型、丰产的草莓新优系。

【生物学特性】北京地区日光温室栽培现蕾期为11月下旬，初花期为12月上旬，盛花期为12月中旬，果实转白期为翌年1月上旬，果实成熟期为1月中下旬。

【植物学特性】植株生长势中等，株态直立，株高26.4 cm，冠径40.0 cm × 31.0 cm；叶椭圆形，绿色，叶片厚度中等，叶面平，叶尖向上，叶缘锯齿尖，叶面质地较光滑，光泽度中等，叶梗长19.3 cm，两性花。

【主要经济性状】果实圆锥形，橙红色，有光泽，种子黄色、绿色、红色兼有，凹于果面，种子分布中等；果肉橙红色；花萼单层、双层兼有，主贴副离。一、二级序果平均果重24.0 g；外观评价上等，风味酸甜适中，香味较浓；可溶性固形物含量为10.4%。

植株生长势中等，花量多，连续结果能力强，自然坐果率高，畸形果少，丰产性强，每公顷产量30 000 kg。

‘06-10-2’果实及其结果状况见图5.71和图5.72。

图5.71 ‘06-10-2’果实

图5.72 ‘06-10-2’结果状况

【抗逆性】在北京地区，对灰霉病、蚜虫和红蜘蛛具有较强的抗性，特殊年份要注意白粉病的预防。

【综合评价】该优系是目前国内优良的大果型，可鲜食、加工兼用，具有果形整齐、色艳、风味浓、丰产、商品性好等突出特点。

（完成人：张运涛、王桂霞、董　静、钟传飞、王丽娜、常琳琳）

2. 06-L25-3（*Fragaria ananassa*）

【育种基本情况】由北京市农林科学院林业果树研究所以日本品种‘佐贺清香’（*Fragaria ananassa* ‘Sagahonoka’）为母本，以我国自育品种‘天香’（*Fragaria ananassa* ‘Tianxiang’）为父本杂交选育的大果型、丰产的草莓新优系。

【生物学特性】北京地区日光温室栽培现蕾期为12月上旬，初花期为12月中旬，盛花期为12月下旬，果实转白期为翌年1月中旬，果实成熟期为1月下旬。

【植物学特性】植株生长势中等，株态半开张，株高22.0 cm，冠径30.8 cm × 29.2 cm；叶椭圆形，绿色，叶片厚度中等，叶面平，叶尖向上，叶缘锯齿尖，叶面质地较光滑，光泽度中等，叶梗长12.8 cm，两性花。

【主要经济性状】果实圆锥形，橙红色，有光泽，种子黄色、绿色、红色兼有，凹于果面，种子分布中等；果肉橙红色；花萼单层、双层兼有，主贴副离；一、二级序果平均果重30.0 g；外观评价上等，风味酸甜适中，香味较浓；可溶性固形物含量为11.0%。

植株生长势中等，花量多，连续结果能力强，自然坐果率高，畸形果少，丰产性强，每公顷产量30 000 kg。

‘06-L25-3’果实及其单株结果状况见图5.73和图5.74。

图5.73 ‘06-L25-3’果实

图5.74 ‘06-L25-3’单株结果状况

【抗逆性】在北京地区几年来观察无特殊的敏感性病虫害和逆境伤害，表现较强的抗病性。

【综合评价】该优系是目前国内优良的大果型，可鲜、食加工兼用，具有果形整齐、色艳、风味浓、丰产、商品性好等突出特点。

（完成人：张运涛、王桂霞、董　静、钟传飞、王丽娜、常琳琳）

3. 06-37-8（*Fragaria ananassa*）

【育种基本情况】由北京市农林科学院林业果树研究所以欧美品种‘卡姆罗莎’（*Fragaria ananassa* ‘Camarosa’）为母本，以日本品种‘红颜’（*Fragaria ananassa* ‘Benihoppe’）为父本杂交选育的大果型、丰产的草莓新优系。

【生物学特性】北京地区日光温室栽培现蕾期为12月上旬，初花期为12月中旬，盛花期为12月下旬，果实转白期为翌年1月中旬，果实成熟期为1月下旬。

【植物学特性】植株生长势中等，株态直立，株高23.7 cm，冠径38.0 cm × 30.7 cm。叶椭圆形、绿色，叶片厚度中等，叶面平，叶尖向上，叶缘锯齿尖，叶面质地较光滑，光泽度中等，叶梗长17.7 cm，两性花。

【主要经济性状】果实圆锥形，橙红色，有光泽，种子黄色、绿色、红色兼有，凹于果面，种子分布中等；果肉橙红色；花萼单层、双层兼有，主贴副离；一、二级序果平均果重34.0 g；外观评价上等，风味酸甜适中，香味较浓；可溶性固形物含量为10.0%。

植株生长势中等，花量多，连续结果能力强，自然坐果率高，畸形果少，丰产性强，每公顷产量30 000 kg。

‘06-37-8’果实及其单株结果状况见图5.75和图5.76。

图5.75 ‘06-37-8’果实

图5.76 ‘06-37-8’单株结果状况

【抗逆性】在北京地区几年来观察无特殊的敏感性病虫害和逆境伤害，表现较强的抗病性。

【综合评价】该优系是目前国内优良的大果型，可鲜食加工兼用，具有果形整齐、色艳、风味浓、丰产、商品性好等突出特点。

（完成人：张运涛、王桂霞、董　静、钟传飞、王丽娜、常琳琳）

4. 06-L86-1（*Fragaria ananassa*）

【育种基本情况】由北京市农林科学院林业果树研究所以‘早明亮’（*Fragaria ananassa* ‘Earliglow’）为母本，以‘章姬’（*Fragaria ananassa* ‘Akihime’）为父本杂交选育的大果型、丰产的草莓新优系。

【生物学特性】北京地区日光温室栽培现蕾期为12月上旬，初花期为12月中旬，盛花期为12月下旬，果实转白期为翌年1月中旬，果实成熟期为1月下旬。

【植物学特性】植株生长势中等，株态直立，株高30.5 cm，冠径32.7 cm × 32.0 cm；叶椭圆形，绿色，叶片厚度中等，叶面平，叶尖向上，叶缘锯齿尖，叶面质地较光滑，光泽度中等，叶梗长15.3 cm，两性花。

【主要经济性状】果实圆锥形，橙红色，有光泽，种子黄色、绿色、红色兼有，微凹于果面，种子分布中等；果肉橙红色；花萼单层、双层兼有，主贴副离。一、二级序果平均果重26.0 g；外观评价上等，风味酸甜适中，香味较浓；可溶性固形物含量为9.3%。

植株生长势中等，花量多，连续结果能力强，自然坐果率高，畸形果少，丰产性强，每公顷产量30 000 kg。

‘06-L86-1’果实见图5.77。

【抗逆性】在北京地区，对灰霉病、蚜虫和红蜘蛛具有较强的抗性，特殊年份要注意白粉病的预防。

【综合评价】该优系是目前国内优良的大果型，可鲜食、加工兼用，具有果形整齐、色艳、风味浓、丰产、商品性好等突出特点。

（完成人：张运涛、王桂霞、董　静、钟传飞、王丽娜、常琳琳）

图5.77 ‘06-L86-1’果实

5. 06-37-7（*Fragaria ananassa*）

【育种基本情况】由北京市农林科学院林业果树研究所以欧美品种‘卡姆罗莎’（*Fragaria ananassa* ‘Camarosa’）为母本，以日本品种‘红颜’（*Fragaria ananassa* ‘Benihoppe’）为父本杂交选育的大果型、丰产的草莓新优系。

【生物学特性】北京地区日光温室栽培现蕾期为12月上旬，初花期为12月中旬，盛花期为12月下旬，果实转白期为翌年1月中旬，果实成熟期为1月下旬。

图5.78 ‘06-37-7’果实

【植物学特性】植株生长势中等，株态直立，株高26.6 cm，冠径32.2 cm×26.8 cm；叶椭圆形，绿色，叶片厚度中等，叶面平，叶尖向上，叶缘锯齿尖，叶面质地较光滑，光泽度中等，叶梗长15.6 cm，两性花。

‘06-37-7’果实见图5.78。

【主要经济性状】果实圆锥形，橙红色，有光泽，种子黄色、绿色、红色兼有，凹于果面，种子分布中等；果肉橙红色；花萼单层、双层兼有，主贴副离；一、二级序果平均果重25 g；外观评价上等，风味酸甜适中，香味较浓；可溶性固形物含量为9.0%。

植株生长势中等，花量多，连续结果能力强，自然坐果率高，畸形果少，丰产性强，每公顷

叶片生长量较大，及时摘除病老残叶，集中烧毁或深埋，注意通风透光；同时丰产田摘除匍匐茎3～4次。

病虫害防治　日光温室中定植前，夏季6～7月份土壤采用石灰氮高温消毒处理，解决土传病害问题。定植后采用硫磺熏蒸法预防白粉病效果良好。另外，开花之前要防治螨类和蚜虫等。

（完成人：张志宏、高秀岩、李　贺、杜国栋、刘月学、马　跃）

8. 3-09（*Fragaria ananassa*）

【育种基本情况】由沈阳农业大学以自育草莓品种‘秀丽’（*Fragaria ananassa* ‘Xiuli’）为母本，以日本草莓品种‘红颜’（*Fragaria ananassa* ‘Benihoppe’）为父本杂交育成的品质优、丰产性好、果个大、香味浓的草莓新优系，具有良好的发展前景。正在沈阳、大连等地区进行区域试验。

【生物学特性】在沈阳地区日光温室促成栽培，11月上中旬始花，12月中下旬果实开始成熟，翌年1月中旬大量成熟。

【植物学特性】在日光温室促成栽培，植株长势强，株态较直立，株高25.7 cm, 每株复叶15～25片，三出复叶；叶色绿，中心小叶椭圆形；每花序着生花9～16朵，两性花，单层花瓣，花瓣白色。

【主要经济性状】果实圆锥形，果面红色，有光泽，外观评价上等。果个大，一、二级序果平均单果重24.0 g。果实汁液多，风味酸甜，有香味，可溶性固形物含量大于11.0%，果面硬度0.42 kg/cm^2。

图5.81 ‘3–09’单株结果状况

‘3-09’单株结果状况见图5.81。

【抗逆性】对白粉病、灰霉病有较好的抗性。

【综合评价】该优系适宜露地及保护地促成、半促成栽培，具有品质优、丰产性好、果个大、香味浓等优点，具有良好的发展前景。

【栽培技术要点】

栽植密度　假植苗9月上旬定植，裸根苗8月中旬定植。采用大垄双行栽培，小行距25.0～30.0 cm，株距15.0～18.0 cm，每公顷栽植120 000～150 000株。

肥水管理　定植时施足底肥，每公顷施入腐熟有机肥75 000 kg，氮磷钾三元复合肥750 kg，过磷酸钙600 kg。定植后浇透水，定植裸根苗要适当遮阳。定植后追肥与灌水结合进行，在植株顶花序显蕾时，主要追施氮磷钾复合肥；在顶花序的一级序果开始转白膨大时，主要追施磷肥、钾肥。

植株管理技术　定植后定期将枯叶、黄叶及新抽生的匍匐茎摘除，注意通风透光。

病虫害防治　在开花之前防治草莓白粉病、螨类和蚜虫。

（完成人：张志宏、高秀岩、李　贺、杜国栋、刘月学、马　跃）

9. 4-14（*Fragaria ananassa*）

【育种基本情况】由沈阳农业大学以欧美草莓品种‘吐德拉’（*Fragaria ananassa* ‘Tudla’）为母本，以日本草莓品种‘枥乙女’（*Fragaria ananassa* ‘Tochiotome’）为父本杂交育成的品质佳、丰产性好、果个大、香味浓的草莓新优系，具有良好的发展前景。目前，正在沈阳等地区进行区域试验。

【生物学特性】在沈阳地区日光温室促成栽培，11月上旬始花，12月中下旬果实开始成熟，翌年1月中旬大量成熟。

【植物学特性】在日光温室促成栽培，植株长势强，株态开张，株高20.1 cm，每株复叶15～24片，三出复叶；叶色深绿，中心小叶椭圆形；每花序着生花7～13朵，两性花，单层花瓣，花瓣白色。

【主要经济性状】果实扁圆锥形，果面红色，有光泽，外观评价中上等；果个大，最大单果重43.0 g；果实汁液多，风味酸甜，有香味，可溶性固形物含量9.0%～10.0%，果面硬度0.40 kg/cm^2。

‘4-14’植株结果状况见图5.82。

图5.82　‘4–14’植株结果状况

【抗逆性】对白粉病、灰霉病有较好的抗性。

【综合评价】该优系适宜露地及保护地促成、半促成栽培，具有品质佳、丰产性好、果个大、香味浓等优点，具有良好的发展前景。

【栽培技术要点】

栽植密度　假植苗9月上旬定植，裸根苗8月中旬定植。采用大垄双行栽培，小行距25.0～30.0 cm，株距15.0～18.0 cm，每公顷栽植120 000～150 000株。

肥水管理　定植时施足底肥，每公顷施入腐熟有机肥75 000 kg，氮磷钾三元复合肥750 kg，过磷酸钙600 kg。定植后浇透水，定植裸根苗要适当遮阳。定植后追肥与灌水结合进行，在植株顶花序显蕾时，主要追施氮磷钾复合肥；在顶花序的一级序果开始转白膨大时，主要追施磷肥、钾肥。

植株管理技术　定植后定期将枯叶、黄叶及新抽生的匍匐茎摘除，注意通风透光。

病虫害防治　在开花之前防治草莓白粉病、螨类和蚜虫。

（完成人：张志宏、高秀岩、李　贺、杜国栋、刘月学、马　跃、刘凤君）

10. 1-02（*Fragaria ananassa*）

【育种基本情况】由沈阳农业大学以‘弗吉尼亚’（*Fragaria ananassa*‘Virginia’）为母本，以‘枥乙女’（*Fragaria ananassa*‘Tochiotome’）为父本杂交育成的品质极佳、丰产性好、果个大、香味浓的草莓新优系，具有良好的发展前景。目前，正在沈阳、大连、北京等地区进行试验、示范推广栽培。

【生物学特性】在沈阳地区日光温室促成栽培，11月上旬始花，12月中下旬果实开始成熟，翌年1月中下旬大量成熟。

图5.83 ‘1-02’单株结果状况

【植物学特性】在日光温室促成栽培，植株生长势强，株态开张，株高20.1 cm，每株复叶15～24片，三出复叶；叶片大而厚，叶色绿，中心小叶椭圆形；每花序着生花7～15朵，两性花，单层花瓣，花瓣白色。

【主要经济性状】果实长圆锥形，果肉红色，肉质致密，果实汁液多，酸甜可口，品质极佳，可溶性固形物含量大于10.0%，果实硬度高，优于亲本，耐贮运性好。一级序果平均单果重38.5 g，丰产性好。

‘1-02’单株结果状况见图5.83。

【抗逆性】对白粉病、灰霉病有较好的抗性。

【综合评价】该优系适宜露地及保护地促成、半促成栽培，具有品质极佳、丰产性好、果个大、香味浓等突出优点，具有良好的发展前景。

【栽培技术要点】

栽植密度 假植苗9月上旬定植，裸根苗8月中旬定植。采用大垄双行栽培，小行距25.0～30.0 cm，株距15.0～18.0 cm，每公顷栽植135 000～165 000株。

肥水管理 定植时施足底肥，每公顷施入腐熟有机肥75 000 kg，氮磷钾三元复合肥750 kg，过磷酸钙600 kg。定植后浇透水，定植裸根苗要适当遮阳。定植后追肥与灌水结合进行，在植株顶花序显蕾时，主要追施氮磷钾复合肥；在顶花序的一级序果开始转白膨大时，主要追施磷肥、钾肥。

植株管理技术 定植后定期将枯叶、黄叶及新抽生的匍匐茎摘除，注意通风透光。

病虫害防治 在开花之前防治草莓白粉病、螨类和蚜虫。

（完成人：张志宏、高秀岩、李　贺、杜国栋、刘月学、马　跃、刘凤君）

11. 458-2（*Fragaria ananassa*）

【育种基本情况】由河北省农林科学院石家庄果树研究所以优质日本品种‘枥乙女’（*Fragaria ananassa* ‘Tochiotome’）为母本，以丰产、抗病美国品种‘全明星’（*Fragaria ananassa* ‘All Star’）为父本杂交育成的中早熟草莓新优系，适宜露地及保护地半促成栽培，具有品质优、丰产性好、果个大、香味浓等突出优点，适合观光采摘用，具有良好的发展前景。正在河北等地区进行试验、示范推广栽培。

【生物学特性】在河北省石家庄地区露地（地膜覆盖）栽培2月下旬或3月上旬萌芽，3月下旬显蕾，4月上旬开花，5月初成熟，5月底6月初采收末期，保护地半促成栽培早春上市，采收期可长达3～4个月，果实发育期28 d左右，匍匐茎4月上中旬发生。

【植物学特性】植株长势强，较直立，株高29.0 cm，冠径44.2 cm×48.4 cm，每株复叶20片左右，三出复叶；叶色绿，中心小叶椭圆形，叶片长12.1 cm，宽10.3 cm，厚0.03 cm，叶片革质较粗糙，叶面略呈勺状，光泽强，叶背茸毛中多，中长、细且柔软，叶缘锯齿尖、中深，锯齿30个左右，叶柄茸毛中多且长、细且软，叶柄长22.0 cm，粗0.4 cm，叶柄颜色红绿，托叶小且红绿，耳叶漏斗形、中等大，叶片寿命100 d左右；每株花序3～6个，花序低于叶面，较直立，花序二歧分枝且较低，每花序着生花10～15朵，两性花，单层花瓣，花瓣白色，花冠径4.0 cm，花萼单层，萼下着色良好，萼片中大，平贴或稍离，萼心凹，萼径5.4 cm，花梗长6.0 cm左右，粗0.3 cm，花梗茸毛多；匍匐茎颜色绿，粗0.4 cm，茸毛多，细且较柔软，节间长20.3 cm，每株抽生匍匐茎15根左右，能二次抽生，有分枝，每株繁育秧苗20～50株；根系较发达，每株50～70条须根，定植苗易成活。

【主要经济性状】果实圆锥形，一级序果平均果重33.6 g，纵横径4.1 cm×4.2 cm，二级序果平均果重21.5 g，整株平均果重10.9 g，最大果重57.0 g，同一级序果果个均匀整齐，果面平整，鲜红色，有明显蜡质层光泽，着色均匀，无果颈，无裂果。

果肉颜色橘红，质地较密，肉细腻，纤维少，髓心中大，橘红色，空洞中大，果汁中多、粉红色，果实风味酸甜，香气浓，可溶性固形物含量10.5%；果实综合阻力0.45 kg/cm^2，果实弹力0.85 kg/cm^2，硬度较大，较耐贮运。果实适宜鲜食或加工果汁果酱。

‘458-2’结果状况及其果实见图5.84和图5.85。

【抗逆性】对叶斑病和灰霉病抗性较强。

【综合评价】该优系休眠期300 h左右，中早熟品种，适宜露地及保护地半促成栽培，具有品质优、丰产性好、果个大、香味浓等突出优点，最适合观光采摘用的优良鲜食品种，具有良好的发展前景。

图5.84 ‘458-2’结果状况

图5.85 ‘458-2’果实

【栽培技术要点】

栽植密度　经多年试验示范，‘458-2’新品系植株长势强、株形较大，定植中度密植，露地平畦栽培株行距25.0 cm × 35.0 cm；高垄栽培大行距65.0 cm，小行距25.0 cm，株距17.0 cm，每公顷定植120 000株。保护地高垄栽培大行距55.0 cm，小行距25.0 cm，株距15.0 cm，每公顷定植165 000株。繁苗田定植株行距80.0 cm × 80.0 cm，每公顷定植15 000株。

肥水管理　由于植株长势强，丰产性好，需肥水量较大，定植时应施足基肥且以有机肥为主，每公顷施入腐熟鸡粪75 000 ~ 90 000 kg，并加入750 kg过磷酸钙和375 kg复合肥，土壤酸性（pH小于6.0）施用熟石灰450 ~ 750 kg，植株生长期加强肥水管理，现蕾期、果实膨大期各追施磷钾肥300 kg。果实成熟期每采收一次果可叶面喷施0.3%磷酸二氢钾加0.3%尿素。每次结合施肥浇水，高温期要注意勤灌水，果实成熟期注意控水，以防烂果，注意浇水应多次少量。

植株管理技术　在植株生长期，叶片生长量较大，及时摘除病老残叶，集中烧毁或深埋，注意通风透光；同时丰产田摘除匍匐茎3 ~ 4次，丰产期及时摘果，安全包装。保护地栽培可喷施6 mg/L的赤霉素1次促醒促长，每株喷施5 mL于苗心。

繁苗技术　繁苗田加强肥水管理，花序和分枝时摘除，促发匍匐茎；喷施40 ~ 50 mg/L赤霉素1 ~ 2次促进匍匐茎发生，提高繁苗率。

病虫害防治　用乐斯本、氯吡磷等有机杀虫剂加强地下害虫的防治；可用百菌清、瑞毒霉等进行熏蒸，防止白粉病及灰霉病发生。

（完成人：杨　莉、李　莉、杨　雷、郝保春、张建军）

12. 497-1（*Fragaria ananassa*）

【育种基本情况】由河北省农林科学院石家庄果树研究所以优质、高抗叶斑病品种‘石莓4号’（*Fragaria ananassa*‘Shimei No.4’）为母本，以优质、丰产法国品种‘达赛莱克特’（*Fragaria ananassa*‘Darselect’）为父本杂交育成的品质优、丰产性好、果个大、香味浓的草莓新优系，具有良好的发展前景。正在河北等地区进行区域试验。

【生物学特性】‘497-1’新品系在河北省石家庄地区露地（地膜覆盖）栽培2月下旬或3月上旬萌芽，3月中下旬显蕾，3月底4月初开花，4月底5月初成熟，5月底6月初采收末期，保护地半促成栽培早春上市，采收期可长达3～4个月，果实发育期28 d左右，匍匐茎4月上中旬发生。

【植物学特性】植株长势强，较直立，株高30.2 cm，每株复叶15～21片，三出复叶；叶色绿，中心小叶椭圆形；每株花序3～5个，花序低于叶面，较直立，花序二歧分枝且较低，每花序着生花7～15朵，两性花，单层花瓣，花瓣白色。

【主要经济性状】果实圆锥形，橘红色，果个大，一级序果平均果重38.0 g；果实甜，风味浓，品质上，可溶性固形物含量10.0%，果实综合阻力0.45 kg/cm^2，露地栽培平均株产365.2 g。

‘497-1’单株结果状况见图5.86。

【抗逆性】抗叶斑病、灰霉病。

【综合评价】该优系适宜露地及保护地半促成栽培，具有品质优、丰产性好、果个大、香味浓等突出优点，具有良好的发展前景。

【栽培技术要点】

栽植密度　露地平畦栽培株行距25.0 cm×35.0 cm，高垄栽培大行距65.0 cm，小行距25.0 cm，株距17.0 cm，每公顷栽植120 000株。保护地高垄栽培大行距55.0 cm，小行距25.0 cm，株距15.0 cm，每公顷165 000株。

图5.86 ‘497–1’单株结果状况

肥水管理　定植时应施足基肥且以有机肥为主，每公顷施入腐熟鸡粪75 000～90 000 kg，并加入750 kg过磷酸钙和375 kg复合肥，土壤酸性（pH小于6.0）施用熟石灰450～750 kg，植株生长期加强肥水管理，现蕾期、果实膨大期各追施磷钾肥300 kg。果实成熟期每采收一次果可叶面喷施0.3%磷酸二氢钾加0.3%尿素。每次结合施肥浇水，高温期要注意勤灌水，果实成熟期注意控水，以防烂果，注意浇水应多次少量。

植株管理技术　在植株生长期，叶片生长量较大，及时摘除病老残叶，集中烧毁或深埋，注意通风透光；同时丰产田摘除匍匐茎3～4次。

病虫害防治　用乐斯本、氯吡磷等有机杀虫剂加强地下害虫的防治；可用百菌清、瑞毒霉等进行熏蒸，防止白粉病及灰霉病发生。

（完成人：杨　莉、李　莉、杨　雷、郝保春、张建军）

13. 519-10（*Fragaria ananassa*）

【育种基本情况】由河北省农林科学院石家庄果树研究所以优质、丰产、果个大、果形好自育优系‘395-1’（*Fragaria ananassa*‘395-1’）为母本，以丰产、抗病、高硬度美国品种‘卡姆罗莎’（*Fragaria ananassa*‘Camarosa’）为父本杂交育成的丰产性好、果个大、硬度大的草莓新优系，具有良好的发展前景。正在河北等地区进行区域试验。

【生物学特性】‘519-10’新品系在河北省石家庄地区露地（地膜覆盖）栽培2月下旬或3月上旬萌芽，3月中下旬显蕾，4月初开花，5月初成熟，5月底6月初采收末期，匍匐茎4月中下旬发生。

【植物学特性】植株长势强，较直立，株高30.0 cm，每株复叶15～20片，三出复叶；叶色绿，中心小叶椭圆形；每株花序2～6个，花序低于叶面，较直立，花序二歧分枝且较低，每花序着生花7～15朵，两性花，单层花瓣，花瓣白色，每株抽生匍匐茎18根左右，每株繁育秧苗20～50株；根系较发达，定植苗易成活。

【主要经济性状】果实圆锥形，深红色，一级序果平均果重24.5 g；果实甜，风味浓，品质上，可溶性固形物含量9.7%，果实综合阻力0.55 kg/cm^2，露地栽培平均株产299.8 g。

‘519-10’优系单株结果状况见图5.87。

【抗逆性】抗叶斑病、灰霉病。

【综合评价】该优系适宜露地及保护地半促成栽培，具有品质优、丰产性好、果个大、硬度大等突出优点，具有良好的发展前景。

图5.87　‘519-10’优系单株结果状况

【栽培技术要点】

栽植密度　露地平畦栽培株行距25.0 cm×35.0 cm；高垄栽培大行距65.0 cm，小行距25.0 cm，株距17.0 cm，每公顷栽植120 000株。保护地高垄栽培大行距55.0 cm，小行距25.0cm，株距15.0 cm，每公顷165 000株。

肥水管理　定植时应施足基肥且以有机肥为主，每公顷施入腐熟鸡粪75 000～90 000 kg，并加入750 kg过磷酸钙和375 kg复合肥，土壤酸性（pH小于6.0）施用熟石灰450～750 kg，植株生长期加强肥水管理，现蕾期、果实膨大期各追施磷钾肥300 kg。果实成熟期每采收一次果可叶面喷施0.3%磷酸二氢钾加0.3%尿素。每次结合施肥浇水，高温期要注意勤灌水，果实成熟期注意控水，以防烂果，注意浇水应多次少量。

植株管理技术　在植株生长期，叶片生长量较大，及时摘除病老残叶，集中烧毁或深埋，注意通风透光，同时丰产田摘除匍匐茎3～4次。

病虫害防治　用乐斯本、氯吡磷等有机杀虫剂加强地下害虫的防治。可用百菌清、瑞毒霉等进行熏蒸，防止白粉病及灰霉病发生。

（完成人：杨　莉、李　莉、杨　雷、郝保春、张建军）

14. 532-1（*Fragaria ananassa*）

【育种基本情况】由河北省农林科学院石家庄果树研究所以优质、丰产法国品种‘达赛莱克特’为母本（*Fragaria ananassa*‘Darselect’），以优质日本品种‘丰香’（*Fragaria ananassa*‘Toyonoka’）为父本杂交育成的品质优、丰产性好、果个大、香味浓的草莓新优系，具有良好的发展前景。正在河北等地区进行区域试验。

【生物学特性】532-1新品系在河北省石家庄地区露地（地膜覆盖）栽培2月下旬或3月上旬萌芽，3月中下旬显蕾，4月初开花，5月初成熟，5月底6月初采收末期，保护地半促成栽培早春上市，采收期可长达3～4个月，果实发育期28 d左右，匍匐茎4月上中旬发生。

【植物学特性】植株长势强，较直立，株高29.6 cm，每株复叶17～21片，三出复叶；叶色绿，中心小叶椭圆形；每株花序3～5个，花序低于叶面，较直立，花序二歧分枝且较低，每花序着生花7～15朵，两性花，单层花瓣，花瓣白色，每株抽生匍匐茎15根左右，每株繁育秧苗20～50株；根系较发达，定植苗易成活。

【主要经济性状】果实圆锥形，橙红色，一级序果平均果重29.6 g；果实甜，香气浓，品质上，可溶性固形物含量10.0%，果实综合阻力0.44 kg/cm^2，露地栽培平均株产246.4 g。

‘532-1’优系单株结果状况见图5.88。

图5.88 ‘532-1’优系单株结果状况

【抗逆性】抗叶斑病。

【综合评价】该优系适宜露地及保护地半促成栽培，具有品质优、丰产性好、果个大、香味浓等突出优点，具有良好的发展前景。

【栽培技术要点】

栽植密度　露地平畦栽培株行距25.0 cm×35.0 cm，高垄栽培大行距65.0 cm，小行距25.0 cm，株距17.0 cm，每公顷栽植120 000株。保护地高垄栽培大行距55.0 cm，小行距25.0 cm，株距15.0 cm，每公顷165 000株。

肥水管理　定植时应施足基肥且以有机肥为主，每公顷施入腐熟鸡粪75 000 ~ 90 000 kg，并加入750 kg过磷酸钙和375 kg复合肥，土壤酸性（pH小于6.0）施用熟石灰450 ~ 750 kg，植株生长期加强肥水管理，现蕾期、果实膨大期各追施磷钾肥300 kg。果实成熟期每采收一次果可叶面喷施0.3%磷酸二氢钾加0.3%尿素。每次结合施肥浇水，高温期要注意勤灌水，果实成熟期注意控水，以防烂果，注意浇水应多次少量。

植株管理技术　在植株生长期，叶片生长量较大，及时摘除病老残叶，集中烧毁或深埋，注意通风透光，同时丰产田摘除匍匐茎3 ~ 4次。

病虫害防治　用乐斯本、氯吡磷等有机杀虫剂加强地下害虫的防治；可用百菌清、瑞毒霉等进行熏蒸，防止白粉病及灰霉病发生。

（完成人：杨　莉、李　莉、杨　雷、郝保春、张建军）

15. 07-23-2（*Fragaria ananassa*）

【育种基本情况】由江苏省农业科学院园艺研究所以硬度较佳、大果型品种‘安娜’（*Fragaria ananassa* ‘Anna’）为母本，以四季性品种‘林果’（*Fragaria ananassa* ‘Linguo’）为父本杂交育成的丰产、耐贮运的草莓新优系，具有品质优良、果大均匀、硬度佳等突出优点，可作为优良的促成栽培品种或加工品种。

【生物学特性】在南京地区于9月上旬定植，10月中旬显蕾，11月初始花，12月中旬果实初熟，连续开花坐果性强。

【植物学特性】植株长势强，株态直立，株高9.8 cm，冠径23.0 cm × 24.0 cm；叶片圆形，长6.7 cm，宽6.5 cm，叶柄长7.5 cm；花序梗长10.1 cm，雄蕊平或稍低于雌蕊，授粉良好。花序梗直立粗壮，无分歧。

【主要经济性状】果实圆锥形，果面红色，光泽强，肉质韧，果肉橙红色，硬度佳，果实硬度1.85 kg/cm^2，可溶性固形物含量10.8%，风味酸甜浓；果个整齐均匀，一、二级序果平均单果重23.0 g。可作为促成栽培品种或加工品种。

图5.89　‘07-23-2’结果状况

‘07-23-2’结果状况见图5.89。

【抗逆性】抗热抗寒性强，冬季不易矮化。抗炭疽病，抗白粉病。

【综合评价】该品系丰产、耐贮运，具有品质优良、果大均匀、硬度佳等突出优点，可作为优良的促成栽培品种或加工品种。

【栽培技术要点】苗期注意早定植早育苗，后期控制肥水，使苗矮壮。该品种生长势较强，考虑综合产量、果实品质和管理方便等因素，一般株行距为18.0 cm × 20.0 cm左右。注意追肥，保证营养供给。果柄长度适中，一般不需赤霉素处理。

（完成人：赵密珍、王壮伟、钱亚明、吴伟民、袁　骥、王　静）

16. 06-38-N-4（*Fragaria ananassa*）

【育种基本情况】由江苏省农业科学院园艺研究所以早熟硬度较佳的促成栽培品种‘幸香’（*Fragaria ananassa*‘Sachinoka’）为母本，以早熟大果的促成栽培品种‘章姬’（*Fragaria ananassa*‘Akihime’）为父本杂交育成的早熟丰产的草莓新优系，具有品质优良、前期产量高、果个均匀、商品果率高等突出优点，可作为优良的促成栽培品种。

【生物学特性】早熟，适合我国大部分地区促成栽培。在南京地区于9月上旬定植，10月下旬一级花序开花，12月初二级花序开花，12月下旬三级花序开花，11月底果实初熟。

【植物学特性】植株长势强，株态较直立，株高11.2 cm，冠径24.5 cm × 27.5 cm；叶片椭圆形，长6.9 cm，宽6.0 cm，叶柄长9.7 cm；花序梗长12.3 cm，雄蕊平于雌蕊，授粉良好。

【主要经济性状】果实圆锥形，外观平整漂亮，果实红色，光泽强，果肉橙红，肉质细腻，风味酸甜，可溶性固形物含量9.3%，硬度1.68 kg/cm^2；花序分歧少，果个均匀整齐，一、二级序果平均单果重22.0 g，株产175.9 g，极早熟丰产，连续结果性好，适合促成栽培。

‘06-38-N-4’结果状况见图5.90。

【抗逆性】抗寒性强，冬季不易矮化。中抗炭疽病，中抗白粉病。

【综合评价】早熟丰产，具有品质优良、前期产量高、果个均匀、商品果率高等突出优点，可作为优良的促成栽培品种。

【栽培技术要点】生长势较强，植株较大，考虑综合产量、果实品质和管理方便等因素，一般株行距为20.0 cm × 25.0 cm左右。果柄长度适中，一般不需赤霉素处理。及时做好大棚通风换气，注意棚内温度，以免高温不利植株生长和授粉受精及低温花果受冻。连续坐果性好，丰产，应注意加强后期追肥。

（完成人：赵密珍、王壮伟、钱亚明、吴伟民、袁骥、王　静）

图5.90 ‘06-38-N-4’结果状况

17. 06-12-N-8（*Fragaria ananassa*）

【育种基本情况】由江苏省农业科学院园艺研究所以风味佳、抗性差的促成栽培品种‘红颜’（*Fragaria ananassa*‘Benihoppe’）为母本，以抗性好品质优的促成栽培品种

‘雪蜜’（*Fragaria ananassa*‘Xuemi’）为父本杂交育成的早熟草莓新优系，外观漂亮、风味佳、品质稳定好等突出优点，耐低温耐弱光，适合我国大部分地区促成栽培。

【生物学特性】休眠浅，早熟，适合我国大部分地区促成栽培。在南京地区于9月上旬定植，10月10日左右显蕾，10月底始花，12月中旬果实初熟。

【植物学特性】株态直立，株高16.2 cm，冠径32.0 cm × 33.0 cm；叶片椭圆形，长8.9 cm，宽7.1 cm，叶柄长13.5 cm；花序梗长21.0 cm，雄蕊低于雌蕊，授粉良好。

【主要经济性状】果实短圆锥形，果色红，光泽强，果实整齐漂亮，风味极佳，甜香浓，可溶性固形物含量11.0%，硬度1.52 kg/cm^2，一、二级序果平均单果重20.0 g。

‘06-12-N-8’结果状况见图5.91。

图5.91 ‘06-12-N-8’结果状况

【抗逆性】耐低温、耐弱光，冬季不易矮化，在连续阴雨天也能保持较佳的风味和着色；中抗白粉病。

【综合评价】该品系具有早熟、外观漂亮、风味佳、品质稳定好等突出优点，耐低温、耐弱光，适合我国大部分地区促成栽培。

【栽培技术要点】苗期注意“前促、后控”，防治炭疽病，8月中旬后控制肥水，使苗矮壮。通过假植、断根、遮光、摘老叶和控氮等综合措施，力争提早花芽分化。生长势较强，植株较大，综合产量、果实品质和管理方便等因素，一般株行距为20.0 cm × 25.0 cm左右。果柄较长，不需赤霉素处理。及时做好大棚通风换气，注意棚内湿度，预防灰霉病。

（完成人：赵密珍、王壮伟、钱亚明、吴伟民、袁　骥、王　静）

18. 悦秀（06-3-6）（*Fragaria ananassa*）

【育种基本情况】由浙江省农业科学院园艺研究所以早熟、丰产、优质的‘红颜’（*Fragaria ananassa*‘Benihoppe’）和抗性强的‘甜查理’（*Fragaria ananassa*‘Sweet Charlie’）杂交选育而成的早熟草莓新优系，其果形美观整齐，精品果率高，且口感清脆，略带清香，抗性较强。

【生物学特性】杭州地区采用大棚促成栽培时，可在9月15日前后定植，10月25日前后始花，12月5日左右开始采收，属中熟，果实发育期42 d，采收期可延续至翌年5月。

【植物学特性】该株系植株长势较旺，直立，株高约20.0 cm；叶片绿色，叶片长

9.0～12.0 cm，平均叶长10.1 cm，叶宽7.5～11.0 cm，平均叶宽9.5 cm，叶柄长12.0～18.0 cm，平均叶柄长14.1 cm；花白色，花瓣数5～8枚，花序分枝为2～3歧形，第一花房每花序花数9朵，第二花房每花序花数17朵，匍匐茎抽生能力强。

【主要经济性状】花芽分化期比‘章姬’、‘丰香’迟，果实较大，第一花序平均果重25.0 g，平均果重14.0 g；果实圆锥形，硬度好，果形整齐美观，精品果率高，果面红色、平整，种子小且分布均匀，略凹于果面；可溶性固形物含量9.0%～13.0%，甜酸适中，甜度低于‘章姬’，但好于‘丰香’，质地清脆，有清香。

‘悦秀’果实及其结果状况见图5.92和图5.93。

图5.92 ‘悦秀’果实

图5.93 ‘悦秀’结果状况

【抗逆性】抗炭疽病、灰霉病能力中强，较‘章姬’、‘红颜’育苗容易。

【综合评价】该优系虽早熟性一般，但果形美观整齐，精品果率高，且口感清脆，略带清香；抗性较强，中抗炭疽病，育苗容易。

【栽培技术要点】育苗时母株最好在3 月下旬前定植，4 月上旬以后定植则抽发匍匐茎数量相对较少。‘悦秀’为大株型草莓品种，要求畦面宽60.0 cm左右、高35.0 cm，株距20.0 cm，每公顷种90 000株，采用大棚促成栽培时，可在9月15日前后定植。各花序连续开花结果，为了保证养分供应要施足基肥，并及时追肥。

（完成人：蒋桂华、张豫超、张慧琴、杨肖芳、孙崇波、苗立祥）

19. 悦珠（06-10-208）（*Fragaria ananassa*）

【育种基本情况】由浙江省农业科学院园艺研究所以早熟、丰产、优质的‘章姬’（*Fragaria ananassa*‘Akihime’）和‘枥乙女’（*Fragaria ananassa* ‘Tochiotome’）杂交选育而成的草莓新优系，早熟性好，最大的特点是果实鲜红美观，口感甜、糯。其抗病性强、早熟、高产。悦珠作为精品小果型草莓市场前景看好。

【生物学特性】杭州地区采用大棚促成栽培时，可在9月7日前后定植，10月11日前后始花，11月16日左右开始采收，早熟，果实发育期37 d，采收期可延续至翌年4月。

【植物学特性】该株系植株长势较旺，直立，株高约18.0 cm；叶片绿色，叶片长8.0 ~ 10.0 cm，平均叶长8.8 cm，叶宽7.0 ~ 10.0 cm，平均叶宽7.8 cm，叶柄长11.0 ~ 15.0 cm，平均叶柄长12.7 cm；花白色，花瓣数5 ~ 8枚，花序分枝为2 ~ 3歧形，第1花房每花序12朵花，第2花房每花序17朵花，匍匐茎抽生能力强。

【主要经济性状】花芽分化期与‘章姬’相似，果实中等大小，第1花序平均果重19.0 g，整个生产季平均果重11.0 g；果实短圆锥形，类似钻石，果形非常整齐美观，果面鲜红亮丽、平整而有光泽，种子小且分布均匀，略凹于果面；味甜，可溶性固形物含量11.0% ~ 15.0%，质地糯，口感很好。

‘悦珠’果实及其结果状况见图5.94和图5.95。

图5.94 ‘悦珠’果实

图5.95 ‘悦珠’结果状况

【抗逆性】抗炭疽病能力强，抗灰霉病能力中强，较‘章姬’、‘红颜’育苗容易。

【综合评价】该优系早熟性好，最大的特点是果实鲜红美观，口感甜、糯。其抗病性强、早熟、高产。悦珠作为精品小果型草莓市场前景看好。

【栽培技术要点】要求畦面宽50 ~ 60 cm、高35 cm，株距18.0 ~ 20.0 cm，每公顷栽种90 000 ~ 105 000株，采用大棚促成栽培时，可在9月7日前后定植，花序出现时无需用赤霉素处理，也无需用光照处理。因其每花序着果数多，且各个花序连续开花结果，可进行疏花、疏果工作。每花序保留1 ~ 3 级果即可，其余疏除。各个花序采收结束时，及时把花轴除去。悦珠果实柔软多汁，需长距离运输时，应在果实7成熟时采摘。采摘后用小盒包装。

（完成人：蒋桂华、张豫超、张慧琴、杨肖芳、孙崇波、苗立祥）

20. 悦峰（04-3-12）（*Fragaria ananassa*）

【育种基本情况】由浙江省农业科学院园艺研究所以‘枥乙女’（*Fragaria ananassa* ‘Tochiotome’）和‘弗吉尼亚’（*Fragaria ananassa* ‘Virginia’）杂交选育而成的浓郁

香气的草莓新优系，同时抗性强，果型大。

【生物学特性】杭州地区采用大棚促成栽培时，可在9月7日前后定植，休眠浅，10月18日前后始花，11月20日左右开始采收，早熟，果实发育期40 d，采收期可延续至翌年4月。

【植物学特性】该株系植株长势较旺，半直立，株高约18.0 cm；叶片绿色，叶片长8 ~ 9 cm，平均叶长8.5 cm，叶宽7.0 ~ 9.0 cm，平均叶宽7.9 cm，叶柄长11.0 ~ 14.0 cm，平均叶柄长12.6 cm；花白色，花瓣数5 ~ 8枚，花序分枝为2 ~ 3歧形，平均着花数每花序10朵花，匍匐茎抽生能力强。

【主要经济性状】该株系果实大，整个生产季平均果重达19.6 g；圆锥形或长圆锥形，果形较整齐，红色，果面平整；可溶性固形物含量9.5% ~ 14.0%，可滴定酸为0.69%，风味要好于丰香，在3月份后，甜、风味浓，有浓香味；果实过熟时容易发暗。

‘悦峰’果实及其结果状况见图5.96和图5.97。

图5.96 ‘悦峰’果实

图5.97 ‘悦峰’结果状况

【抗逆性】抗炭疽病能力中强。

【综合评价】该品系最大的特点是有浓郁香气，同时抗性强，果型大。

【栽培技术要点】要求畦面宽50 ~ 60 cm、高35 cm，株距18.0 ~ 20.0 cm，每公顷栽种90 000 ~ 105 000株，采用大棚促成栽培时，可在9月7日前后定植。悦峰对温度总的要求较平稳，应避免冷热剧烈变化，当温度低于0℃时，花、幼果会受冻害。当棚室内夜间最低温度降到0℃以下时，要采用双层膜保温。

（完成人：蒋桂华、谢　鸣、张慧琴、孙崇波、宋根华、张豫超、杨肖芳）

21. 悦香（05-14-6）（*Fragaria ananassa*）

【育种基本情况】由浙江省农业科学院园艺研究所以丰产的‘丰香’（*Fragaria ananassa* ‘Toyonoka’）和优质的‘枥乙女’（*Fragaria ananassa* ‘Tochiotome’）杂交选育而成的风味浓郁的草莓新优系，其口感香醇，果实颜色深红，成熟时颜色紫红，有‘黑草莓’之称。

【生物学特性】杭州地区采用大棚促成栽培时，可在9月10日前后定植，10月20日开花，11月26日采收，比丰香迟5 d左右，果实发育期34～45 d，采收期可延续至翌年4月。

【植物学特性】植株生长势强，直立，株高约21.0 cm；叶片长9.8 cm，叶宽平均8.7 cm，叶柄长17.0 cm，叶片厚，叶色浓绿；花梗长，花白色，花瓣数5～8枚；花序分枝为2～3歧形，第1花序平均着生12～20朵，第2花序平均着生13朵，匍匐茎抽生能力强。

【主要经济性状】果大，平均果重达24.0 g，圆锥形或楔形。果实红色，成熟时颜色接近紫红，果面平整。味甜，整个生长季可溶性固形物含量9.3%～15.2%；有香味。

‘悦香’果实及其结果状况见图5.98和图5.99。

图5.98 ‘悦香’果实

图5.99 ‘悦香’结果状况

【抗逆性】耐热性与‘丰香’相似，强于‘章姬’，夏季气温高达35℃以上，植株仍能正常生长；抗白粉病弱，与‘丰香’相似；抗炭疽病强，育苗容易。

【综合评价】该品系最大的特点是风味浓郁，口感香醇，果实颜色深红，成熟时颜色紫红，有‘黑草莓’之称。

【栽培技术要点】要求畦面宽50～60 cm、高35 cm，株距18.0～20.0 cm，每公顷栽种90 000～105 000株，采用大棚促成栽培时，可在9月10日前后定植。抗白粉病能力较弱，生产上要特别注意防治。

（完成人：蒋桂华、谢　鸣、张慧琴、孙崇波、张豫超、宋根华、杨肖芳）

22. 03-6-2（*Fragaria ananassa*）

【育种基本情况】由浙江省农业科学院园艺研究所以丰产、抗病性强的‘卡姆罗莎’（*Fragaria ananassa* ‘Camarosa’）和早熟、丰产、味甜的‘章姬’（*Fragaria ananassa* ‘Akihime’）杂交选育而成的草莓新优系。该品系总体表现为果实大，风味浓，丰产，休眠浅，早熟，抗病、抗逆性强。

【生物学特性】杭州地区在自然条件下未假植苗花芽分化日期为9月7日，至9月10日已通过雄蕊形成期，对低温和短日照的反应度与‘章姬’相似。采用大棚促成栽培时，可在9月5日前后定植，10月10日始花，11月18日采收，果实发育期38 d，采收期可延续至翌年4月。

【植物学特性】该株系植株生长势强，直立，株高约20.0 cm，高于‘丰香’低于‘章姬’；叶片长8.7～10.1 cm，平均9.1 cm，叶宽6.4～8.2 cm，平均7.1 cm，叶柄长13.5～16.0 cm，叶片厚，叶色浓绿；花梗长，花白色，花瓣数5～8枚。花序前期分枝为2～3歧形，3月份后多为直歧形，第1花序着生10.6朵，第2花序着生22.3朵，匍匐茎抽生能力强。

【主要经济性状】果实大，第1花序平均果重25.0 g，最大果重59.8 g，整个生长季商品果平均果重18 g。果实楔形或圆锥形，果色艳红，光泽度较好；种子小，略凹于果面，分布均匀；果实可溶性固形物含量1月份达14.8%，平均为11.0%，稍低于‘章姬’，但酸度略高，风味浓于‘章姬’。果实有中空现象，风味浓，品质优。

‘03-6-2’果实及其结果状况见图5.100和图5.101。

图5.100 ‘03-6-2’果实

图5.101 ‘03-6-2’结果状况

【抗逆性】耐热性与丰香相似，强于章姬，夏季气温高达35℃以上，植株仍能正常生长。与丰香、章姬相比，抗白粉病、炭疽病能力强，也不易遭受螨类为害，抗灰霉病能力中等。

【综合评价】该品系总体表现为果实大，风味浓，丰产，休眠浅，早熟，抗病、抗逆性强。

【栽培技术要点】03-6-2株型较大，花轴长，要求畦面宽60 cm左右、高35 cm，株距20.0 cm，每公顷栽种90 000株，采用大棚促成栽培时，可在9月5日前后定植。各花序连续开花结果，为了保证养分供应要施足基肥，并及时追肥。因其每花序坐果数多，且各个花序连续开花结果,可进行疏花、疏果工作。每花序保留1～3 级果即可，其余疏除。各个花序采收结束时，及时把花轴除去。

（完成人：蒋桂华、谢 鸣、张慧琴、孙崇波、宋根华）

23. D-1-5（*Fragaria ananassa*）

【育种基本情况】2006年由湖北省农业科学院经济作物研究所以‘晶瑶’（*Fragaria ananassa* ‘Jingyao’）为父本，以‘甜查理’（*Fragaria ananassa* ‘Sweet charlie’）为母本杂交育成的草莓新优系。其品质中上等，果型较大，丰产性好，果实硬度大，抗病性好。

【生物学特性】在湖北地区9月上旬定植，10月下旬始花，至第2年5月初采收结束，共可以抽发3次花序。第1花序和第2花序连续结果性好，无断档，第1批果在11月下旬开始采收。在湖北省适种地区，于3月中旬开始抽生匍匐茎。

【植物学特性】植株生长势旺，平均株高23.0 cm，开展度30.0 cm左右；叶片近圆形，叶绿色，厚度中等，叶片平滑，有光泽，叶片稀少；叶柄长、较粗；两性花花冠大，花托大，花序粗，斜生，高于叶面；每株着生花序3～4个，每花序着花4～5朵。

【主要经济性状】果型大，一级花序平均单果重20.5 g，最大果重45.0 g；果实圆锥形，纵径与横径分别为5.2 cm和4.9 cm；果面浅红色、光泽强、果面平整；种子分布均匀，黄色，平于果面；萼片大，主萼平贴，副萼翻卷；果肉红色，髓部较小，呈白色，果肉细，酸甜适口，香味浓，可溶性固形物含量平均为10.9%；果实硬度较大，为0.61 kg/cm^2；单株产量410.0 g以上。

【抗逆性】对炭疽病、白粉病抗性强，较抗灰霉病。

【综合评价】该优系品质中上等，果型较大，丰产性好，果实硬度大，抗病性好。

（完成人：顾玉成、曾祥国、向发云、宋志红、吴金平）

24. E-1-4（*Fragaria ananassa*）

【育种基本情况】2006年由湖北省农业科学院经济作物研究所以‘甜查理’（*Fragaria ananassa* ‘Sweet charlie’）为父本，以‘晶瑶’（*Fragaria ananassa* ‘Jingyao’）为母本杂交育成的草莓新优系。其品质中上等，果型较大，丰产性好，果实硬度大，抗病性好。

【生物学特性】在湖北地区9月上旬定植，10月下旬始花，至第2年5月初采收结束，共可以抽发3次花序。第1花序开花至果实成熟时间较长，第2花序和第3花序连续结果性好，无断档，第1批果在1月中旬开始采收。在湖北省适种地区，于3月中旬开始抽生匍匐茎。

【植物学特性】植株生长势旺，平均株高23.0 cm，开展度30.0 cm左右；叶片近圆形，叶绿色，厚度中等，叶片平滑，有光泽，叶柄长、较粗；两性花花冠大，花托大，花序中粗，斜生，低于叶面，每株着生花序3～4个，每花序着花5～6朵。

【主要经济性状】果型大，一级花序平均单果重23.6 g，最大果重65.0 g，果实圆锥形，纵径与横径分别为5.4 cm和5.4 cm，果面鲜红色，光泽强，顶果略有浅棱沟；种子分布均匀，红色、黄色兼有，平于果面；萼片大，主萼平贴，副萼翻卷，果肉红色，髓部中等大，呈白色，果肉细，酸甜适口，香味浓，汁液多，可溶性固形物含量平均为11.2%；果实硬度较大，为0.35 kg/cm^2，单株产量424.8 g以上。

【抗逆性】对炭疽病、白粉病抗性强，较抗灰霉病。

【综合评价】该优系品质中上等，大果型，丰产性好，果实硬度较大，抗病性好。

（完成人：顾玉成、曾祥国、向发云、宋志红、吴金平）

25. D-7-3（*Fragaria ananassa*）

【育种基本情况】2008年由湖北省农业科学院经济作物研究所以‘甜查理’（*Fragaria ananassa* ‘Sweet charlie’）为父本，以‘晶瑶’（*Fragaria ananassa* ‘Jingyao’）为母本杂交育成的草莓新优系，其品质较好，果实硬度大，果型较好，对白粉病抗性强，较抗灰霉病。

【生物学特性】在湖北地区9月上旬定植，10月中旬开始现蕾，至第2年4月下旬采收结束，共可以抽发3次花序。第2花序与第3花序间隔时间较长，中间有断档，第1批果在12月中旬成熟。在湖北省适种地区，于4月初开始抽生匍匐茎。

【植物学特性】植株生长势中等，平均株高15.6 cm，开展度31.1 cm左右；叶片椭圆形，叶绿色，厚度中等，叶片平滑，有光泽，叶柄中等长、较粗；两性花花冠稍小，花托小，花序中等粗细，斜生，低于叶面；每株着生花序2～3个，每花序着花5～6朵。

【主要经济性状】果实中等大，一级花序平均单果重20.5 g，最大果重41.4 g，果实圆锥形，纵径与横径分别为4.8 cm和4.6 cm，果面鲜红色，光泽强，有浅棱沟；种子分布均匀，黄色，平于果面。萼片中等大；果肉红色，髓部较小，呈白色，果肉细，酸甜适口，香味浓，可溶性固形物含量平均为12.6%；果实硬度大，为0.54 kg/cm^2。单株产量262.0 g以上。

【抗逆性】对白粉病抗性强，较抗灰霉病，对炭疽病的抗性较弱。

【综合评价】该优系品质较好，果实硬度大，果型较好，对白粉病抗性强，较抗灰霉病，但对炭疽病的抗性较弱。

（完成人：顾玉成、向发云、曾祥国、宋志红、吴金平）

26. D-13-2（*Fragaria ananassa*）

【育种基本情况】2008年由湖北省农业科学院经济作物研究所以‘法兰地’（*Fragaria ananassa* ‘Sweet charlie’）为父本，以‘晶瑶’（*Fragaria ananassa* ‘Jingyao’）为母本杂交育成的草莓新优系。其品质中上等，果实硬度大，对白粉病抗性强，较抗灰霉病。

【生物学特性】在湖北地区9月上旬定植，10月下旬开花，至第2年4月下旬采收结束，共可以抽发3次花序。第2花序与第3花序间隔时间较长，中间有断档，第1批果在12月中旬开始采收。在湖北省适种地区，于4月初开始抽生匍匐茎。

【植物学特性】植株生长势中等，平均株高18.5 cm，开展度35.1 cm左右；叶片椭圆形，叶绿色，厚度中等，叶片平滑，有光泽，叶柄中等长、较粗；两性花花冠稍小，花托小，花序中等粗细，斜生，低于叶面；每株着生花序2～3个，每花序着花5～6朵。

【主要经济性状】果实中等大，一级花序平均单果重18.5 g，最大果重28.3 g，果实圆锥形，纵径与横径分别为5.0 cm和4.0 cm，果面鲜红色，光泽强，有浅棱沟；种子分布均匀，黄色，平于果面；萼片中等大；果肉红色，髓部较小，呈白色，果肉细，酸甜适口，香味浓，可溶性固形物含量平均为11.5%；果实硬度大，为0.55 kg/cm^2，单株产量285.0 g以上。

【抗逆性】 对白粉病抗性强，较抗灰霉病，对炭疽病的抗性较弱。

【综合评价】 该优系品质中上等，果实硬度大，对白粉病抗性强，较抗灰霉病，但对炭疽病的抗性较弱。

‘D-13-2’果实见图5.102。

（完成人：顾玉成、向发云、曾祥国、宋志红、吴金平）

图5.102 ‘D-13-2’果实

第 6 部分

香蕉新品种（新品系）

（一）选育的新品种

1. 海贡蕉（*Musa* sp. ‘Haigongjiao’）

【育种基本情况】由广西壮族自治区农业科学院园艺研究所从广东省农业科学院果树研究所国家果树种质广州香蕉圃引进的鲜食（AA）类品系‘海贡蕉’，抗枯萎病能力强。2010年通过广西农作物品种审定（编号：桂审果2010006号）。专家综合分析认为该品种高抗枯萎病、品质优异，适合在广西地区栽培。现已在广西桂南、桂东南地区栽培推广。

【生物学特性】在广西桂南、桂东南地区3月上旬定植，8月底左右抽蕾，10月中旬左右收获。从种植到收获7～9个月，果实发育期55 d左右。

【植物学特性】新植蕉株型较直立，假茎黄绿有紫红或黑褐斑。假茎高182～265 cm，茎粗42～57 cm；叶片绿色，叶基不对称，叶柄黄绿、有蜡粉，叶片长159～257 cm，宽度为39～60 cm；花蕾紫红色，雄花苞片披针形，背面紫红色，腹面深红，没有褪色线，尖端钝圆开裂；穗柄绿色略带紫纹，多短毛。

【主要经济性状】果穗圆柱形，平均长度49.3 cm，果穗粗度93.1 cm，每穗平均8梳，平均果指数129，平均单果重74.3 g，平均株产9.62 kg，每公顷产量24 180 kg；果实金黄色，果肉橙黄色，果顶圆形，果形较直；果指平均长12.3 cm，果指粗度11.4 cm，果皮厚1.78 mm；平均果实可食率82.2%，可溶性固形物19.5%，可溶性糖18.40%，还原糖13.20%，可滴定酸0.19%，维生素C每100 g 果肉5.65 mg，钾含量0.52%。

‘海贡蕉’植株、果穗、果实见图6.1至图6.3。

【抗逆性】该品种高抗枯萎病，植株可耐短时低温，但抽蕾期怕低温。易感叶斑病、炭疽病、束顶病、花叶心腐病，易遭斜纹夜蛾为害。

图6.1 ‘海贡蕉’植株

图6.2 ‘海贡蕉’果穗

图6.3 ‘海贡蕉’果实

【综合评价】该品种生育期短，可实现春种秋收，避过广西冬春寒害。株型直立，可适当密植。果实小巧美观，色泽均匀；果肉细腻，紧实，味甜，属于优质高档水果，具有较强的市场竞争力。

【栽培技术要点】采用株行距为1.8 m×2.2 m，可适当密植，每公顷可种2 400～3 000株。种苗宜在8～10片叶时定植，正造果宜在2月下旬至3月上旬定植，蕉苗覆盖地膜防春寒，气温回升后可揭开覆盖的地膜，立即施肥，促进蕉苗生长。果穗断蕾后，应适当控制水肥，提高果实品质。果期短，果皮薄，应适时采收，防止裂果、落果。

（完成人：尧金燕、龙　兴、秦献泉、王举兵）

2. 粉杂1号（*Musa* sp. ‘Fenza No.1’）

【育种基本情况】由广东省农业科学院果树研究所从‘广粉1号’（*Musa* sp. ‘Guangfen No.1’）的偶然实生苗中选育而成的鲜食用粉蕉新品种，抗枯萎病能力强。经多年多点试验试种，遗传性状稳定，2010年7月通过新品种现场鉴定会，2010年底通过广东省农作物品种审定。该品种抗枯萎病能力强，综合性状较优良，具有良好的推广应用前景，适宜在我国香蕉产区尤其是香蕉枯萎病区种植。目前已在广东、广西、福建、海南等地栽培推广。

【生物学特性】在广东地区，春季3月定植，246 d左右抽蕾，比亲本‘广粉1号’粉蕉短60 d；从抽蕾到采收约176 d，比‘广粉1号’粉蕉长35 d，从种植到采收约422 d，比‘广粉1号’粉蕉短26 d左右。

‘粉杂1号’挂果状、花及其果实见图6.4至图6.6。

【植物学特性】该品种树势中等，假茎高325 cm，假茎青绿色，有红褐色斑，假茎中部周长60 cm；叶片开张、较短窄，抽蕾时青叶数11～12片；果实收获时青叶数6～7片，比‘广粉1号’少3片，抽生总叶片数42片，比‘广粉1号’粉蕉约少9片；叶背、叶柄、叶鞘基部多白粉，未成熟果实果面披少量白粉。

【主要经济性状】丰产性能较好，春植平均株产13.9 kg，每公顷产量25 020 kg；果指短而粗、圆，果指长度和果指周长均为13.6 cm，单果重143.0 g，平均梳重2.0 kg；成熟果皮黄色，皮厚0.15 cm，果肉奶油色或乳白色，肉质软滑，味浓甜带甘、微酸，可溶性固形物25.7%，可溶性糖21.06%，可滴定酸0.45%，维生素C每100 g果肉14.60 mg，可食率74.2%。

图6.4 ‘粉杂1号’挂果状

图6.5 ‘粉杂1号’花

图6.6 ‘粉杂1号’果实

【抗逆性】田间表现抗香蕉枯萎病能力强，在未种植粉蕉的香蕉枯萎病园田间发病率低于5%。耐寒性较强。

【综合评价】该品种抗香蕉枯萎病能力强，综合性状较优良，品质较好，比‘广粉1号’粉蕉早抽蕾2个月，收获期早1个月，现今由于粉蕉的市场销售较好，收购价格较高，‘粉杂1号’粉蕉具有良好的推广应用前景，适宜在我国各香蕉产区尤其是香蕉枯萎病区种植。

【栽培技术要点】由于植株树势中等，可适当密植，采用株行距2 m×（2～2.5）m进行定植，每公顷可种2 100～2 400株。春植时应在清明前定植。及时除吸芽，留芽应在抽蕾后留二造吸芽。定植前后少量多次施有机肥，营养生长迅速时期补充复合肥，但抽蕾后至收获时期，应少施或不施化学肥料，多施有机肥。果穗留6～7梳，断蕾后及时套袋。收获和运输时小心轻放，尽量不碰及果面，保持果面无损。低温（17℃）催熟，可使果皮转黄色较充分，果实卖相较好。

（完成人：黄秉智、许林兵、杨　护、魏岳荣等）

3. Berangan（*Musa* sp. ‘Berangan’）

【育种基本情况】由广东省农业科学院果树研究所从马来西亚引种后筛选，经多年多点试验试种而选育的鲜食、加工两用型香牙蕉新品种。该品种具有较好的综合性状，耐旱、耐贮藏。目前已在广东、广西、云南和福建等地栽培推广。

【生物学特性】在广东地区，春季定植，275～305 d抽蕾，定植至收获时间330～369 d，与主栽品种‘巴西’（*Musa* sp. ‘Baxi’）香蕉和‘威廉斯’（*Musa* sp. ‘Williams’）类似。

【植物学特性】该品种树势较高大，假茎高303 cm，假茎基部粗66 cm，中部粗度47 cm，茎形比6.5；假茎绿色，有紫黑色色斑，无光泽，内层假茎颜色浅绿；吸芽靠近母株垂直生长；叶姿直立，叶鞘蜡粉少，叶柄基部有小斑点，叶片长244 cm，叶片宽71 cm，叶面绿色有光泽，叶背浅绿，少蜡粉，叶背中脉浅绿色，果实收获时青叶数13片。

【主要经济性状】该品种较丰产，平均株产27.8 kg，每公顷产量50 040 kg。果指圆形，长而微弯，果顶圆形；果指外弧长16.7 cm，内弧长12.1 cm，果指长13.7 cm，果指粗11.9 cm，单果重119.0 g，平均梳重2.0 kg；生果皮绿色，成熟果皮金黄色，果皮较厚，果肉颜色黄中带红，质地实且粉质，风味甜带微酸，微香，可溶性固形物含量23.8%，可溶性糖10.80%，可滴定酸0.39%，维生素C每100 g果肉13.00 mg，可食率63.5%。

‘Berangan’挂果状、花蕾及其果实见图6.7至图6.9。

【抗逆性】该品种在多点试验田间表现耐旱，但比巴西蕉不抗寒。易感枯萎病、线虫。催熟时间稍长，比巴西蕉迟3～4 d，催熟时耐炭疽病（无梅花点），耐贮藏，常温下可以保持10 d左右新鲜如初。

【综合评价】该品种具有植株假茎较高，产量较高，梳形好，果形好，熟果皮色金黄美观，果肉颜色黄中带红，品质特优，果实耐贮藏等特点。果实无开裂，果皮较厚，相对不易后熟，较耐运输，有相对较长的货架期，果肉黏性强，水分相对较少，较适合用于加工。风味甜带微酸，果肉香味微香。适

图6.7 ‘Berangan’挂果状

图6.8 ‘Berangan’花蕾

图6.9 ‘Berangan’果实

合在云南、福建等省份的山区、干热河谷等水资源较缺乏地区种植，是香蕉深加工的潜在商业品种。

【栽培技术要点】由于植株树势较高大，采用株行距2 m×（2.8～3.0）m进行定植，每公顷可种1 650～1 800株。在雨水较多的地区，需深挖沟，防止积水烂根。定植时间应避免在低温期抽蕾。及时除吸芽，留芽应在抽蕾后留第二造吸芽，二造蕉后应选择组培苗重新栽植。定植前后少量多次施有机肥，营养生长迅速时期多补充复合肥，抽蕾挂果后多施有机肥。应注意防风、寒害。果穗留7～8梳，断蕾后及时套袋。二造蕉注意培土，防止露头。

（完成人：魏岳荣、易干军、盛 鸥、董 涛等）

4. 华农甜蕉（*Musa* sp. ‘Huanong Tianjiao’）

【育种基本情况】原始材料系由华南农业大学园艺学院已故曹德群副教授以‘东莞中把’（*Musa* sp. ‘Dongguan Zhongba’）的吸芽为材料，通过钴-60辐射诱变获得，后经组织培养繁殖，多代提纯复壮而选育出鲜食的高糖、品质优异的香蕉新品种。

【生物学特性】在珠江三角洲地区，试管苗袋苗（6～8片大叶）春植（3月上中旬），7月上中旬花芽分化，9月下旬至10月上旬抽蕾，15～20 d后断蕾，翌年3月中下旬至4月上旬采收。年生长发育期12～13个月。

【植物学特性】株型中等，假茎高210～265 cm，周长55～75 cm，假茎黄绿色并带紫褐色斑；叶片长185～210 cm，宽70～95 cm，叶形比2.2～2.6，叶尖形状为钝尖，叶柄长24～36 cm，叶脉背部颜色为绿色，叶柄基部有紫褐色斑；花梗长55～65 cm，雌花苞片长度45～55 cm，宽度20～30 cm，长宽比为2.1～2.3，存留能力弱。

【主要经济学特性】果穗长61～83 cm，果穗宽36～42 cm，梳距7.5～10.5 cm，果梳数7～12梳，果指数119～186个，果指长度中等，19～20 cm，果柄长4 cm，单株产量25～30 kg，平均每公顷产量45 375 kg；果实催熟后为深黄色，可溶性固形物20.3%，可溶性糖18.10%，可滴定酸0.42%，维生素C每100 g果肉12.4 mg。

图6.18 ‘中粉1号’果穗

图6.19 ‘中粉1号’果实

图6.20 ‘中粉1号’叶柄基部具粉红色色斑示意图

（完成人：易干军、李春雨、魏岳荣、盛　鸥等）

2. 抗枯5号（*Musa* sp.）

【育种基本情况】由广东省农业科学院果树研究所从国际香蕉种质交换中心（ITC）引种，亲本为GCTCV-119，经过多年多点试验试种而选育的高抗枯萎病、品质优的鲜食香蕉新优系。该优系具有较好的品种特性，已在广东、广西、福建等地栽培推广。

【生物学特性】在广东珠三角地区，生育期14～15个月，比主栽品种‘巴西蕉’长2～3个月。生长后期容易露出球茎，俗称“露头”。

【植物学特性】该品系树势较高大，假茎高278 cm，假茎基部粗69 cm，中部粗50 cm，茎形比5.6；假茎中绿色有光泽，大面积着紫黑色色斑，内假茎水绿色，着紫粉红色；叶姿开张，叶鞘少蜡粉，叶柄基部有大片黑褐色，叶柄槽开张，叶柄边缘翼状且不紧抱假茎，叶片长223 cm，叶片宽87 cm，叶片基部形状两边尖而对称，叶片厚，叶色深绿，尾叶集中呈伞状。

【主要经济性状】产量中等，株产13.8～22.6 kg，平均18.9 kg，每公顷产量34 020 kg，但如果管理较好，也可获得较高产量。果顶钝尖至圆，果形微弯，果指长19.4 cm，果指粗11.0 cm，单果重101～180 g；生果皮绿色，成熟果皮金黄色，果肉象牙色，肉质较粉实，味浓香甜，货架期较长；可溶性固形物26.2%，可溶性糖22.60%，可滴定酸0.37%，维生素C每100 g果肉9.03 mg。

【抗逆性】在多点试验田间表现高抗枯萎病，在重病区感病率低于5%。其他抗逆性如抗寒力、抗风力比同高度的香牙蕉较弱，但较抗香蕉假茎象鼻虫。

【综合评价】该品种具有高抗枯萎病，植株假茎较高，产量中等，生长周期较长，果皮金黄色，货架期较长，品质好等优点，是一个值得推广的优良品种，适宜在枯萎病严重感染地区种植。

‘抗枯5号’挂果状、花蕾及其果实见图6.21至图6.23。

图6.21 ‘抗枯5号’挂果状

图6.22 ‘抗枯5号’花蕾

图6.23 ‘抗枯5号’果实

【栽培技术要点】高产优质栽培技术主要围绕“露头”、抗风力较弱、抗寒力较弱、生长周期较长等缺点进行。选择土层深厚，土质疏松，排灌良好的肥沃土壤，种植前下足基肥，整地时要注意畦中略高、植穴面略低约15 cm，以便生长中后期培土。选择10片叶龄以上的粗壮组培假植苗，东暖地区以2～3月种植为宜，台风为害较轻的地区以6～9月夏秋植为较好，避免4月份定植在冬季抽蕾，受冷害。以每公顷1 800～1 950株为宜。较好的肥水管理水平，以有机肥为主。及时除吸芽，合理留芽应以第5～6路芽为继代，无培土条件的蕉园最好不留芽或留芽后取芽套种。中后期植株露头时要培土促进新根生长以及增加抗风力，并立防风桩。老蕉园重点预防香蕉象鼻虫，其他与一般香蕉同。

（完成人：黄秉智、唐小浪、许林兵、杨　护等）

3. 抗枯1号（*Musa* sp.）

【育种基本情况】由广东省农业科学院果树研究所从国际香蕉种质交换中心（ITC）引种，亲本为GCTCV-247，经过多年多点试验试种而选育的鲜食用香蕉新优系，高抗香蕉枯萎病。该优系具有较好的品种特性，已在广东、广西、福建等地栽培推广。

【生物学特性】在广东珠三角地区，生育期13～14个月，比主栽品种'巴西蕉'长1～2个月，比'抗枯5号'早1～1.5个月抽蕾，但抽蕾到采收时间比后者晚1个月左右。与'抗枯5号'香蕉类似，生长后期容易露出球茎。

'抗枯1号'挂果状、花蕾及其果实见图6.24至图6.26。

图6.24 '抗枯1号'挂果状

图6.25 '抗枯1号'花蕾

图6.26 '抗枯1号'果实

【植物学特性】该优系树势中等，假茎高235 cm，假茎较粗壮，基部粗65 cm，中部粗53 cm；假茎绿色有光泽，大面积着紫黑色色斑；叶姿开张，叶鞘少蜡粉，叶柄基部黑褐色；叶片厚，叶色深绿，叶片长179 cm，叶片宽93 cm，比'抗枯5号'叶片短，但比后者宽。抽蕾青叶树13～14片，收获时青叶树7～8片，生育期总抽生叶片数41片。

【主要经济性状】平均株产21.9 kg，每公顷产量39 420 kg，比'抗枯5号'香蕉产量高。果指大小适中，梳形较好，果顶钝尖至圆，果形微弯，果指长19.8 cm，果指粗11.7 cm，单果重132～158 g；生果皮绿色，成熟果皮金黄色，果肉象牙色，味浓，有特殊香气；可溶性固形物23.2%，可溶性糖20.60%，可滴定酸0.32%，维生素C每100 g果肉8.43 mg。

【抗逆性】在多点试验田间表现中抗枯萎病，在重病区感病率低于20%。其他抗逆性如抗寒力、抗风力比同高度的香牙蕉较弱，但比‘抗枯5号’要强。

【综合评价】该品系中抗枯萎病，产量适中，品质优，叶片厚，叶色深绿，果实有特殊香味，果指大小适中，梳形较好，但生育期较‘巴西蕉’长1 ~ 2个月，是一个值得推广的优良品种，适宜种植在枯萎病感染地区。

【栽培技术要点】‘抗枯1号’香蕉栽培技术要点与‘抗枯5号’类似，主要围绕避免“露头”、抗寒力较弱、生长周期较长等缺点进行。选择土层深厚，土质疏松，排灌良好的肥沃土壤种植，要求较好的肥水管理水平，以有机肥为主。及时除吸芽，无培土条件的蕉园最好不留芽或留芽后取芽套种。中后期植株露头时要培土促进新根生长以及增加抗风力，并立防风桩等。

（完成人：黄秉智、唐小浪、许林兵、杨 护等）

4. NKB10（*Musa* sp.）

【育种基本情况】由广东省农业科学院果树研究所以‘抗枯5号’香蕉为亲本通过钴-60辐射诱变筛选获得的高抗香蕉枯萎病、品质优良的鲜食用香蕉新优系。

【生物学特性】在广东珠江三角洲地区，植株生长较缓慢，2月底春植的6 ~ 8片叶龄组培苗，11月初前后断蕾，果实至翌年4月中下旬前后收获，生长周期约为410 d，比巴西蕉长60 d，但比‘抗枯5号’缩短近20 d。

【植物学特性】植株假茎高291 cm，假茎基部粗96 cm，中部粗71 cm；叶长243 cm，宽98 cm，叶形比为2.5，叶片较厚，抽蕾前6 ~ 8片叶片近对生，叶距较小；果穗长78 cm、粗100 cm，果梳较密生、结构紧凑，每穗(前7梳)果指数为125条，平均果指长18.6 cm，平均果指粗10.2 cm，果柄长2.3 cm，果顶近圆，果形好。

‘NKB10’挂果状、花蕾及其果实见图6.27至图6.29。

【主要经济性状】单株产量为22.2 ~ 28.2 kg，平均每公顷产量45 360 kg；成熟果实为黄色，果皮中等厚，果实可食率为68.9%，果肉象牙色、味甜香，果实可溶性固形物20.3%，可滴定酸为0.31%，蔗糖6.12%，全糖17.82%，维生素C每100 g果肉23.5 mg。

【抗逆性】在枯萎病发生严重的蕉园种植，高抗枯萎病4号生理小种，重病区发病率约4.1%。抗风性、抗寒性以及其他抗病能力中等。

【综合评价】该优系高抗枯萎病，产量适中，品质优良，果实梳形好，果指大小适中，但生育期较‘巴西蕉’长2个月，适合在枯萎病重病区种植。

【栽培技术要点】适宜于枯萎病重病园种植。不要宿根栽培，种植时植穴要比畦面低20 cm，以便中后期培土，以夏秋植产量较高，每公顷可种植1 800 ~ 1 950株，吸芽苗种植可明显缩短生长期。必须要立防风桩。注意定期检查、喷杀虫双、毒丝本等农药杀象鼻虫。

（完成人：魏岳荣、易干军、盛 鸥、黄秉智等）

图6.27 ‘NKB10’挂果状

图6.28 ‘NKB10’花蕾

图6.29 ‘NKB10’果实

5. NKB3（*Musa* sp.）

【育种基本情况】由广东省农业科学院果树研究所以‘抗枯5号’香蕉为亲本通过钴-60辐射诱变筛选获得的鲜食用香蕉新优系，抗香蕉枯萎病。

【生物学特性】在广东珠江三角洲地区，植株生长较缓慢，2月底春植的6～8片叶龄组培苗，10月底断蕾，果实至翌年4月初前后收获，生长周期约为400 d。

【植物学特性】植株假茎高249 cm，假茎基部粗103 cm，中部粗82 cm；叶长283 cm，宽100 cm，叶形比为2.8，叶片较厚，抽蕾前6～8片叶片叶距较小；果穗长76 cm、粗99 cm，果梳较密生、结构紧凑，每穗(前7梳)果指数为118条，平均果指长为17.5 cm，平均果指粗10.0 cm，果顶近圆，果形好。

【主要经济性状】单株产量为17.0～21.9 kg，平均每公顷产量35 010 kg；成熟果实为黄色，果皮中等厚，果实可食率为73.6%，果肉象牙色、味甜香，果实可溶性固形物22.8%，可滴定酸含量为0.41%，蔗糖6.35%，全糖15.05%，维生素C每100 g果肉19.6 mg。

【抗逆性】在枯萎病发生严重的蕉园种植，中抗枯萎病4号生理小种，重病区发病率约19.5%。抗风性、抗寒性以及其他抗病能力中等。

【综合评价】该品系中抗枯萎病，矮化，产量适中，品质优良，果实梳形好，果指大小适中。

'NKB3'挂果状、花蕾及其果实见图6.30至图6.32。

图6.30 'NKB3'挂果状

图6.31 'NKB3'花蕾

图6.32 'NKB3'果实

【栽培技术要点】适宜于枯萎病轻病园种植。不要宿根栽培，种植时植穴要比畦面低20 cm，以便中后期培土，防止露头，以夏秋植为宜，每公顷可种植1 800～1 950株，其他常规管理。

（完成人：魏岳荣、易干军、盛　鸥、黄秉智等）

6. FC（*Musa* sp.）

【育种基本情况】由福建农林大学以'巴西蕉'为材料利用枯萎病菌粗毒素多代诱变和筛选育成的鲜食用香蕉新优系，抗香蕉枯萎病。

【生物学特性】在福建省漳州地区3月上旬种植，10～12月抽蕾，第2年3～4月采收，生育期12个月左右。

【植物学特性】株高250～260 cm，假茎较粗，中部粗度为51～52 cm，深绿色、有褐锈斑；叶片直立，叶形比为2.2；果轴果梳较长，梳距较宽、整齐。

'FC'植株、果穗（局部）及其花蕾见图6.33至图6.35。

图6.33 ‘FC’植株

图6.34 ‘FC’果穗（局部）

图6.35 ‘FC’花蕾

【主要经济性状】果指大、稍弯，每穗果梳7～10层、果指数100～110根，每株产量15～20 kg，平均每公顷产量31 500 kg；果皮绿色，果肉奶油色、香味浓、甜度适中，果实可溶性固形物含量21.5%，可溶性糖15.40%，可滴定酸0.32%，维生素C每100 g果肉2.10 mg，品质优良。

【抗逆性】经室内人工接种和田间试种证明，中抗香蕉枯萎病菌4号小种。用香蕉枯萎病菌4号小种的孢子悬浮液接种后，‘巴西蕉’诱变体FC的病情指数为35.3，原‘巴西蕉’病情指数为81.3，病情指数下降46。

【综合评价】该优系经过田间试验种植，适合在福建漳州地区种植。生育期中等，产量高，稳产，品质优良，需肥量中等，中抗香蕉枯萎病，有推广前景。

【栽培技术要点】每公顷可种植1 800株，根据土壤肥力，注重施足基肥。在香蕉枯萎病发生区，在移栽时施用杀线虫剂和土壤杀菌剂。

（完成人：张绍升、肖　顺、李梅婷、严　琰）

7. 南宁1号大蕉（*Musa* sp.）

【育种基本情况】由广东省农业科学院果树研究所从广西农业科学院园艺研究所引进的

‘灵川大蕉’(*Musa* sp. ‘Lingchuan Dajiao’)，经多代筛选获得的鲜食大蕉新优系，高产优质、抗香蕉枯萎病。

‘南宁1号大蕉’挂果状、果穗及其花蕾见图6.36至图6.38。

图6.36 ‘南宁1号大蕉’挂果状

图6.37 ‘南宁1号大蕉’果穗

图6.38 ‘南宁1号大蕉’花蕾

【生物学特性】在广东珠江三角洲地区，植株生长较缓慢，2月底春植的6～8片叶龄组培苗，10月底断蕾，果实至翌年4月初前后收获，生长周期约为13个月。

【植物学特性】植株假茎高275 cm，基部粗106 cm，中部粗68 cm；叶长273 cm，宽90 cm，叶形比为3.0；果穗长82 cm、粗104 cm，果梳较疏松，平均果指长23.5 cm，平均果指粗为14.1 cm，果顶长尖。

【主要经济性状】单株产量24.4～29.8 kg，平均每公顷产量48 780 kg。成熟果实为黄色，果皮较厚，果肉象牙色、味甜香，果实味甜带微酸，品质好，货架期长。

【抗逆性】高抗枯萎病，在枯萎病重病区种植少见病害发生。抗风性、抗寒性以及其他抗病能力强。

【综合评价】该优系高抗4号小种枯萎病，丰产，抗风、抗寒能力强，品质较好，耐贮藏。

【栽培技术要点】适于重病园种植。每公顷可种植1 800 ~ 2 100株，可留芽栽培，春夏蕉品质更好。

（完成人：魏岳荣、易干军、盛　鸥、杨乔松等）

8. 大果2号（*Musa* sp.）

【育种基本情况】由广东省农业科学院果树研究所从‘广东香蕉2号’（*Musa* sp. ‘Banana No.2’）香蕉的芽变系筛选选育而来的鲜食香蕉新优系，丰产、品质优异。

【生物学特性】在广东珠三角地区，3月种植6 ~ 8片叶龄的组培假植苗，9月上中旬抽蕾，12月底至翌年1月下旬可收获。新植蕉生育期10 ~ 11个月，宿根蕉与新植蕉收获周期间隔8 ~ 9个月，与主栽品种‘巴西蕉’类似。

【植物学特性】树势较高，植物学性状与‘广东香蕉2号’香蕉类似。假茎高度为226 cm，比‘巴西蕉’矮14 cm；假茎基部粗70 cm，假茎粗度为51 cm，比‘巴西蕉’粗2.1 cm；假茎绿色有光泽，有紫褐色斑；叶姿开张，叶长221 cm，比‘广东香蕉2号’香蕉长14 cm，叶宽87 cm。

【主要经济性状】该品种产量较高，比主栽品种‘巴西蕉’和‘广东香蕉2号’香蕉高，平均株产24.5 kg，每公顷产量44 100 kg。果穗粗度124 cm，比‘巴西蕉’粗13 cm。梳数、果数比‘巴西蕉’较少，但差异达不到显著水平，单果重为161.4 g，比‘巴西蕉’重22.2 g，果指长和株产分别比‘巴西蕉’的长和重，说明‘大果2号’香蕉在栽培条件良好的情况下比‘巴西蕉’要明显高产和多产蕉果。果顶圆形，果形微弯，果指长度21.4 cm，果指粗度11.2 cm；生果皮青绿色，成熟果皮深黄色，果皮中等厚，果肉象牙色，香气浓，风味甜；可溶性固形物19.5%，可溶性糖14.70%，可滴定酸0.26%，维生素C每100 g果肉1.60 mg。

‘大果2号’挂果状、花蕾及其果实见图6.39至图6.41。

【抗逆性】抗风力比‘巴西蕉’明显强，2003年9月龙门点台风调查，‘大果2号’折倒率仅1.7%，而对照的‘巴西蕉’折倒率达54.9%，说明‘大果2号’具有半矮化抗风的优点。其他抗性与‘广东香蕉2号’香蕉和‘巴西蕉’类似。

【综合评价】该优系品质优异，具有丰产，抗风，果穗较粗，果指较长，单果较重，单株产量高，半矮化抗风等优点，但梳形及果实品质稍差，仍是一个值得推广的优良品种，适宜种植在台风较多的地区。

【栽培技术要点】‘大果2号’香蕉栽培技术要点与主栽品种‘巴西蕉’类似，选择土层深厚，土质疏松，排灌良好的肥沃土壤种植，要求较好的肥水管理水平，以有机肥为主。及时除吸芽。‘大果2号’香蕉果穗梳数较多，收获高档香蕉时要注意疏果，一般每穗留果7 ~ 8梳。

图6.39 ‘大果2号’挂果状

图6.40 ‘大果2号’花蕾

图6.41 ‘大果2号’果实

（完成人：黄秉智、魏岳荣、易干军、许林兵等）

9. X1（*Musa* sp.）

【育种基本情况】由广东省农业科学院果树研究所以‘Williams’香蕉为亲本，经体细胞自然变异选种获得的鲜食香蕉新优系，丰产、品质优异。

【生物学特性】在广东珠三角地区，植株生长较快，2月底春植的6～8片叶龄组培苗，9月上旬抽蕾，12月底至翌年1月初收获，新植蕉生长周期10～11个月，宿根蕉与新植蕉的收获周期间隔为8～9个月。

【植物学特性】植株假茎高310 cm，基部粗89 cm，中部粗71 cm；叶长261 cm，宽108 cm，叶形比为2.4，叶背蜡粉多；果穗长82 cm、粗100 cm，第3梳果指数23，平均果指长为22.1 cm，平均果指粗为11.2 cm，果顶微尖，果形好。

【主要经济性状】单株产量为34.4 kg，每公顷产量61 920 kg。成熟果实为黄色，果皮中等厚，果实可食率为74.8%，果肉奶油色、味甜浓香；果实可溶性固形物22.6%，可滴定酸0.36%，蔗糖6.02%，全糖14.98%，维生素C每100 g果肉21.60 mg。

'X1'挂果状、花蕾及其果实见图6.42至图6.44。

图6.42 'X1'挂果状

图6.43 'X1'花蕾

图6.44 'X1'果实

【抗逆性】在枯萎病重病区种植易感枯萎病。抗风性较弱，抗寒性以及其他抗病能力中等。

【综合评价】该优系产量高，植株较高，品质优，梳形好，果指较大、较长。

【栽培技术要点】适宜于在风害、寒害不严重的地区种植，且选择土层深厚、土壤疏松、排水良好、肥沃的壤土或黏壤土。施肥要以施有机质肥为主，配合施入化肥。化肥以施钾肥、氮肥为主，配合施入磷肥、镁肥等。要保持蕉园土壤润湿，注意排灌。台风季节要立防风桩支撑植株防风。定植以在2～3月春植、5～6月夏植及9～10月秋植为宜，避免在低温期抽蕾，每公顷植1 800～1 950株。

（完成人：易干军、魏岳荣、盛　鸥、黄秉智等）

10. X2（*Musa* sp.）

【育种基本情况】由广东省农业科学院果树研究所通过引种以色列香蕉提纯筛选获得的鲜食香蕉新优系，丰产、品质优异。

【生物学特性】植株生长较快，2月底春植的6～8片叶龄组培苗，9月上旬抽蕾，12月底至翌年1月初收获，新植蕉生长周期10～11个月，宿根蕉与新植蕉的收获周期间隔为8～9个月。

【植物学特性】植株假茎高333 cm，浅绿色、无褐斑，基部粗96 cm，中部粗73 cm；叶长268 cm，宽109 cm，叶形比为2.5，叶面颜色浅绿，叶背无蜡粉；果穗长85 cm、粗108 cm，第3梳果指数26，平均果指长22.6 cm，平均果指粗12.8 cm，果顶钝尖，果形好。

【主要经济性状】单株产量为35.8 kg，每公顷64 440 kg。成熟果实为黄色，果皮中等厚，果实可食率为75.6%，果肉象牙色、味甜浓香；果实可溶性固形物含量为22.4%，可滴定酸0.32%，蔗糖6.86%，全糖14.02%，维生素C每100 g果肉21.3 mg。

‘X2’挂果状、花蕾及其果实见图6.45至图6.47。

图6.45 ‘X2’挂果状

图6.46 ‘X2’花蕾

图6.47 ‘X2’果实

【抗逆性】在枯萎病重病区种植易感枯萎病。抗风性较弱，抗寒性以及其他抗病能力中等。

【综合评价】该优系产量高、可食率高、假茎浅绿色、无褐斑，果实内在品质优异，维生素C含量高，但植株较高大。

【栽培技术要点】每公顷可种植1 650～1 950株。适宜于在风害、寒害不严重的地区种植，选择土层深厚、土壤疏松、排水良好、肥沃的壤土或黏壤土。施肥要以施有机质肥为主，配合施入化肥。化肥以施钾肥、氮肥为主，配合施入磷肥、镁肥等。要保持蕉园土壤润湿，注意排灌。台风季节要立防风桩支撑植株防风。定植以在2～3月春植、5～6月夏植及9～10月秋植为宜，避免在低温期抽蕾。

（完成人：魏岳荣、易干军、盛　鸥、董涛等）

11. WGH（*Musa* sp.）

【育种基本情况】由广东省农业科学院果树研究所以‘Grand Naine’（*Musa* sp. ‘Grand Naine’）香蕉为亲本，通过化学诱变筛选获得的鲜食香蕉新优系，丰产、品质优异。

【生物学特性】在珠江三角洲地区，3月上中旬春植的6～8片叶龄组培苗，9月下旬抽蕾，翌年3月中旬采收。年生长发育期约12个月。

【植物学特性】植株假茎高291 cm，深绿色、有褐斑，基部粗93 cm，中部粗71 cm；叶长251 cm，宽100 cm，叶形比为2.5，叶面颜色深绿，叶背呈浅紫色，叶背少量蜡粉；果穗长82 cm、粗106 cm，第3梳果指数25，平均果指长22.5 cm，平均果指粗12.6 cm，果顶钝尖，果形好。

【主要经济性状】单株产量为36.7 kg，每公顷66 060 kg。成熟果实为黄色，果皮中等厚，果实可食率为71.3%，果肉奶油色、味甜浓香；可溶性固形物22.1%，可滴定酸0.40%，蔗糖6.32%，全糖15.92%，维生素C每100 g果肉19.3 mg。

‘WGH’挂果状、花蕾及其果实见图6.48至图6.50。

图6.48　‘WGH’挂果状

【抗逆性】在枯萎病重病区种植易感枯萎病。抗风性、抗寒性以及其他抗病能力中等。

【综合评价】该优系产量高，可食率较高，叶背呈浅紫色，品质优，果穗和果梳较好，果指较粗长，商品性较好。

【栽培技术要点】适宜于在风害、寒害不严重的地区种植，选择土层深厚、土壤疏松、排水良好、肥沃的壤土或黏壤土。定植以在2～3月春植、5～6月夏植及9～10月秋植为宜，避免在低温期抽蕾，每公顷植1 800～1 950株。施肥要以施有机质肥为主，配合施入化肥。化肥以施钾肥、氮肥为主，配合施入磷肥、镁肥等。要保持蕉园土壤润湿，注意排灌。台风季节要立防风桩支撑植株防风。

图6.49 ‘WGH’花蕾

图6.50 ‘WGH’果实

（完成人：魏岳荣、易干军、盛 鸥、黄秉智等）

12. 北大矮蕉（*Musa* sp.）

【育种基本情况】该材料系由华南农业大学园艺学院在海南进行香蕉资源收集时取得吸芽，然后种植于大田进行提纯复壮而选出的鲜食香蕉新优系，生育期短、抗风性能好。

【生物学特性】在珠江三角洲地区，试管苗袋苗（6～8片大叶）春植（3月上中旬），5月下旬花芽分化，8月下旬抽蕾，15 d后断蕾，12月下旬至翌年1月上旬采收。年生长发育期9～10个月。

【植物学特性】株型特矮，假茎高150～180 cm，周长55～65 cm，黄绿色并带紫褐色斑；叶片长135～155 cm，宽57～83 cm，叶身比2.2～2.7，叶尖形状为钝尖，叶柄长13～25 cm，叶脉背部颜色为绿色，叶柄基部有紫褐色斑；花梗长25～35 cm，雌花苞片长55～60 cm，宽25～30 cm，长宽比为2.0～2.2，存留能力弱。

【主要经济性状】果穗长50～75 cm，果穗宽35～43 cm，梳距5.5～9.0 cm，果梳数7～11梳，果指数150～200个，果指长度中等，18～21 cm，果柄长3 cm，单株产量20～25 kg，平均每公顷产量42 300 kg；果实催熟后为深黄色，可溶性固形物19.5%，可溶性糖16.1%，可滴定酸0.38%，维生素C每100 g果肉10.8 mg。

‘北大矮蕉’挂果状、果穗及其果实见图6.51至图6.53。

【抗逆性】该优系抗风性特强，在2003年9月2日第13次台风“杜鹃”（最大风力11级）经过后，植株的折倒率为零，折叶率低于10%，在所观察的27份香牙蕉品种中均为最低。抗寒性以及抗病能力中等，且无特殊的敏感性病虫害和逆境伤害。

【综合评价】该优系的特点是生育期短，采用8～9片叶试验苗于6月份定植，当年10月份即开始抽蕾；假茎矮，在收集保存的27个品种中最矮，假茎高150～180 cm；抗风力强。

【栽培技术要点】 采用6片以上大叶的组培袋苗作为种源，种植的株行距为1.5 m×（1.8～2.0）m。种植前基肥宜深施和早施，定植时宜浅种，定植后淋足"定根水"，然后每周淋水1次，1个月后施少量水肥，水肥量根据叶片的抽生数量逐渐增加，在花芽分化前要施完全年肥料的65%～70%。整个生长期注意勤除吸芽和防治病虫害（叶斑病、黑星病、蓟马、象甲虫）。抽蕾后保持8片以上的青叶，断蕾后结合疏果，每穗留5～6梳，疏果后喷药套蓝色塑料薄膜袋。

图6.51 '北大矮蕉'挂果状

图6.52 '北大矮蕉'果穗

图6.53 '北大矮蕉'果实

（完成人：李建国、王泽槐、陈厚彬、刘文清、吕　顺）

13. 坛洛矮（*Musa* sp.）

【育种基本情况】 由广东省农业科学院果树研究所以'Williams'香蕉为亲本，通过化学诱变筛选获得的鲜食香蕉新优系，植株矮化、抗风性能强、品质优。

【生物学特性】 在珠江三角洲地区，3月上中旬春植的6～8片叶龄组培苗，9月下旬抽蕾，翌年3月中旬采收。年生长发育期约12个月。

【植物学特性】 株型特矮，植株假茎高178 cm，基部粗85 cm，中部粗65 cm；叶长187 cm，宽87 cm，叶形比为2.1，叶尖形状为钝尖，叶面颜色深绿，叶背无蜡粉；果穗长73 cm、粗92 cm，第3梳果指数19，平均果指18.1 cm，平均果指粗11.9 cm，果顶钝尖，果形较好。

【主要经济性状】单株产量21.4 kg，每公顷产量38 520 kg。成熟果实为黄色，果皮中等厚，果实可食率为68.3%，果肉浅黄色、味甜微香；果实可溶性固形物19.7%，可滴定酸0.37%，蔗糖6.32%，全糖15.70%，维生素C每100 g果肉7.8 mg。

【抗逆性】该品种抗风性强，抗寒性以及抗病能力中等，无特殊的敏感性病虫害和逆境伤害。

【综合评价】该优系植株明显矮化，抗风，生育期缩短，产量中等，品质优。

【栽培技术要点】可选择在有风害的地方栽培。种植的株行距为1.5 m×（1.8～2.0）m，每公顷可种植3 300～3 750株。施肥要以施有机质肥为主，配合施入化肥。化肥以施钾肥、氮肥为主，配合施入磷肥、镁肥等。要保持蕉园土壤润湿，注意排灌。整个生长期注意勤除吸芽。抽蕾后保持8片以上的青叶，断蕾后结合疏果，以每穗留5～6梳为宜。

‘坛洛矮’挂果状、花蕾及其果实见图6.54至图6.56。

图6.54 ‘坛洛矮’挂果状

图6.55 ‘坛洛矮’花蕾

图6.56 ‘坛洛矮’果实

（完成人：魏岳荣、易干军、盛　鸥、黄永红等）

3. SH1（*Malus ralls*×*Malus honanensis* ‘SH1’）

【育种基本情况】由山西省农业科学院果树研究所以母本‘国光’（*Malus ralls*）和父本河南海棠（*Malus honanensis*）杂交育成的苹果矮化砧木。2009年通过山西省林木品种审定委员会品种审定，专家综合分析认为，该砧木嫁接品种后，表现为树体矮化，砧穗亲和、易扩繁，早花、早果，果实品质好，抗逆性强、适应性广，适宜华北和西北黄土高原苹果产区栽培发展。

【生物学特性】在山西省中部地区4月中旬萌芽，5月上旬开花，9月下旬到10月上旬果实成熟，11月初落叶，年生育期200 d左右。

【植物学特性】树姿直立，树势中庸，树干灰褐色，光滑，一年生枝条黄褐色，新梢浅绿色，侧芽三角形，饱满；叶片卵圆形，掌状，成熟叶片浓绿色，叶基圆形，叶尖渐尖，叶缘尖锐锯齿，不规则，叶背茸毛较河南海棠少；花蕾白色，花瓣离生，呈卵圆形（图7.5）；果实近圆形，平均纵径2 cm左右，平均单果重13 g左右；果实成熟时果皮底色黄白，果皮表面为红色，萼片宿存，聚合，浅广（图7.6）。

图7.5 ‘SH1’枝条、叶片

图7.6 ‘SH1’果实

【主要经济性状】‘SH1’以中间砧形式嫁接品种后主要经济性状表现为：树体矮化，控冠能力强；成龄树高3.5 m左右；砧穗亲和。与‘红富士’、‘丹霞’等品种和‘山定子’、‘八棱海棠’等基砧嫁接亲和性好，基本无大小脚现象（图7.7）；开花结果早，易成花，一般定植当年即可成花，三年生开花结果株率可达100%；早期丰产性强，一般定植三年即有经济产量，每667m^2产500 kg左右，5～6年进入盛果期，每667m^2产达2 500~3 000 kg（图7.8）；果实品质优异，果实成熟早，色泽艳丽，含糖量高，硬度大（图7.9）。

图7.7 苹果矮化砧木‘SH1’

图7.8 ‘SH1’嫁接红富士结果状

图7.9 果实比较

【抗逆性】‘SH1’嫁接品种后具有较强的耐寒能力。在山西省中部地区，多年未见有严重冻害和抽条现象。2006年山西省果树花期遭遇晚霜为害严重，‘SH1’嫁接品种植株当年仍然开花结果，保持较高产量。‘SH1’做中间砧埋入土中不生根，可充分利用基砧的固地性，二十年生成龄树不用支架，中心干无倾斜现象。无特殊的敏感性病虫害。

【综合评价】该品种为国内优良的苹果矮化砧木，具有砧穗亲和、早期丰产性强、果实品质优良等突出优点，尤其是作为抗寒、抗旱、抗倒伏的砧木品种，更适合我国北方的自然气候条件，可代替目前生产中普便使用的‘M_{26}’矮化砧，具有良好的发展前景。

【栽培技术要点】根据苹果品种、土壤条件以及管理技术水平采用株行距（1~2）m×（3~4）m进行定植。建园时选用2~3年生优质大苗，授粉树配置比例1:（5~6），定干高度100 cm左右，高纺锤形树形。采用冬、夏剪结合的周年修剪方法，冬季修剪以整形、调整结构为主，夏季修剪主要包括刻芽、扭梢、摘心及拉枝等措施，必须合理调节树体花果负载量，及时疏花、疏果。

(完成单位：山西省农业科学院果树研究所砧木课题组)

4.青砧1号（QZ1）（*Malus hupehensis* ×*Malus domestica*‘Qingzhen No.1’）

【育种基本情况】由青岛市农业科学研究院与山东农业大学以母本无融合生殖资源‘平邑甜茶’和父本柱形苹果优系‘CO’杂交育成。2007年通过山东省科技厅组织的专家鉴定，专家综合分析认为，‘青砧1号’无融合生殖率高，种子饱满，发芽率、出苗率高，苗木健壮，整齐度高，与‘嘎拉’、‘烟富3’、‘烟富6’嫁接亲和性好，成苗率达90%，‘青砧1号’已在山东、陕西、辽宁等地区栽培推广。“农业植物新品种保护公报”2010年第1期公告，公告号CNA005950E。

【生物学特性】青岛地区4月初萌芽，4月下旬开花，6月上旬新梢停止生长，10月下旬果实成熟，11月底落叶。6年生树的株高为2.6 m，干径6.1 cm，一年生枝长度56 cm，节间长度2.8 cm。

【植物学特性】树干青褐色，皮孔大，圆形，稀疏；一年生枝深绿色，粗壮；叶片长卵圆形，成熟叶片暗绿，稍抱合，叶缘波浪状；无融合生殖坐果率97.0~98.1%；果实圆形，平均单果重9.2 g；每果种子数4.1个，饱满种子百分比100%，种子千粒重41.4 g；树姿抱合，树势中等，树形柱形。

【主要经济性状】种子层积时间为45 d，发芽率80%。一年生苗的株高为30.9 cm，干径0.67 cm，节间长度1.23 cm，尖削度1.09。嫁接‘富士’、‘嘎拉’等品种成苗率95%，‘粉红女士’/‘青砧1号’一年生苗木高度181.8 cm，苗径1.26 cm。苗木整齐度高，商品性好。苹果砧木‘青砧1号’无融合生殖实生苗粗壮整齐（图7.10），与‘嘎拉’、‘富士’嫁接，早果性强；‘青砧1号’枝叶形与母本对比见图7.11。

图7.10 ‘青砧1号’实生苗生长状态

图7.11 ‘青砧1号’（右）与母本‘平邑甜茶’（左）枝叶形态

【抗逆性】树体抗寒、抗病性均强，在青岛地区，多年内未见冻害和抽条现象，树干光滑，未见轮纹病发生。无特殊的敏感性病虫害和逆境伤害。

【综合评价】该品种为目前国内优良无融合生殖苹果砧木品种。无融合生殖率高，种子饱满，发芽和出苗率高，实生繁殖的苗木粗壮、整齐一致，当年可以达到嫁接高度。育苗的综合性状好于目前生产上常用的八棱海棠、山定子等有性生殖实生砧木和平邑甜茶等无融合生殖砧木。作为基砧应用，具有良好的发展前景。

【栽培技术要点】以‘青砧1号’为基砧，嫁接树势旺的‘乔纳金’、‘嘎拉’、普通富士等品种，在一般土壤条件下，株行距以2.5 m×4 m为宜，缺乏灌溉条件的山地或贫瘠土地，株行距2 m×4 m为宜。嫁接短枝形品种（短枝富士等），应适当增加密度，一般土壤条件株行距2 m×4 m，缺乏灌溉条件的山地或贫瘠土地，株行距以1.5 m×4 m为宜。

作基砧嫁接品种时，一年生实生苗嫁接高度15~20 cm，二年生实生苗嫁接高度40~50 cm。提高嫁接高度可以利用砧木树干抗病性强的特点，减轻病虫害的为害，增强嫁接树的抗病能力。树形采用纺锤形，定植当年冬季修剪时，剪除所有分枝，使主干和分枝的粗度拉开层次，保证中央主干的树势，居领导地位。第2年夏季在主干上每隔20~30 cm，在合适的角度留枝，其余枝条待长到30 cm左右时，摘心控制长势，使之成为辅养枝，冬剪时再做疏除或保留处理。

（完成人：沙广利、郝玉金、宫象晖、束怀瑞、黄　粤、韩明三、王芝云）

5.青砧2号（QZ2）（*Malus hupehensis*‘Qingzhen No.2’）

【育种基本情况】由青岛市农业科学研究院与山东农业大学用γ射线处理平邑甜茶层积后种子，获得的矮生突变体。2007年通过山东省科技厅组织的专家鉴定，专家综合分析认为，‘青砧2号’作基砧嫁接‘嘎拉’与‘M_7’作中间砧的嫁接树相当，具有半矮化趋势。‘青砧2号’已在山东、陕西、辽宁等地区栽培推广。“农业植物新品种保护公报”2010年第1期公告,公告号CNA005951E。

【生物学特性】青岛地区4月初萌芽，4月下旬开花，6月上旬新梢停止生长，10月下旬果实成熟，11月中旬落叶。8年生树株高2.8 m。

【植物学特性】树干青褐色，皮孔圆形，稀疏；一年生枝绿色，较短粗；叶片长卵圆形，成熟叶片暗绿，表面光滑，叶形指数1.70；无融合生殖坐果率88.9%~95.0%；果实圆形，平均单果重0.6 g；种子千粒重8.0 g；树冠圆形，树姿开张，树势中等，树形分枝形。

【主要经济性状】种子层积时间为49 d，发芽率80%。一年生苗的株高为30.7 cm，干径0.46 cm，节间长度1.16 cm，尖削度0.95。嫁接‘富士’、‘嘎拉’等品种成苗率95%。‘粉红女士’/‘青砧2号’一年生苗木高度155.7 cm，苗径0.95 cm,苗木整齐度高，商品性好。苹果砧木‘青砧2号’：‘平邑甜茶’辐射变异，无融合生殖实生苗整齐，嫁接富士等矮化、早果。图7.12为‘青砧2号’实生苗生长状态。‘青砧2号’枝叶形态与母本对比见图7.13，图7.14；‘青砧2号’嫁接‘烟富6’的成花和结果情况见图7.15，图7.16。

图7.12 ‘青砧2号’实生苗生长状态

图7.13 ‘青砧2号’（右）与母本‘平邑甜茶’（左）叶片形态

图7.14 ‘青砧2号’（右）与母本‘平邑甜茶’（左）枝条、叶片形态

图7.15 ‘青砧2号’嫁接‘烟富6’的成花情况

左为‘烟富6’/‘平邑甜茶’
右为‘烟富6’/‘青砧2号’

图7.16 ‘青砧2号’嫁接‘烟富6’结果情况

【抗逆性】树体抗寒、抗病性均强，在青岛地区，多年内未见冻害和抽条现象，树干光滑，未见轮纹病发生。无特殊的敏感性病虫害和逆境伤害。

【综合评价】该品种为目前国内优良无融合生殖苹果砧木品种。无融合生殖率高，实生繁殖的苗木整齐一致。该品种作为苹果基砧应用，具有一定矮化效果，固定性强，不用支架，还可以保证园相整齐一致，提高果品商品率，具有良好的发展前景。

【栽培技术要点】‘青砧2号’较‘平邑甜茶’种子小，发芽率低，苗木矮生，为保证当年夏季达到嫁接粗度，可于早春，在温室内利用穴盘集中播种，待苗木长到5~6片真叶，室外温度适宜时，移栽到室外，这种方式可以促发须根，提高苗木质量。

‘青砧2号’作基砧嫁接品种时，一年生实生苗嫁接高度10~15 cm，二年生实生苗嫁接高度40~50 cm。树形采用纺锤形，第2年夏季在主干上每隔20~30 cm，在合适的角度留枝，其余枝条待长到30 cm左右时，摘心控制长势，冬剪时再做疏除或保留处理。以‘青砧2号’为基砧，嫁接树势旺的‘乔纳金’、‘嘎拉’、普通富士等品种，在一般土壤条件下，株行距以2.5 m×4 m为宜；缺乏灌溉条件的山地或贫瘠土地，以株行距2 m×4 m为宜。嫁接短枝形品种（短枝富士等），应适当增加密度，一般土壤条件株行距2 m×4 m；缺乏灌溉条件的山地或贫瘠土地，株行距以1.5 m×4 m为宜。

(完成人：沙广利、郝玉金、宫象晖、束怀瑞、黄　粤、韩明三、王芝云)

(二)选育的优系

1. XB05（*Malus xiaojinensis*）

【育种基本情况】由中国农业大学采用自然实生选种途径育成，亲本为小金海棠（*Malus xiaojinensis* Cheng et Jiang）。

【生物学特性】耐营养瘠薄，尤其是缺铁条件下生长良好。

【植物学特性】组培苗幼树枝条青灰色-灰褐色，皮孔小而不明显，较光滑，无针刺，少有分枝；幼叶紫红色，完全展开叶片深绿色，开张平展，叶脉明显，叶柄2~3 cm，叶缘3~5裂刻，具宽钝锯齿；节间长度2.1 cm；根系发达，主根粗壮，须根密集。

【主要经济性状】组培苗根系发达，移栽成活率高，砧木苗生长一致性好。

(完成人：韩振海、许雪峰、王　忆、张新忠、孙扬吾、沈　隽)

2. XB17（*Malus xiaojinensis*）

【育种基本情况】由中国农业大学采用自然实生选种途径育成，亲本为小金海棠（*Malus xiaojinensis* Cheng et Jiang）。

【生物学特性】耐营养瘠薄，尤其是缺铁条件下生长良好。

【植物学特性】组培苗幼树枝条青灰色-灰褐色，皮孔小而不明显，较光滑，无针刺，少有分枝；幼叶紫红色，完全展开叶片深绿色，开张平展，叶脉明显，叶柄2~3 cm，叶缘3~5裂刻，具宽钝锯齿；节间长度2.1 cm；根系发达，主根粗壮，须根密集。

【主要经济性状】组培苗根系发达，移栽成活率高，砧木苗生长一致性好。

(完成人：韩振海、许雪峰、王忆、张新忠、孙扬吾、沈隽)

3. GM-403 (*Malus prunifolia* Borkh)

由吉林省农科院果树所1974年以公主岭小酸果为母本，'M_9'为父本通过人工杂交选育而成（代号：405），与'GM-305'是同一个组合的姊妹系。

'GM-403'抗寒能力强，作为苹果中间砧，使接穗品种矮化，提前结果2~3年，并早期丰产。

田间初步观察'GM-403'矮化程度优于'GM-305'。

其他性状如嫁接亲和力、抗病性等有待于进一步调查。

(完成人：张冰冰、宋洪伟、林凤起、李粤渤、赵晨辉、李　锋)

4. GM-305 (*Malus prunifolia* Borkh)

由吉林省农科院果树所1974年以公主岭小酸果为母本，'M_9'为父本通过人工杂交选育而成（代号：305）。

'GM-305'抗寒能力强，作为苹果中间砧，使接穗品种矮化，提前结果2~3年，并早期丰产。

其他性状如嫁接亲和力、抗病性等有待于进一步调查。

5.九EN4（*Malus domestica*）

【育种基本情况】由青岛市农业科学研究院以母本矮化砧木'M_9'和父本柱形苹果'舞美'杂交育成。

【生物学特性】青岛地区4月初萌芽，4月下旬开花，6月上旬新梢停止生长，9月上旬果实成熟，11月底落叶。十年生树的株高为2.6 m，干径5.9 cm，一年生枝长度36 cm，节间长2.2 cm。

【植物学特性】树干黄褐色，皮孔大，圆形，稀疏；一年生枝深绿色，粗壮；叶片长卵圆形，成熟叶片暗绿；果实扁圆形，平均单果重29.2 g；树姿抱合，树势中等，树柱形。

【主要经济性状】压条繁殖容易。一年生苗的株高为70.9 cm，干径0.87 cm。嫁接'富士'、'嘎拉'等品种成苗率96%，苗木整齐度高，粗壮整齐（图7.17），与基砧'平邑甜茶'、接穗'嘎拉'、'富士'嫁接亲和，早果性强，商品性好。

【抗逆性】树体抗寒、抗病性均强，在青岛地区，多年内未见冻害和抽条现象，树干光滑，未见轮纹病发生。无特殊的敏感性病虫害和逆境伤害。

【综合评价】该优系为目前有希望的苹果无性系砧木品种。压条繁殖的苗木粗壮、整齐一致，当年可以达到嫁接高度，育苗的综合性状好，作为自根砧应用，具有良好的发展前景。

【栽培技术要点】作为自根砧，嫁接树势旺的'乔纳金'、'嘎拉'、普通富士等品

图7.17　苹果砧木品系–九EN4苗木整齐度高

种，在一般土壤条件下，以株行距2.5 m × 4 m为宜；缺乏灌溉条件的山地或贫瘠土地，株行距以2 m × 4 m为宜。嫁接短枝形品种（短枝富士等），应适当增加密度，一般土壤条件株行距以2 m × 4 m为宜；缺乏灌溉条件的山地或贫瘠土地，株行距以1.5 m × 4.0 m为宜。

作自根砧嫁接品种时，二年生苗嫁接高度40~50 cm。提高嫁接高度可以利用砧木树干抗病性强的特点，减轻病虫害的为害，增强嫁接树的抗病能力。树形采用纺锤形，定植当年冬季修剪时，剪除所有分枝，使主干和分枝的粗度拉开层次，保证中央主干的树势，第2年夏季在主干上每隔20~30 cm，在合适的角度留枝，其余枝条待长到30 cm左右时，摘心控制长势，使之成为辅养枝，冬剪时再做疏除或保留处理。

(完成人：沙广利、宫象晖、黄　粤、韩明三、王芝云)

6. C3（*Malus hupehensis*）

【育种基本情况】由青岛市农业科学研究院用γ射线处理平邑甜茶层积后种子，获得的矮生突变体。已在山东、辽宁等地区试栽。

【生物学特性】青岛地区4月初萌芽，4月下旬开花，6月上旬新梢停止生长，十月下旬果实成熟，11月中旬落叶，十年生树株高3.5 m。

【植物学特性】树干青褐色，皮孔圆形，稀疏；一年生枝绿色，较短粗；叶片长卵圆形，成熟叶片暗绿，表面光滑,叶形指数1.70；无融合生殖坐果率85.9~91.0%；果实圆形，平均单果重0.9 g；种子千粒重8.9 g；树冠圆形，树姿开张，树势中等，树形分枝形。

【主要经济性状】种子层积时间为50 d，发芽率85%。一年生苗的株高为35.8 cm，干径0.66 cm，节间长度1.26 cm。嫁接‘富士’、‘嘎拉’等品种成苗率96%。‘粉红女士’/‘青砧2号’一年生苗木高度175.8 cm，苗径0.99 cm，苗木整齐度高，商品性好。‘平邑甜茶’辐射变异，无融合生殖实生苗整齐，嫁接‘富士’等矮化、早果，亲和性好，立地性强，无立柱支架栽培，枝条角度开张，结果部位均匀，株行距4 m × 2 m，五年生树平均产量：每株22.1 kg，每公顷产量为27 597 kg（图7.18）。

【抗逆性】树体抗寒、抗病性均强，在青岛地区，多年内未见冻害和抽条现象，树干光滑，未见轮纹病发生。无特殊的敏感性病虫害和逆境伤害。

【综合评价】该优系为有希望无融合生殖苹果砧木新品系。无融合生殖率高，实生繁殖的苗木整齐一致，作为苹果基砧应用，具有一定控制接穗长势效果，固地性强，不用支架，还可以保证园相整齐一致，提高果品商品率，具有良好的发展前景。

【栽培技术要点】育苗：早春，在温室内利用穴盘集中播种，待苗木长到5~6片真叶，室外温度适宜时，移栽到室外，促发须根，提高苗木质量。

图7.18 苹果砧木品系‘C3’

适宜品种与利用方式：与目前主栽品种‘富士’、‘嘎拉’和‘乔纳金’亲和性好。作基砧嫁接品种时，一年生实生苗嫁接高度10~15 cm，二年生实生苗嫁接高度40~50 cm，提高嫁接高度可以利用砧木树干抗病性强的特点，减轻病虫害的为害，增强嫁接树的抗病能力。树形采用纺锤形，定植当年冬季修剪时，剪除所有分枝，使主干和分枝的粗度拉开层次，保证中央主干的树势，第2年夏季在主干上每隔20~30 cm，在合适的角度留枝，其余枝条待长到30 cm左右时，摘心控制长势，使之成为辅养枝，冬剪时再做疏除或保留处理。

作为基砧，嫁接树势旺的‘乔纳金’、‘嘎拉’、普通富士等品种，在一般土壤条件下，以株行距3 m×4 m为宜；缺乏灌溉条件的山地或贫瘠土地，以株行距2.5 m×4 m为宜。嫁接短枝形品种（短枝富士等），应适当增加密度，一般土壤条件以株行距2.5 m×4 m；缺乏灌溉条件的山地或贫瘠土地，株行距以2 m×4 m为宜。

(完成人：沙广利、宫象晖、黄　粤、韩明三、王芝云)

7. Y-B009（*Malus baccata*）

【育种基本情况】由山西省农业科学院果树研究所利用晋西北野生山定子（Malus baccata（L.）Borkh. in Northwest-Shanxi）资源，采用实生育种方法而得。2000年采种，2001年播种获20万株实生苗，2002年嫁接品种，2004年春季，将苗圃内的一年生成品苗开花植株挂牌标记，列为单系，暂定名为Y系。根据嫁接品种的不同，分为A（‘太谷早熟沙果’、‘槟子’）、B（‘丹霞’、‘秦冠’、‘金冠’）、C（‘丹霞’）、D（‘摩力士’）四组，共计575株，其中共有325株当年结果。2005—2010年，Y系砧木的相关性试验及区试。‘Y-B009’是B组中的一个单系。

【生物学特性】在山西省中部地区，3月中下旬萌动，4月初展叶，4月中旬开花，果实9

月末成熟，10月下旬落叶，年营养生长期210 d左右。

【植物学特性】树姿半开张，树势中庸，主干黄褐色，皮孔圆形或椭圆形，大，密，黄色；一年生枝条红褐色，皮孔圆形，小，较稀，黄色，枝梢茸毛较少，白色；幼叶橘黄色，叶片长卵圆形，平展，叶色绿，叶背无茸毛，边缘具锐锯齿，叶尖长尾尖。果实近圆形，直径0.7~0.9 cm，红色，脱萼，萼洼有圆形锈斑（图7.19）。

图7.19 ‘Y–B009’枝条、叶片

【主要经济性状】‘Y-B009’嫁接品种后主要表现为：树体极矮化，七年生树高1.5 m左右；砧穗亲和，与‘红富士’、‘丹霞’嫁接亲和性好，无明显大小脚现象（图7.20）；成花容易，一般定植当年开花株率在45%以上（图7.21），三年生开花结果株率可达100%；果实品质优异。果实着色佳，含糖量高，硬度大。

图7.20 ‘Y–B009’

图7.21 ‘Y–B009’嫁接品种定植当年开花状

【抗逆性】‘Y-B009’抗寒性强。田间观察表明，‘Y-B009’嫁接品种新梢停长早，枝条成熟度较高，在冬季露地不加任何保护措施的条件下，2005—2006年、2009—2010年冬春冻害时，‘Y-B009’与所嫁接品种均未受到冻害，并能正常生长，未出现抽条现象。抗旱能力强，在空气湿度30%~40%、田间持水量40%~50%的情况下，‘Y-B009’嫁接品种叶片的蒸腾速率低、萎蔫程度比乔砧树轻。抗倒伏，栽培时无需设立支架。

（完成人：杨廷桢、高敬东、王　骞、蔡华成、弓桂花）

8. Y-B030（*Malus baccata*）

【育种基本情况】育种方法同‘Y-B009’。

【生物学特性】在山西省中部地区，3月中下旬萌动，4月初展叶，4月中旬开花，果实9月末成熟，10月下旬落叶，年生育期210 d左右。

【植物学特性】树姿直立，树势中庸，主干灰褐色，皮孔圆形或扁圆形，中大，中密，黄色；一年生枝条黄褐色，皮孔圆形或椭圆形，中大，较稀，黄色，枝梢茸毛少，白色；幼叶橙红色，叶片椭圆形，平展，叶色淡绿，边缘具锐锯齿，叶尖长尾尖；果实近圆形，直径0.8~1 cm，红色，脱萼，萼洼有圆形锈斑。

【主要经济性状】‘Y-B030’嫁接品种后树体半矮化，七年生树高2.8 m左右；与‘红富士’、‘丹霞’等品种嫁接亲和性好，无明显大小脚现象（图7.22）；早花、早果特性突出，一般定植当年开花株率在60%以上（图7.23），三年生开花结果株率可达100%；果实着色好，硬度大，含糖量高。

【抗逆性】抗逆性优于‘Y-B009’。

图7.22 ‘Y-B030’

图7.23 ‘Y-B030’嫁接品种定植当年开花状

（完成人：杨廷桢、高敬东、王　骞、蔡华成、弓桂花）

9. Y-B094（*Malus baccata*）

【育种基本情况】育种方法同‘Y-B009’。

【生物学特性】在山西省中部地区，3月中下旬萌动，4月初展叶，4月中旬开花，果实9月末成熟，10月下旬落叶，年营养生长期210 d左右。

【植物学特性】树姿开张，树势强，主干黄底黑斑，呈花皮状，表皮粗糙，多裂，皮孔圆形或椭圆形，大，密，黄色；一年生枝条红褐色，皮孔圆形，中大，中密，黄色，枝梢茸毛较少，白色；幼叶橙红色，叶片长卵圆形，平展，叶色浓绿，叶背无茸毛，边缘具锐锯齿，叶尖长尾尖（图7.24）；果实近圆形，直径0.8~1.0 cm，紫红色，脱萼，萼洼有圆形锈斑。

【主要经济性状】‘Y-B094’嫁接品种后树体矮化，七年生树高2 m左右；与红富士、丹霞等品种嫁接亲和性好，略有小脚现象（图7.25）；易成花，一般定植当年开花株率在55%以上（图7.26），三年生开花结果株率可达100%。果实可溶性固形物含量在17%左右，果面着色85%以上，硬度大，耐贮藏。

【抗逆性】抗逆性优于‘Y-B009’。

图7.24‘Y-B094’枝条、叶片

图7.25‘Y-B094’

图7.26‘Y-B094’嫁接品种定植当年开花状

(完成人：杨廷桢、高敬东、王　骞、蔡华成、弓桂花)

10. Y-C002（*Malus baccata*）

【育种基本情况】育种方法同‘Y-B009’。‘Y-C002’是C组中的一个单系。

【生物学特性】在山西省中部地区，3月中下旬萌动，4月初展叶，4月中旬开花，果实9月末成熟，10月下旬落叶，年营养生长期210 d左右。

【植物学特性】树姿半开张，树势弱。主干黄褐色，粗糙，皮孔圆形或椭圆形，中大，中密，黄色；一年生枝条黄褐色，皮孔圆形，中大，较密，黄色，枝梢茸毛少，白色；幼叶橘黄色，叶片阔卵圆形，多皱，叶色绿，边缘具细锐锯齿，叶尖锐尖（图7.27）；果实近圆形，直径0.7~0.9 cm，红色，脱萼，萼洼有圆形锈斑。

【主要经济性状】 ‘Y-C002’嫁接品种后树体半矮化，七年生树高2.8 m左右；与红富士、丹霞等品种嫁接亲和性好，无明显大小脚现象（图7.28）；果实色泽艳丽，糖酸比高，硬度大。‘Y-C002’嫁接品种定植当年开花（图7.29）。

【抗逆性】 ‘Y-C002’抗逆性等同于‘Y-B009’。

图7.27 ‘Y-C002’枝条、叶片

图7.28 ‘Y-C002’

图7.29 ‘Y-C002’嫁接品种定植当年开花状

(完成人：杨廷桢、高敬东、王　骞、蔡华成、弓桂花)

二、梨

（一）选育的新品种

中矮3号（原代号82-5）（*Pyrus communis* L.‘Zhongai No.3’）

【育种基本情况】由中国农业科学院果树研究所从‘锦香梨’（Pyrus *communis*.L.）实生后代选出的梨矮化砧木。2010年通过辽宁省非主要农作物品种备案办公室备案。备案专家综合分析认为，该矮化砧木抗梨枝干轮纹病和腐烂病，促进嫁接树矮化、早果、早期丰产、果实品质优等特点，对推动我国梨树矮化栽培的发展具有重要意义。适合在白梨、沙梨、西洋梨及辽宁鞍山以南的秋子梨栽培区域推广应用。

【生物学特性】树体矮化紧凑，株高只相当乔化型对照的54%，矮状参数为86.15%，是典型的紧凑矮壮型。枝条萌芽率高，发枝力强；二年生开始结果，以中果枝结果为主，果台副梢连续结果能力差。枝条每剪口下平均抽3.8个长枝。作接穗繁殖系数高。

【植物学特性】树姿开张，树冠呈半圆形；树干灰褐色，表面光滑，2~3年生枝赤褐色，一年生枝暗褐色，皮孔小、稀、圆形，枝硬，无茸毛和针刺；叶芽肥大，长圆锥形，先端钝，离生，花芽大，长圆锥形，鳞片紧，茸毛少，离生；花冠小，白色，花瓣卵形单瓣，花粉少；叶片小，长8.5 cm，宽4.5 cm，浓绿，有光泽，革质、厚、抱合，叶背无茸毛，叶尖为长尾尖，叶基楔形，叶缘细锯齿形，无刺芒，叶柄中，长3.1 cm，斜生。

【主要经济性状】

①果实性状

果实小，平均单果重67.64 g，椭圆形，果面绿黄色，果梗中长，梗洼浅狭，萼片宿存，萼洼浅窄，果心中大，果肉黄白色；肉质细，软而易溶于口；汁多，味酸甜，含可溶性固形物11.5%，品质中上，不耐贮藏。果实在辽宁兴城8月中下旬成熟。

②做矮化砧的表现

亲和性：‘中矮3号’做中间砧与基砧山梨、杜梨及栽培品种嫁接亲和性好，树体光滑，接口上下干粗无差异，没有大小脚现象，十几年生嫁接树生长结果正常。

矮化性: 利用‘中矮3号’做中间砧嫁接早酥梨、鸭梨、雪花梨和锦丰梨，杜梨为基砧，砧段长度20 cm，结果表明，在以早酥梨、鸭梨、雪花梨和锦丰梨的‘中矮3号’矮化砧木嫁接树中，4个品种的嫁接树在株高、干截面积、冠径、新梢生长量和矮化程度五项指标与对照相比，差异均显著，早酥梨的降低幅度在51.8%~70.6%之间；鸭梨的降低幅度在51.6%~68.2%之间；雪花梨的降低幅度在53.6%~69.5%之间；锦丰梨的降低幅度在56.2%~69.3%之间。说明‘中矮3号’做中间砧矮化效果明显。

早果性: 利用‘中矮3号’做中间砧嫁接早酥梨、鸭梨、雪花梨和锦丰梨，杜梨为基砧，砧段长度20 cm，结果表明，在以早酥梨、鸭梨、雪花梨和锦丰梨的‘中矮3号’矮化砧木嫁接树中，在以‘中矮3号’为中间砧，嫁接早酥梨、鸭梨、雪花梨和锦丰梨4个品种的嫁接树

7. 28-56 (*Pyrus communis* L.)

辽宁省果树科学研究所从‘S系’砧木实生后代中选出。

植株矮化，四年生树在距离地面1 m处高接南果梨，表现明显致矮性，株高只有对照的59.5%。

(完成人：李俊才、王家珍、蔡忠民、沙守峰、于年文、李洪军)

8. 28-10 (*Pyrus communis* L.)

辽宁省果树科学研究所从‘S系’砧木实生后代中选出。

植株中庸健壮，四年生树在距离地面1 m处高接南果梨，当年成花，有大量腋花芽，第2年结果，表现出明显的提早结果性，有54个花序坐果，每花序坐果1.8个，并具有致矮效果。

(完成人：李俊才、王家珍、蔡忠民、沙守峰、于年文、李洪军)

三、柑橘

（一）选育的优系

四倍体砧木BR（*Citrus sinensis* Osb. × C. *jambhiri* Lush.）

【育种基本情况】由华中农业大学选育的‘甜橙’+‘粗柠檬’异源四倍体体细胞杂种砧木‘BR’，由甜橙（*Citrus sinensis* Osb.）胚性愈伤组织原生质体与粗柠檬（*C.jambhiri*）叶肉原生质体经电融合并培养再生成植株；细胞学分析结合RAPD分子鉴定表明为异源四倍体体细胞杂种。自根苗实生种植于田间。

【生物学特性】杂种植株生长势强。

【植物学特性】多刺、叶片宽厚，表现出多倍体特征。

【主要经济性状】花粉育性高（染色活力89.1%，萌发率9.2%）、丰产，果实较大，种籽多（平均20粒）、饱满、多胚（图7.31）。

图7.31 ‘BR’结果状（左）与果实（右）

【抗逆性】暂未评价。

【综合评价】该优系在繁殖特性方面适宜做柑橘砧木，具有丰产、种籽多而饱满、种籽多胚等优点，十分易于繁殖。

【栽培技术要点】株行距3 m×4 m或3 m×5 m定植。采用自然圆头形整枝，注意适时采收。

(完成人：郭文武、邓秀新)

四、樱桃

（一）选育的新品种

Y1 [(*Prunus cerasus* × *P.canescens*) × *P.avium*]

【育种基本情况】由山东省果树研究所采用母本‘吉塞拉6号’（*P.cerasus* × *P. canescens*，三倍体）与父本甜樱桃品种‘红灯’（*P.avium* L.‘Hongdeng’，二倍体）杂交育成。2009年通过山东省林木品种审定委员会认定（鲁S-SST-PPA-012-2009），已在山东等地推广栽培。

【生物学特性】 在山东泰安地区3月中旬花芽开始萌动。盛花期4月中旬，果实在5月底6月初成熟，11月上中旬开始落叶，年营养生长期为220 d左右。

【植物学特性】 有明显主干，为乔木，树冠高3.0~3.5 m，枝条粗壮，多年生枝条颜色为红褐色，开张角度较大，皮孔稀、大，扁圆形，节间长约3.0 cm；新梢颜色为黄褐色，被短茸毛，冬芽卵圆形，褐色，无毛。叶片较‘吉塞拉6号’相比大而厚，长椭圆形，先端急尖，基部圆形，无光泽，叶脉粗；一个花序，一般2 ~ 4朵花，花瓣较‘吉塞拉6号’大，倒卵圆形，白色；果实圆形，直径约2.1 cm，果面呈浅红色，‘Y1’果实比‘吉塞拉6号’果实变大，大近1倍，平均单果重4.07 g；果柄变粗，果柄长4.53 cm，含糖量15.59%。

【主要经济性状】 在肥水管理正常的情况下，‘Y1’砧木嫁接甜樱桃品种二年生苗，栽后第2年，结果株达90.5%，第3年平均株产2.5 kg，每667m^{2}产量137 kg。第4年平均株产达kg，第5年平均株产10 kg，每667m^{2}产量达550 kg（图7.32）。

【抗逆性】 对常见的樱桃细菌性、真菌性和病毒病害均有良好的抗性，包括细菌性溃疡病（*Pseudomonas syringae*）、洋李矮缩病毒（PDV）病和樱属坏死环斑病毒（PNRSV）病。对土壤的适应性较广，土壤pH值的适应范围为4.5~8.5，可在土壤条件相对较差的地区加以推广。

【综合评价】 该砧木为四倍体矮化甜樱桃砧木，生长势强，幼树生长速度快，树体矮化，大小介于‘吉塞拉6号’与‘Colt’之间，具有早实、丰产，抗病性强，土壤适应性广，与甜樱桃嫁接亲和性强，无小脚现象的优良特性（图7.33）。适宜在山东、河北、辽宁等省樱桃产区栽培，具有良好的发展前景。

【栽培技术要点】 ‘Y1’砧木主要采用组织培养和嫩枝扦插的方法繁殖。苗木嫁接应用木质芽嫁接技术，嫁接时期在山东泰安为8月下旬至9月下旬，嫁接成活率达95%以上。

采用‘Y1’为砧木的甜樱桃宜选择地势平坦、肥力较好、有排灌条件的土壤建园。栽植密度为2 m × 4.5 m或3 m × 4 m，定植时需配置好授粉树。整形修剪，采用改良纺锤形和小冠疏层形。

图7.32 ‘Y1’嫁接甜樱桃品种‘红蜜’四年生树结果状

图7.33 ‘Y1’试管苗田间生长状况

（完成人：刘庆忠、魏海蓉、艾呈祥、张力思、李国田、赵红军、苑克俊）

（二）选育的优系

1. F8（*Prunus avium* x *Prunus pseudocerasus*）

【育种基本情况】由北京市农林科学院林业果树研究所以中国樱桃‘对樱’（*Prunus pseudocerasus* ‘Duiying’）和甜樱桃品种‘先锋’（*Prunus avium* ‘Van’）杂交育成。现在北京、河南、山东、大连、河北等地区进行区域试验，表现优异，选为优系，暂定名‘兰丁1号’。

【生物学特性】在北京地区3月中下旬萌动，3月底4月初盛花，花期7~10 d，花白色，4月初展叶，为三倍体，未见自然结实，11月上旬落叶，年生育期220 d左右。

【植物学特性】树势较强，树姿开张、树冠半圆形（图7.34）。新梢先端嫩叶略带紫红色，一年生枝黄绿色，密被短茸毛，皮孔较密（图7.35）；叶片长圆形，叶基钝圆，先端渐尖。叶缘锯齿圆钝；叶脉黄绿色，叶面与叶背均具短茸毛，叶片大而薄，平均长度15.6 cm，平均宽度9.1 cm，边缘呈现波浪状，不很平展；叶柄长1.9 cm，叶柄绿色，1~2个圆形蜜腺，黄绿色。花白色，常见柱头外露现象。

【主要经济性状】根系发达，基部分枝少，嫁接部位光滑，嫁接亲和力好，无小脚现象，嫁接树树姿较开张，结果早，易于繁殖，较抗根癌病和褐斑病，较耐盐碱。

【抗逆性】树体抗寒力较强，在北京地区，成龄树多年内未见严重冻花芽和抽条现象，较抗根癌病，较耐盐碱，较抗褐斑病，无特殊的敏感性病虫害和逆境伤害。

【综合评价】该优系为目前国内优良的甜樱桃砧木，具有根系发达，嫁接亲和性好，综合抗性强等特点，对于解决我国甜樱桃优良无性系砧木缺乏的现状将起到重要的作用。

【栽培技术要点】可采用组织培养、扦插等方式繁殖。嫩枝扦插易于生根，一般于秋季进行嫩枝扦插，春季移植到苗圃用于育苗，育苗地注意加强肥水和病虫害防治等管理，当年秋季即可进行嫁接，嫁接时采用带木质部芽接的方法，成活率可达90%以上。

图7.34 ‘F8’一年生苗生长

图7.35 ‘F8’一年生新梢

2. F10（*Prunus avium* x *Prunus pseudocerasus*）

【育种基本情况】由北京市农林科学院林业果树研究所以中国樱桃‘对樱’（*Prunus pseudocerasus* ‘Duiying’）和甜樱桃品种‘先锋’（*Prunus avium* ‘Van’）杂交育成，为F8姊妹系。现在北京、河南、山东、大连、河北等地区进行区域试验，表现优异，选为优系，暂定名‘兰丁2号’。

【生物学特性】在北京地区3月中下旬萌动，3月底、4月初盛花，花期7~10 d。花白色，4月初展叶，为三倍体，未见自然结实，11月上旬落叶，年生育期220 d左右。

【植物学特性】树势较强，树姿开张、树冠半圆形（图7.36）。新梢先端嫩叶略带红色，一年生枝黄褐色，密被短茸毛，皮孔较密；叶片长圆形，叶基钝圆，先端渐尖，叶缘锯齿圆钝；叶脉黄绿色，较深，叶面与叶背均具短茸毛，叶片比‘F8’略小，平均长度11.7 cm，平均宽度7.2 cm，边缘略呈现波浪状，不很平展；叶柄长1.4 cm，叶柄绿色，有1~2个圆形蜜腺，黄绿色，花白色（图7.37）。

【主要经济性状】根系发达，基部分枝少，嫁接部位光滑，嫁接亲和力好，无小脚现象，嫁接树树姿较开张，结果早；易于繁殖，较抗根癌病和褐斑病，较耐盐碱。

【抗逆性】树体抗寒力较强，在北京地区，成龄大树多年内未见严重冻花芽和抽条现象。较抗根癌病，较耐盐碱，较抗褐斑病，无特殊的敏感性病虫害和逆境伤害。

图7.36 ‘兰丁2号’一年生苗生长

图7.37 ‘兰丁2号’一年生苗新梢

（完成人：张开春、张晓明、闫国华、周 宇、姜立杰等）

【综合评价】该优系为目前国内优良的甜樱桃砧木，具有根系发达，嫁接亲和性好，综合抗性强等特点，对于解决我国甜樱桃优良无性系砧木缺乏的现状将起到重要的作用。

【栽培技术要点】可采用组织培养、扦插等方式繁殖。嫩枝扦插易于生根，一般于秋季进行嫩枝扦插，春季移植到苗圃用于育苗，育苗地注意加强肥水和病虫害防治等管理，当年秋季即可进行嫁接，嫁接时采用带木质部芽接的方法，成活率可达90%以上。

（完成人：张开春、张晓明、闫国华、周 宇、姜立杰等）

3. H10（*Prunus cerasus* x *Prunus pseudocerasus*）

【育种基本情况】由北京市农林科学院林业果树研究所以中国樱桃‘对樱’（*Prunus pseudocerasus* ‘Duiying’）和‘酸樱桃’（*Prunus cerasus*）杂交育成。现在北京、河南、山东、大连、河北等地区进行区域试验，表现优异，选为优系，暂定名‘兰丁3号’。

【生物学特性】在北京地区3月中下旬萌动，3月底、4月初盛花，花期7~10 d，花白色，4月初展叶，为三倍体，未见自然结实，11月上旬落叶，年生育期220 d左右。

【植物学特性】树势中等，树姿开张、树冠半圆形（图7.38）。一年生枝灰白色，密被短茸毛，皮孔较密；叶片近圆形，叶基钝圆，先端渐尖，叶缘锯齿圆钝，叶脉黄绿色，较深，叶面与叶背均具短茸毛，叶片较厚，具光泽，平均长度10.5 cm，平均宽度6.8 cm，边缘略呈现波浪状，不很平展；叶柄长1.3 cm，叶柄绿色，有2个肾形蜜腺，黄绿色，花白色（图7.39）。

图7.38 ‘兰丁3号’一年生苗生长

图7.39 ‘兰丁3号’一年生苗新梢

【主要经济性状】根系发达，基部分枝少，嫁接部位光滑，嫁接亲和力好，嫁接树树姿较开张，结果早，易于繁殖，较抗根癌病和褐斑病，较耐盐碱。

【抗逆性】树体抗寒力较强，在北京地区，成龄大树多年内未见严重冻花芽和抽条现象。较抗根癌病，较耐盐碱，较抗褐斑病，无特殊的敏感性病虫害和逆境伤害。

【综合评价】该优系为目前国内优良的甜樱桃砧木，具有根系发达，嫁接亲和性好，综合抗性强等特点，对于解决我国甜樱桃优良无性系砧木缺乏的现状将起到重要的作用。

【栽培技术要点】可采用组织培养、扦插等方式繁殖。嫩枝扦插易于生根，一般于秋季进行嫩枝扦插，春季移植到苗圃用于育苗，育苗地注意加强肥水和病虫害防治等管理，当年秋季即可进行嫁接，嫁接时采用带木质部芽接的方法，成活率可达90%以上。

4. B5 [(*Prunus cerasus* × *P.canescens*) × *P.avium*]

从三倍体‘吉塞拉6号’自然授粉的实生后代中，筛选出三倍体砧木优系‘B5’，通过水分胁迫和烟胁迫对甜樱桃砧木‘B5’光合及叶绿素荧光的影响，表明‘B5’较其他砧木具有更强的抗旱、耐盐性能(图7.40)。其他生物学特性及经济性状正在鉴定中。

图7.40　Gisela 6 X 甜樱桃三倍体新砧木‘B5’

左为三倍体新砧木‘B5’的高温干旱适应性分析　右为盐胁迫下吉塞拉砧木平均盐害指数

(完成人：刘庆忠、魏海蓉、艾呈祥、张力思、李国田、赵红军、苑克俊)

五、桃

选育的优系

1. KG-2（*Prunus gansuensis* x *Prunus persica*）

【育种基本情况】中国农业科学院郑州果树研究所用‘甘肃桃’（Prunus gansuensis）和‘毛桃’(Prunus persica)杂交选育而成。

【生物学特性】郑州地区2月下萌动，3月中下旬开花，花期比栽培桃早5~7 d，持续4~5 d，4月上旬展叶，果实8月中下旬成熟，果实发育期150 d左右，10月中下旬开始落叶，11月上旬全部落叶，全年生育期230 d左右。

【植物学特性】树势中等，树姿较开张（图7.41），萌芽率较高，成枝力强（图7.42）。各类果枝均能结果，以中长果枝结果为主，成花容易，花芽起始节位1~2节，多

图7.41　十二年生‘KG-2’母树

图7.42　‘KG-2’新梢及叶片

1节，节间长2.43 cm；成熟叶片长约14.6 cm，宽约3.2 cm，叶柄着生圆形叶腺0~2个；花蔷薇型，花瓣5枚，浅粉色，花粉多，自花结实率高，丰产性好。

【主要经济性状】果实近圆形，果顶圆平，微凹，缝合线浅，果实较对称，成熟较一致，单果重60~80 g；果皮底色绿白，无着色，果肉白色，肉质软，汁液多，可食，离核，核重3~4 g，每500 g 160~170粒；与桃嫁接亲和性好，可采种繁殖，五年生树采种量可达4~5 kg。种子出芽率86.3%，与桃嫁接亲和性好，无明显大小脚现象。

【抗逆性】须根发达，抗旱，抗重茬，对南方根结线虫和细菌性根癌病抗性较强，对蚜虫抗性一般，综合抗性较强，病虫害发生较轻。

【综合评价】为综合抗性较强的桃砧木品种，树体抗性好，种子产量高（图7.43），与桃嫁接亲和力好，可在各桃主产区作为桃砧木使用。

【栽培技术要点】采用株行距2 m×4 m，粗放管理，但病虫害上要注意花期前后桃绿蚜和天牛等蛀干害虫的防治。

图7.43 ‘KG–2’种子

(完成人：王志强、牛 良、刘淑娥、鲁振华、宋银花、崔国朝、宗学普等)

2. KG-1（*Prunus gansuensis* x *Prunus* persica）

【育种基本情况】中国农业科学院郑州果树研究所用‘甘肃桃’(*Prunus gansuensis*)和‘毛桃’(*Prunus persica*)杂交选育而成。

【生物学特性】郑州地区2月下旬萌动，3月中下旬开花，花期比栽培桃早7~10 d。4月上旬展叶，8月下旬新梢生长逐渐停止，10月中下旬开始落叶，11月上旬全部落叶，全年生育期230 d左右。

【植物学特性】树势强健，树姿较直立，萌芽率较高，成枝力强。成花容易，花芽起始节位1~2节，多1节，以复花芽为主，节间长2.31 cm；成熟叶片长约11.6 cm，宽约2.6 cm；花蔷薇型，花瓣5枚，粉白色，花粉多，雌蕊败育（图7.44、图7.45）。

【主要经济性状】与桃嫁接亲和性好，无明显大小脚现象，对接穗品种果实无不良影响。可采用扦插或组培快繁。

【抗逆性】须根发达，抗重茬，抗旱，对细菌性根癌病和根结线虫高抗，与桃嫁接亲和性好，对蚜虫抗性一般，综合抗性较强，病虫害发生较轻。

【综合评价】为综合抗性较强的桃砧木品种，树体抗性好，与桃嫁接亲和力好，可在各桃主产区作为桃砧木使用。

【栽培技术要点】采用扦插或组培快繁。

图7.44 六年生‘KG–1’

图7.45 ‘KG–1’新梢及叶片

(完成人：王志强、牛　良、刘淑娥、鲁振华、宋银花、崔国朝、宗学普等)

六.葡萄

（一）选育的新品种

抗砧3号（*Vitis riparia* × *Vitis berlandieri*‘Kangzhen No.3’）

【育种基本情况】由中国农业科学院郑州果树研究所以美国品种‘河岸580’做母本，德国品种‘SO4’为父本，杂交育成。2009年通过河南省林木品种审定委员会审定，专家综合分析认为，该砧木品种生长势强，枝条生长量大，耐盐碱，高抗葡萄根瘤蚜，抗根结线虫，适应性广，产条量高，具有良好的发展前景，适应河南省各类气候和土壤类型。

【生物学特性】在郑州地区，4月上旬开始萌芽，5月上旬开花，花期5~7 d。7月上旬枝条开始老化，11上旬开始落叶，年生育期210 d左右。

【植物学特性】植株生长势强，枝条生长量大，副梢萌芽力强（图7.46），隐芽萌发力强，芽眼萌发率81.6%，成枝率81.6%，

图7.46 ‘抗砧3号’生长势强

枝条成熟度好，雄花；嫩梢黄绿色带红晕，梢尖有光泽；幼叶上表面光滑，带光泽，成龄叶片肾形，绿色，泡状突起弱，下表面主脉上有密直立茸毛，叶片全缘或浅3裂，锯齿两侧直和两侧凸皆有，叶柄洼开张，V形，不受叶脉限制，叶柄11.0 cm，中等长，浅棕红色；新梢生长半直立，无茸毛，卷须间歇性≤卷须20.0 cm，中等长，2分杈；节间背侧淡绿色，腹侧浅红色；冬芽黄褐色，中等着色程度；枝条横截面呈近圆形，枝条表面光滑，枝条红褐色。枝条节间长12.4 cm，粗1.0 cm，枝条红褐色。

【抗逆性】对葡萄黑痘病、白腐病、霜霉病具有极强的抗性。全年无任何叶部和枝条病害发生，无需药剂防治。极抗葡萄根瘤蚜和根结线虫，高抗葡萄浮尘子，仅在新梢生长期会遭受绿盲蝽为害。

栽培适应性方面，‘抗砧3号’适应河南省各类气候和土壤类型，在不同产区均表现出良好的适栽性，在开封的沙土地、安阳的偏碱性黏土地和浙江台州的高湿黏土地上均能正常生长，连年丰产稳产，表现出极强的栽培适应性。

【综合评价】作为我国自主培育的具有抗葡萄根瘤蚜、抗根结线虫、耐盐碱、适应性广、产条量高等优点的多抗砧木，具有良好的发展前景。但砧穗组合之间的互作比较复杂，不同品种之间差异显著，为了确保安全，用作新育葡萄品种砧木时，应先做有关的嫁接试验。

【栽培技术要点】抗病性极强，生长势旺盛，为充分利用土地增加产条量，应增大株距，缩小行距，在瘠薄地建产条园时，可采用株行距2.0 m×2.5 m，肥沃良田建园，可采用株行距2.2 m×3.0 m。架式宜采用单臂篱架，头状树形。

（完成人：刘崇怀、樊秀彩、郭景南、孙海生、李　民、潘　兴、刘三军、张　颖，姜建福）

（二）选育的优系

1. 抗砧1号（*Vitis riparia*×*Vitis berlandieri*）

【育种基本情况】由中国农业科学院郑州果树研究所以美国品种‘河岸580’做母本，德国品种‘SO4’为父本，杂交育成。已在河南省不同地区进行了引种试栽。

【生物学特性】在郑州地区，4月上旬开始萌芽，5月上旬开花，花期5~7 d，7月上旬枝条开始老化，11上旬开始落叶，年生育期210 d左右。

【植物学特性】植株生长势强，枝条生长量大，副梢萌芽力强（图7.47），隐芽萌

图7.47 ‘抗砧1号’生长势强

发力强；嫩梢黄绿色带红晕，幼叶上表面光滑，带光泽，成龄叶肾形，绿色，极小，薄，泡状突起弱，下表面主脉上有极稀疏茸毛，叶片全缘或浅3裂，锯齿两侧直和两侧凸皆有，叶柄洼极开张，U形，受叶脉限制，叶柄长，浅棕红色，卷须间隔性；雄花，枝条成熟度好。

【抗逆性】对葡萄黑痘病、白腐病、霜霉病具有极强的抗性，全年无任何叶部和枝条病害发生，无需药剂防治。极抗根结线虫，高抗葡萄浮尘子，仅在新梢生长期会遭受绿盲蝽为害，但对葡萄根瘤蚜的抗性较弱。

【综合评价】该优系为我国自主培育的具有抗根结线虫、耐盐碱、适应性广、高产条量等优点的多抗砧木，但由于对葡萄根瘤蚜的抗性较弱，势必会影响其发展前景。

【栽培技术要点】抗病性极强，生长势旺盛，为充分利用土地增加产条量，应增大株距，缩小行距，在瘠薄地建产条园时，可采用株行距2.0 m × 2.5 m，肥沃良田建产条园，可采用株行距2.2 m × 3.0 m。架式宜采用单臂篱架，头状树形。

（完成人：刘崇怀、樊秀彩、郭景南、孙海生、李　民、潘　兴、刘三军、张　颖、姜建福）

2. 抗砧5号（*Vitis riparia* × *Vitis labrusca* × *Vitis berlandieri*）

【育种基本情况】由中国农业科学院郑州果树研究所以美国品种‘贝达’做母本，‘420A’为父本，杂交育成。2009年通过河南省林木品种审定委员会审定，专家综合分析认为，该砧木优系生长势强，耐盐碱，高抗葡萄根瘤蚜，抗根结线虫，适应性广，具有良好的发展前景，适应河南省各类气候和土壤类型。

【生物学特性】在郑州地区4月中旬萌芽，5月上旬开花，7月中旬果实开始着色，8月中旬果实充分成熟，10月下旬叶片开始老化脱落。

【植物学特性】植株生长势强（图7.48）。嫩梢黄绿带浅酒红色，幼叶上表面光滑，带光泽，成龄叶楔形，深绿色，叶表面泡状突起极弱，下表面主脉上直立茸毛极疏，主脉花青素着色浅，叶片全缘或浅3裂，锯齿两侧凸，叶柄洼半开张，V形，不受叶脉限制，叶柄长，棕红色，卷须间隔；花两性，每果枝着生花序数为1~2个；果穗圆锥形，无副穗，穗长11.3 cm，穗宽11.3 cm，平均穗重231 g，果粒着生紧密，圆形，蓝黑色，纵径1.7 cm，横径1.6 cm，平均粒重2.5 g，果粉厚，果皮厚，果肉较软，汁液中等偏少；每果粒含种子2~3粒，可溶性固形物为16.0%。

图7.48 ‘抗砧5号’生长势强

【抗逆性】抗病性极强，在郑州和开封地区，全年无任何病害发生。经过多年多点试验观察，在河南省安阳市滑县万古镇的盐碱地和开封（市）尉氏县大桥乡的重线虫地均能保持正常树势，嫁接品种连年丰产稳产，表现出良好的适栽性。

【综合评价】该优系为高耐盐碱、高抗葡萄根瘤蚜、高抗根结线虫、适应性广，具有良好的发展前景。但作为砧木品种对不同葡萄品种的影响不尽相同，为了确保生产安全，用作新育葡萄品种砧木时，应先做有关的嫁接试验。

【栽培技术要点】抗病性强，生长势旺盛，为充分利用土地，增加产条量，应增大株距，缩小行距，在瘠薄地建产条园时，可采用株行距2.0 m×2.5 m，肥沃良田建产条园，可采用株行距2.5 m×2.5 m。架式宜采用单臂篱架，树形采用头状树形。为促进枝条生长，增加产条量，应在开花前将所有花序疏除。对肥水要求不严格，但为增加产条量和枝条成熟度，应在每年10月份重施基肥的基础上，于萌芽期追施1次含氮量高的氮磷钾三元素复合肥，开花期追施1次高磷钾含量的氮磷钾三元素复合肥。为促进养分回流，增加枝条成熟度，减少用工量，枝条应在叶片自然脱落后进行采收。

（完成人：刘崇怀、樊秀彩、郭景南、孙海生、李　民、潘　兴、刘三军、张　颖、姜建福）

3. 抗砧6号（*Vitis riparia*×*Vitis labrusca*×*Vitis berlandieri*）

【育种基本情况】由中国农业科学院郑州果树研究所以美国品种‘贝达’做母本，‘420A’为父本，杂交育成，已在河南省不同地区进行了引种试栽。

【生物学特性】在郑州地区4月中旬萌芽，5月上旬开花，7月中旬果实开始着色，8月中旬果实充分成熟，10月下旬叶片开始老化脱落。

【植物学特性】植株生长势中，枝条生长量中，副梢萌芽力强（图7.49），隐芽萌发力强。嫩梢黄绿色，幼叶上表面光滑，带光泽，成龄叶楔形，深绿色，叶表面泡状突起弱，下表面主脉上直立茸毛中，叶表面主脉花青素着色极浅，下表面主脉花青素着色极浅，叶片浅3裂，锯齿两侧直。叶柄洼开张，U形，不受叶脉限制，叶柄长，绿色有带状红纹；卷须间隔性；两性花；果穗圆锥形，中等大，穗长13.1 cm，穗宽6.9 cm，平均穗重117 g；果粒着生极紧密，果粒圆形，蓝黑色，中等大，果粉厚，果皮薄，纵径1.38 cm，横径1.40 cm，平均粒重1.73 g；果肉软，有肉囊，味酸甜，有草莓香味。

图7.49 ‘抗砧6号’生长势

【抗逆性】抗病性极强，在郑州和开封地区，全年无任何病害发生。对葡萄黑痘病、白腐病、霜霉病和南方根结线虫具有极强的抗性。但是易感葡萄根瘤蚜。

【综合评价】该优系为具有高抗根结线虫、耐盐碱、适应性广等优点的多抗砧木，但由于易感葡萄根瘤蚜，势必影响其发展前景。

【栽培技术要点】抗病性强，生长势中庸，为充分利用土地，增加产条量，建产条园时，可采用株行距2.0 m×2.0 m，架式宜采用单臂篱架，树形采用头状树形。为促进枝条生长，增加产条量，应在开花前将所有花序疏除。为增加产条量和枝条成熟度，应在每年10月份重施基肥的基础上，于萌芽期追施一次含氮量高的氮磷钾三元素复合肥，开花期追施1次高磷钾含量的氮磷钾三元素复合肥。

（完成人：刘崇怀、樊秀彩、郭景南、孙海生、李　民、潘　兴、刘三军、张　颖、姜建福）

4. 1-1-6（*Vitis quinquangularis* × *Vitis vinifera*）

1988年，由西北农业大学园艺学院以抗病、耐盐碱的中国野生毛葡萄‘83-4-96’为母本，粉红玫瑰为父本杂交育成。主要特性：抗病性较强、耐盐碱、耐瘠薄和欧洲葡萄嫁接亲和性好（图7.50）。

（完成人：贺普超、王国英、王跃进）

图 7.50 ‘1–1–6’田间表现情况

5. 6-12-4、6-12-6（*Vitis pseudoreticulata* × *Vitis vinifera*）

1987年，由西北农业大学园艺学院以抗病、抗湿热的中国野生华东葡萄‘白河-35-1’为母本和‘佳丽酿’为父本杂交育成。主要特性：抗病性较强、抗湿热性强和欧洲葡萄嫁接亲和性好（图7.51，图7.52）。

图7.51 ‘6–12–4’田间表现情况

图7.52 ‘6–12–6’田间表现情况

（完成人：贺普超、王国英、王跃进）

6. YH-26、YH-33、YH-53、YH-58（*Vitis yeshanensis* × *Vitis ripria*）、YT-08、YT-13、YT-38（*Vitis yeshanensis* × *Vitis thunbergi*）

1999年，由西北农林科技大学园艺学院以具有较强的抗旱、抗寒和耐瘠薄能力的中国野生‘燕山葡萄-1’为母本，抗旱性较强的美洲野生葡萄‘河岸-3’为父本杂交育成。

主要特性：抗病性较强，抗旱性强和欧洲葡萄嫁接亲和性好。（图7.53）为以‘燕山–1’×‘河岸–3’组合中选育抗旱优株‘YH–26’、‘YH–33’、‘YH–53’、‘YH–58’田间表现情况。

（完成人：王跃进、杨亚洲、张剑侠）

图7.53 ‘YH–26’‘YH–33’、‘YH–53’、‘YH–58’田间表现情况

7. 00-1-5、00-1-18（*Vitis vinifera*×*Vitis amurensis*）

2000年，由西北农林科技大学园艺学院以具有较强的抗寒和耐瘠薄能力的中国野生葡萄‘黑龙江实生’为母本和‘玫瑰香’为父本杂交选育。主要特性：抗病性较强、抗寒性强和欧洲葡萄嫁接亲和性好（图7.54）。

（完成人：王跃进、杨亚洲、张剑侠）

图7.54 ‘00–1–5’、‘00–1–18’田间表现情况

第 8 部分

主要果树高效标准生产关键技术

一、水平棚架改造大冠稀植老梨园技术

（一）研发单位

山东省果树研究所、莱阳市果树站。

（二）技术原理

主要是通过棚架架设及整形修剪手段，将梨树的枝梢均匀分布在水平架面上，分散顶端优势，缓和营养生长和生殖生长的矛盾。合理安排枝和果实的空间分布。

（三） 技术要点

1. 水平棚架的架设

地锚钩:1.2 cm × 130 cm钢筋，上部制作4 cm扣眼,下部焊接40 cm十字架。制作钢筋混凝土（300 cm × 12 cm × 10 cm）斜立杆。制作钢筋混凝土（180 cm × 8 cm × 8 cm）直立杆。立杆顶部钢筋外露5 cm，架顶网时将钢筋放倒固定。周边围绳用6股10号钢绞线，主线用5股12号钢绞线，中间副线用10号钢丝。接头卡扣:围线用大扣,主线用中卡扣。斜杆砣盘规格30 cm × 30 cm × 10 cm,立杆砣盘规格20 cm × 20 cm × 6 cm。

挖规格70 cm × 60 cm × 120 cm地锚坑，加入混凝土固定，将地锚钩与其固定，周边每5m一个。网顶距地面180 cm。先在每个地角各立两根斜立杆，周边每隔5 m立一根斜向立杆，角度45° 。斜杆与地锚钩相对应垂直挂好，然后再将周边围绳和网面主线拉紧。最后每隔80 cm拉一条副线。网面完成后，主线隔一道用主杆顶起（图8.1，图8.2）。

图8.1 水平棚架栽培1

2. 大树高接建水平棚架梨园

改变过去的多层多头高接方法，在基部选留3 ~ 4个大枝作主枝。其他部位的大枝一律疏除。采用主枝回缩，骨干枝上打洞，皮下接的方法，使侧枝当年形成。对已高接改

图8.2　水平棚架栽培2

造并大量结果的棚架梨园，应加大主枝的选留，对主枝以外的大枝逐年从基部疏除。同时，对选留的主枝和侧枝于冬季加强短截，从饱满芽下剪，使其抽生强旺的新梢，以迅速向外围架面延伸，并注意主枝背上枝的选留和培养，及时培养成侧枝。高接树要及时抹除萌蘖。高接后第一年新梢长势旺，接枝要绑缚。

3. 配套栽培技术

施肥量按每产100 kg梨果需纯氮、钾各0.45 kg，磷0.2 kg，最少应施有机肥(猪、牛粪等)100 kg，再加1~2 kg磷肥。保证梨园水分供应。加强花果管理，进行果实套袋。全年以防治黑星病、轮纹病、梨木虱、黄粉蚜、螨类等病虫害为主。

（四）　解决的关键技术问题

针对传统大冠稀植老梨园栽培方式用工量大、管理复杂、优质果率低的现状，通过推行改良棚架栽培技术体系可减少用工30%，优质果率达70%以上。通过推行改良棚架栽培技术体系可降低设施成本40%~50%。

（五）　主要技术经济指标

该棚架栽培方式，其造价仅为日本、韩国的1/2。棚架栽培商品果率95%以上，优质果率70%以上。减少用工30%。

（六）创新点

1. 采用低成本架材搭建水平棚架

2. 利用水平棚架改造大冠稀植老梨园，优化树体结构

（七）适用区域

沿海梨产区。

（完成人：王少敏、魏树伟、王宏伟、张　勇、韩义洲）

二、温州蜜柑大棚延迟采收技术

（一）　研发单位

浙江农林大学、台州市经济作物总站、象山县林业特产技术总站。

（二） 技术原理

利用大棚及相关栽培技术创造适宜栽培环境条件，使温州蜜柑安全过冬，达到完熟，提高品质，提升商品价值。

（三） 技术要点

1. 环境调控

（1）温度管理：夏季覆盖遮阳网降温，利用换气扇或棚顶薄膜开闭的方法，使最高温度不超过33~34℃。冬春季（11月下旬后）霜冻来临前，覆盖塑料薄膜保温，在防止柑橘果实发生冻害的前提下，尽量加大昼夜温差，促进糖分积累。

（2）光照管理：处理遮阳物，合理修剪树体，清除覆盖物上的污染，确保自然光照透入即可。在柑橘果实着色初期，全园铺设白黑双层双色复合反光膜，增加树体中下部光照。

（3）水分管理：萌芽期间或夏季高温季节如遇干旱，适当灌水；果实开始着色后要控制水分，全园铺设地膜或白黑双层双色复合反光膜，同时结合秋季顶棚覆膜避雨，以保持土壤干燥，降低棚内空气湿度。成熟期要严格控制水分、尽量保持土壤干燥并加大昼夜温差，增加柑橘着色度（图8.3）。

图8.3 柑橘大棚延后栽培

2. 树体管理

实行轮休制，一半今年挂果，另一半翌年挂果。修剪上采用以疏删为主的轻修剪，多保留些较弱的侧枝。那些枝径在1 cm左右，分枝角度较大的斜生或横向生长的侧枝，结果较多，适于大棚延后栽培。疏果宜轻，以培养中等大小果为标准，如早熟温州蜜柑叶果比可控制在（15~20）：1。

3. 花果调控

（1）疏果：疏果在生理落果结束后立即进行，首先去掉畸形果、小果、伤果和迟花果，其次是除去衰弱的结果母枝和老枝的果实，以及膨大差的迟花果。

（2）套袋：在第二次生理落果结束并进行人工疏果后进行，开始套袋前应全园先喷1次杀虫、杀菌剂混合液，套袋应在喷药后3 d内完成，以上午喷药，下午套袋为最佳。如喷药后未及时套袋遇到下雨要补喷。套袋时，先把果袋完全撑开把果实套入袋内，袋口置于果梗着生部上端，将袋口折叠收缩紧，用封口铁丝缠牢，以避免昆虫、病菌、药及雨水从果袋缝隙处进入。注意不能让果实紧贴果袋内侧，不能把树叶套进袋内，严格遵循一果一袋。每棵树按先上后下、先里后外顺序进行，以方便操作。

4. 适时采收

柑橘完熟采收，应根据出售时间来掌握不同的成熟度，贮藏的果实90%以上着色在初熟期采摘；采后即卖的果实在成熟中后期采摘。成熟采收的标准是糖度达11%以上，酸含量在1%以下，近完全着色或完全着色；其中早熟温州蜜柑完熟指标为：糖度13%，在完全着色的基础上约30%果面转为橙红色。

（四） 解决的关键技术问题

柑橘大棚温度调控包括夏季控温和冬季加温技术及柑橘大棚栽培条件下树体管理技术。

（五） 主要技术经济指标

果实留树贮藏到春节，果实可溶性固形物可提高3%~6%，最高可达16%。

（六） 创新点

柑橘大棚夏季降温和冬季加温技术，柑橘大棚栽培条件下轮休制树体管理技术。

（七） 适用区域

经济发达地区的柑橘产区。

（完成人：徐　凯、高洪勤、张岚岚、杨荣曦、秦巧平）

三、桃树主干树形简化省工管理技术

（一） 研发单位

西北农林科技大学。

（二） 技术原理

依照桃树的生长结果习性及对环境条件的需求等提出的高光效的主干树形的培养及简化修剪技术。

（三） 技术要点

1. 主干型树体结构特点

干高50 cm，树高2.5 m左右，冠幅0.8 ~1.2 m，中心干强壮，在中心干上直接着生30 ~ 60个横向的结果枝，结果枝的粗度与主干粗度比小于 1/3。围绕主干结果，受光均匀，果个大。主干型树形的桃树最好采用立架栽培，即顺行设立水泥柱，拉2~3道铁丝，将中心干固定在铁丝上（图8.4，图8.5，图8.6）。

图8.4 开花状

图8.5 结果状

图8.6 冬剪后

2. 修剪技术要点

仅采用疏枝、长放、回缩的冬季修剪技术，当年生长的长枝基本不短截，修剪后所保留的一年生果枝的长度为50 cm左右。

（四） 解决的关键技术问题

解决桃树密植栽培树冠下部光照不足和修剪管理技术复杂，不易掌握，用工量大，费时、费力的问题。

（五） 主要技术经济指标

与采用传统树形和修剪技术的树体相比，树冠内透光量提高2~2.5倍；果实着色提前7~10 d；果实可溶性固形物增加1%~1.5%。

（六） 创新点

利用立体结果的原理建造主干形桃树树形，改善树体光照条件；同时配合操作简便、容易掌握的长枝修剪技术，缓和树体生长势，维持营养生长和生殖生长的平衡。

（七） 适用区域

适宜于我国树体健壮、有灌溉条件、土壤肥沃、管理水平较好的桃密植果园。

（完成人：韩明玉、张满让、王安柱、田玉命、赵彩平）

四、高效授粉树选育与应用技术

（一） 研发单位

山东农业大学。

（二） 技术原理

以苹果属植物海棠（*Malus* sp.）具有成花容易，花粉量大，花粉活力高，大小年现象不明显等优良特性，在海棠中选育适宜果园配植的高效授粉类型解决苹果树单品种建园、集约化经营的授粉问题。

（三） 技术要点

1. 授粉树选择

选择高效授粉树花粉产量高，花粉亲和力好，抗逆性强，授粉效果好的海棠‘2119’、‘1379’（图8.7，图8.8）。

图8.7 高效授粉树‘2119’

图8.8 高效授粉树‘1379’

2. 配置方式

按照225~300株/hm^{2}配置，配置时采用大苗建园，要求地径3 cm以上，高2.5~3 m，为节约用地，尽量配置在株间或地堰边。如有可能，选择地势较高的位置进行配置，为保证较好的授粉效果，授粉树和定植果树之间的距离不能超过10 m。

3. 整形修剪

在幼树期，为避免高效授粉树和定植果树营养和光照竞争，要采用高干、重截的修剪方式，建造株型干高1.5 m以上、营养生长旺盛的树体结构。成龄结果后，以疏除和定植果树相竞争的枝条为主，为了保证连年成花可在花后及时对授粉树果枝进行短截，减少果实存留量。

4. 病虫防治

高效授粉树病虫较少，除在萌芽前喷布石硫合剂外，其余时段结合果园喷药，针对病虫害实际发生情况进行防治。

（四） 解决的关键技术问题

解决了苹果需要多品种混栽才能保证授粉坐果的生产问题，可以实现单品种建园，减少果园用工，提高果实品质。

（五） 主要技术经济指标

使用高效授粉树‘2119’、‘1379’为富士苹果授粉，果实纵横径增大3%~5%，单果重增加3%~8%，可溶性固形物增加4%~13%。

（六） 创新点

目前国内主要采用多品种混植，解决授粉问题，管理不便，引进的授粉树品种和我国主栽品种花期又有差异，效果不理想。培育出具有自主知识产权的高效授粉树2个，填补国内空白。

（七） 适用区域

高效授粉树‘1379’在沿海地区表现较好，而‘2119’在山地果园表现较好，建议在苹果主产区逐步推广，根据立地条件有所侧重。

（完成人：沈 向、毛志泉、胡艳丽、姜远茂、陈学森等）

五、苹果坡地建园生草栽培肥水一体化栽培技术

（一） 研发单位

山东省果树研究所、山东省果茶技术指导站、蓬莱市园艺场。

（二） 技术原理

在平坡地上建园，结合果园生草和肥水一体化技术，既减少了水土流失、改善了土壤

理化性状，又提高了肥水利用效率，从而实现优质高效生产。

（三） 技术要点

1. 园址选择

土壤以壤土和沙壤土为宜，土层深度60 cm以上，有机质含量在1.0%以上，坡度小于20° 的山区、丘陵地。

2. 园地规划

包括栽植小区的划分、道路及排灌系统的设置、建筑物（管理用房、工具及农资用房、包装场、配药池等）的安排和防护林带的营建等，尤其道路的规划要适应果园机械化管理和果品运输的要求。

3. 平坡建园技术

（1）行向的确定：先按地形、坡度、坡向、坡形等自然特点，把园地划成立地条件相似的若干个区域，再根据设计行距（水平距离）在垂直坡面的方向确定行向、行距。山地、丘陵区建园株行距为（2~2.5）m×（4~6）m。

（2）选用优良砧木与苗木：乔化砧选择‘平邑甜茶’或‘八棱海棠’；矮化砧选择‘M_{26}’。如果选用品种纯正、根系大而完整、枝干粗壮充实、芽眼饱满的三年生大苗，栽植时期应该延后，有条件的地方，通常将苗木放在冷库或温度较低的地方，在花期栽植；如果选用二年生苗木建园，苗高1.5 m以上，在饱满芽处定干，干粗15 mm以上。

（3）定植技术：定植前采用增施有机肥、果园深翻等方法改良果园土壤。根据规划的栽植方式和株行距确定等高线，标定树行和定植点。挖定植沟或栽植穴，深度60 cm左右；沟（穴）底填30 cm左右厚的作物秸秆，挖出的土与足量有机肥、磷钾肥等混匀，回填沟（穴）中；在定植沟（穴）内挖深、宽50~60 cm的栽植穴。

（4）高光效树形：乔砧树采用自由纺锤形，矮砧树采用高纺锤形。

自由纺锤树形结构特点：树高2.5~3.0 m，干高70~90 cm，冠径1.8~2.5 m，中心干上螺旋着生10~15个主枝，同向主枝间距不小于50 cm。

高纺锤形树形结构特点：树高3~3.2 m，干高80~100 cm，中央领导干与同部位主枝粗度之比（5~6）：1，主枝基部粗度最大不超过2.5 cm；主干上配备小主枝25~35个，主枝水平长度1 m，主枝角度110° ，无大主枝，主枝上小枝量最多不超过45条，平均25条左右。

4. 果园生草栽培技术

（1）草种的选择：选用苜蓿、三叶草、黑麦草等（图8.9）。

（2）生草模式：包括人工生草和自然生草两种。人工生草多在3~4月份和8~9月份播种。墒情好时采用撒播；墒情差时，采用带水浅沟播种，并覆盖地膜。自然生草应及时剔除恶性杂草。

（3）生草的管理：种草后，遇到下雨，应及时松土解夹；逐行查苗补苗，达到全苗。

生草后要定期刈割，控制草体生长高度不超过30 cm，留草高度为8~10 cm，用割草机把草刈割，铺于树盘内作为绿肥，每年可收割4~6次。

5. 肥水一体化管理技术

（1）技术路线：微喷（滴灌）的技术路线：机井→泵房→施肥系统→过滤系统→量水装置→主管道→支管道→毛细管→喷头（滴头）。

毛管与灌水器布置：小管出流灌毛管沿等高线布置，每行树布置1条毛管，毛管间距与果树行距相同，埋深30~40 cm；管上式滴灌毛管沿等高线布置，每行树布置2条毛管，每棵果树4个滴头；微喷灌毛管沿等高线布置，每行树布置1条毛管，埋深30~40 cm，喷头的喷射直径按照行距调节水压（图8.10）。

图8.9　果园生草技术

图8.10　肥水一体化技术

（2）轮灌施肥方法：施肥伴随灌溉一起进行。将溶解好的肥液输入到输水管道，然后与灌溉用水同时输入到轮灌区，灌溉的前几个小时以施肥为主，施肥结束后，继续灌溉，将管道及灌溉设施内的肥液冲洗干净，以防肥液及杂质腐蚀水利设备。

（3）灌溉施肥量：根据土壤测试结果确定施肥的种类，根据苹果产量确定肥料的使用数量。采用灌溉施肥与传统施肥相结合的方式，即苹果收获后（落叶前）将全部有机肥和1/2的速效氮肥、速效磷肥以及1/3的速效钾肥作为基肥施入，其余化肥在翌年分2~3次进行灌溉施肥。

（四）　解决的关键技术问题

平坡建园，解决丘陵地建园必须修建梯田、难以实现机械化操作的难题；生草栽培，解决山地果园水土流失的问题；肥水一体化，解决山地果园肥水利用率低的问题。

（五）　主要技术经济指标

节约土地25%左右，减少果园管理用工1/2以上，每年可提高土壤有机质0.08%~0.10%，使苹果提前着色2~3 d，产量提高20%，可溶性固形物含量提高1%以上。

（六）　创新点

山丘苹果园平坡建园技术；平坡建园技术、生草栽培技术和肥水一体化技术的集成应用。

（七） 适用区域

山东省山区、丘陵果园。

（完成人：张世欣、苏桂林、王金政、路　超、薛晓敏）

六、北方果园水肥耦合高效利用技术

（一） 研发单位

北京市农林科学院林业果树研究所。

（二） 技术原理

以盆栽果树分根交替、定位灌溉和水分运输原理，不同土壤类型的有机肥不同改良空间和肥力水平对苹果生长发育影响的理论研究和田间验证为基础，创立了果园土壤局部改良集贮肥水、起垄覆盖保墒排涝和适时小沟灌溉水肥耦合高效技术。

（三） 技术要点

1. 挖坑局部增施有机肥

在秋季或春季果树有机肥施用期间，在果树树冠外围延长枝剪口芽垂直向下向树冠内30 cm内侧挖2~4个长、宽、深各40 cm的施肥坑，把腐熟的有机肥料与上层土壤按1：1，1：2或2：1(依据有机肥的用量)充分混合后放入坑内。

2. 挖灌水沟和树下起垄

在施肥穴外顺行向或灌水方向，贴施肥坑外缘做宽、深分别为30 cm的灌水、排水沟。沟土覆盖于行内，高度15~20 cm，树干周围3~5 cm处不埋土，最终达到行间低、行内高的形状。

3. 覆盖黑色地膜和埋置负压计

早春土壤解冻后，把垄整平，内高外低，然后覆盖黑色地膜；地膜厚度为0.008~0.012 mm；地膜覆盖宽度依树龄、株行距的不同而有差异，每边1~1.8 m。在施肥坑附近10 cm处分别埋置深20 cm和50 cm的土壤负压计。

4. 适时交替灌溉

依据不同土壤类型和不同树种对水分的要求，依据表头读数进行适时小沟灌水，具体指标（见下表）。每次灌水把水沟灌满为止（图8.11，图8.12）。

表：不同土壤类型及果树进行小沟灌溉的各土层负压计读数（kPa）

土壤类型	土层深度/cm	苹果	梨	桃
沙土	20	－70	－70	－75
	50	－40	－40	－45
壤土	20	－80	－80	－85
	50	－45	－45	－50
黏土	20	－75	－75	－80
	50	－45	－45	－50

注：施用化学肥料时，揭开地膜，把化学肥料放到施肥坑内，深度20 cm；第二年施有机肥时，把上年的施肥坑挖出一半，沿着第一年的施肥坑扩展，以后每年使用此方法进行。

图8.11 苹果园水肥耦合和小沟交替灌溉

图8.12 苹果园水肥耦合和小沟交替灌溉

（四） 解决的关键技术问题

改变传统施肥种类（未腐熟鲜粪）、施肥方法（撒施、有机肥与化学肥料分离）和灌水方法(大水漫灌)等肥水管理不合理，施肥、灌水方法盲目等肥水利用（效）率低、效果差等技术问题。

（五） 主要技术经济指标

与传统果园施肥灌水方法相比，肥料利用率提高36.2%；与大水漫灌相比，平均节水2 977.5 m^3/hm^2，与畦灌相比平均节水2 730 m^3/hm^2；果实可溶性固形物含量提高1.0%~1.8%。

（六） 创新点

以土壤局部改良、集中施用腐熟有机肥、无机肥与有机肥结合，以肥集蓄水分等肥水耦合技术，在果园施肥、灌水方法上具有创新性。

（七） 适用区域

北方苹果、梨、桃产区。

（完成人：魏钦平、王小伟、刘　军、张　强、刘松忠）

高30 cm，中部壁厚0.5 cm，两端壁厚1.0 cm，底部壁厚1.5 cm，容积0.02 m^3，最大盛水量20 kg。

2. 渗水罐埋设方法

春季土壤解冻后，在垂直于树冠外缘的下方，向内50~70 cm处均匀开挖直径40 cm、深35 cm的土坑2~4个（幼树园挖土坑2~3个，成龄大树园挖土坑3~4个）。埋罐时，先在土坑底部铺5 cm厚草，再将罐放入土坑中，并用草将罐四周塞实。埋完后用塑料膜封住上口，并在中间开一个小孔，在小孔处压一块小石头，使中间下垂形成漏斗状，便于以后加水（图8.15，图8.16）。

图8.15　苹果园窖水渗灌施肥

图8.16　桃园窖水渗灌施肥

3. 树盘覆盖

树盘覆20 cm厚草或覆盖厚度为0.008 ~ 0.014 mm黑色聚乙烯地膜。

4. 灌水

在果树需水关键期（萌芽期、谢花后、幼果生长期和果实膨大期）灌水。每次每罐加水20 kg。

5. 追肥

追肥分别于谢花后、幼果生长期和果实迅速生长期结合灌水进行，每次每株施复合肥（14-16-15硫酸钾型）0.8~1.2 kg，在水中充分溶解后灌入罐内。根据树体生长发育需要，应适量添加微量元素肥料。

（四）　解决的关键技术问题

渗水罐结构与埋设方法；灌水与施肥方法。

（五）　主要技术经济指标

与传统果园施肥灌水方法相比，肥料利用率提高35.6%，平均节约用水2 730 m^3/hm^2，果实可溶性固形物含量提高1%~2%，投入产出比提高20%~30%。

（六）　创新点

利用埋设渗水罐的方法贮水供肥，在果园施肥、灌水方法上具有创新性。

（七） 适用区域

无灌溉水源的山岭薄地苹果、梨、桃园。

（完成人：路 超、薛晓敏、王金政）

九、 南方果园水肥一体化与叶面施肥技术

（一） 研发单位

浙江省农业科学院园艺研究所。

（二） 技术原理

将灌溉与施肥融为一体，借助压力系统（或地形自然落差），将可溶性固体或液体肥料与灌溉水一起，按土壤养分含量和果树不同发育期的需肥规律和特点，通过滴灌系统均匀、定时、定量水肥供给，在节水节肥的同时充分提高果树对水、肥的利用效率。并且结合叶面喷施自制高钙营养液，补充树体微量元素，从而提高叶片光合效率，并能改善果实品质。

（三） 技术要点

该技术是借助压力灌溉系统，将可溶性固体肥料或液体肥料配兑而成的肥液与灌溉水一起，均匀、准确地输送到树体根部土壤。根据水源、地形、面积、果树种类，选择不同的微灌施肥系统。选择微喷施肥系统，施肥装置一般选择注肥泵，有条件的地方可以选择自动灌溉施肥系统（图8.17，图8.18）。具体方案包括：

1. 露地微灌施肥

灌溉定额应比大水漫灌减少50%，设施栽培滴灌施肥的灌水定额应比大棚畦灌减少30%~40%。灌溉定额确定后，依据树种的需水规律、降水情况及土壤墒情确定灌水时期、次数和每次的灌水量。土壤的水分状况通过土壤负压计来实时监测，负压计安装在树下距树干40 cm的土壤内，当树冠滴水线下35 cm深度的土壤水势达到或超过日 –30~ –25 kPa时开始进行灌水。

2. 施肥量

根据种植果树的需肥规律、地块的肥力水平及目标产量确定总施肥量、氮磷钾比例及底、追肥的比例。作底肥的肥料在整地前施入，追肥则按照不同作物生长期的需肥特性，确定其次数和数量，一般微灌施肥的用肥量为常规施肥的50%~60%即可。

3. 肥料的选择

包括多种有机肥和多种化肥，但必须是可溶性肥料。符合国家标准或行业标准的尿素、碳酸氢铵、氯化铵、硫酸铵、硫酸钾、氯化钾等肥料，纯度较高，杂质较少，溶于水后不会产生沉淀，均可用作追肥。补充磷素一般采用磷酸二氢钾等可溶性肥料作追肥。追

肥补充微量元素肥料，一般不能与磷素追肥同时使用，以免形成不溶性磷酸盐沉淀，堵塞滴头或喷头。

4. 施肥剂量

注入肥液的适宜浓度大约为灌溉流量的0.1%，加肥前灌溉系统先运行15~30 min，待所有喷头正常喷水后，再启动注肥泵，控制加肥速率，加肥结束后系统要继续运行30 min以上，以洗刷管道，保证肥料全部施于果园土壤，并下渗到要求深度。

（四） 解决的关键技术问题

针对南方水资源季节分布不均匀及短缺、大水漫灌水浪费现象与肥料盲目滥用等问题，实现果园肥水耦合高效施肥及节水灌溉。

（五） 主要技术经济指标

在柑橘等南方果树生产上应用该技术，与传统果园施肥灌溉方法相比，肥料利用率提高35.3%，每年节约用水约每公顷2 730 m^3，果实可溶性固形物含量提高1.6%左右，降低了肥水流失，示范园平均增收节支 每公顷13 065 元，辐射推广应用增收节支每公顷10 245 元。

（六） 创新点

通过技术集成，创立了不同立地条件集贮肥水及肥水高效施肥，节水灌溉技术结合叶面补充肥力的技术体系。

（七） 适用区域

山地丘陵及平原、设施柑橘。

图8.17 果园地膜覆盖

图8.18 水肥一体化

（完成人：谢 鸣、张慧琴、陈俊伟、肖金平）

十、柑橘园反光膜覆盖肥水同灌技术

（一） 研发单位

浙江省农业科学院园艺研究所。

（二） 技术原理

该技术是把覆膜栽培和肥水耦合二项技术进行组合而成的柑橘农艺节水综合栽培技术。它不仅能蓄水保墒，有效地节水节肥，提高肥水利用率，而且可以保持和提高地温，减少水分无效蒸发、防御低温冷害，改善柑橘树体营养，提高果实品质，同时还能防止水土流失，减少土壤养分损失。促进水分和肥料二者之间的相互作用及柑橘生长发育期对水肥的利用效率，达到以肥调水，以水促肥的水肥协同效应。

（三） 技术要点

1. 土地平整

进行地面平整，剪除树干周围根蘖，清除杂草和杂物，压实地面，平整要顺地形和周围环境，成龟背形。靠树干的土壤略向外低，使雨水冲向行间并保持膜的干净。

2. 覆膜

地面铺反光膜分为全年覆盖和秋季覆盖两种。秋季覆盖于采收前50~60 d（约9月中旬）进行。选用具反光、透气、控湿功能的新型反光膜，沿树行带状平铺于树冠下，反光膜边缘与树冠外缘投影下对齐，在铺放膜时，不要将膜拉得太紧，以免因气温降低时反光膜冷缩撕裂，影响反光效果和使用寿命。铺膜后，用石头、砖块或木桩等将膜固定好，并注意经常打扫膜上的枝叶和尘土，以增加反光效果（图8.19）。

3. 专用管道铺设

选用肥水同灌专用管道系统装置，与蓄水池和肥水混合池连成一体。肥料选用可溶性肥。利用山丘地自然落差，通过滴水器（滴头）施水施肥，阀门控制滴灌的进行。滴头的数量根据树体大小来确定，要求每树至少2个以上滴头，围绕树干呈环状或直线排列（图8.20）。

4. 灌水

土壤的水分状况通过土壤负压计来实时监测，负压计安装在树下距树干40 cm的土壤内，当柑橘树冠滴水线下35 cm深度的土壤水势达到或超过 – 25 kPa时开始进行灌水，灌水的次数和数量随季节和生长发育时期而变化。

（四） 解决的关键技术问题

通过集成组装土壤覆盖反光膜、全园滴灌、肥水同灌、应用自制高钙复合营养液和蓄雨节灌等关键技术，建立适用于南方山丘地的果树高效农艺节水综合技术体系。

（五） 主要技术经济指标

与传统旱地果园灌溉方法相比，节约灌水67%以上，省工90%以上，产量提高25%以上，果实可溶性固形物含量提高1%~2.5%。

图8.19　覆盖反光膜

图8.20　肥水同灌

（六）　创新点

实现了土壤覆盖反光膜、全园滴灌、肥水同灌、应用自制高钙复合营养液和蓄雨节灌等关键技术的集成与组装。

（七）　适用区域

柑橘等南方果树露地或设施栽培。

（完成人：谢　鸣、张慧琴、陈俊伟、肖金平）

十一、山地柑橘园水土保持和生态建园技术

（一）　研发单位

中国农业科学院柑橘研究所。

（二）　技术原理

通过水土保持工程整体设和同步建设，利用完整的排水系统聚集径流，并通过相互贯通的排蓄水系统，最大限度蓄存果园地表径流，畅通地排出过大径流，加上果园生草和还田技术，可以高效经济地实现生态建园和水土保持。

（三）　技术要点

（1）果园选址时控制地形坡度，丘陵山地坡度应小于25°。

（2）建园前首先进行果园整体规划和系统设计，其中包括以小流域为单元进行、在对设施工程设计时同步进行水土保持设计。

（3）设计建设以背沟、沉沙凼、排水沟和排水沟上多级串珠状蓄水池等相互贯通的果园径流蓄存和排泄系统，减少果园外的水土流失量。

（4）在排水沟向蓄水池引水的进水口下方5~10 cm处设置一个高度略高于蓄水池进水口上沿的挡水板，使排水沟中的较小径流得以蓄积并导入蓄水池，最大限度蓄积降雨径

流，并使得排水沟中的过大径流可以畅通下泄。

（5）果园的生物质副产物还园，果园行间和株间种空地植牧草或绿肥刈割后还田压埋。

（6）夏季高温多雨或干旱季节，用生物质材料进行果园土面覆盖（图8.21，图8.22）。

图8.21　果园水土保持工程系统

（四）　解决的关键技术问题

研究得出了三峡库区山地果园水土流失规律和影响因素，设计研发了排水沟上串联多级蓄水池的方案，选了科学高效经济的水土保持和生态建园技术。

（五）　主要技术经济指标

可以减少泥沙流失每公顷33 t，在长江上中游优势柑橘产区80%的山地果园（约4万公顷）可以每年减少132万 t泥沙流失进入长江，为保护三峡水库安全发挥重要作用。并且，通过水土保持规程的实施，还可以使得果园氮、磷、钾流失量减少50%以上，可以减轻库区支流日益严重的富营养化为害。由于实施本规程可以减少果园水土流失和矿质营养元素的损失，还可以为柑橘基地实现优质丰产，减少肥料使用量，发挥出增产节支效应，实现果农增收。

图8.22　果园排蓄水系统

（六）　创新点

果园基础设施和土壤改良工程与水土保持工程设施同步设计、同步建设和尽早投入应用、排水沟和蓄水池串联设计。

（七）　适用区域

三峡库区、四川盆地以及我国南方丘陵浅山地区。

（完成人：邓烈、何绍兰、易时来、谢让金、郑永强）

十二、柑橘果园水分实时监测和旱情预警系统技术

（一） 研发单位

中国农业科学院柑橘研究所。

（二） 技术原理

根据果园多项生态信息指标，预测柑橘树体的叶片含水量，比对水分丰缺诊断指标，得出果园水分丰缺状况，如果果树处于干旱状态则自动作出旱情预警。

（三） 技术要点

（1）在具有代表性的区位建立信息采集地点，安装信息采集传感器（图8.23）。

（2）根据立地条件、环境特征和果树需求，研究筛选果树水分状况诊断因子，提出旱情诊断指标，构建旱情预测模型。

（3）建立专门旱情预警与抗旱减灾决策支持系统平台，根据实时信息作出水分供应状况度判断与旱情预警（图8.24）。

图8.23 果园生态和视频信息采集系统
①生长参数传感器 ②气象能数传感器 ③图像传感器

（4）旱情预警系统根据测报结果，智能决策灌溉，自动启动灌溉设施定量灌溉。

图8.24 果园旱情监测与预警管理平台

（四） 解决的关键技术问题

果园生态气象信息采集传感器筛选；柑橘水分诊断因子筛选与预测模型构建；旱情预警与抗旱减灾决策支持专门平台开发。

（五） 主要技术经济指标

每小时采集贮存信息一次，同步采集20个以上信息，实时作出旱情预警，同步进行专家辅助决策支持，所有信息实时公开和全国共享。

（六）　创新点

建立了基于多种生态气象因子的水分诊断与旱情预警技术体系，开发了专门的预警与决策支持平台。

（七）　适用区域

适用于各柑橘产区。

（完成人：邓　烈、易时来、何绍兰、郑永强、张　璇、毛莎莎）

十三、果园趋避植物间作技术

（一）　研发单位

北京农学院、中国农业大学、北京市园林绿化局、北京市大兴区林业局。

（二）　技术原理

他感作用。

（三）　技术要点

在果园中按单种、混种及引诱模式在果树行间种植香雪球、薄荷、紫苏、罗勒、荆芥、藿香蓟、孔雀草、万寿菊、香矢车菊等植物。北京地区在3月下旬至4月上旬，在果园内选地做苗床，把地整平，做宽1.0 ~1.2 m，长6 ~8 m的苗床，每个苗床施10 kg左右的有机肥，将种子和沙混合后，均匀地播上，每100 g种子播种面积为两畦地。播种完成后，用喷壶喷水，然后搭建小拱棚、盖膜，棚内温度以25~30℃为宜。当苗生长到20 cm左右时，逐渐放风炼苗3~5 d后移栽。移栽苗按30 cm × 50 cm的株行距挖小坑种植（根据不同的间作植物，株行距适当调整），栽后浇足水，确保成活。田间移栽后，要及时浇水，控制好水分供给，在幼苗成活后，除2~3次田间杂草，确保幼苗能正常生长。后期按照间作植物的生长情况，及时做好水肥管理。当间作芳香植物长至高于50 cm后可在基部留10 cm进行刈割，以免间作植物生长过高影响果树生长（图8.25至图8.28）。

图8.25　单种模式

图8.26　混种模式